U0392357

家庭经典藏书

中華茶道

[主编] 董飞

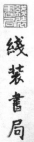

线装书局

第九章 茶与艺术

茶是天成的艺术精灵,给文人墨客以无限的艺术灵感,从而茶也成为他们艺术表现的重要载体,品饮成为增添其生活情趣的重要手段。不少艺术家也是茶艺精湛的茶人,茶与艺术,相得益彰,也使得茶文化有了鲜活、生动的内容。

第一节 茶与诗词

我国不仅是茶的祖国,也是世界茶诗的源头。两千年来,舞文弄墨的诗人、文学家,写出了大量咏茶、赞茶的诗词。据统计:唐代约有五百多首,宋代一千多首,再加上金、元、明、清,以及近代,茶叶诗词总数当在两千首以上。

中国最早的茶诗,是西晋文学家左思的《娇女诗》。

> 吾家有娇女,皎皎颇白皙。
>
> 小字为纨素,口齿自清历。
>
> 有姐字惠芳,眉目粲如画。
>
> 驰骛翔园林,果下皆生摘。
>
> 贪华风雨中,倏忽数百适。
>
> 心为茶荈剧,吹嘘对鼎䥶。

诗人诗句简洁、清新,生动地描绘了一双娇女调皮可爱的神态和口渴时盼望早点煮好茶水解渴的神情。此诗不落俗套,为茶诗开了一个好头。

中华茶道

中国历史上最有名的一首关于茶的诗篇,是卢仝所作《走笔谢孟谏议寄新茶》,也是后人直呼的《七碗茶歌》,在此摘录一段。

一碗喉吻润,二碗破孤闷。

三碗搜枯肠,唯有文字五千卷。

四碗发轻汗,平生不平事,尽向毛孔散。

五碗肌骨轻,六碗通仙灵。

七碗吃不得也,唯觉两腋习习清风生。

蓬莱山,在何处?

玉川子,乘此清风欲归去。

真可谓茶诗中的千古绝唱。在众多诗人当中,据统计,宋代诗人陆游咏茶诗写得最多,有三百余首。而写得最长的要数大诗人苏东坡的《寄周安儒茶》,五言,120句,600字。这首诗开头说在浩瀚的宇宙中,茶是草木中出类拔萃者;结尾说人的一生有茶这样值得终生相伴的清品,何必再像刘伶那样经常弄得醺醺大醉呢?此诗赞茶云:

灵品独标奇,迥超凡草木。

香浓夺兰露,色软欺秋菊。

清风击两腋,去欲凌鸿鹄。

乳瓯十分满,人世真局促。

意爽飘欲仙,头轻快如沐。

在众多咏茶诗中,形式奇特者要数唐代诗人元稹的《一言至七言诗》,又称"宝塔诗":

茶

香叶,嫩芽。

慕诗客,爱僧家。

碾雕白玉,罗织红纱。

铫煎黄蕊色,碗转曲尘花。

夜后邀陪明月,晨前命对朝霞。

洗尽古今人不倦,将至醉后岂堪夸。

此诗奇巧，虽然在格局上受到"宝塔"的限制，但是，诗人仍然写出了茶与诗客、僧家以及被他们所爱慕的明月夜、早晨饮茶的情趣。

诗人们爱茶，不仅因为他们喝茶，更多是他们把饮茶作为一种淡泊超脱的生活境界来追求的。"休对故人思故国，且将新火试新茶，诗酒趁年华。"这里，享乐与忘却的情绪交替出现。茶，无疑成了忘忧草。

茶词从宋代开始，诗人们把茶写入词中，写得最多的为苏东坡、黄庭坚。

我国的茶叶生产，在清代后期逐渐衰落。直到 20 世纪 50 年代以来，茶叶生产有了较快的发展，茶叶诗词创作也出现了新的局面，尤其是 20 世纪 80 年代以后，随着茶文化活动的兴起，茶叶诗词创作更呈现繁荣兴旺的景象。如朱德的《看西湖茶区》《庐山云雾茶》，董必武的《游龟山》，陈毅的《梅家坞即景》，郭沫若的《初饮高桥银峰》等。此外，赵朴初、吴觉农、庄晚芳、王泽农、陈椽都写过茶诗，并以深刻的寓意，清新的笔触，把我国传统茶诗词推到一个新的阶段。

晋·杜育（一首）

荈赋

灵山惟岳①，奇产所钟，厥生荈草，弥谷披岗，承丰壤之滋润，受甘露之霄降。月惟初秋②，农功少休，偶结同旅，是采是求。水则岷方之注③，挹彼清流。器择陶简④，出自东隅。酌之以匏⑤，取式公刘⑥。惟兹初成⑦，沫沉华浮，焕如积雪，晔若春敷。

[杜育]（公元？~311 年）字芳叔。西晋襄城郡郏陵（今河南省郏陵县）人。永兴中（公元 304~305 年），拜汝南太守。永嘉中进右将军，后为国子监祭酒。永嘉五年（公元 311 年），京城洛阳将陷时，死于难。有集二卷。

[题解]陆羽在《茶经》里列举古代六首咏茶诗词歌赋中，除南朝宋鲍令晖的《香茗赋》是咏茶的文学作品之外，其余几篇只是在作品中有咏茶的词

句。在今存的中国古代茶文学作品中,杜育这篇《荈赋》占有突出的地位,是一首吟咏品茗意境的优秀作品。它以排赋形式和典雅、清新、流畅的语言,写出了结伴同游秋日茶山的农夫们采茶、制茶和品茗的优美意境。

[笺注]

①灵山惟岳起六句:描写茶园所处天时、地利的生态环境。茶园秉承天地钟爱,为沃土甘霖,灵秀之气所孕育,虽时至初秋,仍显葱翠碧绿,充满勃勃生机。

②月惟初秋起四句:作者写,在初秋之日,趁农事闲暇之时,邀请好友结伴同游茶山采茶、制茗的情景。

③水则起二句:点明烹茶水品,是取茶山脚下岷江中之清洁活水。这正如唐代张又新在《煎茶水记》中所言:"烹茶于产处,无不佳也,盖水土之宜。"岷江在四川省中部,又名都江。

④器择陶简起二句:是谓在调制茶汤时,是选择浙江越窑所生产的精美陶器。以巴蜀对越地而言,故称"出自东隅"。《荈赋》对制茶、煮茶的具体方法未明点,按《广雅》记载:"荆巴间采茶作饼,叶老者以米膏出之,欲煮茗饮,先炙令赤色,捣末,置于瓷器中,以汤浇覆之。"

⑤酌之以匏:匏,《说文·包部》按:"匏属葫芦科,学名与瓠同。盖与瓠同种,而微变者也。"《本草纲目》:"瓠之无柄而圆大,形扁者为匏。"俗言之就是:"葫芦瓢无柄者曰瓠,有柄者曰匏。"

⑥取式公刘:公刘,是古代周部族祖先,相传为后稷的曾孙。在其豳邑(其地在今陕西省旬邑县、彬县一带)都城营建宫室落成庆典,盛宴臣下、宾客时,以"匏"为酒具,相庆豪饮,称之为"酌之以匏",并相袭定为国宴礼仪方式(见之于《诗·大雅·公刘》)。古代公刘"酌之以匏"的饮酒方式,对后世影响较深远,多有仿效者。

⑦惟兹初成至结句:是言腴含甘霖玉露的香茗。经煎煮后茶汤所呈现的景象:较粗的茶末下沉,较细的茶之精华部分浮在匏瓠之面,白色沫饽,胜似春雪,灿若初春阳光;其味鲜爽,芳香四溢。

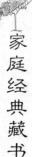

中華茶道

唐·李白（一首）

答族侄僧中孚赠玉泉山仙人掌茶①_{并序}

余闻荆州玉泉寺②近清溪诸山，山洞往往有乳窟。窟中多玉泉交流，其中有白蝙蝠，大如鸦（一作鸭）。按仙经蝙蝠一名仙鼠。千岁之后，体白如雪，栖则倒悬。盖饮乳水而长生也。其水边处处有茗草罗生，枝叶如碧玉。惟玉泉真公常采而饮之。年八十余岁，颜色如桃李。而此茗清香滑熟，异于他者。所以能还童振枯，扶人寿也。余游金陵，见宗侄僧中孚，示余茶数十片。拳然重迭，其状如手，号为仙人掌茶。盖新出乎玉泉之山，旷古未觌，因持之见遗，兼赠诗，要余答之，遂有此作。后之高僧大隐，知仙人掌茶发乎中孚禅子及青莲居士李白也。

常闻玉泉山③，山洞多乳窟。

仙鼠白如鸦，倒悬清溪月。

茗生此石中，玉泉流不歇。

根柯洒芳津，采服润肌骨。

丛老卷绿叶，枝枝相接连。

曝成仙人掌，似拍洪崖肩。

举世未见之，其名定谁传。

宗英乃禅伯④，投赠有佳篇。

清镜烛无盐⑤，顾惭西子⑥妍。

朝坐⑦有余兴，长吟播诸天⑧。

　　[李白]（公元701~762年）字太白，号青莲居士。唐代大诗人，祖籍陇西成纪（今甘肃省秦安西北）。先世在隋末因罪徙居中亚碎叶（在今吉尔吉斯斯坦共和国托克马克附近），李白出生于此。五岁时随父迁居绵州昌隆（今四川省江油县）的青莲乡。曾于唐玄宗天宝元年（公元742年）奉诏入

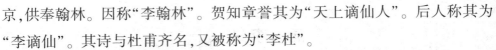

京,供奉翰林。因称"李翰林"。贺知章誉其为"天上谪仙人"。后人称其为"李谪仙"。其诗与杜甫齐名,又被称为"李杜"。

[题解]此诗约作于天宝中。李白因在长安遭权贵谗毁,抱负不得施展,于天宝三载(公元744年,按:是年正月改年曰载)春"赐金还山",离长安作第二次漫游。后在金陵与族侄僧人中孚相遇,蒙其赠诗与仙人掌茶,诗人以此诗为谢。在唐代的诗歌中,这是早期的咏茶诗作,可以说它是唐代茶文化百花园中,一枝报春的梅花。

李白

[笺注]

①仙人掌茶:据湖北省《当阳县志》与《玉泉寺志》所载,仙人掌茶创始于唐代中期荆州玉泉山玉泉寺,创制者为李白宗侄、玉泉寺中孚禅师。此茶后来失传。湖北当阳县玉泉寺茶场,于1981年恢复试制仙人掌茶取得了成功。该茶外形扁平似掌,色泽翠绿,白毫披露;汤色清澈,芽叶舒展,嫩绿纯净,似朵朵莲花;滋味鲜醇爽口,清香雅淡,回味甘甜隽永。

②玉泉寺:是我国佛教著名寺院之一,建于隋代开皇年间(公元581~600年),它与江苏南京的栖霞寺、浙江天台的国清寺、山东长青的灵岩寺,素称"天下四绝"。在北宋真宗天禧年间(公元1017~1021年)有僧舍三千七百余间,僧侣曾达一千多人。玉泉寺现列为全国重点保护地区(单位)之一,亦是湖北省的旅游胜地。四方游客纷至沓来,而仙人掌茶也是游客慕名必尝的佳茗。

③玉泉山:一名堆蓝山、又名覆般山。在今湖北当阳县城西15公里。超然屹立,气势磅礴。唐代张九龄有咏玉泉山诗:"万木柔可结,千花敷欲然;松间鸣好鸟,竹下流清泉;石壁开精舍,金光照法筵。"在山麓有玉泉古刹,寺侧有珍珠泉,沸涌如珠,晶莹清澈。玉泉山胜境独擅,素有"三楚名

880

山"之誉。

④宗英:即指中孚禅师,是诗人赞其是李氏宗族中非凡夫俗子之辈。禅伯:禅,佛教名词。谓心注一境,正审思虑。禅伯,是李白誉其侄中孚在佛门清修有成,在僧侣中已享有受尊敬的地位。

⑤无盐:本为古地名——战国齐邑。齐国丑女钟离春、齐宣王后,即生于此邑。诗中"无盐"即钟离氏之代词。因其貌奇丑,四十未嫁,自谒齐宣王,陈"四殆"之说,于是齐宣王拆渐台,罢女乐,退谄谀,进直谏。即拜无盐为正后,齐国大安。诗人用"清镜烛无盐"等二句,赞誉中孚所投赠之诗,意境空灵脱俗,如明月宝鉴一般。似乎大有"片石孤帆窥色相,清池皓月照禅心"(见诸于唐代李颀《题璿公池》诗)的深邃意境,以至令诗人自惭形秽,有如齐国丑女钟离春,羞见越国美女西施一般。这虽为谦词,但也流露出李白仕途不遇,求仙未成的复杂心理状态。

⑥西子:春秋时越国西施的别称,越苎萝人,传说越王勾践败于会稽,命范蠡求得美女西施,饰以罗縠[薄如轻雾的绉纱],教以容步,习于士城,临于都巷,三年学服而献吴王,夫差许和。越王卧薪尝胆,生聚教训,终于打败吴国。西施归范蠡,以游五湖而去。

⑦朝坐:指中孚在寺院里坐禅诵经。

⑧诸天:即指"三界诸天"。佛教把世俗世界划分"欲界、色界和无色界",皆在"生死轮回"的过程中,是有情众生存在的三种境界。

唐·李嘉祐(一首)

秋晚招隐寺①东峰茶宴送内弟阎伯均归江州

万畦新稳傍山村,数里深松到寺门。

幸有香茶留释子②,不堪秋草送王孙③。

烟尘怨别唯愁隔,井邑萧条④谁忍论。

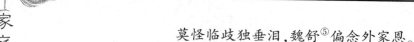

莫怪临歧独垂泪，魏舒⑤偏念外家恩。

[李嘉祐]（公元719～779年）字从一。唐代诗人。赵州（今河北赵县）人。天宝七载（公元748年）进士及第。曾任鄱阳、江阴令，监察御史等职。其间曾在肃宗宝应元年（公元762年）罢任，漫游吴越。

[题解]诗僧皎然，在唐代中期开创以茶代酒的茶宴之先河。作有《九日与陆处士饮茶》《饮茶歌诮崔石使君》等倡导以茶代酒的茶诗。这种崇尚俭德之风的茶宴，多在寺院里举行。寺院在举行法事活动时，以茶宴招待僧俗宾客；文人雅士，也以茶宴为亲友饯行。

[笺注]

①招隐寺：在江苏镇江市南三公里的招隐山中。该寺建于南朝宋初年。

②释子：佛教称谓。全称为"释迦子"。意为释迦牟尼之弟子。诗人在诗中以"释子"作为出席茶宴宾客之代称，是表示他对佛教的虔诚和尊敬。

③王孙：为贵族之后裔。《史记·淮阴侯传》："吾哀王孙而进食。"集解：如言公子也。《文选》马融《长笛赋》"游闲公子，暇豫王孙。"唐代诗词里常以"王孙"作为同辈友人之代称。白居易在《草》一诗中有"又送王孙去，萋萋满别情"之名句。

④井邑句：这是由于刘展进犯江淮和史思明叛乱，致使繁华富庶的江南呈现万户萧索的景象。刘展为唐宋州刺史兼淮西节度副使。在其欲谋反的意图泄露之后，唐肃宗采纳所谓"欲擒故纵"之计，继又授其统领淮东南、江南西、浙西等三个方镇节度使的兵权。刘展重兵在握之后，于肃宗上元元年（760）十一月举兵叛乱。曾一度攻陷了润、升、苏、湖、扬州等数十州县，给江南广大地区造成了深重灾难。

⑤魏舒：字子阳。晋任城人。《晋书·魏舒传》载：舒少孤，为外家宁氏所养，宁氏起宅，相宅者曰："当出贵甥。"舒曰："当为外亲成此宅相。"舒在晋武帝（公元265～290年在位）时为司徒，为时人所景仰，并厚报了宁家对他的养育之恩。

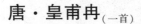

唐·皇甫冉(一首)

送陆鸿渐栖霞寺①采茶

采茶非采绿②,远远③上层崖。

布叶春风暖,盈筐白日斜。

旧知山寺路,时宿野人家。

借问王孙草④,何时泛碗花?

[皇甫冉](公元717? ~770? 年)字茂政。唐代诗人。润州阳丹(今江苏省丹阳市)人。天宝十五载(公元756年)进士及第,授无锡尉。官至右补阙。

[题解]陆羽因避"安史之乱",南游到太湖之滨,时任无锡尉的皇甫冉与其结为好友。陆羽以皇甫冉任所为依托,到周围地区茶山进行采茶活动。此诗约作于肃宗至德二年或乾元元年(公元757~758年)。

[笺注]

①栖霞寺:在南京市东北约22公里栖霞山中峰西麓,创建于南朝齐永明元年(483)。

②绿:即荩草。《本草纲目》载:绿竹、荩草可入药、作染料。"非采"说明采绿易,采茶难。

③远远起五句:诗人言其友人陆羽为研究栖霞野生茶叶,于清明前后,不辞辛劳,攀险峰,上层崖,采摘在春风里初展的嫩茶芽,当采满筐时,日近黄昏,只好在山人茅屋借宿。

④王孙草:本为百合科,多年生草本,六月茎顶部开黄花,根部可入药,而此诗中的"王孙草"三字是另有所指。王孙:是指陆鸿渐。王孙原谓贵族之后裔,一般泛指公子。唐人在送行诗中,往往不直书友人的名字,而是以王孙为代称。草:是指陆羽在栖霞山采制的新茶。切盼友人早日归来,在品饮春茶

时,以畅叙阔别之情。

唐·皇甫曾_{（一首）}

陆鸿渐采茶相遇

千峰待逋客①,香茗复丛生。

采摘知深处,烟霞羡独行。

幽期山寺远②,野饭石泉清。

寂寂燃灯夜,相思一磬声。

[皇甫曾]（公元？~785 年）字孝常。唐代诗人。涧州丹阳（今江苏省丹阳市）人。皇甫冉之弟。天宝十二载（公元 753 年）进士及第。官至殿中侍御史,后坐事贬舒州司马。于唐代宗大历九年（公元 774 年）春游湖州时,同陆羽相识,结为好友。

[题解]此诗在明代陈继儒辑《茶董补》收入时,题相同,作者却署名皇甫冉,但《全唐诗》皇甫冉卷未收入此诗。而是收在皇甫曾卷内。清同治《上饶县志》收入时亦署名皇甫曾。据此推断此诗当为曾所作无疑。此诗约作于德宗贞元初 785 或之前,时陆羽隐居上饶。

[笺注]

①逋客:谓隐者。《文选》载孔稚珪《北山移文》:"请回俗士驾,为君谢逋客。"此诗前四句,是诗人赞颂陆羽,说千峰万壑都在迎接这位陆隐士前来采茶。而富有采茶经验的陆羽,深知只有到那人迹罕到的悬崖溪涧之间,才能采到珍贵的茶茗。

②幽期起四句:是诗人抒发同陆羽分手后的怀念之情。诗句感情真挚,委婉动人。述说自分手后急切盼有重逢相聚之时,可是你却孤身远在山寺之中采茶、品泉,受尽凄苦;岁月悠悠,无由相见;唯有在面对孤灯的长夜里呼唤友人的名字,而回应的仿佛只是一声声敲磬的声音,从遥远的山寺中

传来。

唐·皎然（三首）

1.九日与陆处士羽饮茶

九日山僧院①，东篱菊也黄②。
俗人多泛酒，谁解助茶香。③

[皎然]（公元720～800年前后）字清昼（一作昼），俗姓谢，湖州长城（今浙江长兴县）人。南朝宋诗人谢灵运十世孙。唐代著名诗僧。早年信仰佛教。天宝后期在杭州灵隐寺受戒出家。代宗大历以前居湖州乌程妙喜寺。皎然精通佛典，又博涉经史诸子，文章清丽，尤善于诗。

[题解]九日：即九月九日重阳节。从唐时起，就有在重阳节登高赋诗、插茱萸或相聚饮酒之风俗。杜甫在《九日蓝田会饮》诗有"兴来今日尽君欢"之句。陆羽于肃宗上元初（公元760年）在吴兴苕溪结庐隐居时，同皎然结成"缁素忘年之交"，情谊笃深，生死不渝。此诗作于陆羽隐居妙喜寺期间。皎然在重阳节同陆羽品茗、赏菊、赋诗，开创以茶代酒，移风易俗之新风。

[笺注]

①僧院：湖州乌程县杼山妙喜寺。时皎然在妙喜寺清修，陆羽同灵彻上人亦同住妙喜寺（见《唐才子传·皎然传》）。

②东篱：此句语带双关。从字面解是说寺院里东墙之下的花圃里金色的菊花已经开放，而实则是暗点晋代陶渊明昔年在九江结庐隐居时"采菊东篱下"，时逢友人送酒来，诗人就地痛饮，酒醉始归的典故。

③助茶：助字，在古汉语里作虚词或代词解。"助茶"非指某种茶品，而是泛指茶茗。

2.饮茶歌诮崔石使君①

越人②遗我剡溪③茗,采得金芽爨金鼎④。

素瓷雪色缥沫香⑤,何似诸仙琼蕊浆。

一饮涤昏寐,情来朗爽满天地。

再饮清我神,忽如飞雨洒轻尘⑥。

三饮便得道⑦,何须苦心破烦恼。

此物清高世莫知,世人饮酒多自欺。

秋看毕卓瓮间夜⑧,笑向陶潜篱下时⑨。

崔侯啜之意不已,狂歌一曲惊人耳。

孰知茶道全尔真⑩,唯有丹丘得如此⑪。

[题解]这首五、七言古体茶歌,是皎然同友人崔刺史共品越州茶时即兴之作。题中虽冠以"诮"字,微含讥嘲之意,乃为诙谐之言。其意在倡导以茶代酒,探讨茗饮艺术境界。皎然在茶诗中,探索品茗意境的鲜明艺术风格,对唐代中后期中国茶文学——咏茶诗歌的创作和发展,产生了潜移默化的积极影响。此诗约作于德宗贞元初(公元785年)。

[笺注]

①崔石:生卒年与乡里未详。约在唐德宗贞元初任湖州刺史,时皎然居湖州乌程妙喜寺。使君:是对地方长官之尊称。

②越人:越州(今浙江绍兴地区)人。古称会稽,为古越国都城。

③剡溪:为曹娥江上游。其源有二:一出天台县,一出武义县。晋代王子猷(徽元)雪夜访戴逵于此,故亦名戴溪。自古以来就是绿茶的产地。

④爨金鼎:爨,在此做动词点燃解。金鼎:金属制造的鼎状煎茶风炉。全句意为点燃风炉烹香茗。

⑤素瓷:为唐时邢窑所产的白瓷茶碗。白瓷碗中盛着芳香四溢的绿色茶汤,则更平添品茶的情趣。

⑥一饮起四句:是言茶的药理功效和探求品茗的艺术境界。一饮、再饮

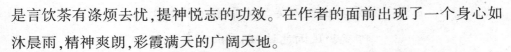

是言饮茶有涤烦去忧,提神悦志的功效。在作者的面前出现了一个身心如沐晨雨,精神爽朗,彩霞满天的广阔天地。

⑦得道:在佛教的语言中是"得"的复合词。"得"意谓僧侣虔诚苦心清修获得或成就佛教的某种思想、功德或事业。与此相反即为"非得"。至于要达到超越"六道轮回"的涅槃境界,对许多释迦弟子来说,也是可望而不可即的。

⑧毕卓:字茂世,晋铜阳(今河南省新蔡县境)人。东晋元帝大兴时(公元318~321年)官为吏部郎,常因饮酒误事。以至在夜间去邻家瓮间盗饮新酿,为掌酒者所缚,明日视之乃毕吏部也,遂为千古笑柄。

⑨陶潜:因不得志,于九江庐山脚下结庐,闲居寡欢,常以饮酒消愁,酒醉之后作诗自娱。曾写饮酒诗二十首。其中有"采菊东篱下,悠然见南山"之名句。相传,他正在东篱下赏菊花,恰逢有人送酒至,诗人就地痛饮,醉始归,得此佳句。

⑩茶道:皎然诗中提出的"全真茶道"说,其内涵丰富,包括了对茶宴模式和文人雅士相聚品茗、清谈、赏花、玩月、抚琴、吟诗等艺术境界的探索。

⑪丹丘:地名。在今浙江宁海县南45公里,是天台的支脉,亦是产茶区。陆羽《茶经》所载汉仙人丹丘子的故事亦出在这里。

3.顾渚行寄裴方舟

我有云泉①邻渚山②,山中茶事颇相关③。

伯劳飞日芳草死④,山家渐欲收茶子。

鹈鸪鸣时有芳草滋⑤,山僧又是采茶时。

由来惯采无近远,阴岭长兮阳崖浅。

大寒山下叶未生,小寒山下叶初卷二山名。

吴婉携笼上翠微⑥,蒙蒙香刺罥春衣⑦。

迷山乍被落花乱,度水时惊啼鸟飞。

家园不远乘露摘⑧,归时露彩犹滴沥。

887

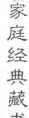

中華茶道

初看抽出欺玉英⑨,更取煎来胜金液⑩。

昨夜西风雨色过,朝寻新茗复如何?

女宫露涩青芽老⑪,尧市人稀紫笋多⑫。

紫笋青芽谁得识,日暮采之长太息⑬。

清泠真人待子元⑭,贮此芳香思何极⑮。

[题解]顾渚行是一首歌行体的茶诗,作者言其顾渚山的见闻。裴方舟经历未详。

[笺注]

①云泉:指其址在唐湖州的长城县(今浙江长兴县)啄木岭的金沙泉。此泉又称顾渚泉,与唐常州义兴(今江苏宜兴市)唐贡山君山乡茶区临界。顾渚山贡焙每岁造茶均引用此泉水。皎然是以君山之主位,故云"我有云泉"。

②渚山:即顾渚山。唐时属湖州长城县,地处太湖西岸,西与义兴唐贡山毗连。盛产顾渚紫笋茶,唐时同义兴阳羡茶均为贡茶中之珍品。

③山中茶事:作者似指他同顾渚修贡之事有关联。

④伯劳:亦称博劳,为鸣禽鸟类。在秋季鸣叫之时,就是到了农家该收茶子的时候了。

⑤鹧鸪:杜鹃也。杜鹃鸣时,就是到了该采春茶的时候了。

⑥吴婉:唐时湖州与吴兴郡并称,吴婉即指采贡茶的吴兴少女。

⑦刺胃:刺为棘芒之意,胃为相挂之意。此句是说少女们在山中采茶时,衣衫常常被荆棘挂破。言采茶之辛苦。

⑧乘露摘:唐宋时采茶,尤其是采贡茶,要求在清晨日出前采摘带露茶。认为日出后采茶,鲜叶为阳气所薄,影响茶质香气。

⑨玉英:语出《楚辞·九章·涉江》:"登昆仑兮,食玉英。"洪兴祖补注:"玉英,玉有美华之色。"

⑩金液:犹玉液也。玉液:《楚辞·九思·疾世》:"吮玉液兮止渴。"由于顾渚紫笋是以紫色嫩茶芽所制,茶汤呈现金黄色,故称其为"金液"。

⑪女宫句:是言采茶工将春天刚萌发的头轮新茶芽采摘后,留下的枝梢

小桩;对再轮生育出的"腋芽"(指非主梢生育的茶芽)未及时采摘,而变成老叶了。这是诗人在茶山经细致观察的写实之笔。

⑫尧市:即指晓市(亦喻太平盛世之市场)。意谓在茶山上所以不见紫色茶芽,却原来都焙成紫笋珍茗在晨市上出售了。

⑬紫笋……长太息:采贡茶时,要茶工在凌晨即进山采花,有的到天晚时尚未采满筐,即是有经验的茶工,在暮色之中,也很难分清哪片是"青芽",哪片是"紫笋",费尽辛劳而往往采摘了不少"青芽",在交茶时受到斥责,叹息不已。

⑭清泠、子元句:诗人引《仙传》典故,以清泠真人喻裴方舟,以支子元喻自己。

⑮结句:寄托思念友人之情。作者切盼与裴君(方舟)有相聚共品顾渚珍茗,清谈、赋诗的重逢之时。

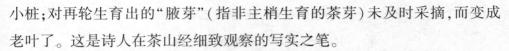

唐·袁高(一首)

茶 山①

禹②贡通远俗③,所图在安人。

后王④失其本,职吏⑤不敢陈。

亦有奸佞者⑥,因兹欲求申。

动生千金费,日使万姓贫⑦。

我来顾渚源,得与茶事亲⑧。

氓辍农桑业⑨,采采实苦辛。

一夫担当役,尽室皆同臻。

扪葛上欹壁⑩,蓬头入荒榛。

终朝不盈掬,手足皆鳞皴。

悲嗟遍空山,草木为不春。

阴岭芽未吐,使者牒已频[11]。

心争造化功,走挺麋鹿[12]均。

选纳无昼夜,捣声晨继昏。

众工何枯栌,俯视弥伤神。

皇帝[13]尚巡狩,东郊路多埋。

周回绕天涯,所献逾艰勤。

况灭兵革困,重兹固疲民。

未知供御余,谁合分此珍[14]?

顾省忝邦守[15],又惭复因循。

茫茫沧海间,丹愤何由申?

[袁高](公元728?~787年)字颐颐。沧州东光(今河北省东光县)人。登进士第。代宗大历中任丹阳县令,浙西观察判官。大历八九年(公元773~774年)间,往湖州与颜真卿、皎然等联唱,结为《吴兴集》10卷。德宗建中二年至贞元元年(公元781~785年)任京畿观察使、湖州刺史等。

[题解]据《唐刺史考》引《两浙金石志》卷:《唐袁高题名》:"大唐(湖)州刺史袁高奉诏修茶,贡讫,至口山最高堂赋《茶山诗》,兴元甲子三春十日。"兴元甲子即兴元元年。此诗即作于公元784年春三月十日。

[笺评]袁高这首《茶山》诗,别开生面,在诗中嗅不到紫笋茶香,看不到丰盛酒宴,听不到鼓乐歌声;通篇四十句二百字,诗人的笔似乎是蘸着广大茶农的血泪书成的万民表,针对本朝贡茶弊端,直陈上谏,并对那些以修茶而欲求申的奸佞之辈作了有力的鞭笞。

唐代二百多年间,在历任湖州刺史中,袁高是第一位敢于直言不讳地批评贡茶制度的人。在那"天子未尝羡阳茶,百草不敢先发芽",视贡茶制度为天经地义、金科玉律的时代,袁高敢于写《茶山》诗,并在修茶贡讫之时,刻诗于碑,立于顾渚茶山,则更体现了他的非凡气度。

袁高当年在茶山赋诗刻石的历史遗址,已在长兴县顾渚山金山村白羊山发现。摩崖石刻文字同上述《两浙金石志·唐袁高题名》所载完全一致。同时还发现有于頔(贞元七年,公元791年为湖州刺史)、杜牧关于奉诏修贡焙茶的石刻古迹。

[笺注]

①茶山:即唐湖州长城县(今浙江省长兴县)顾渚茶山。

②禹:古代帝王,夏朝的建立者。姒姓,又称大禹、戎禹,一说名文命。其父因治水无功被杀。他奉命继续治水,十三年三过家门而不入,终于治平了水患。且成为舜帝继承人。约于公元前22世纪末至21世纪初,舜帝死后,禹王正式即位,建立了奴隶制国家。史称禹王,建都阳城(今河南登封)。

③禹贡:指大禹即位后,于涂山(今安徽省蚌埠市西郊)会盟夷夏诸部首领,接受他们的朝贡。禹王虽开创了朝贡之先例,但其目的是完全出于止兵息戈,安定天下。

④后王:指在禹王之后、大兴朝贡之风的历代帝王。

⑤职吏:指专司其职的谏议大夫和朝廷命官。

⑥奸佞:泛指有口才而又奸诈、诏媚之小人。此指借修贡茶,欲求得皇帝宠信的官吏。

⑦动生、日使二句:是言贡茶制度在人力、物力方面造成的巨大浪费。

⑧我来、得与二句:诗人指自己奉诏命来顾渚茶山修贡。据《南部新书》:"唐制:湖州造茶最多……袁高为郡造茶三千六百串,并诗刻石在贡焙。"

⑨氓辍……俯视十八句:是诗人在奉诏来顾渚山修贡期间所目睹耳闻,广大农民为完成采制贡茶的沉重课役,被迫辍废赖以维持生存的农桑之业,一夫当役,全家上山,甚至冒着生命危险,像麋鹿一样攀援悬崖峭壁采寻,忍饥挨饿,仍不能完成采茶定额;那晨以继昏的研捣茶的臼杵之声,仿佛在撞击着人们的心灵;作为一州之长的袁刺史,他几乎不忍看那些蓬头垢面,手足鳞皱,满面泪痕愁容的茶工的凄楚景象。

⑩扪葛句:是写茶工手援荆葛向几乎倾倒的峭壁攀登采茶的惊险情景。

⑪悲嗟……使者句:是言采茶工人众,如蚕食桑叶一样,将茶树的叶子都采光,甚至连初春刚刚萌生的花草都踏平了;在茶山上不见春光,只能听到一片悲叹之声;在向阳处春茶芽已经采光了,背阴面茶芽未吐,可是宫廷

催逼贡茶的牒文已频频传来。

　　⑫麋鹿：鹿属,动物名。形似鹿而体庞大,高七尺许。全体暗赤褐色,眼小耳阔。牝体生有枝之角,其枝逐年增加,枝粗短,极坚强。性怯弱,善走,会游泳,食树皮、树叶、嫩芽等。产于亚洲北方及瑞典、北美等地。

　　⑬皇帝至重兹六句：泛指唐代帝君崇尚狩猎,巡幸周游,致使各郡县官吏竞相向皇帝敬献贡物之风愈演愈烈;再加上兵戈之乱的困难,民众哪里还能承受得了呢?

　　⑭未知、谁合句：是言制造如此之多的贡茶,除供御用之外,不知朝中哪些近臣显贵还能得尝如此珍贵的贡茶呢?

　　⑮顾省至结句：是诗人言其出守湖州,本应体恤民情,励精图治,可是却竟受诏修茶,虽心理反对,又不能公然违抗圣命,只得因循旧制赴顾渚源督办贡茶,可是那茫茫沧海之间,哪里会有人倾听自己陈述为民请命的一片丹心呢?

唐·白居易 (四首)

1.重题新居东壁

长松树下小溪头,班鹿胎中白布裘①。

药圃茶园为产业,野麋②林鹤是交游。

云生润户衣裳润,岚隐山厨火烛幽。

最爱一泉新引得,清泠屈曲绕阶流。

[白居易]（公元772~846年）字乐天,晚年自号香山居士,又号醉吟先生。下邽(今陕西省渭南县)人。唐德宗贞元十六年(公元800年)登进士第。曾历任校书郎、翰林学士、尚书司门员外郎、中书舍人及杭、苏二州刺史等职。曾因得罪权贵被贬为江州司马,复任刑部侍郎时辞官,闲居东都,于垂暮之年曾以刑部尚书致仕。卒于武宗会昌六年(公元846年)葬于洛阳龙

门山。白居易是唐代著名诗人、散文家、文学理论家。在诗词、散文等方面均有很高的文学艺术成就，不少佳作成为千古传诵之名篇。

白居易

［题解］诗人于宪宗元和十年（公元815年）被贬为江州（今江西省九江市）司马。曾于庐山香炉峰下、遗水之滨，种植茶园，开凿清泉，结屋而居，仿效当年陆羽在信州上饶品泉生涯。这是草堂落成后，诗人重题东壁诗（四首之二），约作于元和十三年（公元818年）。

［笺注］

①白布裘：指斑鹿天然美丽的白色花斑。

②野麋：即野生麋鹿。

2.谢李六郎中①寄新蜀茶②

故园③周匝④向交亲，新茗分张⑤及病身。

红纸一封书后信⑥，绿芽十片火前春⑦。

汤添勺水煎鱼眼⑧，末下刀圭⑨搅曲尘。

不及他人先寄我，应缘我是别茶人⑩。

［题解］诗人被贬谪江州司马后，在庐山脚下结庐而居。此诗是在他收到忠州刺史李景俭从蜀地寄来新茶后所做的酬谢诗，约作于元和十三年（公元818年）。

［笺注］

①李六郎中：即李景俭，排行六。下邽（今陕西省渭南）人。李唐宗室。贞元十五年（公元799年）进士及第。元和十三年任忠州刺史。白、李为同乡少年好友，平素交往亲密。白居易于元和十四年（公元819年）三月奉诏刺忠州（今四川忠县），到任之日，李景俭去江边码头接白刺史。乐天有诗云："好在天涯李使君，江头相见日黄昏。"

893

②蜀茶:泛指巴蜀之地所产之名茶。

③故园:即在渭河北岸下邽清渭曲——诗人之故乡。

④周匝:犹言完密。在此诗中作亲密无间解。诗人在《独树浦雨夜寄李六郎中》一诗中,追忆他同好友李六郎中在少年时代嬉戏时曾云:"忽忆两家同里巷,何曾一处不追随……花下放狂冲夜跑,灯前起坐彻明棋。"

⑤分张:谓第一批春茶焙制好后,就先分出一份寄给正在卧病中的白居易。

⑥红纸句:红纸,指李寄茶时之附信。书,是指诗人此前给李寄过诗或信件。

⑦火前春:即明前茶。古时寒食节(在清明前一、二日)有禁火习俗。"火前春"是说李寄来的珍贵绿芽是第一焙的"明前茶"。

⑧鱼眼:为古人煎茶时候汤之法,当水初沸如鱼目,微微有声之时,谓之鱼眼。"汤添"起二句,均谓诗人煎茶时观水候汤点茶、止沸等过程。

⑨刀圭:为唐时煎茶所用的工具之一。是以竹或金属制造,其形状如合之竹夹,是在水初沸时用在沸水中心环绕搅动,以使沸水水温更趋于均衡。

⑩别茶人:犹言难得尝到好茶,多亏故人天涯相寄。诗中隐含诗人在贬谪江州司马后,身处贫病交攻的窘境。

3.夜闻贾常州崔湖州茶山境会想羡欢宴因寄此诗

遥闻境会①茶山夜,珠翠歌钟②且绕身。

盘下中分两州界③,灯前合作一家春。

青娥④递舞应争妙,紫笋齐尝各半新⑤。

自叹花时北窗下,蒲黄酒⑥对病眠人。

[题解]在唐代中后期(见于唐诗的即有唐德宗、宪宗、敬宗、宣宗等数朝),每岁春三月湖、常二州刺史都奉诏赴茶山亲自督造贡茶,并在两州临界举行茶山境会。其境会地点:据清康熙《长兴县志》载,在长兴(唐时为长城县)县西北七十里悬脚岭,以其岭下垂故名。此诗为时任苏州刺史的白居易

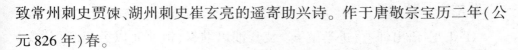

致常州刺史贾悚、湖州刺史崔玄亮的遥寄助兴诗。作于唐敬宗宝历二年(公元826年)春。

[笺注]

①茶山境会:湖、常二州刺史于本州境内的顾渚山、唐贡山分别造茶;两州地方长官率领的侍从、乐工、歌女会于两州临界的悬脚岭,举行盛大的歌舞竞技、品茗斗茶、饮宴联欢活动,称之为"茶山境会"。

②歌钟:古代的打击乐器名,即编钟。此指茶山境会上的乐歌声。《李太白诗》十五《魏郡别苏明府因此游》:"青楼夹两岸,万家喧歌钟。"

③两州界:唐时湖州长城县顾渚山茶区常州义兴县(今江苏宜兴市)唐贡山茶区地理毗连,以悬脚岭为两州分界处。古时其地建有"景会亭",又名"芳岩"。

④青娥:指歌姬、舞女。江淹《水上女神赋》:"青娥羞艳。"韩愈《郾城夜会联句》:"青娥翳长袖。"

⑤紫笋句:唐时常州义兴县君山乡唐贡山所产的阳羡茶,亦称紫笋茶,同顾渚紫笋茶均为宫廷贡茶。在每岁新制贡茶品种出焙后,都要在茶山境会上进行品评,以鉴茶质高下,谓之"各斗新"。

⑥蒲黄酒:蒲黄,是细若金粉的香蒲花粉,可入药。诗人在此诗附小注云:"时马坠损腰,正劝蒲黄酒。"时任苏州刺史的白居易已收到赴茶山境会之邀请,因腰伤未能赴会,感到颇为遗憾,故赋诗相寄。

4.琴 茶

兀兀①寄形群动内,陶陶②任性一生间。

自抛官③后春多梦,不读书来老更闲。

琴里知闻唯渌水④,茶中故旧是蒙山⑤。

穷通行止⑥常相伴,难道吾今无往还⑦?

[题解]这是一首"琴"与"茶"双咏之诗。并借琴茶之灵性以喻乐天"君子陶陶"之品德风范。此诗作于唐文宗大和年间。

895

[笺注]

①兀兀：语出韩愈《进学解》："焚膏油以继晷,恒兀兀以穷年。"《说文》段注："凡从兀声之字,多取高意。"杜牧《阿房宫赋》有"蜀山兀,阿房出"之句。"兀兀"句是诗人为其在仕林宦海中屡遭馋毁和贬谪深感不平。

②陶陶：和乐貌。《诗·王风·君子阳阳》："君子陶陶。"诗人号乐天,正取一生正直、旷达之意。白居易终生主张："穷则独善其身,达则兼济天下。"

③抛官：诗人于唐文宗大和三年(公元 829 年)春辞去刑部侍郎,以太子宾客身份分司东都,去洛阳居闲。故谓之"抛官"。

④渌水：古琴曲。《文选》马融《长笛赋》："中取度于白雪、渌水。"翰注："白雪、渌水雅曲名。"诗人精通音律,在琴曲中颇为欣赏古琴曲《渌水》。诗人于元和初任周至(今陕西省周至县)尉时曾作《听弹古渌水》诗："闻君古渌水,使我心和平。欲识漫流意,为听疏泛声。西窗竹阴下,竟日有余清。"

⑤蒙山：蒙山茶。产于雅州名山县(今属四川名山区)蒙顶山区。蒙顶产茶历史悠久。相传,西汉年间吴理真禅师亲手在蒙顶上清峰甘露寺植仙茶七株,从此开创了蒙顶人工培育茶树之先河。距今已有二千多年了。

⑥穷通句：是诗人咏叹宦海沉浮,好运厄运常相随。乐天的《江南谪居十韵》："壮心徒许国,薄命不如人。才展凌云志,俄成失水鳞。葵枯犹向日,蓬断即辞春。……行藏与通塞,一切任陶均。"正是这句诗的最好注释。

⑦难道句：这是诗人对其"达则兼济天下"的报国壮志难酬,在生命已临近暮年时而发出的悲怆问语：难道我今生今世再也不能重返京城了吗？答案是肯定的。白居易自文宗大和三年(公元 829 年)春归洛阳后,直到武宗会昌六年(公元 846 年)八月卒于洛阳,十七年间,再也未返西京长安。

唐·元稹 (一首)

一至七字诗——茶

茶。

香叶,嫩芽。

慕诗客,爱僧家。

碾雕白玉,罗织红纱。

铫煎黄蕊色,碗转曲尘花。

夜后邀陪明月,晨前命对朝霞。

洗尽古今人不倦,将知醉后其堪夸。

[元稹](公元 779 ~ 831 年)字微之,别字威阳。洛阳(今属河南)人。早年家贫。德宗贞元十九年(公元 803 年),登书判拔萃科。曾任监察御史、膳部员外郎、翰林学士承旨、同州刺史、浙东观察使等职。元稹是唐中期著名诗人,同白居易齐名,并称"元白"。

[题解]这是一首构思巧妙,语言流畅,意境高雅,音律和谐的茶歌。诗人在题后有小注云:"同王起①诸公送白居易分司东郡②作。"

琴茶图画

[笺注]

①王起(公元 760 ~ 847 年):字举之,唐代诗人。其先籍太原(今属山西),家于扬州(今属江苏)。德宗贞元十四年(公元 798 年)登进士第,十九

年(公元 803 年)登博学宏辞科。授集贤殿校书郎。王起是白居易诗友,有联句长达数十韵,称为"勃放"。

②分司东郡:指白居易于文宗大和三年(公元 829 年)春,辞去刑部侍郎,以太子宾客分司东都,归洛阳闲居。东都,亦称东郡,始称于西周。周时以王城为东都,在今河南省洛阳市西。《诗·王城谱疏》:"周以镐京为西都,王城为东都,王城即今洛邑。"东汉光武帝都洛阳时,亦有东都之称。隋唐时,营建东都,或称东京。

唐·张籍(一首)

茶岭①

紫芽②连白蕊,初向岭头生。

自看家人摘,寻常触露行③。

[张籍](公元 766~830 年)字文昌。唐代诗人。祖籍吴郡(今江苏苏州),后移居和州(今安徽和县)。德宗贞元十五年(公元 799 年)登进士第。官历太常寺太祝、国子博士、水部员外郎等职。曾从学于韩愈,世称韩门弟子。

[笺注]

①茶岭:唐时夔州有茶岭,所产之茶可与顾渚紫笋、四川蒙顶茶媲美。夔州唐时属山南西道,在今四川奉节县境。

②紫芽:经茶学专家考证,茶芽的颜色有紫、红、绿色之分,是由茶树品种所决定的,也可能与生态环境的自然条件有关。紫芽,则是同花青素或花色素多少有关。

③触露行:陆羽在《茶经·三之造》论述采茶时间强调:"其日有雨不采,晴有云不采,晴采之。"具体时间为:"凌露采焉。"即在凌晨日出之前采摘饱含露珠的茶芽。

唐·柳宗元（一首）

巽上人①以竹间自采茶见赠酬之以诗

芳丛翳湘竹，零露凝清华。

复此雪山客②，晨朝掇灵芽。

蒸烟俯石濑③，咫尺凌丹崖④。

圆芳丽奇色，圭璧无纤瑕⑤。

呼儿爨金鼎⑥，馀香延幽遐。

涤虑发真照⑦，还原荡昏邪。

犹同甘露饮⑧，佛事薰毗耶⑨。

咄此蓬瀛侣⑩，无乃贵流霞⑪。

[柳宗元]（公元773～819年）字子厚，河东解（今山西省运城市解州镇）人，唐文学家。贞元进士，博学宏辞科及第。历任校书郎、监察御史，贬永州司马、柳州刺史等。

[题解]诗人于唐宪宗元和元年（公元806年）十一月贬永州司马，住在龙兴寺（该寺犹存，在今湖南省沅陵县城西北）期间，与寺僧巽上人交往密切。这首诗是在诗人目睹巽上人亲自采制晨茶的经过情景，及品饮僧人珍贵香茗的感受之后写的酬谢诗。此诗约作于元和初年。

[笺注]

①巽上人：即重巽。为永州龙兴寺禅师。上人：佛教称谓。一般指持戒严格，精于义学之僧。据《释氏要览》卷上："内有智德，外有胜行，在人之上，名上人。"

②雪山客：雪山，即为雪山部。是释迦牟尼修行、讲经、培训弟子之所在。雪山客，是诗人赞誉巽上人是一位修行高深的僧人。

③俯石濑：指龙兴寺下临沅河水。

④凌丹崖：是谓寺院背依虎溪山。

柳宗元

⑤圆芳、圭璧二句：极赞茶之精美。是言刚烘焙好的圆形饼茶，茶面如碧玉一般光洁无瑕。

⑥爨金鼎：爨，在此做动词点燃解，不做名词"灶"解。金鼎，为以金属制造的鼎状风炉。全句意为诗人令童儿生起风炉煎茶。

⑦真照：犹如真相，谓人之本原、本性。诗人是说，品饮如甘露、流霞般的仙茗，不仅可以洗尽心中的忧烦，荡除一切昏邪，似乎可以使人还原真相，亦即佛家所云的超越自然的"真相"。

⑧甘露：《瑞应图》："甘露，美露也，神灵之精，人瑞之泽；其凝如脂，其甘如饴，一名膏露，一名天酒。"

⑨毗耶：佛教名词，即"毗奈耶"之简化句。意为遵守戒律。

⑩蓬瀛：为传说中的海上仙山蓬莱与瀛州。《拾遗记》："历蓬瀛而超碧

900

海。"蓬瀛侣,是以仙境喻茗茶。

⑪流霞:仙酒名。《抱朴子·祛惑》:"项曼都入山学仙,十年而归,家人问其故,曰:'有仙人但以流霞一杯与我,饮之则不渴。'"李商隐《武夷山诗》:"只得流霞酒一杯,空中箫鼓几时回。"诗人同巽上人在共品芳茶时,俨然是一仙、一佛,已非饮茶,而是如餐甘露、饮流霞,荡涤了尘世间的一切烦虑和欲念,眼前似乎呈现出一派光辉的佛国仙境。

唐·薛能(一首)

谢刘相公寄天柱茶①

两串春团放月光②,名题天柱印维扬③。

偷嫌曼倩桃无味,捣觉嫦娥药不香④。

惜恐被分缘利市,尽应艰觅为供堂⑤。

粗官寄与真抛却,赖有诗情合得尝⑥。

[薛能]生卒年不详。唐代诗人,字大拙。汾州(今山西省汾阳市)人。武宗会昌六年(公元846年)进士及第。官历剑南西川节度副使摄嘉州刺史、工部尚书等职。

[笺注]

①天柱茶:即霍山黄芽。产于唐寿州盛唐县(今安徽六安)霍山,一名潜山,亦名天柱山。据唐李肇《唐国史补》记载:霍山黄芽列为唐代名茶之一。今安徽霍山黄芽,是黄茶中极品名茶。

②两串:言友人赠茶数量。唐时制饼茶在定型后,以锥刀穿孔,再以竹木之具相串投入茶焙里烘干。故其数量常以"串"记之。又有大、小串之分,如小串者,每串半斤或一斤,十片左右。放月光:言以膏油涂其面,光亮如月。

③名题:此句是说,名曰天柱茶,而包装的商标上却是印着维扬(今之扬

901

州)出品字样。

④偷嫌、捣觉二句:言当饮此绝品仙茗之后,甚至会觉得连西天王母盛会上的仙桃也不想吃了,嫦娥在月宫中捣的仙药似乎也失去了香味。

⑤"惜恐……供堂"二句:诗人在向友人说,当天柱茶在此地刚刚上市时,唯恐很快售完,费力寻找,才买到一些,只是为了祭祀之用,哪里还敢饮用呢?

⑥"粗官""赖有"二句:是诗人之谦辞。言这胜似仙茗之异品奇珍,赐给我这样的粗官俗吏饮用,真是有些可惜了;好在品饮时,还能以吟咏相伴,也算未辜负君友相寄之情。这确是一首委婉细腻、韵味隽永的好茶诗。

唐·温庭筠(一首)

西陵道士①茶歌

乳窦溅溅通石脉②,绿尘愁草春江色③。

洞花入井水味香④,山月当人松影直⑤。

仙翁⑥白扇霜乌翎,指坛夜读黄庭经⑦。

疏香⑧皓齿有余味,更觉鹤心⑨通杳冥⑩。

[温庭筠](公元812~870年)本名岐,字正卿。太原祁(今山西祁县)人。少负才华,尤善诗赋,与李商隐齐名。然生性傲岸,讥讽权贵,因此累举不第。只当过县尉、国子监助教等微职。

[笺注]

①西陵道士:其道观、法号未详。

②乳窦句:谓烹茶时所选用的乳泉水。滴滴清泉,从岩洞顶部钟乳石隙孔中滴落在石池里。陆羽在《茶经》里论煎茶用水时说:"其山水,拣乳泉、石池漫流者上。"正是指的这种乳泉水。

③绿尘:碾成粉状之末茶。呈现暗绿含黄的"春江色"。

④涧花:茶名。指产于峡谷溪畔的散茶。全句是说,经乳泉煎煮散发出所蕴含的天然香味。

⑤山月句:诗人以巧妙的笔触,写出了老道士月夜品茗的深邃意境:刚刚升起的明月,被高人霄汉的山峰挡住,而古观、松林、流泉等景物都隐入在巨大的月光投影之中。只能隐约看到从风炉中喷出的火焰映照着老道人和小道童的活动身影;当明月越出山峰,银色的光辉,投洒在松冠之上时,却仍然看不到斜长的月影,故称是"松影直"。

⑥仙翁:对老道人的尊称。

⑦黄庭经:道教经典。共有两部:《上清黄庭内景经》《上清黄庭外景经》。两书均以七言歌诀讲述养生修炼原理,为历代道教及修身养性者所重视。

⑧疏香句:言珍贵香茗,饮后鲜醇留齿,味甘经久不绝。

⑨鹤心:指道家宁心静虑,修炼功法。正如一副道观联语所云:"三更明月长松影,一片闲云野鹤心。"

⑩杳冥:高远不能见的地方。《文选》战国楚宋玉《对楚王问》:"凤凰上击九千里,绝云霓,负苍天,翱翔乎杳冥之上。"

唐·卢仝(一首)

谢孟谏议①寄新茶

日高丈五睡正浓,将军打门惊周公②。口云谏议送书信,白绢斜封三道印③。开缄宛见谏议面,手阅④月团⑤三百片。天子⑥未尝阳羡茶⑦,百草不敢先开花。仁风暗结珠琲瓃,先春抽出黄金芽⑧。摘鲜焙芳旋封裹,至精至好且不奢⑨。至尊之余合王公,何事便到山人家⑩?柴门反关无俗客,纱帽⑪笼头自煎吃。碧云⑫引风吹不断,白花⑬浮光凝碗面。一碗喉吻润,二碗破孤闷,三碗搜枯肠,唯有文字五千卷,四碗发轻汗,平生不平事,尽向毛孔散,五碗肌骨清,六碗通仙灵,七碗⑭吃不得也,唯觉两腋习习清风生。蓬莱山在何处? 玉川子⑮乘此清风欲归去。山上群仙⑯司下土,地位清高隔风雨,安得知百万亿苍生命,堕在巅崖受辛苦。便从谏议⑰问苍生,到头还得苏息否?

[卢仝](公元 775? ～835 年)唐代诗人。范阳(今河北省涿州市)人,一说济源(今属河南)人。家境贫寒,惟以图书为伴。初曾隐登峰少室山,愤世嫉俗,终生不仕。卢诗豪放怪奇,甚为韩愈所推崇。韩在诗中称其:"事业不可量,忠孝生天性。"卢仝死于唐文宗太和九年宦官大杀朝臣的"甘露之变"。

[题解]一天清晨,时任常州刺史的孟简派人给卢仝送来了三百片唐贡山产的贡茶。这首诗就是卢仝在品尝了天子及王公大臣才能得享的"阳羡茶"之后,写给孟刺史的致谢诗。此诗约作于 812 或 813 年春,孟简任常州刺史监修贡茶期间。

[笺注]

①孟谏议(公元? ～823 年):名孟简,字几道。郡望德州平昌(今山东省商县西北)。唐德宗贞元七年(公元 791 年)进士及第。元和七至八年(公元 812～813 年)为常州刺史。元和四年(公元 809 年)曾诏拜谏议大夫。

②将军:指送茶品、信件的军士。作者幽闲隐居,日高未起,尚在梦中被叩门声惊醒。

惊周公:《论语·述而》记孔子梦见周公。后因以梦见周公喻夜梦。

③白绢句:御焙贡茶,装潢精美,以白绢封裹,用印泥缄口,以示珍贵。

④手阅:是谓点礼茶片数。

⑤月团:指唐时贡茶中团茶,形如满月,故称为"月团"。

⑥天子、百草二句:是说君山所产之贡茶,每年必须在清明之前送到长安赶上"清明宴";如果天子尚未尝到阳羡茶,连百草都不敢先开花。唐杜牧在《茶山》诗里描写驿使往京城里赶送贡茶时的情景有"拜章期活日,轻骑若奔奋"之句。

⑦阳羡茶:唐时贡茶名。产于唐常州义兴县(今江苏省宜兴市,宜兴古名曰阳羡,汉时为县名。)君山乡的唐贡山。据明万历《宜兴县志》载:"唐贡

山，即茶山，在县东南三十里均山乡，东临霅画溪，山产茶，唐时入贡，故名。"

⑧仁风、先春：谓仁德能及乎远，如风之彼扬也。唐太宗《述圣赋》："流惠泽于瀛表，鼓仁风于区外。"诗中"仁风""先春"句是说茶中极品，实乃天地钟灵孕育，非仅人力所能及。杜牧在茶诗里有"山实东南秀，茶称瑞草魁"之句。先春：指早春。

⑨摘鲜、至粗句："不奢"乃是反语，实为叹息：这样的极品贡茶，从采制到精美包装，要花费多少茶民的血汗啊?!

⑩至尊、何事句：是说每岁春贡茶送到长安，要在先荐宗庙、天子品尝之后，才轮到赏赐那些功高位显的王公大臣，何缘竟令我这个隐居山林之人也能尝到呢？

⑪纱帽：诗人无官一身轻，何来纱帽之有？这是诗人自嘲戏言，也是以隐士自许。

⑫碧云：是说点燃了煎茶风炉，升起了袅袅青烟，同碧空的云彩融为一体，当微风吹来之时，旋转上升的烟云，形成了轻柔的弧线，非常美丽。

卢仝

⑬白花：古时有茶色贵白之论，贡茶为饼茶中之极品。当茶煎好分在碗里，茶汤在碗面上便呈现出一层乳白色的沫。陆羽在煎茶时强调"育华"。

杜育在《荈赋》中说:"惟兹初成,沫沉华浮,焕如积雪,晔若春敷。"

⑭七碗句:自唐以来,在咏茶的诗词歌赋中,卢仝的这首茶歌之所以最负盛名,人们最津津乐道的,就是诗人连啜"七碗"之名句。特别是:"三碗搜枯肠,唯有文字五千卷……七碗吃不得也,唯觉两腋习习清风生。"真是如饮琼浆玉液,大有飘飘欲仙之意。这当然是诗人的艺术夸张手法。但就平心而论,卢仝的"七碗"之句,并非首创,而是源于唐诗僧皎然《饮茶歌诮崔使君》三饮句:"一饮涤昏寐,情来爽朗满天地,再饮清我神,忽如飞雨洒清尘,三饮便得道,何须苦心破烦恼。"皎然在《饮茶歌送郑容》一诗中还有"丹丘羽人轻玉食,采茶饮之生羽翼"之句。皎然的茶诗比卢仝的茶歌约早四十年左右。

⑮玉川子:卢仝之自号。

⑯山上群仙句:是诗人切中时弊的画龙点睛之笔。表现了诗人对身悬"巅崖受辛苦"的亿万苍生的深切同情,对唐皇室和高高在上的达官显贵,作了辛辣的讽喻。范文澜在《中国通史简编》中说:卢仝"从一人的穷苦,想到亿万苍生的辛苦。韩愈所谓'忠孝生天性',正是指诗中这一类的思想。"

⑰便从谏议等二句:唐朝廷曾两次备礼诏拜卢仝为谏议大夫未就。诗句是说,如果我从命就职谏议大夫,一定要敢于直言上谏废除贡茶制,使有倒悬之危,已疲役不堪的茶民得以休养生息。

唐·郑谷(一首)

峡中①尝茶

簇簇新英摘露光②,小江园③里火煎尝。

吴僧漫说鸦山④好,蜀叟休夸鸟嘴香⑤。

入坐半瓯轻泛绿,开缄数片浅含黄。⑥

鹿门病客⑦不归去,酒渴更知春味长。

[郑谷]生卒年未详。字守愚。唐代诗人。袁州宜春(今江西宜春市)人。僖宗光启三年(公元887年)进士及第。官至都官郎中,人称郑都官。

[题解]诗人与友人结伴同游长江三峡,在峡中茶区某地小江园里逗留期间,品尝江茶时诗人即兴写了这首优美的茶诗。特别是"入坐半瓯轻泛绿,开缄数片浅含黄"之句,诗意隽永,韵味悠长。

[笺注]

①峡中:在唐代属山南东道峡州。峡州在唐代是一个著名的产茶区。据唐代李肇《唐国史补》载,"峡州有碧涧、明月、芳蕊、茱萸"等四种名茶。

②摘露光:指在清晨日出前,采摘带着晶莹露珠的嫩茶芽。

③小江园:在峡州境内茶区。

④鸦山:指雅山茶。产于唐宣州宣城县(今属安徽宣城市)雅山。宋代梅尧臣有"昔观唐人诗,茶韵雅山佳"之诗句。

⑤鸟嘴:即鸟嘴茶。产于唐蜀州晋原,是唐时蜀州名茶之一。

⑥入坐、开缄句:言主人邀客入座饮茶时,每人的碗里只斟给半碗茶汤品尝;因为在煎茶前开封时,只取出数片"浅含黄"的精巧茶叶。这是贵如金玉,不可多得的上品香茗;如作豪饮,绝非佳品。"轻泛绿""浅含黄"六字为传神之笔。这呈现在客人面前茶碗中的峡中春茶,嫩绿清香,胜似流霞。

⑦鹿门病客:似指唐代诗人皮日休。他早年曾隐居襄阳(今属湖北)鹿门山,自号间气布衣、鹿门子。皮日休嗜茶,曾作《茶中杂咏》十首并序,同陆龟蒙唱和。

唐·秦韬玉(一首)

采茶歌(一作《紫笋茶歌》)

天柱香芽①绿香发,烂研瑟瑟穿荻筬②。
太守怜才寄野人③,山童碾破团团月④。

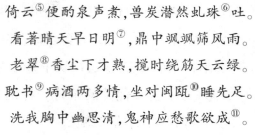

倚云⑤便酌泉声煮,兽炭潜然虬珠⑥吐。

看著晴天早日明⑦,鼎中飒飒筛风雨。

老翠⑧香尘下才熟,搅时绕筋天云绿。

耽书⑨病酒两多情,坐对闽瓯⑩睡先足。

洗我胸中幽思清,鬼神应愁歌欲成⑪。

[秦韬玉]生卒年不详。字中明。晚唐诗人。京兆(今陕西西安市)人。出身寒素,累举不第。尝为神策军判官。随僖宗入蜀,中和二年(公元882年)特赐进士及第,编入春榜。官至工部侍郎等职。

[笺注]

①天柱香芽:即霍山黄芽。产于唐寿州盛唐县(今安徽霍山县)霍山,一名潜山,亦名天柱山。唐代李肇在《唐国史补》里将"霍山之黄芽"列入唐代名茶之一。今安徽霍山黄芽,是黄茶类之极品名茶。

②烂研句:是言唐时"天柱香芽"之制法,已接近南唐时始制的"研膏茶"之工艺,比唐中期陆羽《茶经》里所说"捣茶"有了改进。鲜叶经研磨工序后成型,穿获篯投入茶焙进行烘焙。

③野人:在此非指山野村夫,而是指身无官职之人,是与在朝为官的太守相对而言。在唐代辞章里屡见此称。

④山童句:言山村小童用茶碾将形若满月的团茶碾成细粉,以备烹饮。

⑤倚云起六句:是言由小童提着烹茶器具,陪同诗人来到云若轻烟的山泉之畔,煎茶席地而饮的情景。低吟细品,真是饶有野趣风味。

⑥虬珠:龙子有两角者曰虬。虬珠,谓炭火爆出的火球,如火龙吐珠。

⑦看著句:似乎颇令人费解,既然是晴天,为何又盼着"早日明"?这是诗人"偷天换日"之妙笔。"依云"二字是预作的伏线,是言正在烹茶时,云雾越来越浓重了,眼睛几乎只能看见风炉里喷出的火焰,耳听着鼎釜中水将煮沸时发出的飒飒如风雨之声。这真是一幅绝妙的山泉云雾烹茶图。

⑧老翠二句:言末茶在釜中煎煮时以竹筷不时搅动,使茶梗下沉,沫饽浮起的情景。

⑨耽书句:谓因醉酒而耽误了寄书信,酒病、书信均由性情所致,故云两

多情。

⑩闽瓯：为建窑生产的陶瓷茶碗，以其色黑、釉彩凝重而著称于世。

⑪结语二句：是谓因饮了天柱香芽，驱走了睡魔，洗尽了胸中的幽思烦闷，又吟出了惊天地、泣鬼神的辞章。

唐·杜牧（一首）

茶 山

山①实东南秀，茶称瑞草魁②。

剖符③虽欲吏，修贡亦仙才④。

溪尽停蛮棹⑤，旗张卓翠苔⑥。

柳村穿窈窕⑦，松径度喧豗⑧。

等级云峰峻，宽平洞府开。

拂天闻笑语，待地见楼台⑨。

泉嫩黄金涌⑩，芽香紫璧裁⑪。

拜章期沃日，轻骑若奔雷⑫。

舞袖岚侵润，歌声谷答回。

磬声⑬藏叶鸟，云艳照潭梅。

好是全家到，兼为奉诏来。

树荫香做账，花径落成堆。

景物残三月，登临怆一杯。

重游难自料⑭，俯首⑮入尘埃。

[杜牧]（公元803~852年）字牧之。京兆万年（今陕西西安市）人。晚唐杰出诗人、散文家。世人为区别于杜甫，又称其为"小杜"。文宗太和二年（公元828年）进士及第。曾官宏文馆校书郎、监察御史、湖州刺史等职。

[题解]茶山，在唐湖州长城县（今浙江长兴县）顾渚山。地处太湖西

909

杜牧

岸,盛产紫笋茶,入品陆羽《茶经》,称其为茶中上品。据《吴兴县志》载:唐代中期大历五年(公元 770 年),在顾渚源建草舍三十余间于此造茶。至德宗贞元十七年(公元 801 年),湖州刺史李词以为院宇隘漏,建寺。以东廊三十间为贡茶院,专司造贡茶。按唐制每岁春三月采制第一批春茶时,湖、常二州刺史都要奉诏赶茶山督办修贡事宜。这首《茶山》诗,即是诗人在湖州刺史任内,作于宣宗大中四年(公元 850 年)春三月。

[笺评]杜牧这首《茶山》诗,对了解唐代贡茶具有一定史料价值。诗人以三分之一以上的篇幅,以写实之笔真实地记录了唐代一位刺史,乘奉诏修茶的机会,偕夫人、公子、小姐以及舞女、歌姬、乐班和随行人众,登临顾渚,歌舞酒宴,游乐挥霍的情景。由此可想而知贡茶的芳香,正是以广大茶民的血汗和泪水凝结而成的。

[笺注]

①山:泛指"孕育吴越"的太湖山水风光。亦寓指濒临太湖的顾渚之峰峦秀色。

②瑞草魁:茶名。产于安徽省郎溪县姚村乡雅山。从唐时起亦为宫廷贡茶。诗援引此茶来赞誉顾渚紫笋才是真正属茶中极品,独占贡茶魁首呢。

③剖符:语出《汉书·高帝传》:"与功臣剖符作誓,丹书铁券,金匮石室,藏之宗庙。"符:即符节,古代朝廷用作凭证的信物。符以竹、木或金属为之,上书文字,分割为二,各执其一,使用时两片相合为验。剖符典故是记载

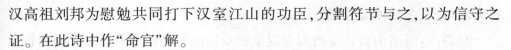

汉高祖刘邦为慰勉共同打下汉室江山的功臣，分割符节与之，以为信守之证。在此诗中作"命官"解。

④仙才：欲吏与仙才，是诗人抑扬自身之辞。是谓自身虽为受命的平庸官吏，今日有幸奉诏修茶，不啻是天遣仙职吗？

⑤蛮棹：蛮，原本泛指西南少数民族，含有轻蔑之意；棹为划水行船之工具。蛮棹为由江南船娘划棹撑篙的太湖画舫之代词。

⑥卓翠苔：是谓侍从人员将州刺史的仪仗旗帜、桌椅等架在生满藓苔的芳草地上。

⑦窈窕：在此非指"窈窕淑女"之美好貌，而是指云气。三国魏曹植《曹子建集》六《飞龙篇》："晨游泰山，云雾窈窕。"此谓当杜刺史等人众进入水口镇柳村时，晨雾仍未散去，大队仪仗似从云雾中穿过。谓之"穿窈窕"。

⑧喧阗：喧闹声。

⑨见楼台：从"柳村"起至"见楼台"六句，都是描写顾渚风光与抒发情感之句。在小溪尽头，顾渚山下的小村庄，掩映在千丝万缕的柳荫之中，安静的松林小径，由于地方长官大队仪仗的到来，也打破了往日的沉寂，村中男女老幼奔走相告，柳村内外顿时喧闹了起来。极目所见，峰峦起伏，流云似烟，隐现在云中的楼台寺院、岩乳洞府，也敞开了大门，迎接贵客光临。诗人见景生情，于是仰望长空，挥起手臂，发出笑语问青天：啊，美哉！这里难道不就是人间的仙山琼阁吗？

⑩黄金涌：指金沙泉。据《湖州府志》卷二十一载：在县（按：唐时湖州长城县，即今之浙江长兴县）北四十五里顾渚山下。唐时以此水造紫笋茶进贡（《吴兴统记》）。顾渚山贡茶院侧有碧泉涌出，灿如金星（宋毛文锡《金沙泉记》）。

⑪紫璧裁：顾渚紫笋贡茶是以紫色似笋的嫩茶芽所造，精制而成的茶饼如紫色璧玉所裁。再复以金沙泉水煎烹，那更是人间不可多得的茶中珍品了。

⑫拜章、轻骑：在第一纲贡茶造好时，督办修贡的地方长官要上表文，并派出轻骑特使日夜兼程，必须在朝廷清明宴之前送到长安，供皇帝以贡茶祭

祀天地宗庙,之后才能分赐近臣。

⑬磬声:顾渚山贡茶院西侧寺院里僧众诵经时敲击法器而发出的声音。

⑭自尅:尅,尅期,自己预期。

⑮俯首:本意为"俯首帖耳"。"驯服听命";在此做"长眠"解。结语二句,语意悲凉,诗人嗟叹人生无常。

唐·韦处厚(一首)

茶 岭①

顾渚②吴商绝③,蒙山④蜀信稀。

千丛因此始,含露紫英⑤肥。

[韦处厚](公元773~828年)字德载,初名淳,因避宪宗讳改。唐代诗人。京兆万年(今陕西西安)人。宪宗元和元年(公元806年)登进士第。官至礼部员外郎、翰林侍讲学士、兵部侍郎等职。

[笺注]

①茶岭:据《茶经述评》所考,此为"夔州的茶岭"。夔州唐时属山南西道,在今重庆市奉节县境。

②顾渚:顾渚紫笋。

③吴商绝:唐时湖州亦为吴兴郡治。是谓已不见吴地的商人贩运紫笋茶了。

④蒙山:蒙山茶。产于唐雅州名山区蒙顶山区。素有"扬子江心水,蒙山顶上茶"之誉。蒙顶茶从唐时起,为皇室贡品,非常珍贵。今四川名茶中有蒙顶甘露、蒙顶黄芽,均属上品茶。

⑤紫英:指茶岭上所产之茶品。诗人说,现在虽然难以见到顾渚紫笋与蒙山茶了,可是这里的"紫英"茶,肥嫩鲜醇,是完全可以同紫笋和蒙顶茶媲美的。

唐·李群玉(一首)

龙山人惠石廪方及团茶①

客有衡山隐②,遗予石廪茶。

自云凌烟露,采撷春山芽③。

圭璧相压叠,积芳莫能加④。

碾成黄金粉,轻嫩如松花⑤。

红炉⑥爨霜枝,越儿斟井华。

滩声起鱼眼,满鼎飘清霞。

凝澄⑦坐晓灯,病眼如蒙纱。

一瓯拂昏寐,襟鬲开烦挐。

顾渚与方山⑧,谁人留品差。

持瓯默吟味,摇膝空咨嗟⑨。

[李群玉](公元808?~862年)字文山。唐代诗人。澧州(今湖南澧县)人。少好吹笙,善书翰,苦心为诗。宣宗大中八年(公元854年)徒步远至京师,就诗三百。荐授弘文馆校书郎。其诗五言警拔,七言流丽,名句甚多,为后人所传颂。

[笺注]

①石廪:山峰名。在南岳衡山,即今湖南衡山县西。衡山有七十二峰,以祝融、天柱、芙蓉、紫盖、石廪五峰为著。石廪峰产石廪茶。"方""团"为饼茶之两种形状。

②衡山隐:点出龙山人为南岳衡山隐士。

③自云采撷二句:是诗人借隐者之言曰:此茶是凌晨在云雾弥漫的石廪峰上所采之早春带露茶芽。

④圭璧、积芳二句:言茶之精美,相叠成纹,如圭似璧,散发着天然的"茶

913

南岳衡山(局部)

之真香"。

　　⑤金粉、松花:谓用茶碾将方或圆形之石廪茶碾成细细末茶,如金粉、松花,轻嫩溢香。

　　⑥红炉至清霞四句:言煎茶过程,细致入微:令茶童越儿取来经霜松枝,汲取井泉佳水,点燃鼎状风炉,煮水煎茶。耳闻镇中微微有声,眼看水面鱼目散布,继而四边泉涌连珠,为之二沸,投茶于镇,镇中茶汤飘滚如雪浪白云。

　　⑦凝澄起四句:言灯下品茗及其功效。当诗人刚刚品饮了一杯香茗之时,连看景物都模糊的病眼,突然觉得清亮起来,眼前的灯光和天将晓时窗纱中透进的曙光都看得十分清楚。顿觉心胸开阔,消除了心中的烦恼和忧虑。

　　⑧顾渚:顾渚紫笋,已见前解。方山:茶名。产于福州,亦是唐代名茶。

　　⑨结尾四句:诗人手捧茶瓯,细品茶味,芳香清醇,觉得石廪茶已胜过久负盛名的顾渚紫笋和福州的方山茶,颇有些为鲜为人知的南岳石廪茶鸣不

平之嗟叹。

唐·李郢(一首)

茶山贡焙歌

使君①爱客情无已，客在金台②价无比。

春风三月③贡茶时，尽逐红旗到山里。

焙中清晓朱门开，筐箱渐见新茶来。

凌烟触露不停采，官家赤印连贴催④。

朝饮⑤暮蜀谁兴哀，喧阗竞纳不盈掬。

一时一晌还成堆，蒸蒸馥馥香胜梅。

研膏⑥架动声如雷，茶成拜表奏天子⑦。

万人争啖⑧春山摧，驿骑鞭声告流电⑨。

半夜驱夫谁复见？十日王程路四千⑩，

到时须及清明宴。吾君⑪可谓纳谏君，

谏官不谏何由闻？九重⑫城里虽玉食，

天涯吏役长纷纷。使群忧民惨容色，

就焙尝茶坐诸客，几回到口重咨嗟。

嫩绿鲜芳出何力？山中有酒亦有歌。

乐营房户皆仙家，仙家十队酒百斛。

金丝宴馔随经过，使君是日忧思多。

客亦无言征绮罗⑬，殷勤绕焙复长叹。

官府例成期如何？吴民吴民莫憔悴，

使君作相期苏尔。

[李郢]生卒年不详。字楚望。长安(今陕西西安)人。初家居杭州，以山水琴书自娱，疏于驰竞。宣宗大中十年(公元856年)进士及第，入幕湖

州、淮南等州为从事,入为侍御史。李郢工诗,尤擅七律。

[题解]茶山,指唐湖州长城县(今浙江长兴县)顾渚茶山。在太湖西岸。唐时在顾渚山设贡茶院。每岁采制春茶时,诏派州刺史亲临茶山督办修茶。这首《茶山贡焙歌》,约作于宣宗大中十一年(公元857元)春。作者于大中十年(公元856元)登进士第,入幕湖州当从事。此诗较详尽地记录了他陪同州刺史进茶山督办修茶时的所见所闻。对采制贡茶付出辛劳与血汗的广大茶民表达了深切同情;对身居九重的天子及朝中锦衣玉食的权臣显贵们作了辛辣的讽喻。

[笺注]

①使君:对地方长官之尊称。据《唐刺史考》所载,在宣宗大中十一至十二年,先后有崔准、萧岘为湖州刺史,未详谁是诗中所指之使君。

②客在金台句:指在采焙贡茶时应邀来茶山的客人。金台:指临时设置之待客场所。

③从春风三月至研膏十一句:描写阳春三月顾渚茶山采制贡茶时的宏大场面。贡焙每日凌晨朱门大开,成千上万的男女茶工涌入茶山,春茶碧绿,红旗招展,人声鼎沸,竞相采摘,随时送回贡焙,转入下道工序,场面蔚为壮观。

④连贴催:尽管茶工十分辛劳,地方长官昼夜督办,可是朝廷朱印牒文,还是接连送到,频频催逼。

⑤朝饮二句:言采制贡茶的茶工十分辛劳,由于采摘标准要求十分严格,茶工人众,竞相采摘,故有的茶工凌晨入山,到日暮时还未采到"一掬"茶。忍饥挨饿,苦不堪言。

⑥研膏:在唐代的茶诗里,"研膏"二字第一次在本诗里出现,是有重要意义的。我国茶学界一般认为,研膏茶始于南唐,兴于宋代。这里所说的"研膏"茶,尽管还不可能如宋代"北苑贡焙"研膏茶工艺那样精细,但至少说明在唐代后期,造茶工艺从制造较粗放的饼茶,已开始向工艺较精细的研膏茶过渡。从"研膏架动声如雷"句来看,这已不是陆羽《茶经》里所列的饼茶成型工具——单人操作的"杵"与"臼",而是像一种连动的机械研磨茶膏

⑦拜表:指州刺史在完成修茶任务时,向皇帝呈报的贺表。

⑧急啖:争饮之意。在此做争采茶芽解。

⑨莙:莙然,谓骨皮相离之声。莙流电,是说送贡茶的驿站骑手,为赶路程,不停地用鞭子狠狠抽马,几乎将马皮都抽裂了。

⑩路四千:谓从湖州到长安四千华里。送贡茶的驿骑,必须在十天内送到京城,赶上清明宴。

⑪吾君:指唐宣宗李忱,公元847~959年在位,年号大中。

⑫"九重"句:是诗人对天子及身居京城锦衣玉食的达官显贵们的讽喻。

⑬无言征绮罗:是言州刺史的忧民情思,也深深感染了宾客的情绪,在征求客人点歌舞、戏曲时,大家都沉默无言,也是一片叹息之声。

唐·李咸用(一首)

谢僧寄茶

空门①少年初行坚,摘芳②为药除睡眠。

匡山③茗树朝阳偏,暖萌如爪拿飞鸢④。

枝枝膏露凝滴圆⑤,参差⑥失向兜罗绵。

倾筐⑦短甑蒸新鲜,白纻眼细匀于研。

石排古砌春苔干,殷勤⑧寄我清明前。

金槽⑨无声飞碧烟,赤兽⑩呵水急铁喧。

林风⑪夕和珍珠泉,半匙青粉搅潺溪。

绿云轻绾湘娥鬟,尝来纵使重支枕,

胡蝶寂寥空掩关。

[李咸用]生卒年不详。晚唐诗人。陇西(今甘肃临洮)人。习儒业,久不第。曾辟为推官。因唐末离乱,遂寓居庐山等地。工诗,尤擅乐府、律诗。

[题解]赠茶者为庐山僧人修睦(公元？~918年)，俗姓赵。昭宗光化年间任庐山僧正(掌管佛教政务、执行拂律的僧官)。诗人寓居庐山时，与之交往甚密，常有唱和，结为诗友。他日李赴异地，僧以庐山茶相寄。

[笺注]

①空门：佛教名词。佛教宣扬"诸法皆空"，以"悟空"为进入涅槃之门，故称佛教为"空门"。此句是赞扬修睦少年为僧，志诚意坚，潜修佛事。

②"摘芳"句：言修睦所以采制药效功用显著的庐山茶，是为醒脑提神，坐禅时破除瞌睡。

③匡山：即庐山。在今江西九江市南。相传，周朝时有匡氏七兄弟上山修道，结庐而居。故称匡庐或匡山。庐山产茶历史悠久，大约始于东汉或西晋时期。

④飞鸢：鸢鸟，俗称老鹰。"匡山"起二句说，庐山上向阳的茶树长势苗壮，萌发出的肥嫩茶芽，似乎都能托起鸢鸟的起降。

⑤凝滴圆：谓茶树的生长环境。庐山北邻长江，南毗鄱阳湖，属高山云雾茶产区。茶树多在云雾笼罩中生长，饱经雨露滋润，采摘的鲜叶上都凝结着如膏脂般的露珠。

⑥参差：谓茶树枝条长短不齐，伸向四面八方，茶芽上生有白色茸毛，犹如兜上白色的"罗绵"一样。

⑦倾筐起三句：谓修睦采制春茶的过程。短甄：一种较浅、敞口用以炊物之瓦器。将采回的带露新鲜茶芽倒入甄器中，以蒸煮方法杀青；然后进入研磨工序，并用细密的白纻(麻布之类)过滤。在制成茶饼之后，再一排排放在古石台上，以日光晒干。

⑧殷勤：言友情深厚。修睦将刚刚焙好的春茶，在清明之前即寄到诗人手中。

⑨金槽：指茶碾。一般以铜铁制成，泛称金碾或金槽，以喻其珍贵。

⑩赤兽：指火势旺盛。正在煮水的风炉，已发出水沸的喧响。

⑪林风起五句：诗人说，他在春风和煦的夕阳之下，携带煎茶器具，来到林中珍珠泉畔，点燃风炉，烹茶品饮。因庐山茶非常珍贵，药效显著，仅放了

半匙,可是到了晚上,起卧数次,难以成眠,那里还会有"庄生梦蝶"呢?

唐·郑遨(一首)

茶　诗

嫩芽①香且灵,吾谓草中英②。

夜臼③和烟捣,寒炉④对雪烹。

惟忧⑤碧粉散,常见绿花生。

最是⑥堪珍贵,能令睡思清。

[郑遨](公元866~939年)字云叟。滑州白马(今河南滑县)人。唐末应进士试两举不第,遂入少室山(河南登封)为道士。后居华山与道士李道殷、罗隐之为友,世称"三高士"。后唐明宗时诏拜左拾遗,晋高祖以谏议大夫拜诏,皆不就。赐号逍遥先生,天福中卒。

[题解]郑遨这首诗载于《全唐诗》卷八百五十五。另见《茶董补》卷下宋郑遇《咏茶》一诗,五言八句,同郑遨诗雷同,前四句和第八句完全一致;第五、六、七句则只有个别字不同,三句分别为:"罗忧碧柳散。煎觉绿花生。最是堪怜处。"故请读者比较鉴别。

[笺注]

①嫩芽:从诗中"寒""雪"二字推测,此嫩芽当为早春刚萌发的茶芽。

②草中英:称赞"嫩芽"是茶中上品,堪称精英。

③夜臼:指将日间采摘的鲜叶(经蒸煮杀青),连夜用杵与臼将其捣碎、定型、烘焙。

④寒炉句:是一幅道士雪地烹茶图。翌晨时逢降雪,大地银装,道士燃起风炉,取雪煎茶,品饮香茗,赏雪赋诗,情趣高雅,颇为逍遥。

⑤惟忧二句:是道人对其焙茶工艺,尚觉欠佳(自唐陆羽《茶经》及其煎茶法问世之后,即崇尚茶汤呈雪乳色为佳),在煎煮时锾中茶汤里常常飘浮

着绿色的花沫。

⑥最是二句:谓尽管此茶焙制工艺欠佳,但最堪珍贵之处是,它能提神益思,破除瞌睡,有益于夜间诵经修道。

唐·齐己(四首)

1.闻道林诸友尝茶因有寄

旗枪①冉冉绿丛园,谷前②初晴叫杜鹃③。

摘带岳华④蒸晓露⑤,碾和松粉⑥煮春泉⑦。

高人⑧梦惜藏岩里⑨,白硾⑩封题寄火前⑪。

应念苦吟耽睡起⑫,不堪无过夕阳天。

[齐己](公元864～937?年)晚唐诗僧。俗姓胡,名得生。唐谭州益阳(今湖南省益阳市)人。幼孤聪慧,少年出家大沩山同庆寺,后栖南岳衡山东林寺、江陵龙兴寺等寺院。己性好放逸,爱乐山水,多才艺,能琴棋,擅书法,颇有诗名。

[题解]作者曾在岳麓山道林寺清修多年。这首诗是他在远离寺院之后,寄怀念之情所做的茶诗。

[笺注]

①旗枪:当春茶芽柄已发一叶,其形似旗,茶芽稍长,其形如枪,故称为"旗枪"。是言春茶之精细者。

②谷前:指在谷雨前采制的第一批春茶。

③杜鹃:鸟名。相传,为古蜀帝杜宇之魂所化。故曰杜鹃,亦曰子鹃、子规等名。诗中"谷前初晴叫杜鹃"之句是说,谷雨之前,天刚一放晴,杜鹃鸣啼之时,即是该采谷前茶的时候了。

④摘带岳华:指采摘岳麓山道林寺周围所产之玉露育孕而成的优质春茶。

⑤蒸晓露:指以锅蒸法杀青含有晨露的鲜叶。

⑥松粉:碾成粉状微带松花色味的末茶。

⑦煮春泉:以清甘之泉水煮茶。

⑧高人:喻指道林寺得道高僧,是作者对诸僧友之敬称。

⑨藏岩里:诗人说,他曾梦见僧友们将岳麓茶珍藏在岩洞里。

⑩白硾:似指白色石料制成的研捣茶的工具。

⑪火前:茶焙之前。诗人是说,僧友们将刚刚焙好的春茶趁热封装后及时寄来了。

⑫应念二句:是诗人点题寄怀之笔。僧人诗里一般忌用"情"字,但怀念故友之情却跃然纸上。因品尝僧友们所寄岳麓春茶,睹物思友,苦思低吟,作诗寄怀,几乎彻夜不眠。由于起得迟,耽误了诵晨经的时间,虽不算太迟,亦感到有些难堪。

2.尝 茶

石屋晚烟生①,松窗铁碾声②。

因留来客试,共说寄僧名③。

味击诗魔乱,香搜睡思轻④。

春风雪川⑤上,忆傍绿竹行⑥。

[笺注]

①石屋:寺院里生风炉煮茶之所。

②铁碾声:在点燃风炉煮水之同时,亦在面对古松的窗下,转动铁碾研茶,碾轮滚动时发出有规律的声音,烘托出主人晚间待客饮茶时的气氛。

③寄僧名:指远方寄茶僧友之法名。

④味击、香搜二句:是言当品饮了芳香清醇的新茶之后,精神兴奋异常,打乱了作诗的思路,一时竟不成章;而茶的香气几乎把睡意也都赶走了。

⑤雪川:即指苕雪溪。苕雪二溪是浙江的著名山水,也是吴兴的别名。素有"苕雪溪山吴苑画"的美誉。雪溪源出天目山,分有二源,其中一源出

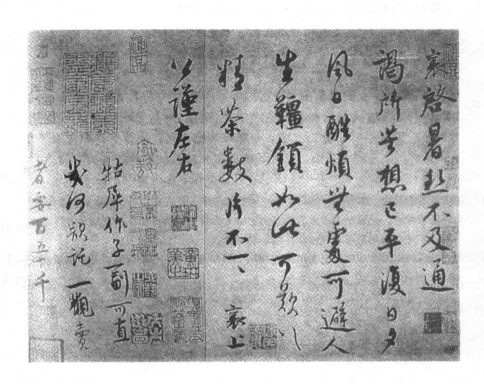

自山南（东天目山），东流经临安、余杭等地折而北，流经德清县为余石溪，至吴兴为苕霅溪。

⑥结句：作者说，由于饮了产自吴兴（按：吴兴地区是唐代著名产茶区）的春茶，令人忆起往昔在吴兴漫游时，曾访问过碧绿的茶园和青翠的竹林，贪图过山水如画的霅川风光。

3.谢中上人寄茶①

春山谷雨前②，并手摘芳烟。

绿嫩难盈笼③，清和易晚天。

且招④临院客，试煮落花泉。

地远相劳寄，无来又隔年⑤。

922

［笺注］

①上人：佛教称谓。一般指持戒严格，精于义学之僧。《释氏要览》：

"内有德智,外有胜行,在人上之人,曰上人。"

②春山二句:言僧友们在轻雾如烟的春山里,亲自采摘谷前茶的情景。

③绿嫩二句:是说翠绿鲜嫩的春山野茶很稀少,乃至天色将晚时,还未采满筐。

④且招三句:是赞扬僧友施惠于人的风格。尽管佳茗难得,还要以春泉试煎招待临院客人,又劳远方相寄,真是令人十分感佩。

⑤结句:表达思念僧友之情。又有一年没相见了,不知何时才有重逢相聚之日。

4.谢湄湖茶①

湄湖唯上贡,何以惠寻常。

还是诗心苦,堪消蜡面香②。

碾声通一室,烹色带残阳③。

若有新春者,西来信勿忘。

[笺评]齐己这首茶诗的重要意义在于,它为学者研究唐代末期茶叶制造工艺的发展提供了史料。在一些茶史资料中,一般认为研膏茶的生产始于宋代。可是李郢约于宣宗大中十一年(公元857年)春,在《茶山贡焙歌》里使用"研膏"二字,至唐末诗僧齐己在这首茶诗中使用了"蜡面香",这说明在唐代末期,为宫廷制造的贡茶中,已开始生产工艺较为精细的研膏茶了。

[笺注]

①湄湖:在湖南省岳阳县南。本作濿,亦曰翁湖,因冬春水涸,昔人称之为干湖。湄湖茶为唐时贡茶。

②蜡面香:为研膏茶称谓。是说在圆或方形的茶饼上涂上含有香料的膏油。在饮用前先将上面的膏油刮去,以文火将茶饼烤炙松软,冷却后再用茶碾碾成粉状,过茶罗后烹饮。

③烹色带残阳:是说煎好的茶汤里,呈现出如"残阳"般的金黄色,是赞湄湖贡茶品质极佳。

923

中華茶道

唐·成彦雄（一首）

煎 茶

岳寺①春深睡起时，虎跑泉畔思迟迟②。
蜀茶③倩个云僧碾④，自拾⑤古松三四枝。

[成彦雄]生卒年不详。字文幹，江南人。南唐诗人。曾登进士第。其诗多为写景咏物之作，长于绝句。《煎茶》诗就是构思巧妙的绝句之一。

[笺注]

①岳寺：谓诗人在晚春之际游历某名山时借宿古刹。从诗的构思与意境推测，其地似在四川，并非在杭州。

②虎跑泉：在浙江杭州市西湖西南大慈山白鹤峰下。它名列杭州诸泉之首。素有"天下第三泉"之称。思迟迟：诗人说，他在起床前感到口渴，想要饮茶时，又忆起往日游历杭州，在虎跑泉畔饮茶时，那泉甘茶香永铭于怀的情景。

③蜀茶：泛指巴蜀之地所产之名茶。唐李肇在《唐国史补》记载："东川有神泉、小团、昌明、兽目"等名茶。

④倩个云僧碾：谓诗人请寺僧代为碾茶。倩，在这里读请，央求之意。见《方言》按：凡事请人代之曰"倩"。个，为助语词。

⑤自拾：因由寺僧代为碾茶，诗人便到寺外林中拾来三四枝古松枯枝，用以煎茶。

吕 岩（一首）

大云寺茶诗

玉蕊一枪①称绝品，僧家造法②极工夫。

兔毛盏③浅香雪白,虾眼④汤翻细浪俱。

断送睡魔离几席,增添清气入肌肤⑤。

幽丛⑥自落溪岩外,不肯⑦移根入上都⑧。

[吕岩]即吕洞宾。传说中的"八仙"之一。字洞宾,别号纯阳,自称回道士,世称"回仙"。河中(今山西永济西)人。唐礼部尚书吕渭之孙,海州刺史吕让之子。懿宗咸通间应进士试不第,遂入华山,遇隐士钟离权及苦竹真人,遂得道成仙。世人习惯上称其为纯阳祖师或吕祖。许多地方建有其庙宇祠堂。其事迹自宋太宗末年见传世以来,越演越繁。《全唐诗》存吕岩诗四卷凡二百五十余首。凡涉人与事皆在宋代。据《唐诗大辞典》(江苏古籍 1990 年 11 月版)载其经历时称:"唐代是否有其人尚难肯定。其诗多为他人托名所作。"

[笺注]

①玉蕊一枪:谓初春刚萌发的第一枚茶芽,鲜嫩如笋,故称其为绝品。

②僧家造法:谓此茶为大云寺僧人按寺院制茶方法所造,工艺极精。

吕洞宾

③兔毛盏:亦名兔毫盏。为宋代建窑生产。"兔毫天目"茶碗为其精品之一。在临近碗底部有两个如兔毫的白点,犹如双目,故名。以其釉彩凝

重,具有典雅的民间风格而著称于世。

④虾眼:乃为古时煎茶候汤之法。为水之二沸。在宋代苏轼的茶诗里亦有称其为"鱼目""蟹眼"者,均此一理。

⑤断送、增添句:言玉蕊茶品质高、功效显,饮后令人神清气爽,可以彻夜不寐。

⑥幽丛:言此茗树生长在峭壁幽谷、溪泉之畔,极不易得。

⑦不肯句:言茶有不可易地栽植的习性。通观今古名茶,确为天地钟爱所育。移之他地不易成活,即便能活,茶味也变了。故古时将订婚之礼仪称之为"下茶",是喻婚姻不易之理。

⑧上都:京师、首都。《文选》汉班孟坚(固)《西都赋》:"实用西迁,作我上都。"此似指唐代京城长安。这句诗是说,这样的奇茗嘉木是不肯移根入京城的,实乃借物喻人(仙),颇有仙山胜似宦海之意。

宋·丁谓(一首)

咏茶

建水①正清寒,茶民②已夙兴③。
萌芽④先社雨⑤,采掇带春冰。
碾细香尘起⑥,烹新玉乳凝⑦。
烦襟时⑧一啜,宁美⑨酒如渑⑩。

[丁谓](公元962~1033年)字谓之,后改字公言。长洲(今江苏省苏州)人。少与孙何齐名,称孙丁。宋淳化三年(公元992年)进士。曾任福建漕司。真宗时,寇准为相,谓参政,排挤准去而代之。仁宗时被贬崖州。以曾封晋公,故亦称丁晋公。

[笺注]

926

①建水:即建溪。源出福建省浦城县仙霞岭,曰南浦溪。西南流至建瓯

县为建溪。正清寒,谓早春之溪水,清澈寒碧。

②茶民:指宋时建安郡(县)之茶民。据宋赵汝励《北苑别录》记载,从北宋太平兴国(公元976~984年)年间起,即在建溪之滨的建安县凤凰岭北苑建御茶园四十六所,方圆广袤三十余里。建溪在凤凰岭之南,是为外焙。

③凤兴:犹凤昔之兴致。是谓茶民们如往昔(年)一样,又到兴高采烈地采春茶时间了。

④萌芽、采掇二句:是言采春茶之时间。《北苑别录》:"惊蛰节万物始萌。每岁常以前三日开焙。遇闰(月)则后,以其气候少迟故也。"又《建安县志》:"候当惊蛰,万物始萌,漕司常前三日开焙。""遇闰则后二日。"

⑤社雨:即春雨之谓。社雨,时令名。《正字通》:"立春后,五戊为春社。春社本为朝廷春季祈农之祭,渐为民俗,常以饮酒相聚,以祈农桑丰收。"王驾《社日诗》:"桑柘影斜春社散,家家扶得醉人归。"

⑥香尘起:古代所饮之茶,同现代所饮之散茶不同。宋时崇尚研膏茶龙团、凤饼,其工艺极精细。在饮用前经茶碾成极细粉状时,茶屑飞起,散发出阵阵清香。

⑦玉乳凝:由于宋时造茶研工极细,"茶色贵白",所以在点茶后,在碗面上呈现出乳状茶汤。苏东坡《茶词》有"汤泼雪腴酽白,钱浮花乳轻圆"之句。

⑧烦襟时:是谓选择饮茶时间(之一)。明许次纾《茶疏·饮时》有曰:"心手闲适,披咏疲倦,意绪纷乱……"唐代韦应物《喜园中茶生》有"为饮涤尘烦"之句。在意绪不宁时饮茶,可令人清心、醒脑、荡除烦襟。

⑨宁羡:勿羡。意为可不必羡慕渑水酿造的美酒。

⑩酒如渑:渑,渑即渑水。源出山东省临淄县西北古齐城外,亦称汉溱水。西北流经博兴县东南入时水。《左传》昭十三年"有酒如渑"即指此水。

宋·范仲淹(一首)

和章岷从事斗茶歌

年年春自东南来,建溪①春暖冰微开。

溪边奇茗冠天下,武夷仙人②从古栽。

新雷③昨夜发何处,家家喜笑穿云去。

露芽错落一番荣,缀玉含珠散嘉树④。

终朝采掇未盈襜⑤,唯求精粹不敢贪。

研膏⑥焙乳有雅制,方中圭分圆中蟾⑦。

北苑⑧将期献天子,林下英豪先斗美⑨。

鼎磨云外首山铜⑩,瓶携江上中泠水⑪。

黄金碾⑫畔绿尘飞,紫玉瓯⑬心雪涛起。

斗余味兮轻醍醐⑭,斗余香兮薄兰芷⑮。

其间品第胡能欺,十目⑯视而十手指。

胜若登仙不可攀⑰,输同降将无穷耻。

于嗟天产石上英,论功不愧阶前蓂⑱。

众人之浊我可清⑲,千日之醉我可醒。

屈原⑳试与招魂魄,刘伶㉑却得闻雷霆。

卢仝㉒敢不歌,陆羽㉓须作经。

森然万象中,焉知无茶星㉔。

商山丈人㉕休茹芝,首阳先生㉖休采薇。

长安㉗酒价减千万,成都药市无光辉。

不如仙人一啜好,泠然便欲乘风飞。

君莫羡,花间女郎只斗草㉘,赢得珠玑满头归。

[范仲淹](公元989~1052年)字希文。苏州吴县(今属江苏苏州)人。

北宋政治家、文学家。大中祥符进士。官至枢密副使、参知政事。一生为官清正廉洁,又以生活俭朴、品德高尚著称于世。

范仲淹

[题解]希文和其属官章岷从事斗茶并做了这首脍炙人口的《斗茶歌》。斗茶在古代茶文化园地里占有一席之地。斗茶,始于唐,兴于宋。最初,只是作为评比茶质优劣的方法。如白居易在《夜闻贾常州崔湖州茶山境会想羡欢宴因寄此诗》中即有:"紫笋齐尝各斗新。"说的是湖州顾渚山的紫笋茶同常州唐贡山的紫笋茶斗新争奇的情景。到了宋代,"斗茶"却成为茶文化生活中一种常见的活动形式。一般在三个层次进行:一是,在民间茶山或御焙,对新制的茶作品尝评鉴;二是,贩茶、嗜茶者在市井上开展的招揽生意的斗茶活动;三是,文人雅士以及朝廷命官,在闲适的茗饮中采取的一种高雅的茗饮方式。在斗茶中一争水品、茶品(以及诗品)和烹茶技艺之高下。这首斗茶歌中说的是后者。它在宋代文士茗饮活动中颇有代表性。宋代的一些著名茶道大师、品泉高手,如苏轼、陆游、黄庭坚、梅尧臣、欧阳修、蔡襄等人,都有斗茶的逸闻流传于世。如,宋代江休复《嘉祐杂志》:"苏才翁(苏轼)尝与蔡君谟(襄)斗茶。蔡茶水用惠山泉,苏茶小劣,改用竹沥水(天台山竹沥水)煎,遂能取胜。"斗茶,亦曰"斗茗"。宋陆游《剑南诗稿》五《晨雨》:"青蒻云腴开斗茗,翠罂玉液取寒泉。"

929

　　[笺注]

　　①建溪:水名。此指建溪茶。产于建安(今福建建瓯市)鍪源山(北临凤凰山北苑御茶园),因山临建溪口,故名建溪茶,亦名鍪源茶。建溪茶同宋代"名冠天下"的北苑贡茶,均属天下茶中极品。当时斗茶者,多以北苑贡茶绝品进行品饮斗比,因避讳用"贡茶"之名,常以建溪茶作代词。

　　②武夷仙人:武夷,指武夷山(在今福建崇安县南15公里);相传,凤凰山、鍪源山之茶,是武夷仙人自古栽下的茶树,非同人间之凡品。

　　③新雷起六句:是描写民间茶农于惊蛰后喜笑颜开地上山采茶的情景。据《东溪试茶录》记载:"建溪茶比他郡最先。北苑、鍪源者尤早。岁多暖则先惊蛰十日即芽;岁多寒则后惊蛰五日始发。先芽者气味俱不佳,唯过惊蛰者,最为第一。民间常以惊蛰为候。"

　　④嘉树:指茶树。陆羽在《茶经·一之源》说:"茶者,南方之嘉木也。一尺、二尺乃至数十尺。"

　　⑤襜:即围裙。《诗·小雅·采绿》:"终朝采蓝,不盈一襜。""终朝采掇未盈襜"是说,由于早春茶芽刚萌发,珍稀难采,采茶女从清晨至日暮还未采满一围裙。

　　⑥研膏二句:是写制造研膏茶的情景。诗中所言斗茶用的研膏茶,形若满月,中有方孔如圭,十分精巧名贵。

　　⑦蟾:即月亮。"蟾"本为蟾蜍,即癞蛤蟆,因古代神话月中有蟾蜍,蟾遂成为月亮的代称。

　　⑧北苑:指北苑御焙。宋太宗于太平兴国年间,于建安郡(今福建建瓯市)东15公里凤凰山北苑建御焙,派官员为宫廷监造贡茶。宋代赵汝砺在《北苑别录》详细记载了北苑制造贡茶的情景。岁贡最多时分三等十二纲,共四万八千余铐。每纲春茶制好后,要派专员日夜兼程,送往京城开封。

　　⑨斗美:此指每岁御焙各茶场造出新的贡茶品种时,都由监修贡茶的官员及民间品茶高手,最先在御焙进行品尝评试,排出品第。

　　⑩鼎与首山铜:鼎,为古鼎状的煎茶风炉。最初为陆羽设计制造,此炉设计精巧,上有三足、两耳、三个通风孔,并铸有寓意深刻的图像和铭文,为

茗饮者家中必备之茶器。首山铜:是作者引用《史记·孝武帝本纪》的典故。传说,黄帝采首山(在今河南襄城县南)铜铸鼎,鼎成后升天。此鼎后为汉武帝所得。上有云龙盖顶。诗人引用此典故,比喻现在斗茶用的铜鼎,就像古鼎那样珍贵。

⑪中泠水:诗人说斗茶时选用的水品,是取镇江金山之西、号称天下第一泉的中泠泉水。

⑫黄金碾:茶碾。古代茶碾多以铜铁铸造,黄金碾是言该碾极其精美名贵。

⑬紫玉瓯:指宋代建窑出产的黑紫色茶碗。宋代从皇帝到大臣都喜爱使用建窑出品的黑紫色兔毫天目茶碗。宋徽宗尝说:"盏以青为贵,兔毫为上。"苏轼在《送南屏谦师》诗曰:"道人晓出南屏山,来试点茶三昧手。忽惊午盏兔毫班,打作春瓮鹅儿酒。"这说明苏轼同南屏山道人斗茶时也是使用的兔毫盏。建窑黑色茶盏,以其造型精巧大方,釉彩凝重而著称于世。

⑭醍醐:美酒。

⑮兰芷:即兰草和白芷两种香草。

⑯十目与十指:十目二字点明了诗人同章岷斗茶时,还另有特邀品茗裁判三名,所以才有"十目"之说;"十指",是说每一方斗茶者双手在表演烹茶操作。

⑰"胜若登仙"起四句:是言斗茶者的胜负功过。胜若登仙,实属不易;败如降将,羞愧难当;可是论及胜者功劳时,只不过如阶前的一颗蓂草,在心里有一点胜利者的喜悦而已。

⑱蓂:为蓂荚之蓂。为古代传说中的瑞草名。

⑲众人起三句:诗人在此引用屈原《渔父》词:"举世皆浊,我独清,众人皆醉,我独醒。"以申明希文一生为官清廉。

⑳屈原(约公元前340—约公元前278):名平,字原;又自称名正则,字灵均。战国楚人,与楚王同姓。故里传为今湖北省秭归县。我国历史上第一位伟大诗人。"楚辞"这一文学的创始人。初辅佐怀王,做过左徒、三闾大夫。后遭谗毁,被放逐。在秦兵攻破楚国首都郢城之后,于是年五月五

日,忧愤投汨罗江自尽。

㉑刘伶:晋沛国人。字伯伦。与阮籍、嵇康等好友,称竹林七贤。纵酒放达,乘鹿车,携一壶酒,使人荷锸相随,说:"死便埋我。"尝著《酒德颂》。自称:"惟酒是务,焉知其余。"仕晋为建武将军。

㉒卢仝:小传从略。

㉓陆羽:小传从略。

㉔茶星:指陆羽。诗人已科学地预言到陆羽必将成为名传千秋的"茶星"。

㉕商山丈人:商山,在今陕西省商县东,亦名商巅、高坂。商山丈人,似指商山四皓:汉初,商山四个隐士,名东园公、绮里季、夏黄公、甪里先生。四人须眉皆白,故称四皓。

㉖首阳先生:首阳,山名。在山西省永济市南。即雷首山,又名首山。首阳先生,是寓指伯夷、叔齐的典故。据《史记·伯夷列传》、三国蜀谯周《古史考》等文献记载:伯夷、叔齐是商末孤竹君之二子。父欲立叔齐,及父卒,叔齐让伯夷。伯夷曰:"父命也。"遂逃去。叔齐也不肯立,而逃之……及到武王伐纣时,伯夷、叔齐隐于首阳山,采薇而食之。野有妇人谓之曰:"子义不食周粟,此亦周之草木也。"于是兄弟二人饿死于首阳山。

㉗长安、成都二句:是说,由于饮茶之风大盛,致使长安的酒价暴跌;而由于人们饮茶,增进了健康,成都药店里显得十分凄清冷落,已不见往日的繁忙景象了。

㉘斗草:古代民俗,在五月初五端阳节,妇女们有斗草之戏,唐人称为"斗百草"。见南朝梁宗怀《荆楚岁时记》。唐代诗人司空图《灯花诗》有云:"明朝斗草多应喜,剪得灯花自扫眉。"范仲淹在这首《斗茶歌》里特地点出古代妇女"斗草"之戏,亦是别具韵味与风情的。

中华茶道

宋·梅尧臣 (一首)

宣城张主簿①遗雅山茶②(节录)

昔观唐人诗③,茶咏鸦山佳。

鸦衔茶子生,遂同山名鸦。

重以初枪旗④,采之穿云霞。

江南虽盛产,处处无此茶。

纤嫩如雀舌⑤,煎烹比露芽。

竞收青蒻⑥焙,不重漉酒纱⑦。

顾渚⑧亦颇近,蒙顶⑨来以遐。

双井⑩鹰掇爪⑪,建溪⑫春剥葩。

日铸⑬井香美,天目⑭犹稻麻。

吴人与越人⑮,各各斗相夸。

……

[梅尧臣](公元1002~1060年)字圣俞。宣城(今属安徽)人,北宋诗人。宣城古名宛陵,故世称梅宛陵。少年时应进士不第,中年时受仁宗召试,赐进士出身,授国子监直讲。官至尚书都官员外郎。诗与苏舜钦齐名,世称"苏梅"。

[题解]这首诗是作者为酬谢其家乡——宣城县张主簿惠赠雅山茶与诗,作的一首咏茶诗。当时诗人很可能身在异乡,忽然见到家乡雅山佳茗及张主簿赠诗,煎茶品茗,赏文吟咏,顿觉神清气爽,兴奋不已,于是即兴挥毫赋诗,写了咏唱雅山茶的赞歌。

[笺评]诗人在其四十四句、二百二十言的诗中,以超过二分之一的篇幅,盛赞其家乡——宣城雅山茶之精美绝伦。开篇藉助唐人歌咏雅山茶诗,点出雅山茶名之由来。继以比兴手法来赞颂雅山茶品质超逸,韵冠群

芳——是云霞中初展之枪旗,纤嫩如雀舌、胜露芽;顾渚紫笋,蒙顶石花,建溪"冰雪"(苏东坡有赞建溪茶"冰雪心肠好"之诗句),双井草茶,天目云雾,日铸雪芽等等江南、西川珍茗瑞草,似乎都无法比拟梅宛陵家乡的雅山茶。

梅尧臣

唐宋文人,常常在诗词中夸赞自己家乡的茶香水佳。如南宋诗人陆游外出游历时,常常携带会稽山所产的日铸雪芽,到处寻甘泉煎尝,并作诗夸赞云:"囊中日铸传天下,不是名泉不合尝。"但如梅宛陵在茶诗中如此夸赞雅山茶者,真可谓是"前无古人,后无来者",堪称古今第一家。

[笺注]

①张主簿:经历未详。主簿,县令之属官,负责文书簿籍,掌管印鉴,为掾史之首,参与政事。

②雅山茶:亦名鸦山茶。安徽宣城鸦山产茶历史悠久,唐时已载入陆羽《茶经》,在宋代梅尧臣写了这首雅山茶诗之后,更是成为闻名遐迩的江淮名茶了。明王象晋《群芳谱》说:"宣城县丫山……其山东为朝日所烛,号曰阳坡,其茶最胜……题曰丫山阳坡横文茶,一名瑞草魁。"

③唐人诗:唐郑谷在《峡中尝茶》诗中有"吴僧漫夸雅山好"之句。是为扬抑之语,因有人夸雅山茶韵佳,所以才有郑谷"漫夸"之说。

④枪旗:茶名,亦是茶芽精细之谓。唐陆龟蒙诗有曰:"酒帜风外㪚,茶

枪露中撷。"注:"茶萼未展者曰枪,已展者曰旗。"

⑤雀舌、露芽:均言雅山茶至精至嫩也。

⑥青蒻:柔软的青蒲草。宋代崇尚研膏茶,造茶时,先将鲜叶芽洗净,研成膏状,做成饼形,裹以青蒻,投放于茶焙中,以文火慢慢烘干,以育茶香。此即诗中所云"青蒻焙"是也。

⑦漉酒纱:此指滤水囊与绿油囊。滤水囊是古代煎茶时的滤水器。

⑧顾渚:即顾渚紫笋。

⑨蒙顶:茶名,古有蒙顶石花,今有蒙顶甘露、蒙顶黄芽。

⑩双井:指产于江西修水的双井茶。北宋文学家欧阳修在《归田录》称:"草茶双井第一。"苏东坡曾作《黄鲁直以诗馈双井茶次韵为谢》诗,称赞该茶是:"江夏无双种奇茗。"

⑪鹰掇爪:掇,在此做采拾解,是言弯弯如钩的双井茶(指成品茶形状)也是容易采制的;另"鹰爪"二字亦寓指一种名茶,产于蜀州。

⑫建溪:即指产于建安(今福建建瓯市)的建溪茶。因茶区临建溪口故名。因建安古时称壑源,故建溪茶亦曰壑源茶。因一般文人在诗词中避讳北苑贡茶,故常以建溪、壑源茶作为代词。

⑬日铸:日铸雪芽。

⑭天目:即天目山茶。据《临安县志》说:"万历旧志:云雾出天目,各乡俱产,唯天目者最佳。"

⑮吴人与越人:分别指湖州(吴兴郡)人与越州(今绍兴地区为古越国)人。湖越二州自唐宋以来即为江浙两大产茶区。

宋·欧阳修(一首)

双井茶

西江①水清江石老,石上生茶如凤爪②。

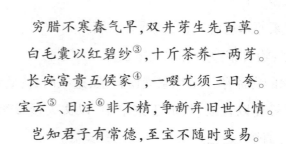

穷腊不寒春气早，双井芽生先百草。

白毛囊以红碧纱③，十斤茶养一两芽。

长安富贵五侯家④，一啜尤须三日夸。

宝云⑤、日注⑥非不精，争新弃旧世人情。

岂知君子有常德，至宝不随时变易。

君不见建溪⑦龙凤团⑧，不改旧时香味色。

[欧阳修]（公元1007~1072年）字永叔，自号醉翁、六一居士。吉水（今江西省吉水县）人。北宋文学家、史学家，"唐宋八大家"之一。天圣进士，曾官枢密副使、参政知事。谥文忠。由于支持范仲淹的政治革新运动，为守旧派所排挤，又因与王安石政见不合，辞官隐退。在散文诗词创作、史传编纂、诗文评论等方面都有较高成就。《与高司谏书》《朋党论》《醉翁亭记》《秋声赋》等为其代表作。有《欧阳文忠集》传世。

欧阳修·《醉翁亭记》

[题解]双井茶,产于宋洪州分宁县(今江西省修水县)城西双井,故名。古时当地土人汲双井之水造茶,茶味鲜醇胜于他处。从宋时起渐有名气。诗人的《归田录》云:"草茶盛于两浙,两浙之品,日注(铸)第一。自景祐(宋仁宗年号,公元 1034～1038 年)以后,洪州双井白芽渐盛。近岁制作尤精……其品远出日注(铸)之上,遂为草茶第一。"

[笺评]欧阳修,精通茶道,同范仲淹、梅尧臣、蔡襄、苏轼、黄庭坚等都是北宋品泉大家。如诗人在《尝新茶呈圣俞次韵再拜》诗云:"吾年向老世味薄,所好未衰唯饮茶。""亲烹屡酌不知厌,自谓此乐真无涯。"梅尧臣在唱和诗中评其对茶品的鉴赏力时云:"欧阳翰林最识别,品第高下无欹斜。"

这首《双井茶》,亦是诗人辞官隐居时晚年之作。借咏茗以喻人,抒发感慨。对人间冷暖,世情易变,作了含蓄的讽喻。阐明君子应以节操自励。即使犹如被"争新弃旧"的世人淡忘了的"建溪"佳茗,但其香气犹存,本色未易,仍不改平生素志。一首茶诗,除给人以若许茶品知识,又论及了处世做人的哲理,给人以启迪。

[笺注]

①西江:指修水。源出湖南幕阜山入江西,流经修水县(县以水名)自西而东入鄱阳湖,故称西江水。

②凤爪:双井茶芽纤细之谓。

③红碧纱与一两芽两句:谓双井茶装封精美、品质珍贵。作者《归田录》记载:古时双井草茶"制作尤精,囊以红纱,不过一二两,以常茶十数斤养之,用辟暑湿之气"。

④五侯家:语出唐代韩口《寒食》:"春城无处不飞花,寒食东风御柳斜。日暮汉宫传蜡烛,轻烟散入五侯家。"五侯:汉成帝时,封舅王谭、王商、王立、王根、王逢皆为侯,时人谓之五侯。

⑤宝云:即宝云茶。据南宋《咸淳临安志》载:"钱塘(今属浙江省杭州市)宝云庵产茶,名宝云茶。"

⑥日注:即今之日铸雪芽,简称日铸茶。

⑦建溪:即建溪茶。

⑧龙凤团：即指宋代贡茶龙团、凤饼。据宋赵汝砺《北苑别录》载：于宋太宗太平兴国(公元 976~984 年)年间，在建安东三十里凤凰山下北苑建立御茶园，始造龙团凤饼研膏茶晋献宫廷。

宋·蔡襄(一首)

试 茶

兔毫紫瓯新①，蟹眼②清泉煮。

雪冻③作成花，云闲④未垂缕。

愿尔池中波⑤，去作人间雨。

[蔡襄](公元 1012~1067 年)字君谟。宋仙游(今福建省仙游县)人。天圣八年(公元 1030 年)进士。庆历三年(公元 1043 年)知谏院。尝知福、泉、杭三州，福州漕司，官累至端明殿学士。蔡襄精通茶道，是北宋品泉大家之一。著有《茶录》《荔枝谱》等传世。

[题解]《试茶》为作者《北苑十咏》之一。据宋赵汝砺《北苑别录》载："建安之东三十里，有山曰凤凰，其下直北苑。旁联诸焙，厥土赤壤，厥茶惟上上。太平兴国(公元 976~984 元)中，初为御焙，岁模龙凤，以羞贡篚益表珍异。庆历(公元 1042~1048 扑)中漕台益重其事，品数日增，制度日精。厥今茶自北苑上者，独冠天下，非人间所可得也。"《北苑十咏》正是作者于宋仁宗庆历年间，出任福建漕司监制北苑贡茶时期之作。

[笺注]

①兔毫：即建窑生产的黑紫釉茶盏。紫瓯新：诗人是说，以新品紫色兔毫盏来品试刚出焙的极品贡茶，心中十分惬意。

②蟹眼：为古时烹(点)茶候汤之法。诗人在其《茶录》中说："候汤最难，未熟则沫浮，过熟则茶沉。前世谓之蟹眼者，过熟汤也。沉瓶中煮之不辨，故曰候汤最难。"

③雪冻:宋时喜欢研膏茶,茶色贵白。"雪冻"即是刚烹好的茶浮在碗面上的茶乳,又称茶花,其如冻雪一般洁白。

④云闲:因研膏茶为极细粉状,经沸汤烹点之后,茶花凝聚如白云,在碗面上浮动而不下沉。所谓"未垂缕"是也。

⑤池中波与人间雨:是抒怀之句。也许诗人在品茶时联想到天下能品尝极品贡茶的人毕竟是很少的,又有多少人或许连粗茶也喝不上呢?所以诗人默默祝愿:这试茶的一泓清泉去化作鲜醇甘美的茶汤,如玉露甘霖,以滋润人间渴求饮者的心田。出于朝廷命官笔下的这两句诗,正是《试茶》可贵之处。即所谓古代文学的人民性吧。

宋·苏轼(五首)

1.次韵曹辅寄壑源①试焙新芽

仙山灵草②行云湿,洗遍香肌粉未匀。

明月来投玉川子③,清风吹破武林④春。

要知冰雪⑤心肠好,不是膏油首面新。

戏作小诗君莫笑,从来佳茗似佳人⑥。

[苏轼](公元 1037~1101 年)字子瞻,一字和仲,自号东坡居士。眉山(今属四川)人。北宋文学家、书画家。嘉祐进士。曾官殿中丞,知杭、密、徐州等职。一生坎坷,屡遭打击,但心胸旷达,被贬地方官其间每有政绩。在散文、诗词、书画方面都有极高成就。与父洵、弟辙并称"三苏"。同属"唐宋八大家"之列。苏轼精通茶道,写了不少脍炙人口的咏茶诗词,有若干佳句,成为千古绝唱,在茶文化百花园中独放异彩。

[题解]曹辅时任福建转运使(亦称漕司),掌管茶事,以佳茗壑源试焙新芽馈赠苏轼,并附诗一首,诗人次韵奉和。此诗作于宋哲宗元祐五年(公元 1090 年)春。

苏轼

[笺注]

①壑源：古地方名。宋代属建州（建安郡），今福建省建瓯市境内，临建溪口。当时建安郡凤凰山北苑为皇家御茶园。《北苑别录》按称：壑源山在凤凰山南，其地所产之茶为外焙纲。《东溪试茶录》称赞：壑源所产"茶味甲于诸焙。"而"试焙新芽"自然是壑源茶中之珍品了。

②灵草、香肌句：灵草：亦为宋代茶名，产于潭州。（见载于《宋会要辑稿补编》卷五千七百八十二"茶价"）东坡先生在此诗中，以浪漫的笔触，赋予壑源香茗以仙女般的灵气。朝朝暮暮，身披云雾霞光，沐浴玉露甘霖，独得天地之钟爱，育成无与伦比的香肌风韵。

③玉川子：唐诗人卢仝自号玉川子。明月、清风句：是寓引卢仝《谢孟谏议寄新茶》"七碗"之典故。东坡先生是说，当他饮了数碗壑源茶之后，亦如卢仝一样，飘忽成仙，在月光之下。飞越武林之巅，身上带动之清风，吹落了武林春花。

④武林：即杭州之灵隐山。原名虎林山，因避唐高祖李渊祖父李虎之名

讳改名武林山。

⑤冰雪、膏油句:诗人说,曹公所赠之壑源茶,不仅首面颜色鲜美,且更贵在其内,有着如"冰雪"般的好心肠。

⑥佳茗似佳人句:诗人在结句中以诙谐、浪漫的笔触写出了"从来佳茗似佳人"的名句,为世代文士茶人所津津乐道。看似信笔写来,实乃倾注了诗人对茶茗的特殊钟爱,一旦入咏,即成千古之绝唱。

2.惠山①谒钱道人,烹小龙团,登绝顶,望太湖

踏遍江南南岸山,逢山未免更流连。

独携天上小圆月②,来试人间第二泉③。

石路萦回九龙脊④,水光浮动五湖天⑤。

孙登⑥无语空归去,半岭松声万壑传。

[题解]此诗约作于宋神宗熙宁六年(公元1073年)十一月至七年(公元1074年)五月间。诗人时任杭州通判。苏轼在任地方官期间曾与僧道交往,这首诗就是诗人访惠山寺钱道人时,鉴泉品茗,登绝顶望太湖,抒怀之作。

[笺注]

①惠山:在江苏无锡市西郊。江南名山之一。古称华山、历山、西神山,唐以后始称惠山或慧山。东麓有古惠山寺。钱道人:即惠山寺道人,安道之弟。诗人有《至秀州赠钱安道并寄其弟惠山老》诗。

②小团月:喻指小龙团茶。明许然明在《茶疏》中说:"古人制茶,尚龙团凤饼,杂以香药"。龙团凤饼属于研膏茶,制工选料极精,为雀舌冰芽所造,非常名贵。始制于唐末,宋代盛行,向为皇室贡品。另据宋欧阳修《归田录》记载:"团茶,凡大者八饼重一斤,小者凡二十饼为一斤。"由此可见小龙团是茶中极品。

③第二泉:即惠山泉,一称陆子泉。被陆羽和刘伯刍评为"天下第二泉"。此泉水在宗徽宋时曾为宫廷贡品。苏轼"独携天上小圆月,来试人间第二泉"这颇具浪漫色彩的诗句,历来被人们赞为咏茶的千古绝唱。

④九龙：惠山有九峰，蜿蜒若龙，又称九龙山。陆羽《惠山寺记》（见载《全唐文》）云："山有九陇，若龙之偃卧然。"

⑤五湖：即太湖。《史记·河渠书》集解：韦昭曰："五湖，湖名耳，实一湖，今太湖是也。"张勃《吴录》曰："五湖者，太湖之别名，以其周行五百里，故以五湖为名。"

⑥孙登：三国时魏国隐士，曾隐居于汲郡山中。好读《易》，弹一弦琴。从东坡诗句看，似孙登昔年曾登临惠山，无言（诗作）而返。

3.黄鲁直以诗馈双井茶次韵为谢

江夏①无双钟奇茗，汝阴六一夸新书②。

磨成③不敢付童仆，自看④雪汤生珠玑。

列仙⑤之儒瘠不腴，只有病渴同相如⑥。

明年⑦我欲东南去，画舫何妨宿太湖。

原注：《归田录》："草茶以双井第一。画舫宿太湖，顾渚贡茶故事。"

[题解]黄鲁直，名庭坚，字鲁直，号山谷，洪州分宁（今江西修水县）人。北宋诗人、书法家。他虽出于苏门，但在文学上与苏轼并称。苏黄交厚。此诗作于宋哲宗元祐二年（公元1087年），其时黄庭坚亦在汴京。

[笺注]

①江夏：并非指今武昌市或其他古时称为江夏的地方。而是黄氏家乡——今江西修水。因其在地域上临近江夏（武昌）地区，而双井草茶又是这一地区的名茶，故称其江夏奇茗。

②汝阴六一：汝阴，即宋汝州（今河南省临汝县）。北宋文学家欧阳修晚年退居汝阴，自号醉翁、六一居士。新书：指欧阳修著《归田录》。

③磨成句：宋代以前，无论散茶、饼茶、研膏茶，都必须先经茶碾碾成细末，过茶罗后，方可烹饮。因友人所赠双井茶十分珍贵，唯恐童仆煎茶技术不佳，所以亲自煎茶。

④自看句：诗人精通茶道，尤擅烹点技法，掌握火候。其所作《煎茶歌》

云:"蟹眼已过鱼眼生,飕飕欲作松风声。"在水二沸时应适时投茶,才能煎成如诗中所云的茶香四溢的雪乳珠玑。

⑤列仙句:是诗人自嘲之言。一生坎坷,且更清贫,身无重任,有如漂泊江湖的散仙。

⑥相如:此指西汉辞赋家司马相如。传其有消渴之疾。诗人是说只有病渴嗜茶如同司马相如一样。

⑦明年二句:点明时政背景和诗人拟请外任。苏轼被贬谪黄州团练副使,因神宗帝驾崩,才奉召回京,任翰林学士兼侍读。因不满主持国政的司马光对王安石变法全盘否定的主张,复受攻击,又难于立足京城。诗中的"我欲东南去"就是诗人欲出知杭州。

4. 茶 词

龙焙①今年绝品,谷帘②自古珍泉。

雪芽双井③散神仙,苗裔④来从北苑。

汤泼雪腴⑤酽白,钱浮花乳轻圆⑥。

人间谁敢争妍,斗取⑦红窗粉面。

[笺注]

①龙焙:茶名。宋时建州北苑御茶园制造的贡茶其中有名曰:"龙焙贡新水芽""龙焙试新水芽",均为十二水(经研磨十二次)、十宿火(经文火烘焙十昼夜),乃茶中之绝品(见于宋赵汝砺《北苑别录》)。

②谷帘:指庐山康王谷水帘水。唐陆羽品评其为"天下第一名泉"。

③雪芽双井:即双井白芽,草茶中之珍品。产于宋洪州分宁(今江西省修水县)城西双井。古时当士人汲取双井之水造茶,茶味鲜醇,胜于他处。从宋代起双井所产之茶,即颇有名气。

④苗裔:谓双井茶所以为茶中佳品,它的茶苗或茶籽乃是来自建安北苑。

⑤雪腴:言茶之色白、肥美也。

⑥花乳轻圆:白色沫饽在茶盏里飘浮聚散变化时所呈现之景象,有如朵朵白花,又似片片银圆,令人赏心悦目。

⑦争妍、斗取:作者是宋代精通茶道的大师,又以谷帘珍泉煎烹龙焙绝品,这自然是人间已无人敢与之再争高下了。

5.汲江煎茶

活水①还须活火②烹,自临钓石③取深清。

大瓢贮月④归深瓮,小勺分江⑤入夜瓶。

雪乳⑥已翻煎脚处,松风⑦忽作泻时声。

枯肠未易禁三碗⑧,坐听荒城⑨长短更。

[题解]此诗作于宋哲宗元符三年(公元1100年),苏轼被流放儋州(今海南省儋州市)期间。《汲江煎茶》在东坡先生的诸篇茶诗中,也许是他留给后世的最后一首茶诗了。次年宋徽宗即位,他虽被赦还,但饱经忧患,已风烛残年的东坡先生,当年即卒于常州,时年六十五岁。

[笺注]

①活水:有源有流之水,谓之活水。胡仔《苕溪丛话》云:"茶非活水,则不能发其鲜馥。"

②活火:猛火,不同于缓火、文火。火性炽烈,水乃易沸。唐人有"煎茶缓火炙(烤茶饼)活火烹"之说。诗人在《试院煎茶》诗有云:"贵从活火发新泉。"

③钓石:指诗人平日之钓鱼台。为汲取纯净江水煎茶,老态龙钟的东坡先生,身披月光,手操汲水容器,不顾石滑水险,亲自登临钓鱼石之上,汲取深而清洁的江水。

④贮月:月何以能贮? 这是诗人奇妙的联想,是写明月映在江水里,以大瓢从江中舀水时,仿佛把浮在水面上的月光连水一起舀进春瓮之中,贮存起来。

⑤分江:浩浩江水,竟然亦可分? 从江中一勺一勺汲水入瓶,就是分取

古代茶室

江水的一部分。分江之句,更含妙理。

⑥雪乳:谓茶在煎烹时所浮起的一层胜似雪乳般的鲜馥沫饽,古人又称其为茶花,茶之精华所在。煎脚:指茶脚。

⑦松风:是指煎茶以釜或瓶(宋时已改用铜瓶)煮水时发出的声音,并以其来辨别水沸的程度。宋代晚期烹茶,有如今日冲泡茶方法,是将末茶先放在盏里,俟水沸后提瓶离火,稍落滚,随即冲茶。宋人有诗云:"松风桂雨到来初,急引铜瓶离竹炉,待得声闻俱寂后,一瓯春雪胜醍醐。"

⑧三碗:唐卢仝茶歌有"三碗搜枯肠"之句。诗人是说,他在流放中,生活十分清苦,虽一生嗜茶,但枯肠辘辘,亦不敢多饮。

⑨荒城句:临近垂暮之年的东坡先生一生坎坷,在更深人静时,面对孤灯,独自饮茶之时,耳中不时传来荒城里敲击梆子报更时的凄楚之声,表达了作者悲凉的心境。

宋·苏辙(二首)

记梦回文二首并序

十二月二十五日,大雪始晴。梦人以雪水烹团茶,使美人歌以饮。余梦

中为作回文诗,觉而记其一句云:"乱点余花吐碧衫。"意用飞燕①故事也,乃续之为二绝句云:

酡颜②玉醉③捧纤纤④,乱点余花吐碧彩⑤。

歌咽⑥水云凝静院,梦惊松雪落空岩⑦。

松花⑧落尽酒倾缸,日上山融雪涨江。

红焙⑨浅瓯⑩新水活⑪,龙团⑫小碾⑬斗晴窗⑭。

苏辙

[苏辙](公元 1039~1112 年)字子由。因晚年居颍川,自号颍滨遗老。眉山(今属四川)人。北宋散文家。仁宗嘉祐进士。曾官尚书右丞、门下侍郎。政治态度及其诗文风格皆受其兄苏轼影响。与其父洵、兄轼并称"三苏",同属"唐宋八大家"之一。

[题解]回文诗词字句,回旋往返,都能成义可诵,谓之回文。南朝梁刘勰《文心雕龙》说回文为道原所创,已失传。以南朝宋苏伯玉妻《盘中诗》为最古。该诗书于盘中,正返读皆成文理。

[笺评]这两首《记梦回文》诗,是颍川遗老咏茶(酒)诗中构思巧妙、别

开生面的佳作。真是正读词情委婉,妙趣横生;返读意境新奇,韵味无穷。第一首咏酒,反读末字是:梦、歌、乱、酡;第二首咏茶尤妙,末韵押龙、红、日、松也。

[笺注]

①飞燕:即赵飞燕(公元前?—公元前1年),汉成帝宫人,成阳侯赵临之女。初学歌舞,以体轻号曰飞燕。先为婕妤,许后废,立为后,与其妹昭仪专宠十余年。哀帝立,尊为皇太后。平帝即位,废为庶人,自杀。

②酡颜:醉客。白居易《长庆集》二十《与诸客空腹饮》诗:"促膝才飞白,酡颜已渥丹。"刘禹锡《刘梦得集》二《百舌吟》诗:"酡颜侠少停歌听,堕珥妖姬和睡闻。"

③玉碎:非指"宁为玉碎"之本意;此指因侍酒小姬亦被劝醉,失手打碎了酒器——玉杯。

④纤纤:女子柔美的手。《文选古诗十九首》之二:"娥娥红粉妆,纤纤出素手。"

⑤乱点句:谓醉酒呕吐溅玷碧衫之情状。

⑥歌咽句:因宾主咸醉,侍女亦停下了婉转的歌喉,刚才那劝酒猜拳、歌笑喧闹的场面,霎时变得水停云凝,夜阑院静,万籁俱寂了。

⑦梦惊句:是言醉客在梦境中被所见大雪压断松枝而迸落岩谷的情景惊醒。

⑧松花:用松花酿的酒。唐岑参《岑嘉州诗》六《井陉双溪李道士所居》:"五粒松花酒,双溪道士家。"

⑨红焙:以文火焙制刚采摘的鲜茶嫩叶,或谓正在点燃的煎茶风炉。

⑩浅瓯:底小、上大、口浅的盏。

⑪水活:返读即为活水。

⑫龙团:泛指宋代所盛行的龙团、凤饼等珍品研膏茶。

⑬小碾:小巧而精美的茶碾。

⑭斗晴窗:是谓高流隐逸,在凉台静室、窗明几净的幽雅环境中品茗吟诗论茶道的情景。

中华茶道

宋·陆游(三首)

1.啜茶示儿辈

围坐团栾①且勿哗,饭余共举此瓯茶②。

粗知道义死无憾③,已迫耄④期生有涯。

小圃花光还满眼,高城漏鼓⑤不停挝。

闲人一笑真当勉,小榼⑥何妨问酒家。

[陆游](公元1125～1210年)字务观,号放翁。越州山阴(今浙江省绍兴市)人。南宋诗人。孝宗时赐进士出身。一生力主抗金,虽屡遭打击,但爱国信念至死不渝。诗人亦是宋代嗜茶品泉家。在他一生写的大量(今尚存九千三百余首)诗词中,亦写了不少好茶诗,在中国茶文化百花园里,光彩夺目,清香悠长。

[题评]在这位南宋爱国诗人陆放翁的诗集中,存有若干首警示儿孙辈的诗篇,最为人们所乐道是的《示儿》诗:"死去原知万事空,但悲不见九州同。王师北定中原日,家祭无忘告乃翁。"但已垂暮之年的诗人,在饭后以举行小型茶宴的形式,对儿孙辈进行爱国主义教育,这在古代的茶诗中还是罕见的。这说明宋代的茶文化活动,已经深入到家庭日常生活领域,是颇有社会进步意义的。

[笺注]

①团栾:谓团聚。《全唐诗》二六《杜荀鹤乱后山中作》:"兄弟团栾乐,羁孤远近归。"宋范成大《石湖集》二三《喜周妹自四明到》诗:"团栾话里老庞哀,一妹应从海浦来。"

②瓯茶:一杯茶。

③粗知句:谓诗人对儿孙辈的训示已令自己感到欣慰。

④耄:高龄。《礼·曲礼》上:"八十九十曰耄。"亦泛指老年。放翁在世

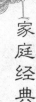

八十六年,说明作此诗时他已临近耄年。

⑤漏鼓:报更漏(夜间时辰)的鼓。挝:击,打。

⑥檻:古代盛酒或贮水的用具。从此诗结尾两句看,似亦有"闲人"对放翁以饮茶方式示儿孙辈不以为然,何不举行酒宴呢? 所以引出了诗人的回答:如想饮酒也不妨到小酒馆去。

2.九日试雾中僧所赠茶

少逢①重九事豪华,南陌雕鞍拥钿车②。

今日蜀中生白发③,瓦炉独尝雾中茶④。

[题解]九日,即九月九日重阳节。此诗作于南宋淳熙元年(公元1174年),作者时在蜀州。从唐时起就有在重阳节登高赋诗、插茱萸或聚饮之风俗。诗人即有一首《重阳》诗云:"照江丹叶一林霜,折得黄花更断肠。商略此时须痛饮,细腰宫畔过重阳。"而在重阳饮茶,为唐诗僧皎然所开创的移风易俗之新风。皎然有《九日与陆处士羽饮茶》诗。

[笺注]

①少逢二句:诗人忆起青年时代过重阳时的美好情景。往昔之青丝红颜,钿车雕鞍与今日蜀中皓首尝茶,窘境孤零,形成了强烈对比。诗人的凄楚之情尽蕴诗中。

②雕鞍:雕刻精美,装饰华丽的马鞍。钿车:用金银珠宝装饰的车子,为古时贵族妇女所乘坐。

③今日句:诗人大有蓦然回首,韶华已逝,而报国壮志未酬之慨叹。陆游中年入蜀,作此诗时约在范成大幕府,正投身军旅生活。时年已近五旬。

④雾中茶:泛指蜀地所产、山僧所焙之高山云雾茶。

3.试 茶

苍爪①初惊鹰脱鞲,得汤已见玉华浮②。

睡魔何止退三舍③,欢伯④直如输一筹。

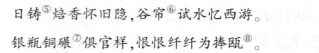

日铸⑤焙香怀旧隐,谷帘⑥试水忆西游。

银瓶铜碾⑦俱官样,恨恨纤纤为捧瓯⑧。

[题解]此诗于南宋淳熙二年(公元1175年)秋作于成都。这首诗充满乡恋之情和对美好韶华时代的追忆。

[笺注]

①苍爪:即鹰爪茶芽,为蜀地所产之名茶。

②玉华浮:谓茶汤飘浮的雪乳般的沫饽。

③三舍:语出《左传·僖公二十八年》:"退三舍避之。"注:"一舍三十里。"

④欢伯:酒的别名。《易林·坎之兑》:"酒为欢伯。"元好问《留月轩》诗:"三人成邂逅,又复得欢伯;欢伯属我歌,蟾兔为动色。"

⑤日铸:日铸茶。产自绍兴会稽山日铸岭。日铸焙名,似引起诗人的一段隐衷和情思。

⑥谷帘:指庐山康王谷水帘水。庐山在绍兴之西,故诗人把当年到庐山品泉称之为"西游"。

⑦银瓶、铜碾:为古时烹饮茶时必备之器具。官样:谓其精美。

⑧瓯:茶盏。宋时崇尚建安生产的茶盏,以其色黑、釉彩凝重而著称于世。恨恨纤纤:两个迭词表明,诗人仍在深切地忆念他与前妻唐琬温馨的爱情生活;而"恨恨"二字犹如诗人《钗头凤》一词所云:"东风恶,欢情薄。"似对其母将他们强拆离异的恨怨之情仍久积于怀。

宋·杨万里(一首)

以六一泉①煮双井茶②

鹰爪③新茶蟹眼④汤,松风鸣雪兔毫霜⑤。

细添六一泉中味,故有涪翁⑥句子香⑦。

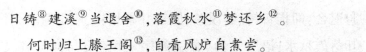

日铸⑧建溪⑨当退舍⑩,落霞秋水⑪梦还乡⑫。

何时归上滕王阁⑬,自看风炉自煮尝。

[杨万里](公元1127~1206年)字廷秀,号诚斋。吉水(今属江西)人。南宋诗人。绍兴进士。曾任秘书监。诗与尤袤、范成大、陆游齐名,号称"四大诗人"。其诗初学"江西体",即宋诗流派之一的"江西诗派"——北宋末吕居仁作《江西诗社宗派图》推黄庭坚为宗派之祖——中年后尽焚新作千余首,转而学王安石及晚唐诗,终独立门户,自成一家,时称"杨诚斋体"。所作多能反映人民生活,抒发爱国情感,想象丰富新颖,语言通俗明畅,擅长描写自然景物,状写逼真,清新活泼。

[笺注]

①六一泉:其址在浙江杭州市西湖之滨孤山。后世为纪念欧阳修而凿建。有泉联曰:"湖西孤山,此处有泉可漱也;天一地六,先生自号无说乎。"欧阳修自称有著述一千卷,藏书一万卷,酒一壶,棋一局,琴一张及自身六一居士。

②双井茶:产于宋洪州分宁县(今江西修水县)城西双井,故名。

③鹰爪:本为茶名,产于蜀州。此为赞美双井茶弯弯如钩,茶芽纤细之谓。

④蟹眼、松风为古时点茶、候汤之法。

⑤兔毫霜:即兔毫盏。

⑥涪翁:即黄庭坚(公元1045~1105年),字鲁直,号山谷老人,又号涪翁。宋洪州分宁(今江西修水)人。北宋诗人、书法家。被江西诗派奉为宗祖;其书尤擅行草,与苏轼、米芾、蔡襄齐名,号称"宋四家"。

⑦句子香:涪翁是宋代精通茶道的品泉大家之一。写过许多脍炙人口的茶诗,而又特别推崇其家乡出产的双井茶。在其《以双井茶送子瞻》诗中有"我家江南摘云腴,落□霏霏雪不如"之咏双井茶名句。

⑧日铸:即今之日铸雪芽。据《会稽县志》载:"日铸岭在会稽县,其阳坡名油车,朝暮常有日色,产茶绝奇,故称日铸。"

⑨建溪:即建溪茶。

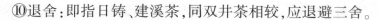

⑩退舍：即指日铸、建溪茶，同双井茶相较，应退避三舍。

⑪落霞秋水：语出王勃《滕王阁序》："落霞与孤鹜齐飞，秋水共长天一色。"诗人在诗中所以点化此名句，乃因《滕王阁序》中所吟咏的共长天一色的秋水，正是流经诗人家乡——吉水县城之西、纵贯江西全省的赣江之水。

滕王阁

⑫梦还乡：这首诗是诗人游历江浙时作于杭州。诗人是说他梦魂牵绕，在梦境中都时常神游故乡的山山水水，思乡之情，跃然纸上。

⑬滕王阁：在江西南昌市沿江路赣江边。唐永徽四年（公元653年）太宗李世民之弟、腾王元婴都督洪州时营建，阁以其封号命名。高宗上元二年（公元675年）九月九日，洪州都督阎伯屿在此大宴宾客。原拟由其婿王子章撰写阁序，以夸其才于宾客，时王勃省父至马□，得邀盛饯。席间作《滕王阁序》，赋惊四座，才冠群儒，成为千古传颂的名篇。自此，滕王阁愈益闻名遐迩。素有"西江第一楼"之誉，与武汉黄鹤楼、湖南岳阳楼、昆明大观楼，统称为江南四大名楼阁，驰名于海宇之内。滕王阁，迄今已有一千三百四十

年的历史了。屡毁屡建,历经沧桑,重修重建,约有二十九次之多。平均四十六年修缮一次。1926年最后一次被北洋军阀邓如琢烧毁;该阁于1983年10月1日破土动工重建,已于1989年竣工,千载名阁得以重新向游人开放。新阁址建于沿江北路赣江之滨。

元·耶律楚材(二首)

西域从王君玉乞茶诗

积年不啜建溪茶①,心窍②黄尘塞五车。

碧玉瓯③中思雪浪,黄金碾畔忆雷芽。

卢仝七碗④诗难得,谂老⑤三瓯梦亦赊。

敢乞君侯⑥分数饼,暂教清兴绕烟霞。

长笑刘伶⑦不识茶,胡为买锸谩随车。

萧萧⑧幕雨云千顷,隐隐春雷玉一芽。

建郡深瓯⑨吴地远,金山佳水⑩楚江赊。

红炉石鼎⑪烹团月,一碗和香吸碧霞⑫。

[耶律楚材](公元1190~1244年)字晋卿,契丹族,辽皇族子孙。蒙元之际的大政治家。元太祖成吉思汗、太宗窝阔汗时大臣,官至中书令。曾随元太宗率大军深入欧洲中部。耶律楚材与青年时代的忽必烈(元世祖)交厚,为元朝入主中原颇有建树。

[题解]此诗原题为《西域从王君玉乞茶因其韵七首》。此选其中二首。这是诗人随从元太祖(或太宗)西征时,在西域向正在岭南的好友王君玉乞茶期间,因步其韵奉和所做的咏茶诗。诗人精通汉文化,工诗词,又颇爱品泉之道,所作茶诗,意境清新,善于用典。是元人咏茶诗中的上乘之作。

[笺注]

①建溪茶:已见前注。

②心窍句:诗人是说,由于经年未尝建溪之茶,心里好像塞上了五车黄尘一般。极言思茶之渴。

③碧玉瓯、黄金碾二句:碧玉瓯,是诗人言其崇尚越窑生产的青瓷茶碗。黄金碾,茶碾一般宜用铜铁铸造。金碾是言其茶碾之精美。这两句诗含有诗人追忆他于某年春天惊蛰时节,与友人共品春茶时的美好情景。

④卢仝七碗:已见前注。

⑤谂老:谂,思念。《诗·小雅·四牡》:"岂不怀归,是用作歌,将母来谂。"注:谂,念也。谂老句,是作者在诗中恳切叮嘱君玉,切不可忘记连在梦中都渴望品尝江南香茗的老友啊!

⑥君侯:是指时在岭南身负公职的王君玉。

⑦刘伶:晋沛国(今安徽省萧县)人。字伯伦。与阮籍、嵇康等友好,称竹林七贤。纵酒放达,乘鹿车,携一壶酒,使人荷锸相随,说:"死便埋我。"尝著《酒德颂》。自称"唯酒是务,焉知其余"。仕晋为建威将军。工行草书,传《晋七贤帖》中有伶书,颇怪诡,今已失传。

⑧萧萧、隐隐二句:是诗人在西域遥想友人所在的岭南早春已经是春雨潇潇,惊雷隐隐,正是采制春茶的季节了。

⑨建郡深瓯:是指建阳生产的黑釉茶盏。

⑩金山佳水:指镇江金山中泠泉。自唐刘伯刍品评其为"天下第一泉"以来,便成为闻名遐迩的天下名泉了。楚江,意同。因中泠泉又名曰扬子江南零水,扬子江水亦是经楚地流来,故曰楚江。

⑪石鼎:以石凿制的鼎状煎茶风炉。烹月团:茶品自宋代崇尚龙团凤饼研膏茶以来,品茗者多以能啜饮形如满月的龙团凤饼为快事。

⑫碧霞:犹言流霞。诗人是说,如能品啜一瓯清醇的建溪茶,不啻是胜似仙酒流霞。

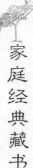

元·虞集（一首）

题苏东坡①墨迹

老却②眉山长帽③翁,茶烟轻飘鬓丝风。

锦囊旧赐龙团④在,谁为分泉落月中⑤?

[虞集]（公元 1272～1348 年）字伯生,号道园,又号邹庵。元崇仁（今属浙江）人。宋丞相虞允文五世孙。累官翰林学士,兼国子祭酒。元惠宗至正八年（公元 1348 年）卒,年七十七岁,谥文靖。有《道园类稿》。

[题解]从此诗吟咏风物典故来看,题中所称:"东坡墨迹",似指苏轼《汲江煎茶》等咏茶诗篇真迹。诗人仿佛从先哲的"墨迹"中看到了东坡先生人生经历中的荣辱际遇。

[笺注]

①苏东坡:从略。

②老却:喻辞世。

③长帽:犹言长冠。冠名起自汉时。《后汉书·舆服志》:"长冠,一曰斋冠,高七寸,广三寸,促漆为之,制如板,以竹为里。初高祖微时,以竹皮为之,谓之刘氏冠。苏东坡平时所戴之斋冠,系仿汉时"长冠"式样。故道园在诗中称其为"长帽翁"。

④旧赐龙团:典故出自《宋史·苏轼传》:"轼拜龙图阁学士知杭州（按:时为宋哲宗元祐四年四月受命,七月到任）,宣仁后心善轼,轼出郊,用前执政恩例,遣内待赐龙茶、银合,慰劳甚厚。"诗中的"锦囊、龙团"句,应作问句解。意思是说,当年宋宫赐给东坡先生的锦囊银合、龙团凤饼今日还存在吗?

⑤谁为分泉落月中:似指苏轼《汲江煎茶》诗"大瓢贮月归深瓮,小勺分江入夜瓶"所描绘的情景。这首诗是苏轼被流放至儋州（今海南省儋州市）

时,作于宋哲宗元符三年(公元1100年),写他被流放的孤寂心情。而虞集在这首诗中,从"长帽翁"荣获皇后恩赐银合龙团,到被流放儋州的对比描写中,深切地表达了作者对东坡先生垂暮之年的不平遭遇所寄托的哀婉与忧思之情。

元·王沂(一首)

芍药茶

滦水①琼芽②取次春,仙翁③落杵玉为尘。

一杯解得相如渴④,点笔凌云赋大人⑤。

[王沂]生卒年未详。字思鲁。先世云中(今陕西省榆林县)人。后徙真定(今河北省正定县)。元延祐元年(公元1314年)进士。尝为临淮县尹。至顺三年(公元1332年)为国史院编修官,元统三年(公元1335年)为国子学博士,后为翰林待制等。有《伊滨集》传世。

[笺注]

①滦水:河名,古濡水。在今河北省东北部。上源闪电河出丰宁县,绕经内蒙古东南,缘多伦县北,折向东南流,始称滦河。流经乐亭与昌黎之间入渤海。

②琼芽:春茶初展之嫩芽,为茶中上品,故称琼芽。次春:上品名茶。产于今福建省福州市境内。洪武二十四年(公元1391年),在废团茶诏中规定建宁(府)进贡四品散茶曰:探春、先春、次春、紫笋。

③仙翁:似指制茶道人,古时世俗人常尊称道人为"仙翁"。

④相如渴:传说,西汉辞赋家司马相如有消渴之疾。

⑤点笔凌云赋大人:典出司马迁《史记·司马相如列传》,由于司马相如所作《子虚赋》被蜀人杨得意(主管天子猎犬的小官吏,其职称"狗监")呈天子,上读《子虚赋》而善之,曰:"朕独不得与此人同时哉!"得意曰:"臣邑

人司马相如自言为此赋。"于是汉武帝召司马相如进宫,又作《上林赋》,继又作《大人赋》。"相如既奏大人之颂,天子大悦,飘飘有凌云之气,似游天地之间意。"

金·元好问(一首)

茗 饮

宿醒未破厌觥船①,紫笋②分封入晓前。

槐火石泉寒食③后,鬓丝禅榻④落花前。

一瓯⑤春露香能永,万里清风意已便。

邂逅华胥⑥犹可到,蓬莱⑦未拟问群仙⑧。

[元好问](公元1190~1257年)字裕之。秀容(今山西忻县)人。金代文学家。八岁能诗,后研究古代典籍,有较高修养。兴定进士,官至行尚书省左司员外郎。金亡不仕。好问工诗歌散文,尤以诗冠金元之际。著有《遗山记》传世。

[题解]在历史上金宋并立长达一百多年;在金朝末期亦同元朝交错并存。而诗人生活经历的时代,正是处于金末元初。作者的这首茶诗,以《茗饮》命题,而文辞典故及饮茶方式,亦多选自唐宋茗事典故,这说明金人的茗饮文化,主要是受唐宋茶文化的影响。当时,金宋虽经常处于战争状态,茶叶作为饮料商品和友谊使者,仍能及时沟通各民族之间的文化思想交流。

[笺注]

①觥船:是一种容量很大的酒器。觥船句,诗人是说,昨夜饮酒过量,清晨醒来,还厌见酒器;欲在清晨开封品饮从江南寄来的紫笋茶,借以醒酒提神。

②紫笋:茶名。产于湖州长兴县顾渚山。

③寒食:寒食节,在清明前一至二日。相传,晋国介之推辅佐晋文公(重

957

耳)回国后,隐于山中。重耳为补封赏,烧山逼他出来,之推抱树而死。文公为悼念他,禁止在之推死日生火煮食。以后相袭成俗,叫作寒食节。而"槐火石泉寒食后"之句,是引用《东坡志林》中的典故。苏轼在贬谪黄州团练副使期间,曾在梦中得诗句云:"寒食清明都过了,石泉槐火一时新。"借以点明诗人的茗饮方式,时令是在清明之后。

④鬓丝、禅榻:鬓丝,犹如华发,诗人暗示他已临近暮年。禅,佛教名词。是谓心注一境,正审思虑。禅榻二字说明,诗人已有信佛喜禅之好。

古代品茶禅房

⑤一瓯、万里二句:是说,饮上一杯玉露般的香茗,不仅可解酒病,涤除烦虑,似乎两腋已生清风可以神游万里了。

⑥华胥:寓言中的理想国。《列子·黄帝》:"(黄帝)昼寝而梦,游于华胥氏之国……其国无帅长,自然而已;其民无嗜欲,自然而已;不知乐生,不知恶死,故无天殇;不知亲己,不知疏物,故无爱憎;不知背逆,不知向顺,故无利害。"金亡之后,诗人居闲不仕,且常饮酒消愁。他在茗诗中引用此典,说明虽临近暮年,诗人还期望着已经失去的"理想国"有一天还会重新回来。

⑦蓬莱:神话传说中的海外三仙山之一。

⑧问群仙：引用唐卢仝在《谢孟谏议寄新茶》诗中典故。卢诗中有："蓬莱山在何处？玉川子乘此清风欲归去。山上群仙司下土，地位清高隔风雨……便从谏议问苍生，到头还得苏息否？"诗人用"未拟"二字，是说，他不准备像卢仝那样权充谏议，去问"群仙"如何解脱苍生的疾苦，只是把希望寄托在幻想中的"华胥氏理想之国"。

明·唐寅（一首）

画中茶诗

买得青山只种茶，峰前峰后摘春芽。

烹煎已得前人法①，蟹眼松风②娱自嘉。

[唐寅]（公元1470~1523年）初字伯虎，更字子畏，号六如居士。桃花庵主、鲁国唐生、逃禅仙吏，均为他题画的别号。吴县（今江苏苏州市）人。明弘治十一年（公元1498年）举应天解元。赋性风流倜傥，才高艺博，尝镌其章为"江南第一风流才子"。治圃舍"桃花庵"，与宾朋饮于其中。唐寅能诗工画，既画人物仕女，也画山水花鸟。是明代著名吴派画家，有《六如居士全集》《六如画谱》传世。

[题解]唐伯虎，是一位热衷于茶事的画家。他曾画过大型《茗事图卷》《品茶图》（已见者有二幅）、《琴士图》（赋琴品茗图）等多幅咏茶绘画。这些画卷，笔法苍劲，格调超逸，汇山水林泉、人物茗事于一卷，极富品茗情趣和幽雅意境，均属逸品。这位桃花庵主，经常在桃花庵圃舍同诗人画家品茗清淡，赋诗作画。这首《画中茶诗》就是唐寅在他绘制的《品茶图》上的亲笔题诗。这幅画即是有清乾隆皇帝（约经二十年时间）在其上御笔题诗七首的"逸品"《品茶图》。

画家在诗中，颇有风趣地写道，若是有朝一日，能买得起一座青山的话，要在山前岭后都种上茶园，每当早春，在春茶刚刚吐出鲜嫩小芽之时，即上茶山去采摘春茶；按照前代品茗大家的烹茶之法，亲自煎茗品尝，嗅着嫩芽的清香,听着水沸时发出的松鸣风韵,岂不是人生聊以自娱的陶情之道吗?

桃花庵

[笺注]

①前人法:这里并非指唐代陆羽创造的"陆氏茶煎茶法",或宋代崇尚的精制研膏茶的点茶法;而只是说,在煎茶时选水候汤仍是在借鉴前人的经验。这是因为,唐寅是生活在明代中期成化、弘治、正德年间,从明初洪武帝下诏罢造龙团,倡导饮用叶茶以来,明代的饮茶习俗发生了历史性的变化,不仅使茶品从宋代的精制型回归自然,也使饮茶方式来了一个划时代的革新。可以说从那时起,一般的饮茶方式,几乎同现代的冲饮法没有多大区别。

②蟹眼松风:语出宋苏轼《煎茶歌》:"蟹眼已过鱼眼生,飕飕欲作松风鸣。"此指煎茶时候汤烹点技法。古人饮茶,特别讲究"汤法"。如嘉禾梅巅道人曾梓作唐苏虞之《十六汤品》,诸如凡论:对煎茶水品之选择;投放茶量与水量之比例;□瓷质地及燃料品类之选择;对水沸火候之掌握,以及洁器对茶味的影响等等。

明·贡修龄(三首)

游茶山四绝(录其三首)

晴日开青嶂①,轻风护紫芽②。

野僧③殊解事,活火④荐新茶。

一勺清泠水⑤,涓涓无古今。

空山人⑥不在,想见品泉心⑦。

昔闻桑苎子⑧,萧散不为家⑨。

今看种茶处,曾开几树花。

[贡修龄]生卒年未详。明江阴(今属江苏省)人。字国棋,初名万程。万历进士。知东阳县,摄义乌事。有治行,内补刑曹,断狱明允。晋少参。出任浙漕,尽革漏规。以介直不容投劾归,复起江西少参,分守湖东。有《匡山》《斗酒堂》等集。

[题解]原诗题为《暮雨同吴鼎陶司李游茶山四绝》。见载于清同治十一年(公元1872年)《上饶县志》卷二十六。茶山:即指陆羽于唐德宗贞元初隐居信州上饶(今江西省上饶市)城西北(后于此建广教寺)期间所种植的数亩茶园,后人称其为茶山。

[笺注]

①青嶂:似屏障的青色山峰。

②紫芽:语出陆羽《茶经》评顾渚紫笋茶有"紫者上"之句。此指春茶刚刚萌发之紫色嫩茶芽。

③野僧:指山僧。僧人向来访者讲述昔年陆羽在此凿泉、种茶的离奇轶事。

④活火:猛火。火性炽烈,水乃易沸。宋苏轼茶诗有"活水还须活火烹","贵从活火发新泉"之句。

⑤清泠水:指陆羽泉水。该泉旧址在上饶城西北广教寺内,现为上饶市第一中学校。为陆羽于唐贞元初(约在公元 785~786 年)隐居上饶时开凿。

⑥人:指茶圣陆羽。

⑦品泉心:诗人赞扬陆羽当年从事茶学研究,在品鉴天下名泉的实践中,为茶文化做出的卓越贡献。曾著《煮茶记》一卷(早已佚失),集天下名泉佳水凡二十品(见诸于唐张又新《煎茶水记》)。

⑧桑苎子:陆羽在唐肃宗上元初于苕溪结庐隐居时自号为"桑苎翁",喻已是种植桑麻的一介农夫。

⑨不为家:诗人赞誉陆羽把一生都献给茶学事业,连家室都未曾建立。陆羽在少年时曾怀有将来建立家室,以享天伦之乐的美好愿望,但他终究孑然而来,孤老悄然而去。

清·爱新觉罗·玄烨 (一首)

试中泠泉

缓酌中泠水①,曾传第一泉②。

如能作霖雨③,沾洒遍山川。

[爱新觉罗·玄烨](公元 1654~1722 年)清世祖福临第三子。八岁承袭皇帝位。年号康熙。十四岁亲政。玄烨在位六十一年,励精图治,先后平定了三藩叛乱,收复了台湾,稳固了北部边疆。注意发展农业生产,成功地治理了黄河,实行轻徭薄赋政策,国家库贮增加,各项事业都有新发展,号称"治平",为清代康乾盛世之开端。

[题解]清圣祖玄烨于康熙二十三年(公元 1684 年)第一次南巡至镇江,在金山寺饮中泠泉品茶时所作。

[笺注]

①中泠泉:已见前注。

②第一泉:唐代刘伯刍将"扬子江南零水"评为天下第一泉。从此,镇江,金山中泠泉便成为闻名遐迩的天下名泉了。

康熙

③霖雨:犹甘霖,喻思泽。唐杜甫《杜工部草堂诗笺》五《上韦相二十韵》:"霖雨生贤佐,丹青忆老臣。"

清·爱新觉罗·弘历(一首)

坐龙井上烹茶偶成

龙井①新茶龙井泉②,一家风味③称烹煎。

寸芽生自烂石上④,时节焙成谷雨前⑤。

何必团凤⑥夸御茗,聊因雀舌润心莲⑦。

呼之欲出辨才在⑧,笑我依然文字禅⑨。

[爱新觉罗·弘历](公元1711~1799年)雍正第四子,二十五岁继皇帝位,是为高宗。在位六十年。年号乾隆。由于乾隆帝励精图治,清朝进入鼎

盛时期,史称"康乾盛世"。乾隆纵意游览,六次南巡,每至一处,必作诗纪胜,御书刻石。故其传世翰墨甚多。

[题解]乾隆帝是一位嗜茶者,更是一位品泉大家。他尝遍天下名茶,品鉴过诸多名泉,曾作《玉泉山天下第一泉记》。这首茶诗是乾隆巡视江南期间,在西湖茶产地龙井泉畔品茶时的即兴之作。

乾隆

[笺注]

①龙井:泉名、茶名与村名。

②龙井泉:历史悠久,三国东吴赤乌年间(公元 238～251 年)已发现。相传,井与海相通,井下有龙,故名"龙井"。

③一家风味:这是乾隆在以龙井泉水就地烹煎龙井茶时,赞其大可独领龙泓名茶之风韵。

④寸芽句:作者言龙井茶的产地土壤条件。茶圣陆羽认为茶生于烂石者为上。烂石指风化比较完全、土质肥沃的土壤。而龙井茶多生长在 30°以上的坡地,多为酸性红土壤,结构疏松,通气透水性强,再加之气候温和,雨量充沛,孕育了龙井茶的特殊品质。

⑤谷雨前:是说采制茶的节气是在谷雨之前。在习惯上也称之为"谷前茶"。

⑥团凤:宋代宫廷的贡茶,崇尚研膏茶"龙团""凤饼"。在建安郡北苑

设御焙,派官员监造龙团、凤饼等各色品类的御茶。

⑦雀舌:茶名。作者在此句中的"心莲"二字,巧妙地点出了龙井茶中之绝品谷前茶——其嫩芽初进,形如莲心,故又称之为"莲心茶"。饮此佳茗,自然可以润心健身,延年益寿了。

⑧辨才:为宋代的一位高僧。曾筑亭于龙井泉侧。"呼之欲出",是作者欲以禅心与僧佛悟对。这首充满禅味的茶诗,说明乾隆此时已步入晚年,在思想上陷入了好佛喜禅的宗教氛围。

⑨禅:佛教名词。谓心注一境,正审思虑。文字禅:以诗文参悟禅理。

清·爱新觉罗·颙琰(一首)

嘉庆御制壶铭茶诗

佳茗头纲贡①,浇诗②月必团③。
竹炉④添活火⑤,石铫⑥沸惊湍。

嘉庆

[爱新觉罗·颙琰](公元1760~1820年)高宗第十五子,于1796年即皇帝位。时年三十七岁。年号嘉庆,也称之为嘉庆帝。在位二十五年。嘉庆在位期间,土地高度集中,人民流亡,吏治败坏,武备废弛,农民起义纷纷

暴发。清政权从此由盛转衰。

[题解]嘉庆皇帝有在清晨饮茶的习惯,亦喜爱在宫廷御窑烧制的茶壶上题御诗。这首壶铭茶诗,即是嘉庆帝于嘉庆二年(公元 1797 元)十月中旬题于粉彩番莲壶上的御制诗。此壶为清廷景德镇御窑出品。

[笺注]

①头纲贡:是指专为宫廷制造贡茶的御焙每年晋献的第一批春茶,称之为"头纲贡茶"。贡茶分纲,始见于宋赵汝砺《北苑别录》,所列精、粗贡茶共分十二纲。

②浇诗:是晨饮之谓。宋陆游《剑南诗稿》二十四《春晚村居杂赋绝句》:"浇书满浥浮蛆瓮,摊饭横眠梦蝶床。"自注:"东坡先生谓晨饮为浇书。"原来浇诗是从"浇书"二字演化而来的,且"化"得巧妙,以诗易书,以茶代酒,别具新意。

③月必团:这是作者在说,其每日清晨所饮之茶,都是形如满月的精制团茶。

④竹炉:是用以煎茶的竹制风炉。外形以毛竹做框架,内膛垫泥壁防燃。见之于明代"盛颙茶器图"。竹炉自宋代起在市井上售茶者已见使用。其制作工艺十分讲究,雅号称之为"苦竹君"。

⑤活火:急火、猛火。

⑥石铫:为烹茶器具。石,是以石制(砌)成的煎茶炉灶;铫,是一种有柄的小型金属烧水器,适宜于少数人饮茶烧开水之用。北方俗称"水氽儿"。

清·蔡廷弼(一首)

卖花声·焙茶①

三板小桥斜②,几棱桑麻,旗枪③半展采新茶。十五溪娘纤手焙④,似蟹扒纱。　　人影隔窗纱⑤,两鬓堆鸦,碧螺山⑥下是侬家。吟渴书生思斗盏⑦,雨脚云花⑧。

[蔡廷弼]生卒年未详。字调天,号古香。浙江德清人。贡生。曾官兰溪县训导。有《百末词集》,一名《太虚词集》。

[笺注]

①焙茶:造散茶有炒青、蒸青、晒青三种方法。从"似蟹扒沙"看来农家少女似在焙制炒青春茶。按焙制碧螺春茶的工序为:鲜叶经拣剔、杀青、揉捻、搓团、干燥等工序全部由手工操作。

②三板起三句:诗人笔下,描绘出一幅绝妙的春山采茶图:桑麻、茶园、小桥、溪水、农家,红妆少女采制春茶。

③旗枪:已见前,注从略。

④溪娘二句:谓在碧螺山下,溪泉之畔,有制茶经验的农家少女正在焙制碧螺春茶。

⑤隔窗纱二句:谓诗人正在透过窗纱,悄悄地凝视着少女的俏丽面庞和焙茶时的敏捷动作。

⑥碧螺山:在太湖中的洞庭东山。全国名茶碧螺春之原产地即在洞庭东山碧螺峰石壁。

⑦斗盏:本意为斗茶。品茗斗茶,始于唐代,兴于宋代。亦是对茶品的评比形式之一。此句是说,正在吟诵诗书的书生,嗅到茶香,感到口渴,极思品尝刚刚焙好的新茶为快。

⑧云花:指茶盏中沉落而游移如云花的美丽茶脚。

清·万光泰(一首)

扫落花·武夷茶①

红蓝②香净,甚特地封来。数重青蒻③,松炉④漫瀹。看初收麦颗⑤,渐莲萼⑥。沸了还停,滚滚春潮暗落⑦。画楼⑧角,正酒桃生,雨晴帘幕。 天末⑨满云壑,问积笋峰⑩前,几家楼阁⑪。花深竹错,想溪南,三十九泉⑫如昨?拟试都篮⑬,谁系行山翠屩⑭,晚风薄,听空瓯⑮,慢亭歌作。

[万光泰]生卒年未详。字循初,一字柘坡。浙江秀水人。乾隆元年(公元1736年)举人。荐举博学鸿词。有《柘坡居士集》。

[笺注]

①武夷茶:产于福建省武夷山区,即今全国名茶武夷肉桂,属乌龙类,武夷岩茶中的高香品种。武夷茶早在宋代即闻名于世。宋苏轼有赞武夷茶诗句:"武夷溪边粟粒芽,前丁后蔡相宠佳。""前丁后蔡"即指宋时先后任过福建转运使(监制宫廷贡茶)的丁谓、蔡襄。

②红蓝、甚特句:谓友人从远方将装潢精美的武夷茶特地寄来。

③青蒻:柔软的香蒲草。为清代以前高档茶的第二层包装,以防受潮湿之气相侵。

④松炉:点明品茗环境,是在幽静的古松之下,燃起风炉煎茶。瀹:以汤煮物曰瀹。

⑤麦颗:茶名。据《茶谱》载,唐代蜀州有上品名茶曰麦颗。

⑥莲萼:谓嫩如莲心的春茶芽叶。

⑦沸、滚二句:谓煎茶候汤。

⑧画楼起三句:是言茗饮者,在幽雅的翠松下清泉之畔品茶;同正在朱阁画楼上灯红酒绿,醉意微薰的歌乐调笑者,形成鲜明的对比——"雨晴""帘幕"两种完全不同的情趣和意境。诗人以即景对比之笔,盛赞茗饮之清雅绝俗。

⑨天末起六句:是作者向远在"碧水丹山"的武夷友人殷勤致意。并忆起往日同好友游历武夷风光,访泉品茗时的情景。

⑩笋峰:武夷山之峰名。武夷山的诸峰中有名曰"接笋峰"者。

⑪几家楼阁:系指在武夷山九曲一带的诸多古迹,有冲佑万年宫和宋代朱熹讲学的紫阳书院等。

⑫三十九泉:指汇成武夷"九曲溪水"的诸派泉源。

⑬都篮:盛藏茶器、茶具之竹制提篮。

⑭翠屩:用麻草编织的精美草鞋。古时文人游历山川者,草鞋、竹杖是必备之物。

⑮听空瓯二句:谓诗人仍期望有朝一日重游武夷风光。在山泉、亭畔品茗之后,击空瓯为乐,作歌赋诗,与友人共享人生高雅之乐。

郭沫若(一首)

为湖南茶叶研究所题

——咏高桥银峰茶

芙蓉国①里产新茶,九嶷②香风阜万家。

肯让湖州夸紫笋③,愿同双井④斗红纱。

脑如冰雪⑤心如火,舌不饫钉⑥眼不花。

协力免叫天下醉,三闾⑦无用独醒嗟。

[郭沫若](公元 1892~1978 年)原名开贞,别号鼎堂,沫若本为笔名,后即以为号。中国现代文学家、历史学家、剧作家、古文字家和社会活动家。曾任中国科学院院长、中央人民政府政务院副总理、全国人民代表大会常务委员会副委员长等职。

[题解]高桥银峰茶产于湖南省长沙县东乡高桥,是湖南茶叶研究所于1959 年研制成功的名茶。1960 年经商业部茶叶局、中国农科院茶研所、上海茶叶进出口公司和湖南省棉麻茶烟局等单位鉴评认为,其品质优良,符合名茶要求。诗人于 1964 年品饮了高桥银峰后,即兴挥毫赋诗,题写了这首清新优美、寓意深长的咏茶诗。

[笺注]

①芙蓉国:泛指湖南。唐谭用之《秋宿湘江遇雨》:"秋风万里芙蓉国,暮雨千家薜荔村。"毛泽东《七律·答友人》有"芙蓉国里尽朝辉"的诗句。

②九嶷:山名,即九嶷山,又名苍梧山。相传为虞舜葬处。在湖南省宁远县南六十里。首联两句是诗人在赞颂湖南茶叶研究所在玉皇山麓所培育

的茶园,遍布丘阜沟壑,青翠繁茂,茶香四溢,飘入万户千家。

　　③紫笋:即顾渚紫笋茶。产于浙江省长兴县顾渚山。因长兴县历史上属湖州,人们习惯上一般均称为"湖州紫笋"。该茶久负盛名,唐陆羽在《茶经》里评其为上品。唐宋以来历代皇室均将其列为贡品。

虞舜祠

　　④双井:茶名兼地名。在江西省修水县城西。红纱:此指双井茶之精美珍贵。宋时双井茶外封"囊以红纱",(每袋)不过一二两,"以常茶十数斤养之,用避暑湿之气"(引自欧阳修《归田录》)。诗人是说,如高桥银峰这样的佳品新茗,岂肯总让湖州紫笋独享饮誉,亦应同古今闻名的双井草茶一争高低呢!

　　⑤冰雪:赞银峰茶质佳品高。语出宋苏轼《次韵曹辅寄壑源试焙新芽》:"要知冰雪心肠好,不是膏油首面新。"

　　⑥饾饤:《通雅饮食》:"饮经言,五色小饼盛合累积曰斗饤,因作饾饤。"饾饤一词原含有堆迭之意。颈联这两句诗是说,品饮高桥银峰这样清香重滑的好茶,不仅没有一些苦涩滞漱的感觉,且能清心明目,醒脑益思,精神更

加振奋。

⑦三闾与天下醉二句:寓指屈原(约公元前340~前278年)故事。屈原曾任楚国三闾大夫。在其因遭谗毁被放逐江南后,曾作《渔父》词,有曰:"举世皆浊,我独清;众人皆醉,我独醒。"诗人在尾联引此典故,意在号召茶乡人民,生产出更多更好的茶叶投放市场,让人们能多饮一些好茶,少饮一些酒,那么,三闾大夫也就不必再忧叹天下人都醉了。

朱　德(一首)

访龙井村①

狮峰②龙井产名茶,生产小队一百家。

开辟茶园四百亩,年年收入有增加。

[朱德](公元1886~1976年)字玉阶。四川仪陇人。伟大的马克思主义者,中国无产阶级革命家、军事家,中国共产党和中华人民共和国的卓越领导人之一,中国人民解放军的创始人和领导人之一。担任过中国人民解放军总司令、中华人民共和国副主席、全国人民代表大会常务委员会委员长等职。

朱德

[题解]朱德委员长于1961年1月26日视察杭州西湖郊区龙井村,看到漫山茶园,一派繁荣景象,得悉茶乡人民收入逐年增加,生活得到显著改善,甚感喜悦,欣然命笔赋诗,赞颂茶乡群众的勤劳创造精神。

[笺注]

①龙井村:在杭州市西湖西南风篁岭上龙井泉之西,村以井名(龙井泉古时称龙泓,宋代僧人辨才筑亭于此)。龙井村四周山区盛产名茶——西湖龙井早已驰名中外,饮誉世界。

②狮峰:狮子峰之简称。在杭州市西湖之西南的天竺峰西南,是杭州的名胜之一,是西湖龙井茶的主要产地之一。西湖龙井茶产区主要分布在狮子峰、龙井、五云山、虎跑、梅家坞一带。尤以狮子峰所产最佳,其色嫩黄,高香持久,被誉为"龙井之巅"。

陈 毅(一首)

梅家坞①即兴②

会谈及公社③,相约访梅家。

青山④四面合,绿树几坡斜。

溪水⑤鸣琴瑟⑥,人民乐岁华⑦。

嘉宾咸喜悦,细看采新茶。

[陈毅](公元1901~1972年)字仲弘。四川乐至人。无产阶级革命家、军事家。中国人民解放军创建和领导之一。中华人民共和国元帅。新中国成立后,曾任中共中央军委副主席、国防委员会副主席、国务院副总理兼外交部长等要职。1972年1月6日在北京逝世。遗著编有《陈毅诗词选》和《陈毅诗稿》。

[题解]《梅家坞即兴》是诗人于1961年8月《陪巴西朋友访杭州》组诗之一。组诗之二《上屏风山》诗曰:"置身如在画屏中,景色钱塘傲太空。鼓

掌欢呼座四起,中国巴西是弟兄。"

[笺注]

①梅家坞:在杭州西湖西南,五云山之西的山坞里,距离西湖约 20 公里。梅家坞是以"色泽翠绿,香气浓郁,甘醇爽口,形如雀舌"(谓之"四绝")而著称于世的西湖龙井茶的主要产区之一。西湖龙井产区分布在龙井、狮峰、虎跑、五云山和梅家坞一带。在历史上有"狮、龙、云、虎"四个品类。由于茶园地理位置不同,制法有异,各具特点。现分为狮峰龙井、梅坞龙井、西湖龙井。狮峰龙井产于狮子峰、龙井、翁家山、满觉垅、杨梅岭、天竺、灵隐等地,其香气持久,为龙井茶之上品;梅家坞龙井产于梅家坞、云栖、梵村等地,做工讲究,外形扁平光滑,色泽翠绿;西湖龙井产于双峰、金沙港、茅家阜、九里松、虎跑、六和塔等地,其品芽锋显露,茶味鲜浓,质同前两者相比,略有逊色。

陈毅

②即兴:是在梅家坞茶厂(场)职工欢迎中外嘉宾光临访问时,诗人兴致颇高,即席赋诗。正所谓"诗者,吟咏性情也。"(宋严羽《沧浪诗话辨》)

③公社:即"农村人民公社"。它是 1958 年在高级农业合作社的基础上组成的,是我国农村劳动群众集体所有制的社会主义经济组织。

④青山句:是说"梅家"四周峰峦叠嶂,景色奇幽。西北面为天竺山,东

北有凤篁岭,东临五云山,东南濒钱塘江。其中如五云山,为杭州著名风景点之一。海拔 344 米,高耸入云。从山脚到山巅,石磴千余级,曲折七十二弯,前人有诗道:"石蹬千盘依碧天,五云辉映五峰巅。"山腰有亭,近瞰钱江,回望西湖亭,上有联曰:"长堤划破全湖水,之字平分两浙山。"

⑤溪水:起源于"梅家"东北龙井山的龙井村的十八涧的部分溪水,流经云栖与"梅家"之间,注入钱塘江。

⑥琴瑟:两种乐器名。琴,《涛小雅,鹿鸣》:"我有佳宾,鼓琴鼓瑟。"古作五弦,周禄增为七弦。瑟,今瑟二十五弦,弦各有柱,可上下移动,以定声音的清浊高低。溪水鸣琴瑟:是谓条条溪涧发出高山流水清音,悠扬悦耳,如琴瑟和鸣,山欢水笑,都在欢迎嘉宾光临。

⑦岁华:犹言岁时。唐孟浩然《除夜》诗:"哪堪正漂泊,来日岁华新。"

⑧咸:都,皆。晋王羲之《兰亭序》:"群贤毕至,少长咸集。"

第二节　茶与书画

画与象形文字有关,而茶能催发人的灵感,茶入画就如同茶入文学艺术一样。中国的画,尤其是文人画,在艺术结构上融汇了诗文、书法、绘画和印章等内容,这些内容大多有相通之处。画是独特的传统文化,经过层层的积累,练就的综合艺术。中国绘画艺术是始于生活并始终围绕着生活的轨迹而发展的,且与书法相似,建立在中国式的毛笔和绢纸等工具基础上。茶与书画也是从自然和灵性等方面联系起来的。

茶与画的关系,既简单又玄妙。茶易入画,饮茶促动绘画灵感。茶入画后对画中所列意境有帮助,以茶为画的主题,一则使茶画区别于其他画作,另则茶画本身也反映了社会史实与茶事变迁的关系。

《调琴啜茗图》画的是三个贵族女子,一个调琴,一个拢手端坐,一个侧身向调琴者,手持盏向唇边。另有二侍女站立,旁边衬以树木浓荫,嶙峋怪石,渲染出十分恬适的气氛。

刘松年是南宋著名画家,他所画的《卢仝烹茶图》《撵茶图》及《茗园赌市图》很有代表性。刘松年的这三件茶事图,正好展示了当时社会三个主要阶层、两种主要饮茶方式,几乎可以看作是宋代饮茶的全景浓缩图。《撵茶图》是画当时贡茶的饮用情况,尽管图中的人物并非帝王将相,但从图中茶的饮用方法、煎煮饮用之前要用一个磨碾的过程来看,他们饮用的是团茶。《卢仝烹茶图》尽管是画唐代士人饮茶,但其实不过是借前朝衣冠而已。而《茗园赌市图》则是画市民斗茶,此幅画后来被画家屡屡仿之,如宋代钱选的《品茶图》,元代赵孟𫖯的《斗茶图》,均是取其局部稍加改动而成的。市民不但饮茶,并且进而盛行从饮茶引申出来又脱离饮茶的游戏形式,还成为一种习俗,可见南宋茶事之盛。而作为宫廷画师的刘松年,一而再、再而三地图画茶事,更增其佐证。

赵孟𫖯的《事茗图》画的是一层峦耸翠、溪流环绕的小村,古木参天,下有茶屋数椽,飞瀑似有声,屋中一人置茗若有所思,小桥流水,上有一老翁倚杖缓行,后随抱琴小童,似客应约而至。细看侧屋,则有一人正精心烹茗。画面清幽静谧,而人物传神,流水有声,静中蕴动。

文徵明《惠山茶会图》描绘了明代举行茶会的情景。茶会的地点,山岩突兀,繁树成荫,树丛有井亭,岩边置竹炉,与会者有主持烹茗的,有在亭中休息待饮的,有观赏山景的,看来正是茶会将开未开之际。

明代丁云鹏《玉川烹茶图》画的是花园的一隅,两棵高大芭蕉下的假山前坐着主人卢仝——玉川子,一个老仆提壶取水而来,另一老仆双手端来捧盒,卢仝身边石桌上放着待用的茶具,他左手持羽扇,双目凝视熊熊炉火上的茶壶,壶中松风之声仿佛可闻。

茶艺人物画也再现在雕刻作品上,现存北宋妇女烹茶画像砖刻画,一高髻妇女,身穿宽领长衣裙,正在长方炉灶前烹茶,她双手精心揩拭茶具,目不旁视。炉台上放有茶碗和带盖执壶,整幅画造型优美典雅,风格独特。

至于茶与书法,自有蔡襄、苏东坡、徐渭等一代大家。其中有个墨茶之辩的故事,说的是苏东坡和司马光,都是茶道中人。一日,司马光开玩笑问苏:"茶与墨相反,茶欲白,墨欲黑,茶欲重,墨欲轻,茶欲新,墨欲陈,君何以同爱此二物?"苏轼说:"茶与墨都很香啊,您说呢?"

蔡襄的字,在北宋被推为榜首,他写的《茶录》,从文上说是对《茶经》的发展,从字上说是有名的范本。另有《北苑十咏》《精茶帖》等有关茶的墨迹传世。有后人称赞他,说他是茶香墨韵,珠联璧合。

徐渭留下的墨宝中,有《煎茶七类》一幅,草书。自号"青藤道人",是中国文人中少有的刚烈奇倔之士,也是个书、画、诗、文、戏、曲无所不精的人。现在绍兴,还有他的纪念馆"青藤书屋",后来大画家齐白石为了表达对他的尊敬,便自号"青藤门下走狗"。

茶和书法,所以通融,因其有共同抽象的高雅之处,书法讲究在简单线条中求丰富内涵,亦如茶在朴实中散发清香。茶与书法的共通之处,通过茶人与书法家合而为一的中国文人来实现,反过来又教化和孕养了中国人。

阎立本的《萧翼赚兰亭图》

唐代阎立本的《萧翼赚兰亭图》是我们现在能够看到的最早的茶画,它保存于台北故宫博物院。初唐的阎立本,其绘画体裁广泛,凡宗教、人物、车马、山水无不囊括,而尤其擅长人物肖像及人物故事,并以描法细腻、色彩高雅、线条灵活而著称。《萧翼赚兰亭图》为研究中国茶文化提供了生动的形象资料,此画描绘了唐太宗派萧翼从一个和尚手中诱骗晋代书法家王羲之写的《兰亭序》真迹的故事。这一故事本载于唐人何延之的《兰亭记》中,而阎立本正是根据这个故事创作的。

据载,唐太宗酷爱王羲之书法,得知那件被誉为"天下第一行书"的《兰亭集序》藏于会稽辩才和尚处,遂降旨令其入宫。辩才心存戒心,一口否认,太宗只得放其归去,并令萧翼智赚此帖。萧翼乔装打扮成一介书生的模样,带着一些王羲之父子的杂帖,来到辩才和尚的寺庙,谎称自己是从山东来的,偶从此处路过,和尚便留他在寺中留宿。萧翼知识渊博、谈吐风趣,辩才和尚十分欣赏萧翼的才气,两人"即共围棋抚琴,投壶握朔,谈说文史,意甚相得",两人大有相见恨晚之意,并引以为"知己"。萧翼谈及书圣王羲之的书法,夸称自己随身所带的帖子是世间绝好的藏品。辩才说:"这不足为奇,贫僧藏一绝品《兰亭序》。"并取给萧欣赏。萧牢记藏所,次日会同地方官到寺中取得"兰亭"真迹回长安复命。

《萧翼赚兰亭图》纵 27.4 厘米,横 64.7 厘米,绢本,工笔着色,无款印。该画后面有宋代绍兴进士沈揆、清代金农的观款,还有明代成化进士沈翰的跋文。画面上,机智而狡猾的萧翼、谈兴正浓的辩才和尚,其神态被描绘得惟妙惟肖。画面上的老僧辩才约八十高龄,面目清癯,手持拂尘,前倾之身坐于禅榻藤椅之上,辩才和尚的位置处于画面的正中,与对面的萧翼正侃侃而谈。萧翼恭恭敬敬袖手躬身坐于长方木凳之上,似正凝神倾听辩才和尚的话语,一侍僧立于两者之间。画面的左下角为烹茶的老者与侍者,形象明显小于其他三人,老者蹲坐于蒲团之上,手持"茶夹子",正欲搅动茶釜中刚刚放入的茶末,侍者为一童子,正弯着腰手持茶托盏,准备"分茶"(将茶水倒入盏中)。这幅画描绘了佛门中以茶待客的情景,再现了一千多年前烹茶、饮茶的部分细节,其形象生动而妙趣横生,实为唐代茶文化之瑰宝。

无名氏的《宫乐图》

《宫乐图》现藏于台北故宫博物院,绢本立轴,纵 48.7 厘米,横 69.5 厘米,是唐代传世的名作。此画反映了宫廷仕女以音乐伴茶饮的自娱自乐的消遣好尚。此图的设计是这样的:一张极宽大的长方形的案台居中,在画面上呈一个平行四边形状,案台的宽处与观者相对,长处与画面的纵向相对。案台除离观者最近的一面外,其余三面围坐着浓妆的宫娥,共九人,身着华服,面庞丰硕。五人事乐,五人茗饮。画面左边有立者二人,居上者持拍和乐,居下者侍奉茗饮。这些仕女,有弹琵琶者,吹觱篥者,弹笙者……方案上有一硕大茶缸,居案的正中,侈口弧腹,其底部口径相当于仕女肩宽,容量特别大。一仕女掌一长柄茶杓于其中,案上四周以茶盆为中心,分别摆放着两只八瓣花形带有座子的果子盘,十八只六瓣花形碟,五只双耳杯,四只茶碗。另有两只茶碗正在两仕女的手中,一平端待饮,口大如茶杓,一正饮,作一饮而尽状，侍女作等空碗盛茶之状。

宫乐图

周昉的《调琴啜茗图》

唐代画家周昉的《调琴啜茗图》与阎立本的《萧翼赚兰亭图》可谓唐代茶画中交相辉映的双璧。两画之中的人物都是五位，不同的是，《调琴啜茗图》的人物都是仕女。

调琴啜茗图

周昉是中唐时期的人物画家，他出身权贵之门，周旋于上层社会的卿相之间，他的画善于描绘浓丽丰肥富贵的妇女，并通过外形服装动作的描摹，

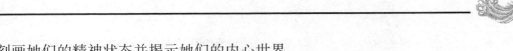

刻画她们的精神状态并揭示她们的内心世界。

　　《调琴啜茗图》现藏于美国的约尔逊艾金斯艺术博物馆。此画描绘了美丽而慵懒的宫廷贵妇们调琴、听乐、品茶的悠闲生活。图正中一贵妇着红装执茶盏于唇边,注视着抚琴之人。另一位贵妇在旁侧首遥视,两人的注意力都凝聚在抚琴人身上。全图以调琴为重点,造成了一种屏息静听的气氛。除这三位肌肥体腴的贵妇之外,另有两位女仆,分别在抚琴者与侧首者旁侍茶。仕女们衣着色彩雅妍明亮,人物丰腴华贵,反映了唐代人崇尚丰肥的审美观,而且可见茶饮从唐代开始已经成为绘画大师们青睐的题材,它与博弈、调琴等高雅的活动一起,成为宫廷仕女们日常生活的一部分。自此茶饮的文化品格在画家的笔下得以高蹈,茶与松、竹、梅"岁寒三友"一样,被赋予了独特的文化意蕴。

刘松年的《碾茶图》

　　唐宋人饮用的茶多为饼茶,而饼茶的饮用十分复杂,饮用前需将茶饼碾成粉末再行烹煮。南宋画家刘松年的《碾茶图》(台北故宫博物院藏)形象生动地再现了唐宋时饼茶饮用前碾茶的工序。画面是横向展开的,分为左右两个部分。左边一组有两人,右边一组有三人。画面左边右上角是几枝高大的芭蕉树,树下置一高脚方桌,方桌的旁边站着一仆役,一手执"茶瓶"正注汤于"茶瓯"之中,茶瓯边放着点茶用的"茶筅",另一手持"茶盏",桌上离仆役较远的一边放着高高摞起的茶盏及其他茶具。方桌的正前方是被方凳支起的茶炉,与方桌齐高。茶炉上是一椭圆形的茶壶。此仆役的身后是贮茶的"茶瓮",与仆役身高齐平,圆肚,上覆一防潮箬叶。画面的左下角为一坐于矮几上的仆役,正在转动碾磨。画面的另外一部分,即图的右侧有三人,皆围绕一案而坐。画面最右侧一僧伏案执笔,一人坐其旁,另一人与僧相对而坐,似在观赏等待僧人的大作。两仆役与文人高僧在画面上平分秋色,各居一半,可见碾茶煮茶的茶事活动与文人的笔墨生活已融为一体,成为文人生活中不可缺少的一个部分。

钱选的《卢仝煮茶图》

钱选,字舜举,号玉潭,又号巽峰,云川(今浙江湖州)人,生于南宋嘉熙三年(公元1239年),卒于元大德六年(公元1302年)。宋之后,钱选隐居不仕,与同乡人赵孟頫等有"吴兴八俊"之称。后来赵孟頫为元朝官,而钱选则始终隐居于乡村之中,吟诗作画远离官场。由于其身世与卢仝有着相似之处,因此,他将"卢仝煮茶"作为题材,表达他与卢仝在精神上归一的隐逸趣味。钱选的《卢仝煮茶图》藏于台北故宫博物院,纸本,设色,纵128.7厘米,横37.3厘米。钤白文印一:"舜举"。《石渠宝笈续编·重华宫藏》著录。图中卢仝身着白色衣衫,坐于山冈平石上,蕉林、太湖石旁有仆人烹茶。卢仝身边仁立者当为孟谏议所遣送茶之人。主人、差人、仆人三者同现于画面,三人的目光都投向茶炉,表现了卢仝得到阳羡茶后迫不及待地烹饮的心情。这幅画是以卢仝《走笔谢孟谏议寄新茶》诗的内容入题的。卢仝茶诗的内容,是在对饮茶时各种感受的表达的同时,抒发了浓厚的抛却尘俗的出世之意。钱选的这幅《卢仝煮茶图》其笔墨似乎都沉浸在闲情逸致的心境抒发之中,在平静如水的线条之中,展现出遁世隐居的洁身自好,似以这无声的反抗以示对人间丑恶的憎恶。

唐寅的《事茗图》

唐寅是明代杰出画家。凡山水、人物、仕女、花鸟无不所工,本才高自负、热衷功名,但因好友徐经的科场案连累仕途无望,故而寄情诗书画,一生创作了大量绘画作品,其绘画题材丰富,技法全面,风格清逸洒脱,因而蜚声画坛。他留传至今的画中,有三幅是反映他"不求仕进""隐迹山林""瀹茗闲居"的生活的。

《事茗图》现藏于故宫博物院。纵31.1厘米,横105.8厘米,是一幅纸本设色的山水人物画。画面近处(左右两方)是山崖巨石古木,远处(中上方)

云雾弥漫的高山，隐约可见飞流瀑布，画面正中（远处高山之前），一片平地，有数椽茅舍，前立凌云苍松，后遮成荫翠竹，茅舍之中一人正倚案读书，案头摆着茶壶、茶盏等茶具，墙边是满架诗书。边舍之中一童子正在煽火烹茶。舍外右方，小溪上横卧板桥，一老者策杖来访，身后随着一个抱琴的小书童。画者用细长的线条来写山，造成了一种流动的风姿，与画面中人物的怡情惬意融为一体，很好地表现出当时文人学士追求远离尘俗，品茗拂琴的生活志趣。此图余纸左方有唐寅用行书自题五言诗一首："日长何所事？茗碗自赍持，料得南窗下，清风满鬓丝。吴趋唐寅。"下有三印：唐居士、吴趋、唐伯虎，字体流畅洒脱。此图卷前还有著名画家文徵明的隶书"事茗"两个大字，苍劲庄重。

事茗图

此图后来成为皇室及名家的珍藏，卷前卷后布满了名家之印，其卷右还有清高宗的题诗："记得惠山精舍里，竹炉瀹茗绿杯持。解元文笔闲相仿，消渴何劳玉常香。""甲戌闰四月雨余几暇，偶展此卷，日摹其意，即中卷中原韵，题之并书于此。御笔。"下有"乾隆御赏之宝"。卷图拖尾有名人陆粲手书行体《事茗辩》一文，文图相配，诗意很好地烘托了画境，是为茶文化宝贵的财富。

除《事茗图》外，《品茶图》与《烹茶图》也浓缩了唐寅闲居生活中的茶缘，两幅图都藏于台北故宫博物院。《品茶图》峰峦叠嶂，一泉直泻，山下林中茅舍，一老一少。老者悠闲地坐着品茶，少者为一童子，蹲在炉边扇火煮茶。画上有自题诗一首："买得青山只种茶，峰前峰后摘春芽；烹煎已得前人法，蟹眼松风候自嘉。"（蟹眼：烹茶时冲起的细泡；松风：烹茶水沸的声音。）另一幅《烹茶图》，画中一隐士在高山修竹旁，坐一躺椅上，右边一小童正蹲在炉前煮茶,旁边的茶几上摆着各种茶具。这隐士手拈胡须,似乎与轻风高山修竹浑属一体,在短暂而易逝的生命中,超越了万物,达到了生存的最高境界。

赵孟頫的《斗茶图》

宋代是茶艺繁荣的时代,随着茶叶制作的精致化,茶的欣赏价值大大提高了,人们开始在茶的煎烹煮饮中发现其美感,并把冲泡形式程式化,从而形成各种玩茶的艺术,斗茶就是其中的一种。北宋范仲淹《和章岷从事斗茶歌》对斗茶活动曾做了很细微的描绘:"北苑将期献天子,林下雄豪先斗美。斗茶味兮轻醍醐,斗茶香兮薄兰芷。其间品第胡能欺,十目视而十手指。胜若登仙不可攀,输同降将无穷耻。"元代赵孟頫的《斗茶图》是斗茶题材绘画中影响最大的绘画。

斗茶图

以斗茶为题材的绘画有宋代的刘松年的《斗茶图》《茗园赌市图》，宋元之交的钱选的《品茶图》等。其中，刘松年的《斗茶图》为横幅，画面的正中有茶贩四人歇担路旁，两两相对，各自夸耀。茶但是竹制小茶桌架与货架的结合物，挑起为担，放下为桌，背景似为早春时节：老树干刚劲，细叶初绽。刘松年的《斗茶图》较赵孟頫的《斗茶图》要逊色一些，因为赵孟頫的《斗茶图》人物十分传神。

赵孟頫的《斗茶图》从人物的设计及其道具等的使用较多取自刘松年的《斗茶图》，图中设四位人物，两位为一组，左右相对，每组中的有长髯者皆为斗茶营垒的主战者，各自身后的年轻人在构图上都远远小于长者，他们是"侍泡"或徒弟一类的人物，属于配角。图中左面这组，年轻者执壶注茶，身子前倾，两小手臂向内，两肘部向外挑起，姿态健壮优美有活力。年长者左手持杯，右手拎炭炉，昂首挺胸，面带自信的微笑，好似已是胜券在握。右边一组，两人的目光全部聚焦于对垒营中，其长者左手持已尽之杯，右手将最后一杯茶品尽，并向杯底嗅香，年轻人则在注视对方的目光时将头稍稍昂起，似乎并没有被对方的踌躇满志压倒，大有一股"鹿死谁手"还未知的神情。图中的这两组人物动静结合，交叉构图，人物的神情顾盼相呼，栩栩如生。人物与器具的线条十分细腻洁净。这幅《斗茶图》不仅具有珍贵的艺术价值，而且它也是"斗茶"题材绘画中的最后一件作品，因为，明代以后，类似的斗茶图便销声匿迹了。斗茶要比技巧，斗输赢，富有很强的趣味性，斗茶时，往往有茶农、茶僧、文人名士等围观群众，场面十分热闹，它是一个高雅的茶文化风俗，宋代时斗茶风靡全国广大地区。而赵孟頫所生活的元代，茶叶的品饮正处于一个新旧交替的时代，斗茶之风已渐渐消隐，因此，将赵孟頫的《斗茶图》视为画家对宋代斗茶生活的一种追想与怀念也许更为恰当。

文徵明的《惠山茶会图》

文徵明（1470~1559年）初名璧，长洲（今江苏苏州）人，因其祖籍在湖

南衡山,故号衡山居士。文徵明诗书画无一不精,与吴中名士祝允明、唐伯

惠山茶会图

虎、徐祯卿合称为"吴中四才子",他热爱茶事,曾著《龙茶录考》,对宋人蔡襄的《茶录》进行了版本、创作时间、书法艺术、收藏等方面的考述。他一生创作了大量茶画,有记载的就有:《乔林煮茗图》《品茶图》《松下品茗图》《林树煎茶图》《茶事图》等等,其中《惠山茶会图》最为知名。

此画现藏于故宫博物院。画面上展现了这样一幅景致:在起伏的深山中,处处都是高大的松树。其间有一井亭,共有七人,三个侍子,四位主人,有两个主人围井栏坐在井亭中,一静坐观水,一读膝上之书,另外两个侍子在亭旁的茶桌边忙着准备茶具,还有两位主人正在山中的曲径之上攀谈,画面上充满着闲适幽静淡泊的气氛。从这幅画中可以看出文人相聚喝茶的情景,此画创作于1518年,记录了当年清明时节画家偕同好友蔡羽、汤珍、王守、王宠等游览无锡惠山在山间赋诗饮茶之事,表现了主人喜欢在户外品茗,与大自然的亲密关系。

顾炳的《斗茶图》

顾炳,字黯然,号怀泉,浙江钱塘人,是明代以善画花鸟而著称的画家。顾炳摹绘阎立本的《斗茶图》,是一幅难得的描绘民间斗茶活动的形象逼真的画作。画面上有六个平民装束的人物,似三人为一组,各自身旁放着各人带来的茶具、茶炉及茶叶。左边三个人中一人正在炉上煎茶,一卷袖人正持盏提壶将茶汤注入盏内;另一个手提茶壶似在夸耀自己茶品的优异;右边三

个人中两人正在仔细品饮；一赤脚者身上带有盛装名茶的小茶盒(即"胯方")，并且手持茶罐作研茶状，同时三人似乎都在注意听取对方的介绍，也准备发表斗茶高论。

斗茶图

陈洪绶的《停琴啜茗图》

陈洪绶(公元1598~1652年)，又名胥岸，字章侯，号老莲等，浙江人。出身望族，14岁就可悬画市中立致金钱。但他因仕途不达，以及各种不寻常的遭遇，使他的绘画风格变得落拓而萧飒，人物造型怪诞古拙，具有寓灼

停琴啜茗图

热于冷峻之中的独特魅力。他从蓝瑛学画，从刘宗周求理学，反对文人墨戏，致力于人物画，并与民间刻工合作为小说戏曲作插图。14岁时作《九歌图》12幅，以《屈子行吟图》最为出色，堪称古今屈原画像之冠。另有《西厢记》插图及《水浒叶子》《博古叶子》等，花鸟、山水画亦其所长。他的《停琴啜茗图》(朵云轩藏)绘两位逸人高士相对而坐(一正面者，一侧面者)，琴弦

中华茶道

收罢,茗乳新沏,良朋知己,香茶间进,手持茗碗,似评古说今既罢,凝神立思片刻。画面上的正面高士左右为珊瑚石,右边石上有一圆肚茶壶,而右有黑色的茶炉,里面燃着红色的炭火,茶炉上为一直柄上翘的茶锅。珊瑚石的尽头处即画面的最右边,露出一角莲叶与莲花。此正面高士危坐于一片硕大的芭蕉叶上。另一侧身的高士危坐于珊瑚石之上,一长方崎岖石案之后。环境幽雅宜人,人物的造型刚柔相济,转折劲挺,把人物的隐逸情调和文人高雅的品茶生活,渲染得既充分又得体,给人以美的享受。

边寿民的《紫砂壶》

自从紫砂壶风靡于世之后,文人爱壶之癖又使紫砂茶壶成为他们笔下的宠物,文人雅士们往往在品茗赏壶之际将壶入画,故出现了不少以紫砂壶为表现对象的绘画作品,如边寿民就是典型的一个例子。

边寿民初名维棋,字颐公,又字渐僧,号苇间居士,又自署六如居士、墨仙、绰绰老人等。他的画作《紫砂壶》体现了他爱壶、赏壶、画壶之情趣。《紫砂壶》作于乾隆二年(公元 1737 年),该画是他《白描花果小品》册页中的一幅,该册页现藏扬州博物馆。我们知道,紫砂壶生产在明代时已远销出口,驰名中外。由于它造型古朴,令人有返璞归真之感,又因它"方非一式、圆不一相"的繁多式样,用来泡茶色香味皆蕴,深得文人喜爱,故他们在紫砂壶上雕刻花鸟、山水和各体书法,画工以刀代笔,在壶的泥坯上挥刀疾书,雕刻山水、花鸟、飞禽、走兽、书法、印章,构图上追求简洁明快,线条流畅。这些诗、书、画清雅淡远,为品茗的人增添了不少诗情画意。《砂壶图考》曾记郑板桥自制一壶,亲笔刻诗云:"嘴尖肚大耳偏高,才免饥寒便自毫。量小岂堪容大物,两三寸水起波涛。"可以说,紫砂茶壶由明至清已与文人结下不解之缘。边寿民的《紫砂壶》表现手法采用了一些有似西画中的素描方法,既非纯粹的块明暗处理,也非中国工笔画的晕染,而是采用了干笔淡墨略加皴擦,边缘仍以线条勾勒,表现了茶壶的质朴之美。《紫砂壶》上题:"古人称茶为晚香侯,苏长公有烹茶诗可诵",下录苏东坡茶诗一首。后署:"丁巳闰九月，苇间居士边寿民。"并钤白文印二，其一为"茶熟香溢且自看"，其二为"寿民"。此画中的茶壶色地和整个图案脱俗和谐，令人赞赏不已，从中可见画者对紫砂壶具的体察入微与深厚的感情投入。边寿民还曾作有《茶壶茶瓶》词一阕：

"石鼎煮名泉，一缕回廊烟细，绝爱嫩香轻碧，是头纲风味。素瓷浅盏紫泥壶，亦复当人意。聊淬辨锋词锷，濯诗魂书气。"

胡术的《清茗红烛图》

清末民初杰出的画家胡术，他的《清茗红烛图》展示了文人墨客所崇尚的雅人之致。据王赡民《越中历代画人传》载，"胡术，字仙锄，萧山人。工画山水、花卉、人物。学任渭长。"张鸣柯《寒松阁谈艺琐录·卷六》也谈及了他："胡仙锄（术），萧山人。工人物，上窥老莲，接近渭长，亦一时之隽。"胡术的这幅《清茗红烛图》画面十分简洁，以左至右依次有：一枝红梅、一只茶壶、两只茶杯、一枝点燃的红烛。那枝红梅根在左，枝向右伸展，横贯于壶、杯、烛之间，自由舒展、浓淡相间。最右边的红烛，摇曳着红红的火焰，映照着飘逸的梅枝。红烛是高高地托于人字形的三脚烛台之上的，每支脚都呈莲叶卷曲状，优雅而自然。在梅枝与烛台之间平稳而卧的半圆形茶壶，柄在左，嘴朝右。敦实可爱而质朴，壶嘴、壶柄、壶盖方正而有棱角，与壶身的半圆形形成鲜明的对比，极具特色。二茶杯一深一浅，近壶者为深赭石色，此茶杯上方的浅色茶杯为长形透明的玻璃杯，略大，反映了作者所处的时代。此画为纸本，设色，纵 32 厘米，横 40 厘米，无落款，右下处钤有一小方细朱文印"仙锄"。茶与梅结缘可谓由来已久。汪士慎有诗言："知我平生清苦癖，清爱梅花苦爱茶。""扬州八怪"之一的高翔（公元 1688—1753 年）在一幅自己于乾隆六年（公元 1741 年）专为汪巢林所绘的《煎茶图》上题诗一首："巢林先生爱梅兼爱茶，啜茶日日写梅花，要将胸中清苦味，吐作纸上冰霜□。"大艺术家吴昌硕（公元 1844～1927 年）也常将茶与梅共为题材以写诗作画，他的一首画梅诗，诗的最后两句是"请君读画冒烟雨，风炉正熟卢仝茶"。以茶点题,诗画分璧,奇境别开。吴昌硕 74 岁时所做的《品茗图》(藏于朵云轩,纵 42 厘米,横 44 厘米),画面上一丛梅枝自右上向左下斜出,疏密有致,生趣盎然。花朵俯仰向背,与交叠穿插的枝干一起,造成了强烈的节奏感。而作为画面上的"聚焦点"茶壶和茶杯,以淡墨勾皴,用线质朴而灵动,拙趣盎然而又质感强烈,与梅花相映,显得古朴而有韵致。吴昌硕在画上题句曰:"梅梢春雪活火煎,山中人兮仙乎仙。"道出了赏梅品茗时至乐的养生之道所具有的魅力。

华岩的《闲听说旧图》

华岩(公元 1682~1756 年),字秋生,号新罗山人,福建上杭人。他的《闲听说旧图》通过饮茶者的不同形象生动地反映了社会贫与富的对比与差别。该图所画的是以 18 世纪农村生活为背景的。从画面上看,是在早稻收割季节,村民们在听书休闲之时。最引人注目的是一富人坐在仅有的一条大长凳上,体态臃肿,神情傲慢而自得,有专人服侍用茶,送茶者恭恭敬敬双手托盘,盘里是一只小茶碗。旁边却是一位须发皆白的佝偻的老人,双手抱着一只粗瓷大碗在饮茶。胖与瘦,小茶碗与大茶碗,使奴呼童与孤独无养,大长凳与小板凳,从强烈的对比差别中反映出社会的不平等。

墓葬茶画

墓葬茶画是茶走入丧葬文化的派生物。我们知道各民族与各国家的形形色色的丧葬礼俗是人们对死亡的不同观念与信仰的外化显现。中国丧葬文化从总体而言,它的思想基础是人们对死亡所抱有的"灵魂不灭"观念,它的丧俗都在追求"灵魂转世"。从夏商时代起,人们就在墓中随葬鼎、豆、罐、瓠等日常所用的陶器及食物,商代甚至"殉人",这些人有供侍卫的武士和杂役的奴仆,有驾车的奴隶,有为死者提供淫乐的女性,之所以如此,是因为人们相信人有灵魂,人死后变为鬼神还要到另一个世界继续过如同现世一样的生活。要吃,要穿,要用,要行。唐代之后,随着茶饮生活的普及,不少地方开始把茶叶作为陪葬品。在闽南、粤东、台湾等地,嗜爱工夫茶的死者弥留之际常嘱家人把自己心爱的茶器、茶叶作为最好的陪葬物,他们要带去阴间享用。如1987年在闽南漳浦县发掘的明万历户、工两部侍郎卢维桢的墓葬中就有明万历年间制的时大彬紫砂壶一件。由于古代中国人狂热的对茶的嗜好,因此,不仅将茶、茶具作为陪葬品以供死者在阴间继续享受,而且还将茶事生活绘成壁画置于墓中。

北宋乐重进的石棺进茶图

河南省洛宁县大宋村北坡出土的画像石棺,石棺的画像内容十分丰富,有22幅孝子烈女图,奔鹿,狮子,凤鸟衔灵芝献寿图,天女散花图,妇人启门图,墓主人观赏散乐图,其中最珍贵的就是在散乐图右侧的进茶图。

石棺进茶图

据该棺前档题刻可知此为北宋政和七年(公元1117年)一个名为乐重进的石棺。此棺为青灰色石灰岩石质,石质粗糙,表面斑点较多。整个石棺形状前部高且宽,后部矮且窄,形体厚重。石棺由底、两帮、前后档、盖七块板石用榫卯装配构成。石棺画像均采用单线阴刻勾勒技法,即先把石板表面磨光,线描过图后刻画。

棺底长190厘米,前宽105厘米、厚14厘米,后宽92厘米、厚18厘米。底表面前后左右刻有长条形卯,两侧面对称双环花叶形图案。两帮为四边形,上下各长190厘米,厚12厘米,上下有榫。每帮分上下两层,每层刻画五幅孝子烈女图,两帮共20幅。画面平均高20厘米,宽30厘米。人物高16厘米。每幅均有榜题孝子烈女姓名。进茶图在前档。左前档高70厘米,上宽92厘米,下宽106厘米,厚7厘米,下有榫。前档的画面左侧竖行楷书题刻:"大宋囗国西京河南府永宁县招化乡大宋村大宋保";右侧竖行题刻:"政和七年五月一日殡葬父乐重进儿男四人大男乐宗义二男乐志良三男乐宗友四男乐宗曦"。画面上饰缠枝牡丹,另三面饰卷草纹。画面中心背景为一堂屋,堂屋有门,门楣有户,双扇门,门上下四行。每行5枝乳钉。正中有一靠背椅,椅上坐一老者,笼手。头戴朝天脚幞头,簪花,面目清癯,颔下留有稀疏胡须,着圆领宽袖服。老者面前置一长方形桌,桌前幔布叠皱,上饰云朵梅花,桌上放一台盏,两盘果品。以老者所居的位置可知为墓主人乐重进。他的两侧各恭立一女侍,皆梳双高髻,画面(按画面左右描述)左侧女侍双手捧一注子,桌两侧各立一乐伎,乐伎头戴平顶卷脚幞头,身着圆领宽袖袍服,腰束带,左吹觱篥,右吹箫。桌前左右各躬身站立一乐伎,装束与桌两侧乐伎同,挽半臂,下着裤,足穿靴,腰间横置一细腰鼓,左手执鼓桴,右手拍鼓。桌前正中间左站立一人,头戴平顶卷脚幞头,身着圆领窄袖袍服,腰束革带,足穿靴,左臂下垂甩袖,右臂曲肘上举掩额,身躯扭动,似在表演。乐重进坐在堂上全神贯注地观看,乐重进的形象十分高大,桌前的表演者似为侏儒,既瘦且小。散乐表演两侧,各有一窗棂式屏风。画面左侧屏风前,桌后,各站立一侍女,左侍女梳双鬟髻,右手拿茶托,左手端茶杯,右侍女戴冠子,着窄袖上襦,下系百褶裙拖地,双手端盘。桌上放二高足杯,一台盏,一盘果品。桌前面左弯腰站立一侍女,头梳双丫髻,着交领窄袖长裙,双手扶碾轮,在槽(似中药房碾药之槽)中碾茶末。此图正是进茶图。反映饮茶画面的在该棺二十二处孝子烈女图中还有老莱子画面,老莱子父母在桌两侧对坐,长方形的桌子上放有二台盏。"丁兰"画面,丁兰母亲端坐桌后,桌上放茶杯、台盏各一。(丁兰、老莱子均为孝子烈女之名)乐重进石棺有数处反映饮茶,说明了当时饮茶已成为当时人们生活中的一个日常组成部分。石棺画像的线条十分流畅,且用线的粗细变化和抑扬顿挫的韵致,恰到好处地表现了不同物象的质感,是墓葬中石棺绘画艺术的珍品。

此外,宋代的其他壁画墓中也有饮茶生活的反映。洛阳邙山宋代壁画墓就是一例。墓室北壁绘两侍女,右侧一人头梳高髻,簪绿色花饰,眉间绘圆形花子,戴绿色耳饰。身着交领宽袖长裙,肩披帛。身略左侧,双手托一注子而立。左侧一侍女头包髻,簪绿色花饰,眉间绘重圈花子,戴绿色耳饰,身着交领宽袖长裙,下部残存红色,肩披帛。双手捧托盘,内置两盏托,面向右而立。此人西侧有墨题行书"会云"二字,该墓时代在徽宗崇宁二年前后。在洛阳地区发掘的宋代墓葬中,也发现有瓷注子和台盏茶具。

辽代双室墓的茶道图及幼童推碾图

宣化下八里第7号辽墓为双室墓,保存完整。墓内保存的茶道壁画在7号墓前室东壁上,长170厘米,宽145厘米。画面上由八人组成,分为两组。南面靠门外侧的为一组,处于整个壁画的左后方的为另一组,每组都是四个人。南面靠门外侧的一组居于整个壁画的右半部,占整个画面的二分之一,四个人都为成年人,身体的轮廓在画面上都十分清晰,且四人的位置呈正方形排列,左边为二,右边为二。左边最下角一男仆年龄较大,作跪式,契丹装,髡发,发前两绺从耳前垂下,身着浅绿斜领长袍,大红色腰带,黑靴。双手扶膝,二目凝聚,嘴角下垂作用力支撑状。这男仆的上方是一个站在他肩上的一个女仆,双足踏在男子的肩上,双手上举伸向高挂的盛满桃子的竹编的吊篮之内,小心翼翼地在取篮子里的桃子。其双目凝视吊篮,其服装为汉式。与跪地男仆相对的是另一契丹男仆,装束与跪地者同,他双手撩起绿袍的前襟,兜内盛满桃子,双目高抬,身体微躬,仰面看着取桃的女仆。在左面这组画面里,第四人为一装饰华丽的女主人,她位于前襟里兜满桃子的男仆的上方,取桃女仆的右边,居于整个画面的正中央,而且是画面中唯一的正面与观赏者相对的画中人。此女子年青美貌,头部簪花,双鬟黑发下垂,身着白色中单,朱色斜领绿地短花上衣,朱色长裙,左手扬起,左手二指指向取桃女仆的方向,右手拈一桃在胸前。这四人之间留出的方形的空间由下至上依次放着这样几件茶具:1.茶碾。此茶碾灰色似为铁铸,下为束腰长形碾座,在船形碾槽之中有圆形碢轴一个,轴中心左右各有曲形辖木两端为柄;2.漆盘。此漆盘圆形黑皮朱里,盘内有曲柄锯子,涮茶用毛刷一柄和方形划有格道的绿色茶砖一方;3.小扇,此扇似为煽茶炉的风扇;4.茶炉。茶炉的造型十分美观,可以移动,分为炉座和炉身,身下开一荷形火门,炉口上座一银执壶。第二组人物与上一组人物分明地隔开。这四个居于整个壁画左后方,他们是四个孩子被一个朱色方桌(美貌女子站在此桌的右前方)、一个黄色方桌(朱色方桌在此桌的正下方)、一盝顶六层食盒(与朱色方桌并排而列)隔开,这三件摆设正好形成了一个『形,四个孩子就蹲踞式藏在桌与食盒之后。最后,一人站立,四人皆面右窥视前方取桃的女仆。形成了前一组人物与后一组人物之间的张力,人物之间活灵活现,妙趣横生。儿童天真单纯可爱之情跃然壁上。四个孩子装束也不同。最左边契丹男童,蹲踞右视,红色中单,绿地黑花长衫,朱腰带,白裤黑靴,右手扶于前侧女童的肩上。女童梳抓髻发式,圆面庞,下身跪立,着朱红地黑花斜领红袍,白裤。她右手扬起,似在阻止身旁的男童。在女童身后又一男童,面孔被食盒遮住了下部面孔,露出屏息而视四个成人活动的两眼,其发分左右,在他身前女孩的遮挡下,仅露出左边的一角肩膀,着淡黄色的衫子。把脸的下半部藏在白色方桌左边角下的站立者为一女孩,披散发,右手扶在前一男孩头上,着斜领红色长衫。在朱红色方桌上摆放着白瓷碗六、花式口碗二、长圆盘一、白瓷食碟四、白瓷托子一、执壶一、黑漆衣朱里荷包形果盒一摞、白色梅瓶一。在朱漆方桌下有"八字脚"方酒桌一,上置梅瓶二;在黄方桌上为文房四宝,有砚台、笔架、经书、纸片、函盒一个;在朱色方桌左前的盝顶盖长方形六层食盒,左右有提梁下为壶门束腰座。盒前有黑白花狗一只,颈系朱带,作向茶具与桃子散发出的香味处奔去状。在壁画的左上角悬挂着两柄团扇。

　　宣化10号辽墓中有一幅是幼童推碾图,极为生动地表现了推拉碢轴的动作。在旁边有一把刷子,显然是在把碾好的茶沫从碾槽中倒入碗再用白刷清除槽中的余末。而且在6号10号墓茶道壁画的桌子上,几乎包括了全套的茶道用具。有曲柄锯子、汤匙、火夹、箸子、函盒(茶罗子)等。

元代壁画墓茶道图

赤峰市博物馆于八十年代在元宝山区沙子山清理的两座元代墓葬,均有饮茶场面的壁画。两墓均为小形墓,方形单室,穹庐顶,墓内绘满壁画。其中,2号墓的茶事壁画在其北壁东段。方形的画面分为横形的三个部分,每部分约各占三分之一左右。画面最下层一女子跪式居中,面对茶炉正在聚精会神地注视着炉上的略呈细高形的大执壶,左手持棍拨动炭火,右手扶壶,看样子正在烧水。画面的中间层,那烧水的女子的身后即一长方形高桌,桌面下的四周罩浅绿色桌围及地,桌上摆着五件茶具,从右至左(依画面)依次为内放长匙的大碗、白瓷黑托茶盏(两件)、高大的双耳瓶、绿釉罐(大小与碗相似)。画面的最上层,面积占三分之一强,那桌子后立有三人。右边中间二人皆着红色长衫,左边一人着绿色。右边着红衫者为一女子,梳髻,着红色圆领长衫,绿色围腰,右手托茶盏。在此女子旁边居中着红者为一男子,戴幞头,穿圆领红衫,蓝色捍腰,双手执壶,向左侧着绿衣者手中的碗中注水。左侧绿衣者为一女子,高髻红冠,穿圆领绿衣,中单红色,左手执一大碗,右手执一双红色筷子搅拌。1号墓在墓室的东壁,画面上一长方形高桌,四足细长,桌沿下镶有曲线牙板,足间连有木枨。桌上一端倒扣三件大碗,桌正中放一黑花执壶,旁有一黑花盖罐。桌旁站立一人,头戴有花饰的硬脚幞头,身穿圆领紧袖蓝长袍,中单红色,外加短护腰,左手捧一碗,右手握一研杵,在碗中研磨。这两幅壁画,在艺术手法上均采用干涂和晕染相结合,色彩艳丽,人物形象生动。

此外,在新疆吐鲁番市的唐代墓葬中,曾出土过一幅《对弈图》,上面画着一个侍女,手捧着茶托端着茶,在出土的唐宋其他古墓葬壁画中,也每每可以见到品茗的图像。最珍贵的是近年来我国在发掘长沙马王堆西汉墓时,出土了不少简文、帛书等文物,这些物品距今已有2100多年的历史了,墓中一幅敬茶仕女帛画，是汉代贵族烹用饮茶的写实。

　　总之，从最早的汉代开始，到唐代之后频频可见的墓葬茶画，反映了古代中国人渴望在死后继续享受品茗之乐的普遍心态，这种对茶的执着眷恋与把茶携入另一个世界继续享乐的坚定信念，给中国古代的茶文化又增添了无限神秘而独特的色彩。

茶与书法、篆刻

　　《苦笋帖》是唐代僧人怀素（公元 725～785 年）的作品，它是现存最早的与茶有关的佛门手札。怀素，字藏真，湖南长沙人，幼年便出家当了和尚。他是以书法而闻名的，特别是狂草，在中国书法史上有着突出的地位。李白就赞美过他的书法："少年上人号怀素，草书天下称独步。墨池飞出北溟鱼，笔锋杀尽山中兔。"

　　《苦笋帖》，绢本，长 25.1 厘米，宽 12 厘米，字径 3.3 厘米左右。清时曾珍藏于内府，现藏上海博物馆。它只有寥寥 14 个字："苦笋及茗异常佳，乃可径来，怀素上。"虽幅短字少，但却是怀素真迹中最为可靠的一件，所以此帖堪称书林、茶界之一大鸿宝。怀素之草书，人惯以"狂"视之。他平日善饮酒，酒后常举毫挥洒，有神出鬼没之势，世人将他与张旭并称"颠张醉素"，《苦笋帖》与他的狂草长卷《自叙帖》相比，《苦笋帖》显得"狂诡"之姿弱了一些，清逸之态多了些，颇有古雅淡泊的意趣。怀素的《苦笋帖》是禅茶一味的产物。苦笋与茶的性状，同佛道中人有许多相通的地方，此帖那钩连盘行而简洁飞动的笔画充分体现了茶与禅的种种缘分。

　　蔡襄的书法艺术在宋代时声名甚隆，他的楷书、行书及草书均入妙品。他的茶学专著《茶录》就是其书法中的精品，以小楷书就。它自从被蔡襄书毕后，就受到了各方面的注意，甚至被下属窃盗。蔡襄在《茶录后序》中记："臣皇祐中修起居注，奏事仁宗皇帝，屡承天问，以建安贡茶并所以试茶之状。臣谓论茶虽禁中语，无事于密，造《茶录》二篇上进。后知福州，为掌书记窃去藏稿，不复能记。知怀安县樊纪购得之，遂以刊勒行于好事者，然多

舛谬。臣追念先帝顾遇之恩,揽本流涕,辄加正定,书之于石,以永其传。"从这段文字我们可以知道,蔡襄至少书写过两次《茶录》,也可知第一次所书的《茶录》被人窃去之后,又为人购得,并且"刊勒行于好事者",即已经为人所刻版印刷而广布于世了。当然这其中不仅仅是《茶录》的文字内容,其书法艺术的因素更是重要的因素。蔡襄对"刊本"中的舛误难以忍受,校定之后,写于石上。《茶录》的抄本很多,据张彦生《善本碑帖录》记载:"宋蔡襄书《茶录》帖并序……小楷。在沪见孙伯渊藏本,后有吴荣光跋,宋拓本,摹勒甚精,拓墨稍淡。"在北京故宫博物院里,藏有一卷《楷书蔡襄茶录》,高34.5厘米,长128厘米,纸本,无款。专家考证估计为元人之抄本。现常提到的《绢本茶录》,一般认为这是蔡襄的手迹。其原本现也无法觅得,但《古香斋宝藏蔡帖》(明宋钰)中仍保留着它的刻本,人们可睹其风采。蔡襄《茶录》的书法艺术在同时代就被赋予了很高的评价,《茶录》在序文中说,他书写后进奉给仁宗皇帝,皇帝阅后即入内府珍藏。且《宣和书谱》二十卷,不著撰者姓氏,其中记载的均为宋徽宗(赵佶)时内府所藏的名家法帖,卷三、卷六对蔡襄及其《茶录》等书迹有评论。欧阳修曾有《跋<茶录>》一文,评曰:"善为书者以真楷为难,而真楷又以小字为难。……君谟小字新出而传者二,《集古录目序》横逸飘发,而《茶录》劲实端严,为体虽殊,而各集其妙,盖学之至者,意之所到,必造其精。予非知书者,以按君谟之论文,故亦粗识其一二焉。"宋代之后书画家对《茶录》的评价也都十分中肯,如明代董其昌《画禅室随笔》、陈继儒《妮古录》、孙承泽的《庚子销夏记》、清代蒋士铨《忠雅堂文集》等。方时举《观蔡忠惠墨迹诗》云:"宋朝书法谁第一,端明蔡公妙无敌。百年遗迹落人间,片纸犹为人爱惜。公书方整入法俱,荔谱茶录绝代无。当时石刻今已少,况复笔迹真璠玙。此书飘逸尤绝品,风度不殊僧智永……"

除《茶录》外,蔡襄有关茶的书迹主要还有《北苑十咏》《即惠山泉煮茶》两件诗书和一件手札《精茶帖》。《北苑十咏》诗书与《茶录》一起被明宋钰刻入《古香宝斋藏蔡帖》。其中:

《出东门向北苑路》:

晓行东城隅，光华著诸物。

溪涨浪花生，山晴鸟声出。

稍稍见人烟，川原正苍郁。

《北苑》：

苍山走千里，斗落分两臂。

灵泉出地清，嘉卉得天味。

入门脱世氛，官曹真傲吏。

《茶垄》：

造化曾无私，亦有意所加。

夜雨作春力，朝云护日华。

千万碧云枝，戢戢抽灵芽。

《采茶》：

春衫逐红旗，散入青林下。

阴崖喜先至，新苗渐盈把。

竟携筥笼归，更带山云写。

《造茶》有注："其年改作新茶十斤，尤甚精好，被旨号为上品龙茶，仍岁贡之。"诗云：

眉玉寸阴间，抟全新花里。

规呈月正圆，势动龙初起。

出焙色香全，争夸火候是。

《试茶》：

兔毫紫瓯新，蟹眼青泉煮。

雪冻作成花，云闲未重缕。

愿尔池中波，去作人间雨。

《御井》有注："井常封，钥甚严。"诗云：

山好水亦珍，清澈甘如醴。

朱干待方空，玉壁见深底。

勿为先渴忧，严高有时启。

《凤池》：

> 灵禽不世下，刻像成羽翼。
>
> 但类醴泉饮，岂复高梧息。
>
> 似有飞鸣心，六合定何造。

《修贡亭》有注："予自采掇时入山至贡毕。"诗曰：

> 清晨挂朝衣，盥手署新茗。
>
> 腾虬守金钥，疾骑穿云岭。
>
> 修贡贵谨严，作诗谕远永。

　　诗以行书写就，风格清新飘逸，字字独立而生动有气韵。而与《北苑十咏》有异曲同工之妙的就是《北苑茶》：

> 北苑龙茶著，甘鲜的是珍。
>
> 四方惟数此，万物更无新。
>
> 才吐微茫绿，初沾少许春。
>
> 散寻萦树遍，急采上山频。
>
> 宿叶寒犹在，芳芽冷未伸。
>
> 茅茨溪山焙，篮笼雨中民。
>
> 长疾勾萌拆，开齐分两匀。
>
> 带烟蒸雀舌，和露叠龙鳞。
>
> 作贡胜诸道，先尝只一人。
>
> 缄封瞻阙下，邮传渡江滨。
>
> 特旨留丹禁，殊恩赐近臣。
>
> 啜将灵药助，用于上尊亲。
>
> 投进英华尽，初烹气味真。
>
> 细香胜却麝，浅色过于筠。
>
> 顾渚惭投木，宜都愧积薪。
>
> 年年号供御，天产壮瓯闽。

　　《即惠山泉煮茶》为蔡襄手书墨迹，存于其《自书诗卷》中，《自书诗卷》藏于故宫博物院，是蔡襄的主要传世书迹之一。《自书诗卷》，素笺本，乌丝栏,纵 28.2 厘米,横 221.1 厘米。内容除《即惠山泉煮茶》外,还有《杭州临平精严寺西轩》等 10 首。《即惠山泉煮茶》墨迹共 6 行,其书用笔灵动,线条变化粗细合度,极尽自然之态。蔡襄有一手札,名《精茶帖》,藏于故宫博物院,入刻《三希堂法帖》,亦见于故宫博物院印行的《宋四家墨宝》。帖云:"襄启,暑热不及通渴,所苦想已平复。日夕风日酷烦,无处可避。人生缰锁如此,可叹可叹。精茶数片,不一一,襄上。公谨左右……"此帖亦是行书写成,用笔时疾时徐,略带顿挫,随意而行,结构严而神采奕奕。从以上书迹可见,蔡襄各种书体皆达到了相当的艺术高度,他在茶道书法上所同时拥有的盛名,是中国历史上的文人中无人能与之相比肩的。

苏轼作为书法上的"宋四家"之一,为后世留下了较多的书法作品,他的书法与他的诗词文一样多重于"意"的抒发,信手写来,意趣两足。他的有关茶的书法作品显示了他挥毫啜茗的绝代风采。

《啜茶帖》(又名《致道源帖》),是苏轼于元丰三年(公元 1080 年)写给道源的一则便札,22 字共分 4 行:"道源无事,只今可能枉顾啜茶否?有少事须至面白。孟坚必已安也。轼上,恕草草。"信札为纸本,纵 23.4 厘米,横 18.1 厘米。现藏故宫博物院。此帖由《墨缘汇观》《三希堂法帖》著录,用墨丰赡而骨力洞达。

《一夜帖》(又名《季常帖》《致季常尺牍》),是苏轼写给北宋文人陈季常的一封信。陈季常少时侠酒好剑,常与苏轼论兵,待中年时,折节读书,晚年多庵居蔬食,不与世相闻。他是苏轼的好友,二人的书信往来很多,《一夜帖》就是其中之一。这封信的内容是:"王君"向苏轼索借或购买一张黄居采的画作,东坡找了一个晚上也没找到。后来记起是"曹光州"借去临摹未还。为了避免"王君"发生误会,便立即写了这封信,麻烦季常向"王君"解释一下,此画一旦取回,马上送去。为了表示歉意,东坡随信带去"团茶一饼"让季常转赠"王君"。此帖如下:"一夜寻黄居采龙不获,方悟半月前是曹光州借去摹榻,更须一两月方取得。恐王君疑是翻悔,且告子细说与,才取得,即纳去也。却寄团茶一饼与之,旌其好事也。轼白季常。廿三日。"此帖由《墨缘汇观》《石渠宝笈续编》著录。其书法用笔遒劲而精妙。

《新岁展庆帖》，也是给陈季常的手札，其札如下："轼启。新岁未获展庆。祝颂无穷。稍晴，起居何如？数日起造必有涯。何日果可入城。昨日得公择书，过上元乃行，计月末间到此。公亦以此时来，如何，如何？窃计上元起造尚未毕工，轼亦自不出，无缘奉陪夜游也。沙枋画笼，旦夕附陈隆船去次。今先附抉劣膏去。此中有一铸铜匠，欲借所收建州木茶臼子并椎，试令依样造看。兼适有闽中人便，或令看过，因往彼买一副也。乞暂付去人，专爱护，便纳上。余寒更乞保重。冗中恕不谨。轼再拜。季常先生丈阁下。正月二日……"这帖子是说，苏轼要请铜匠铸茶臼，而季常家有一副建州的茶臼，苏轼修书向季常借这副茶臼，让工匠"依样"制造，他会派专人去取，小心保护，不会毁坏。而且碰巧有人到福建去，还要请赴闽之人看看季常的茶臼，让他也买一副这样的茶臼来。这封信是在大年初二写的，苏轼对茶具的癖好与倾心可见一斑。《新岁展庆帖》纸本，行书，纵 34.4 厘米，横 48.96 厘米，共 19 行，247 字，藏故宫博物院。《快雪堂法书》《三希堂法帖》摹刻。《墨缘汇观》著录。人多视之为东坡的杰作，岳珂曾评此帖为"如繁星丽天，照映千古"。

《天际乌云帖》，明汪砢玉《珊瑚网》著录。据清翁方纲考证，为苏轼元丰年间所书。它记载了蔡襄斗茶败于杭州一位颇有诗名的艺妓周韶之手的奇事："杭州营籍周韶，多蓄奇茗，常与君谟斗胜之。"蔡襄这位斗茶专家、高手，一生在与人"斗试"中只输给过两个人。一个就是苏轼，另一个就是周韶。败于苏轼，失之于水："苏才翁与蔡君谟斗茶，俱用惠山泉。苏茶少劣，用竹沥水煎，遂能取胜。"（《珍珠船》）败于周韶，失之于茶："多蓄奇茗，常与君谟斗胜之。"此帖为行书，无款。题跋者有元虞集、倪瓒，明马治、张雨、董其昌及清翁方纲等。

北宋初年，朝野普遍不重书法，满足于"才记姓名"。蔡襄是继承颜法的佼佼者，为时所重。苏东坡、黄庭坚书法兴起之时，仍在颜柳法书的重重包围之中。此时人们欣赏书法，不知关心有无个人面目，却以有无二王颜柳法度论书。不过，黄庭坚有着坚定的独特的艺术见识，认为不是王羲之，何苦硬要学成个王羲之？与苏东坡的书法见解十分一致，苏东坡面对一些只知仿效古人不知求自己创造的人说："吾书不佳，然不践古人，是一快也。"

(《山谷题跋》)他发扬"以意为书"的一代新风,可谓对极为法度化的书风的逆反。黄庭坚的书法体现出一种中宫密集、四周开展的结构,人称之为"辐射式"结构,在用笔上表现出了自己独特的风格特征。黄庭坚的书法作品中,有关茶的作品并不多见。在此介绍两件,以供欣赏。第一件作品是《元祐四年正月初九日茶宴和御制元韵》。它是黄庭坚在宋哲宗举行的茶宴上和皇帝的诗,其中"茶宴"一词是迄今为止古人书迹中的第一件。第二件是行书《奉同公择书咏茶碾煎啜三首》,"要及新香碾一杯,不应传宝到云来。粉身碎骨方余味,莫厌声喧万壑雷"。"风炉小鼎不须催,鱼眼常随蟹眼来。深注寒泉收第二,亦防枵腹爆千雷。""乳粥琼糜泛满杯,色香味触映根来。睡魔有耳不及掩,直拂绳床过疾雷。"

　　米芾(公元 1051～1107 年),宋襄阳人。祖籍太原,后徙湖北襄阳,晚居江苏镇江。号鹿门居士、襄阳漫士等。倜傥不羁,世又称为米颠。宣和时擢为书画学博士,官至礼部外郎。天资高迈,人物萧散,好洁成癖。被服效唐人,多蓄奇石。初于无为州有奇丑巨石,芾见大喜,具衣冠拜之,呼之为兄。不能与世俯仰,故从仕数困。书画自成一家,平生篆、隶、真、行、草书风樯阵马,沉著痛快。他的小篆真迹秀润圆劲,行草、飞白,变化无穷,有翔龙舞凤之势。与苏黄相比,长于奔放。令人遗憾的是,在米芾的书法作品中尚未发现长篇的茶事作品,但他的诗作中有一些茶诗,语无蹈袭,清雅绝俗,在书法中偶有涉笔。如《苕溪诗帖》:

　　　半岁依修竹,三时看好花。

　　　懒倾惠泉酒,点尽壑源茶。

　　　主席多同好,群峰伴不哗。

　　　朝来还蠹简,便起故巢嗟。

　　《道林帖》:

　　　楼阁明丹垩,杉松振老髯。

　　　僧迎方拥帚,茶细旋探檐。

　　《醉太平》小词:

　　　风炉煮茶,霜刀剖瓜。暗香微透窗纱,是池中藕花。高梳髻鸦,浓妆脸霞，玉尖弹动琵琶。问香醪饮吗？

此帖存录于明汪砢玉的《珊瑚网》中，但未见其真迹。

此外，清书画大师吴昌硕有一幅深沉雄健的篆书，横批"角茶轩"，落款时，还对茶与斗茶的由来作了简要的说明。题书"角茶轩"是作者认为角茶与书法比赛是相媲美的趣事，以示画斋是高尚清雅之地。他的《品茗图》（藏上海朵云轩）是他74岁时的作品，画面的左上角，以行草书题"梅梢墨雪活火煎，山中人兮仙乎仙"，用墨潇洒自如，逸笔草草，出神入化，气清品高。

篆刻作为书法艺术的一个分支，清篆刻家黄易曾有一方颂茶的阳文印，刻有"茶熟香温且自看"七字，苍劲古拙，仿汉印风格。他还留下了"诗题窗外竹，茶煮石根泉"一印。此印见于1980年上海书画出版社版的《明清篆刻流派印谱》。这枚十字印呈方形，以三、四三分行从右到左排列，将"外"与"竹"合为一处，在视觉上似为一字，形成横三竖三的九字排列，显示了篆刻家的匠心独具。该印以"茶"字为核心，字字起止分明，笔笔锋棱交错，用刀斩钉截铁；疾徐沉着，得字字外方内圆、骨内停匀。再巧借较印文稍细、"屋漏""画沙"谲变的细线边栏烘托，若众星捧月，谐娴精到，显示了这位"西泠四家"之一的鬼斧神工。

第三节　茶与文学

茶与小说、小品文

在中国的文学艺术宝库中，除了戏曲、诗歌、绘画、书法外，古代的小说如《三国演义》《水浒传》《金瓶梅》《西游记》《聊斋志异》《三言两拍》《老残游记》《红楼梦》中都有关于茶事的描写。如果缺了这部分的内容，这些作品的艺术感染力就会大大逊色。文学家蒲松龄在暑天以茶水换故事，成就了他的《聊斋志异》。《红楼梦》的作者曹雪芹也是一位"茶博士",凡写到饮茶或待客的地方,总是写到茶,全书的茶事描写有260多处。

关于茶的品种,《红楼梦》中提到的有枫露茶、老君眉、女儿茶、普洱茶、龙井、六安茶等。枫露茶出现在第八回《薛宝钗巧合认通灵》中:宝玉问茜雪道:"早起沏了碗枫露茶,我说过那茶是三四次后出色,这会子怎么又斟上这个茶来?"茜雪道:"我原留着来着,那会子李奶奶来了喝了去了。"宝玉为此大发雷霆,把茶杯摔碎,还要禀告贾母要把茜雪、李奶奶赶出贾府。这种名贵的枫露茶只准主子饮,奴才是不能饮的,连当过宝玉奶妈的李奶奶也一样,枫露茶一事反映了贾府奴役与被奴役的关系。六安茶、老君眉出现在第四十一回《贾宝玉品茶栊翠庵》中,贾母、宝玉等人到家庙栊翠庵做客,小尼姑妙玉向贾母奉茶,贾母道:"我不吃六安茶。"妙玉说:"知道。这是'老君眉'。"老君眉的茶叶条索是白色,像老寿星的眉毛,茶品带长寿之意。妙玉用此茶招待贾母,表示出尊敬与奉承,表现了妙玉的熟知人情世故。龙井茶出现在第八十二回《病潇湘痴魂惊恶梦》中,贾宝玉复学读书后到潇湘馆看望黛玉,"黛玉微微一笑,因叫紫鹃:'把我龙井茶给二爷沏一碗,二爷如今念书了,比不得里头。'""紫鹃笑着答应,去拿茶叶,叫小丫头沏茶……"用自己最喜欢的龙井招待宝玉,体现了林黛玉对宝玉的一片深情。

关于茶具,《红楼梦》写到了不同类别与档次的茶具。第二十二回《制灯谜贾政悲谶语》中,元妃给贾府兄妹们猜灯谜发奖品:"太监又将颁赐之物,送与猜着之人,每人一个宫制诗筒,一柄茶筅。"第五十三回《荣国府元宵开夜宴》,贾母在花厅上摆了十来桌酒席,宴请亲友。在花厅上"又有小洋漆描金小几,几上放着茶碗、漱盂。"第六十二回《呆香菱醉解石榴裙》中"宝玉正欲走时,只见袭人走来——手内捧着一个连环洋漆茶盘"。第七十七回《俏丫环抱屈夭风流》中晴雯哥哥家烹茶器具:"宝玉看时,虽有个黑煤乌嘴吊子,也不像个茶壶。"这是平民百姓家的茶具。在第四十一回《贾宝玉品茶栊翠庵》中,描写了妙玉庵中的多种茶具。1.妙玉"亲自捧了一个海棠花式雕漆填金'云龙献寿'的小茶盘"。2.这个小茶盘中放着明代成化年间江西景德镇名窑烧的五彩小盖盅,妙玉把它捧给贾母。3.跟贾母前来做客的众人,"都是一色官窑脱胎填白盖碗",众人的茶,由庵中扎裤尼道婆斟送。4.妙玉亲自向风炉煽滚了水另泡一壶茶,拉宝黛喝"体己茶"。5.妙玉"仍将前番自己常日吃茶的那只绿玉斗斝与宝玉"。6."妙玉听如此说,十分欢喜,遂又寻出一只九曲十环一百二十节蟠虬整雕竹根一个大盏出来"。7.妙玉给宝钗斟茶用的是一只觚瓟斝的玉质酒杯。"后有一行小真字,'王恺珍玩'"。又有"宋元丰五年四月眉山苏轼见于秘府"等字。8.那一只形似钵而小,也有三个垂珠篆字,镌着"点犀㪉",妙玉斟了一杯给黛玉。9.妙玉贮梅花水用的"鬼脸青"花瓮。

关于赠茶,第二十四回《痴儿女遗帕惹相思》中,写凤姐赠茶:香菱嘻嘻笑道:"……说琏二奶奶送了什么茶叶来了,回家去坐着罢。"一面说,一面拉了黛玉的手,回潇湘馆来,果然凤姐送了两小瓶上用新茶来。凤姐也给宝玉、宝钗送了茶,这茶是暹罗国进贡的。第二十六回《潇湘馆春困发幽情》写宝玉为黛玉送茶:丫头佳惠笑道:"我好造化,宝玉叫往林姑娘那里送茶叶,花大姐交给我送去。可巧老太太给林姑娘送钱来,正分给他们的丫头呢。见我去了,林姑娘就抓了两把钱给我,也不知多少……"

关于选水。第五回《警幻仙曲演红楼梦》中,"千红一窟"茶,是用"鲜花灵叶上的宿露烹了"。第四十一回《贾宝玉品茶栊翠庵》里,妙玉给贾母、刘姥姥及佣人用的水是雨水,而给宝钗、黛玉、宝玉用的是梅花雪水。第二十三回《西厢记妙词通戏语》中,贾宝玉的《冬夜即事》诗:"却喜侍儿知试茗,好将新雪及时烹。"第一百一十一回《鸳鸯女殉主登太虚》中,妙玉探望惜春,丫鬟彩萍用上年蠲的雨水烹好茶,招待妙玉。

关于茶祭。第八十九回《人亡物在公子填词》写晴雯被迫害致死后,宝玉心中凄楚,作祭文《芙蓉女儿诔》,择黄昏人静之时将诔文挂在芙蓉枝上,备枫露茶等四样祭品而行茶祭。祭文前有小序后有赋歌,小序有"……谨以群花之蕊,冰鲛之縠,沁芳之泉,枫露之茗;四者虽微,聊以达诚申信,乃至祭于白帝宫中抚司秋艳芙蓉女儿之前"。在这番茶祭之后,宝玉每到啜茗之时,总要默念晴雯。一日他早饭过后因想起晴雯,便"亲自点了一炷香,摆上

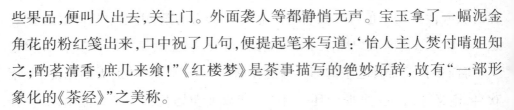

些果品，便叫人出去，关上门。外面袭人等都静悄无声。宝玉拿了一幅泥金角花的粉红笺出来，口中祝了几句，便提起笔来写道：'怡人主人焚付晴姐知之；酌茗清香，庶几来飨！'《红楼梦》是茶事描写的绝妙好辞，故有"一部形象化的《茶经》"之美称。

张岱的小品文描写的茶事堪称一绝。

张岱（公元1597～1679年）号陶庵，是明末清初的散文家，他出身仕宦之家，写过一篇《自为墓志铭》，谑称自己少时为"纨绔子弟，极爱繁华"，为"茶淫橘虐"。他的《陶庵梦忆》反映了他精到的鉴水品茶之道，其中"闵老子茶"一节，这样写道：

周墨农向余道闵汶水茶不置口。戊寅九月至留都，抵岸，即访闵汶水桃叶渡。日晡，汶水他出，迟其归，乃婆娑一老。方叙话，遽起曰："杖忘某所。"又去。余曰："今日岂可空去。"迟之又久，汶水返，更定矣。睨余曰："客尚在耶！客在奚为者？"余曰："慕汶老久，今日不畅饮汶老茶，决不去！"汶水喜，自起当炉。茶旋煮，速如风雨。导至一室，明窗净几，荆溪壶、成宣窑瓷瓯十余种，皆精绝。灯下视茶色，与瓷瓯无别，而香气逼人。余叫绝。余问汶水曰："此茶何产？"汶水曰："阆苑茶也。"余再啜之曰："莫给余，是阆苑制法，而味不似。"汶水匿笑曰："客知是何产？"余再啜之曰："何其似罗岕甚也？"汶水吐舌曰："奇！奇"！余问："水何水？"曰："惠泉。"余又曰："莫给余！惠泉走千里，水劳而圭角不动，何也？"汶水曰："不复敢隐，其取惠水，必淘井；静夜候新泉至，旋汲之，山石磊磊藉瓮底，舟非风则勿行，故水不生磊，即寻常惠水，犹逊一头地，况他水耶？"又吐舌曰："奇！奇！"言未毕，汶水去。少顷，持一壶满斟余曰："客啜此！"余曰："香朴烈，味甚浑厚，此春茶耶！向瀹者的是秋采。"汶水大笑曰："予年七十，精赏鉴者无客比。"遂定交。

在《兰雪茶》一节中记载了他探究泉水泡茶经验，发现"他泉瀹之，香气不出，煮袴泉，投以小罐，则香太浓郁，杂入茉莉，再三较量，用敞口瓷瓯淡放之，候其冷，以旋滚汤冲泻之，色如竹箨方解，绿粉初匀，又如山窗初曙，透纸黎光。取清妃白，倾向素瓷，真如百茎素兰同雪涛并泻也。雪芽得其色矣，未得其气。余戏呼之兰雪"。

在《陶庵梦忆》中，张岱还谈及一家"露兄"茶馆的取名由来。他说："崇祯癸酉，有好事者，开茶馆。泉实玉带，茶实兰雪，汤以旋煮，无老汤，器以时涤，无秽器。其火候汤候，亦时有天合之者。余喜之，名其馆曰'露兄'，取米颠'茶甘露有兄'句也。"

此外他还有《禊泉》一文：

"甲寅夏，过斑竹庵，取水啜之，磷磷有圭角。异之。走看其色，如秋月霜空，噀天为白，又如轻岚出岫，缭松迷石，淡淡欲散。余仓卒见井口有字画，用帚刷之，禊泉字出，书法大似右军。益异之。试茶，茶香发。新汲少有石腥，宿三日，气方尽。辨禊泉者无他法，取水入口，第挢舌舐腭，过颊即空，若无水可咽者，是为禊泉。好事者信之，汲日至，或取以酿酒，或开禊泉茶馆，或瓮而卖，及馈送有司。董方伯守越，饮其水，甘之，恐不给，封锁禊泉，禊泉名日益重。"

茶艺文中的双璧

——《叶嘉传》《茶酒论》

《叶嘉传》是苏轼的一篇散文，以拟人的手法写茶，为茶立传，赞美茶的品性，以茶自况，借茶的高洁以抒情、喻己、明志。

《叶嘉传》中的"叶嘉"之名概源于《茶经》首句："茶者，南方之嘉木也。"及茶之用在于叶，故而给茶取名为叶嘉。在文中苏轼刻画了一位容貌似铁、资质刚劲的清白之士。

全文分传、赞两个部分，共 6 段。前 5 段为传，最后一段为赞。第 1 段写叶嘉的籍贯为闽，曾祖是一位"养高不仕、好游名山"、为子孙"植功种德""遗香后世"的隐逸之士。后到闽武夷定居。第 2 段写叶嘉少时既怀壮志，不屑业武，作"一旗一枪"之武夫，而要成为"天下英武之精"。后为有识之士陆先生所赏识，且为"著其行录而传于时"。叶嘉家乡的人向皇帝推荐叶

嘉"风味恬淡，清白可爱，有济世之才"。皇帝大惊，忙下诏令叶嘉至京师。第3段写叶嘉并不立即就遭，而是"闭门制作，研味经史，志图挺立"。于是来下诏的郡守不敢马上进门，更不敢催促，而是亲到山中劝驾，叶嘉才登车启程。凡路上遇到的人，都称叶嘉"容质异常，矫然有龙凤之姿，后当大贵"。第4段写皇帝见了叶嘉后说："我早就闻听你的大名，但不知道你到底怎么样，我还是试试吧。"就对侍臣说，看叶嘉"容貌似铁、资质刚劲"，一定"难以遽用"，须用棒槌敲打才行。因而用语言来恐吓叶嘉，说，要以砧斧相加，鼎镬煎烹，你看怎么样呢？叶嘉毫无畏惧，说，我是山间野草般的草芥之辈，有幸被陛下采择至此，既是可以有利于国家民生，虽粉身碎骨，也决不推辞。皇上听了非常满意地笑了，遂令名曹（官名）开始处理，很快叶嘉就精熟了。于是皇上让御史欧阳高、金紫光禄大夫郑当时、甘泉陈平三人与之共事，这三人与叶嘉共事后非常嫉妒叶嘉受到皇帝的恩宠，担心这样会影响自己官位的升迁，所以想排挤叶嘉，便"以足击嘉""以口侵陵"。叶嘉却"为之起立，颜色不变"，而且三人在皇帝面前"阳称嘉美""阴以轻浮訾之"，叶嘉只得向皇帝申诉，得到了皇帝的支持与赏识，"上为责欧阳，怜嘉，视其颜色久之"，称"叶嘉真清白之士也，其气飘然若浮云矣"。遂引而宴之，少间，皇帝极其兴奋地说："始吾见嘉，未甚好也，久味其言，令人爱之，朕之精魄不觉洒然而醒。《书》曰：'启乃心，沃朕心。'嘉之谓也。"于是封叶嘉为钜合侯，位尚书。皇帝说："尚书，朕喉舌之任也。"自此以后宠爱日加。每到朝廷有宾客宴会，没有不推叶嘉于上，日引对至于再三。后因侍宴苑中，皇帝饮之逾度，叶嘉苦谏，皇帝非常不高兴，说："卿司喉舌而苦辞逆我，余岂堪哉。"遂唾之。叶嘉义正辞严地说："陛下必欲甘辞利口，然后爱耶？臣言虽苦，久则有效，陛下亦尝试之，岂不知乎！"皇帝看看左右，说，一开始我就说叶嘉刚劲难用，今日可见果然如此啊。虽宽容了叶嘉，但却疏远了。叶嘉不得志，退去闽中。一个多月不见叶嘉，皇帝心神不宁，非常思念叶嘉。就命人召他来，见了叶嘉特别高兴，用手抚摸着叶嘉说，我渴望能见到你已很久了，遂恩遇如故。第5段写皇帝想四出征伐，以兵革为事。而大司农向皇帝禀奏说国用不足。皇帝非常担心，就来问叶嘉，叶嘉为皇帝出了三个主意。其中一个是说"榷（专利，专卖）天下之利，山海之资，一切籍于县官。"实行了一年后，国家财用丰赡。皇帝极为高兴，而且兴兵也是有功而还。呆了一年后，叶嘉告老还乡。皇帝说，钜合侯可说是尽忠了呀。于是给其子爵位，又令郡守择其宗之良者，每年推荐给朝廷。叶嘉有两个儿子，长子叫抟，有父风，故以袭爵。次子叫挺，抱黄白之术，与抟相比，其志尤淡泊也。曾把自己的钱分给乡里之人以解其困，人们都觉得他品德高尚。所以村子里的人以春伐鼓，大会山中求之以为常。第6段，也就是文章的最后一段，赞曰：现在叶氏散居天下，都不喜欢城市，都乐于居住于山中，那些住在闽中的人，大概都是叶嘉的后代子孙。天下叶氏虽多，但风味及名声都不及闽。闽之居者又多，而郝源之族为第一。叶嘉以布衣知遇天子，得到了彻侯这种最高的爵位，可说是无比光荣啊。"然其正色苦谏，竭力许国，不为身计，盖有以取之。"先王用于国有节，取于民有制，至于山林川泽之利，一切与民。嘉为策以榷之，虽救一时之急，非先王之举也，君子讥之。或管山海之利，始于盐铁丞孔仅（西汉政治家，主张盐铁专卖以增加国家财政收入）、桑弘羊（西汉政治家，制订推行盐铁酒类官营专卖）之谋也，嘉之策未行。于时，至唐赵赞（唐德宗户部侍郎首倡抽茶税的大臣）始举而用之。

　　附：

叶　嘉　传

　　叶嘉，闽人也。其先处上谷。曾祖茂先，养高不仕，好游名山，到武夷，悦之，遂家焉。尝曰："吾植功种德，不时为采，然遗香后世，吾子孙必盛于中土，当饮其惠矣。"茂先葬郝源，子孙遂为郝源民。

　　至嘉，少植节操，或劝之业武，曰："吾当天下英武之精，一枪一旗，岂吾事哉！"因而游见陆先生。先生奇之，为其著行录而传于时。方汉帝嗜阅经史，时建安人为谒者侍上，上读其行录而善。曰："吾独不得与此人同时哉。"曰："臣邑人叶嘉，风味恬淡，清白可爱，颇负其名，有济世之才，虽羽知犹未详也。"上惊，敕建安太守召嘉，给传遣至京师。

　　郡守始令访嘉所在，命赍书示之，嘉未就。遣使臣督促，郡守曰："叶先

中華茶道

生方闭门制作,研味经史,志国挺立,必不屑进,未可促之。"亲至山中,为之劝驾,始行登车。遇相者,揖之曰:"先生容质异常,矫然有龙凤之姿,后当大贵。"

　　嘉以皇囊上封事。天子见之曰:"吾久饫卿名,但未知实尔,我其试哉。"因顾谓侍臣曰:"视嘉容貌似铁,资质刚劲,难以遽用,必槌提顿挫之乃可。"遂以言恐嘉曰:"砧斧在前,鼎镬在后,将以烹子,子视之如何?"嘉勃然吐气曰:"臣山薮猥士,幸为陛下采择至此,可以利生,虽粉身碎骨,臣不辞也。"上笑,命名曹处之,又加枢要之务焉,因诫小黄门监之。有顷,报曰:"嘉之所为,犹若粗疏然。"上曰:"吾知其才,第以独学,未经师耳。"嘉为之屑屑就师,顷刻就事,已精熟矣。上乃敕御史欧阳高、金紫光禄大夫郑当时、甘泉侯陈平三人与之共事。欧阳疾嘉有宠曰:"吾属且为之下矣。"计欲倾之。会天子御延,口促召四人。欧阳热中而已,当时以足击嘉,而平亦以口侵凌之。嘉虽见侮,为之起立,颜色不变。欧阳悔曰:"陛下以叶嘉见托吾辈,亦不可忽之也。"因同见帝,阳称嘉美而阴以轻浮訾之,嘉亦诉于上。上为责欧阳,怜嘉,视其颜色久之曰:"叶嘉其清白之士也。其气飘然若浮云矣。"遂引而宴之。少间,上鼓舌欣然曰:"始吾见嘉,未甚好也,久味其言,令人爱之,朕之精魄不觉洒然而醒。《书》曰:'启乃心,沃朕心。'嘉之谓也。"于是,封嘉钜合侯,位尚书。曰:"尚书,朕喉舌之任也。"由是,宠爱日加。朝廷宾客遇会宴享,未始不推嘉于上,日引对至于再三。后因侍宴宛中,上饮逾度,嘉辄苦谏,上不悦曰:"卿司喉舌而苦辞逆我,余岂堪哉?"遂唾之,命左右仆于地。嘉正色曰:"陛下必欲甘辞利口然后爱耶?臣虽言苦,久必有效,陛亦尝试之,岂不知乎?"上顾左右曰:"始吾言嘉刚劲难用,今果见矣。"因含容之,然亦以疏嘉。嘉不得志,退去闽中。既而曰:"吾未如三何也,已矣。"上以不见嘉月余,劳于万机,神荼思困,颇思嘉。因命召至,喜甚,以手抚嘉曰:"吾渴欲见卿久矣。"遂恩遇如故。

　　上方欲南诛两越,东击朝鲜,北逐匈奴,西伐大宛,以兵革为事。而大司农奏计国用不足。上深患之,以问嘉,嘉为之进三策。其一曰:榷天下之利,山海之资,一切籍于县官。行之一年,财用丰赡,上大悦,兵兴有功而还。上利其财，故榷法不罢，管山之利自嘉始也。居一年，嘉告老。上曰："钜合侯其忠可谓尽矣。"遂得爵其子。又令郡守择其宗支之良者，每岁贡焉。嘉子二人，长曰抟，有父风，故以袭爵。次子挺，抱黄白之术，比于抟，其志尤淡泊也。尝散其资，拯乡间之困，人皆德之。故乡人以春伐鼓、大会山中求之以为常。

赞曰：今叶氏散居天下，皆不喜城市，惟乐山居，氏以闽中者，盖嘉氏之苗裔也。天下叶氏虽伙，然风味德馨为世所贵，皆不及闽。闽之居者又多，而郝源之族为甲。嘉以布衣知遇天子，爵彻侯，位八座，可谓荣矣。然其正色苦谏，竭力许国，不为身计，盖有以取之。夫先王用于国有节，取于民有制，至于山林川泽之利，一切与民。嘉为策以榷之，虽救一时之急，非先王之举也，君子讥之。或管山海之利，始于盐铁丞孔仅、桑弘羊之谋也，嘉之策未行。于时，至唐赵赞始举而用之。

敦煌遗书中有一篇《茶酒论》写得笔法流畅，颇具特色。该文虽以"论"为名，但全文却主要以四六骈语为主，更接近平易的赋体。文前短序，述说茶酒争辩的起因："窃见神农，曾尝百草，五谷从此得分。轩辕制其衣服，流传教示后人。仓颉制其文字，孔丘阐化儒因。不可从头细说，撮其枢要之陈。暂问茶之与酒，两个谁有功勋？阿谁即合卑小，阿谁即合称尊？今日各须立理，强者光饰一门。"文首内以对话的方式、拟人的手法，广征博引，取譬设喻，以茶酒之口各述己长，攻击彼短，意在承功，压倒对方。辩诘十分生动，且幽默有趣。如茶夸耀自己的尊贵云："百草之首，万木之花。贵之取蕊，重之摘芽。呼之茗草，号之作茶。贡五侯宅，奉帝王家。时新献入，一世荣华。自然尊贵，何用论夸！"酒随即出来，并振振有词地回击道："可笑词说！自古至今，茶贱酒贵，单醪投河，三军告醉。君王饮之，叫唤万岁。群君饮之，赐卿无畏。和死定生，神明歆气。"酒慷慨激昂地陈述了酒在振奋军威、告慰死生、鼓舞士气方面的壮烈雄放，茶在这方面当然缺乏这种威武雄壮，故酒自豪地宣称"茶贱酒贵"。就这样，总是茶先发言表功并抨击对手，随后酒便出场应答反驳，反复辩论。茶列举了浮梁、歙州、舒州、太湖、越郡、余杭等一系列产茶胜地，商旅茶客云集于此，求茶若渴，盛况空前。酒则以

"玉酒琼浆,仙人杯觞。菊花竹叶,君王交结。中山赵母,甘甜美苦。一醉三年,流传今古"作为回敬。酒的论辩突出了酒的优异品质,及它给人带来的飘飘欲仙的快感,酒香浓郁,酒韵传情,酒自有它的神奇。接着,茶又表白自己身为茗草,实为万木之心。其自如玉,或似黄金。不仅俗人可饮而去昏沉,而且也是供奉观音弥勒的佳品,而酒却使人破财散家,堕入邪淫,实为罪孽深重。酒奋力争辩,说道酒通贵人,公卿所慕,历史上秦王与赵王相会于渑池之时,曾遣赵主弹琴、秦王击缶的是酒而非茶呀,把茶请歌、为茶交舞都是不可能的,而酒却擅长于此,况且,茶为贱货,三文便购得一缸,何年得富?

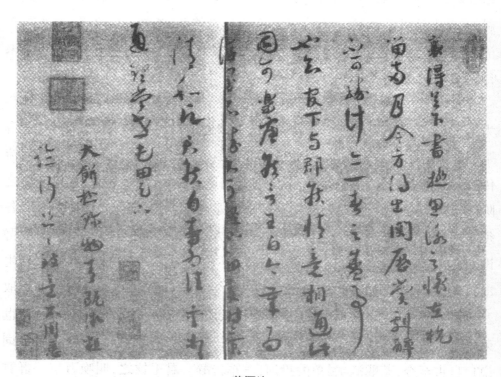

茶酒论

吃茶只能令人腰疼,多吃令人患肚,如若饮三年,将会得水病。酒在此揭出了茶的短处,饮茶过量,对身体是有害的,会引起肾病、得水肿、腰痛等。茶立即予以反击,说"人来买之,钱财盈溢。言下便得富饶,不在明朝后日。"根本不是酒所诽谤的那样"贫贱"。而酒能使人昏乱,喝多后必会吵架惹

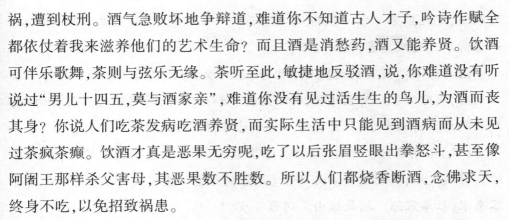

祸,遭到杖刑。酒气急败坏地争辩道,难道你不知道古人才子,吟诗作赋全都依仗着我来滋养他们的艺术生命？而且酒是消愁药,酒又能养贤。饮酒可伴乐歌舞,茶则与弦乐无缘。茶听至此,敏捷地反驳酒,说,你难道没有听说过"男儿十四五,莫与酒家亲",难道你没有见过活生生的鸟儿,为酒而丧其身？你说人们吃茶发病吃酒养贤,而实际生活中只能见到酒病而从未见过茶疯茶癫。饮酒才真是恶果无穷呢,吃了以后张眉竖眼出拳怒斗,甚至像阿阇王那样杀父害母,其恶果数不胜数。所以人们都烧香断酒,念佛求天,终身不吃,以免招致祸患。

最后,《茶酒论》是这样结尾的:"两人攻夺人我,不知水在旁边。"于是由水出面劝解,结束了茶与酒双方互不相让,一争高下的争斗,指出:"茶不得水,作何形貌？酒不得水,作甚形容？米曲干吃,损人肠胃,茶片干吃,只粝破喉咙。"只有相互合作、相辅相成,才能"酒店发富,茶坊不穷",更好地发挥效果。

茶与酒的争论针锋相对,难分胜负,作品十分生动有趣,使读者清楚地明白了两者的长与短,茶与酒相比,茶更显出宁静、淡泊、隐幽,酒更显得热烈、豪放、辛辣,二者体现着人不同的品格性情,体现着人不同的价值追求。《茶酒论》由于辩诘生动,寓意深远,茶酒争功的故事曾广泛流传于民间。藏族《茶酒仙女》、布依族《茶和酒》的寓言故事,在情节结构、表现形式上都与《茶酒论》十分相似。《茶酒论》的结尾更是妙趣横生:"若人读之一本,永世不害酒颠茶风。"今存6种敦煌写本,原卷首题"《茶酒论》一卷,乡贡进士王敷撰"。

附:

茶酒论一卷并序 乡贡进士王敷撰

窃见神农尝百草,五谷从此得分。轩辕制其衣服,流传教示后人。仓颉制其文字,孔丘阐化儒因。不可从头细说,撮其枢要之陈。暂问茶之与酒,两个谁有功勋？阿谁即合称尊？今日各须立理,强者光饰一门。

(一)茶乃出来言曰:"诸人莫闹,听说些些。百草之首,万木之花。贵之取蕊,重之摘芽。呼之茗草,号之作茶。贡五侯宅,奉帝王家。时新献入,一世荣华。自然尊贵,何用论夸!"

酒乃出来:"可笑词说!自古至今,茶贱酒贵。单醪投河,三军告醉。君王饮之,叫呼万岁。群臣饮之,赐卿无畏。和死定生,神明歆气。酒食向人,终无恶意。有酒有令,仁义礼智。自合称尊,何劳比类!"

(二)茶谓酒曰:"阿你不闻道:浮梁歙州,万国来求。蜀川蒙顶,登山蓦岭。舒城太湖,买婢买奴。越郡余杭,金制为囊。素紫天子,人间亦少。商客来求,舣车寒绍。据此纵由。阿谁合少?"

酒谓茶曰:"阿你不闻道:剂酒乾和,博锦博罗。蒲桃九酝,于身有润。玉酒琼浆,仙人杯觞。菊花竹叶,君王交结。中山赵母,甘甜美苦。一醉三年,流传今古。礼让乡间,调和军府。阿你头脑,不须乾努。"

(三)茶谓酒曰:"我之茗草,万木之心。或白如玉,或似黄金。名僧大德,幽隐禅林。饮之语话,能去昏沉。供养弥勒,奉献观音。千劫万劫,诸佛相钦。酒能破家散宅,广作邪淫。打劫三盏以后,令人只是罪深。"

酒谓茶曰:"三文一缸,何年得富?酒通贵人,公卿所慕。曾遣赵主弹琴,秦王击缶。不可把茶请歌,不可为茶交舞。茶吃只是腰疼,多吃令人患肚。一日打劫十杯,肠胀又同衙鼓。若也服之三年,养虾蟆得水病报。"

(四)茶谓酒曰:"我三十成名,束带巾栉。蓦海骑江,来朝金室。将到市廛,安排未毕。人来买之,钱财盈溢。言下便得富饶,不在明朝后日。阿你酒能昏吃,吃了多饶啾唧。街上罗织平人,脊上少须十七。"

酒谓茶曰:"岂不见古人才子,吟诗尽道:渴来一盏,能养生命。又道:酒是消愁药。又道:酒能养贤。古人糟粕,今乃流传。茶贱三文五碗,酒贱盅半七文。致酒谢坐,礼让周旋。国家音乐,本为酒泉。终朝吃你茶水,敢动些些管弦!"

(五)茶谓酒曰:"阿你不见道:男儿十四五,莫与酒家亲。君不见生生鸟,为酒丧其身。阿你即道:茶吃发病,酒吃养贤。即见到有酒黄酒病,不见有茶疯茶癫。阿阇世王为酒煞父害母,刘伶为酒一死三年。吃了张眉竖眼,怒斗宣拳。状上只言粗豪酒醉,不曾有茶醉相言。不免囚首杖子,本典索钱。大枷植项，背上抛橼。便即烧香断酒，念佛求天，终身不吃，望免违缽。

两个政争人我，不知水在旁边。

水谓茶酒曰："阿你两个，何用念念？阿谁许你，各拟论功！言词相毁，道西说东。人生四大，地火水风。茶不得水，作何相貌？酒不得水，作甚形容？米曲干吃，损人肠胃。茶片干吃，只砺破喉咙。万物需水，五谷之宗。上应乾象，下顺吉凶。江河淮济，有我即通。亦能漂荡天地，亦能涸煞鱼龙。尧时九年灾迹，只缘我在其中。咸得天下钦奉，万姓依从。犹自不说能贤，两个何用争功？从今以后，切须和同。酒店发富，茶坊不穷。长为兄弟，须得始终。若人读之一本，永世不害酒癫茶疯。"

《茶酒论》一卷

开宝三年壬申岁正月十四日知术院第子阎海真自手书记。

第四节　茶与对联

咏今古茶人茶书联（十一副）

一

看上下技艺纵横，茗技广集人类

才智，天时地利钟灵毓秀

观古今文化经纬，茶文罗织圣贤

精髓，诗词美术道德文章

——王泽农

[题解]这副联语是我国当代茶界泰斗、著名茶学科学安徽农业大学王老教授，于1995年6月30日、88岁高龄时为《中国茶文化今古大观》"首发志庆"的题词。

颂陆羽茶圣联（两副）

二

文章蕴藉，兼工孔孟佛经，一生为墨客
荈品芬芳，更擅泉茗史典，几世作茶仙

三

三卷《茶经》，功益海宇咸称圣
一秩《水品》，乐惠人间尽饮茶

——舒玉杰

——为纪念世界伟大茶叶科学家、茶圣陆羽诞辰一千二百六十周年（公元733～1993年）而作。

1993年春于北京

[笺注]

第一联：上下联尾句引自《全唐诗》耿湋《连句多暇赠陆三山人》。唐大历十才子湋于大历十年（公元775年），以图书充括使来江南"采风"期间，在湖州与当时在茶学与文坛上崭露头角的陆羽相识结谊。耿湋在联句中赞陆羽是"一生为墨客，几世作茶仙"；陆羽对曰"喜是攀阑者，惭非负鼎贤"。荈：是一个古老的茶字，最早出现在西汉司马相如的《凡将篇》"荈诧"。陆羽《茶经·一之源》："茶者，南方之嘉木也……其名一曰茶，二曰槚，三曰蔎，四曰茗，五曰荈。"荈作晚采之茶解。

第二联：为"茶圣"嵌字联。《茶经》：分上、中、下三卷共十章。功益海宇：陆羽《茶经》的问世。不仅对中国而且对世界的茶叶科学与茗饮文化的发展都产生了不可估量的影响。《茶经》已被译成各国文字传播到世界五十多个国家和地区。陆羽创造的煎茶法在唐代传播到日本后，被日本茶学界誉为"茶道天才陆羽的煎茶法"。美国学者威廉·乌克斯在《茶叶全书》

中说:"中国学者陆羽著述第一部完全关于茶叶之书籍……中国农家及世界有关者具受其惠。""故无人能否认陆羽之崇高地位。"一秩《水品》:指陆羽撰写的《煮茶记》,据唐张又新《煎茶水记》所载,《煮茶记》列天下名泉佳水共二十品。它对中华民族茶文化产生了广泛深远的影响。

四

敬题我国老一代著名茶学科学家陈椽教授联

双逢甲子,夙志丹心育教,桃李芳馨天下

九如华龄,依然敬业耕耘,淑茗醇惠人间

——舒玉杰

1995 年 10 月于北京

[陈椽](公元 1908~1999 年)福建省惠安人,我国著名茶学科学家。长期以来任安徽农业大学一级教授。曾荣获 1990 年国家教委金马奖章。陈椽教授在六十多年间,长期从事茶叶的教学与研究工作。1980 年担任茶学硕士研究生导师,至 1987 年共培养硕士生十四名。英国皇家学会朗曼集团名人出版中心 1984 年出版的《世界农业科技名人录》、1986 年《世界科学家》、1988 年印度出版的《世界科技名人录》等均收入陈椽教授的简历与科学成就。其著作丰富,有的被译为日、英、法文等在国外出版。有《茶业通史》《茶叶商品学》《茶业经营管理》《茶叶贸易学》《茶叶市场管理学》等专著传世。

陈椽教授因突发心肌梗塞医治无效,于 1999 年 11 月 23 日上午 9 时逝世,享年 92 岁。

[笺注]

甲子:甲为天干首位,子为地支首位,用于干支依次相配,如甲子、乙丑,可得六十数,统称为六十甲子。此联中的甲子,是作岁月的代称。唐杜甫《杜工部草堂诗笺》二二《春归》:"别来频甲子,倏忽又春华。"陈椽教授于1934 年于北平大学毕业后,至 1994 年,从韶华到皓首一直从事茶叶的科研与教学工作,整整经历了漫长的六十个春秋。夙志:平素的志愿。桃李句:谓门生之盛。唐白居易《长庆集》六六《春和令公绿野堂种花》诗:"令公桃李满天下,何用堂前更种花。"陈椽教授从 1941 年担任浙江国立英士大学农学院讲师(副教授、教授)以来,在半个多世纪的时间里,从事茶叶科研和教学工作,为国家培育了几代茶叶科技人才,他们如今都是茶叶科研、生产、经营企业的精英,真可谓是"桃李满天下"了。九如:语出《诗经·天保篇》:"如山如阜,如冈如陵;如川之方立,以莫不增;如月之恒,如日之升,如南山之寿,不穷不崩;如松柏之茂,如不尔或承。"在此联中亦喻陈老尊师年已临九旬高龄,仍为中国茶叶科学技术勤奋耕耘,奋斗不息。淑茗句:是喻指陈老那种一生身许茶事业,只留清芬惠人间的高贵品格。

五

一代茶痴,踏遍巴山寻瑞草

千峰雨露,凝成雾毫越重洋

——舒玉杰

——题赠现代著名茶学专家蔡如桂高级农艺师

1994 年 9 月 9 日于北京

[笺注]

茶痴:作家王蓬于 1989 年 9 月 10 日在《人民日报》上以《巴山茶痴》为题发表了长篇报告文学,详细介绍了蔡如桂扎根茶山,开创茶学事业的感人经历。巴山:又名大巴山、巴岭山。主脉在陕西省镇巴县境。巴山自古就是产茶区,见载于陆羽《茶经·一之源》"……其巴山、峡川有两人合抱者"。瑞草:喻指茶中之精品。瑞草魁为古今名茶,产于安徽省郎溪县姚村乡雅山,自唐代起即被列为贡品。唐代诗人杜牧《茶山》有"山实东南秀,茶称瑞草魁"之诗句。千峰句:镇巴茶山,千峰壁立,诸溪飞流,地处海拔 800~1200 米之间;长年云雾迷漫,年均日照率仅为 28%;年均降水量高达 1310.2 毫米。为茶树的生长提供了天然的良好生态环境。"巴山茶痴"蔡如桂,为改变镇巴茶叶生产的长期落后面貌,在二十多年间,历尽艰辛,踏遍大巴山峰峰岭岭,深入茶园农家,为创办镇巴现代化茶业生产企业和科学管理,做出了卓越贡献,他成为全国有突出贡献的中青年知识分子。雾毫:即秦巴雾毫名茶。越重洋:1988年12月,秦巴雾毫名茶在首届中国食品博览会上荣获银奖,1989年元月初蔡如桂在北京人民大会堂领奖之后,曾担任过毛泽东主席英语教师的章含之女士欣然挥毫题写了:"秦巴雾毫,走向世界"八个大字。如今,秦巴雾毫,不负期望,已打入了国际市场,远销日本与美国洛杉矶。如日本客户高木义隆先生喜获秦巴毫雾名茶后,在东京都各大茶馆施茶道,请大家鉴赏品评。并用汉字写道:"秦巴雾毫,名声赫赫,每饮秦巴雾毫,栗香滋味,叶底美丽,品质精良,佩服!"

六

> 恭亲敬业,四十几度春秋,
> 茶茗生涯,开创一代风范。
> 赏鉴相知,三百多种玉叶①,
> 嫩色新香,选采千山名珍②。

——舒玉杰

——题赠北京市特一级茶叶技师、碧春茶庄经理石拯先生联

1995年春于北京

[石拯]号燕山。1933年10月出生,河北省三河市人。北京市特一级茶叶技师、助理经济师,曾任北京王府井碧春茶庄经理。现为国际茶业科学文化研究会常务理事、华侨茶业发展研究基金会茶人之家理事、中华茶人联谊会会员、中国茶叶流通协会会员、北京茶叶协会理事等职,积极参与各项茶文化事业活动。

石拯14岁时从河北乡下来到了老北京,在前门外珠市口永安茶庄开始了茶行的学徒生涯。在八年之后,1955年春天,时逢老字号的碧春茶庄在北京最繁华的王府井大街重新开业,学有所成、风华正茂的石拯荣幸地被选进了碧春茶庄。由兹迄今,从韶华、逾花甲,他在这片温馨的天地里已度过了40个寒暑。石拯的人生追求是:活到老,学到老,干到老。

石经理在长期的茶业实践中,由于他勤勉敬业,刻苦学习,积累了丰富的茶学与茶文化知识,对茶叶的采购、检验、拼配、销售和经营管理等方面都探索出一套行之有效的经验。他对茶叶的色、香、味、形等都有自己的独到见解,对当今中国五大类茶叶(绿茶、红茶、花茶、乌龙茶、紧压茶等)三百多个品种都有研究。他凭直觉品鉴,能准确地辨认出每一种茶叶的产地、特性、等级。特别是从1984年他担任茶庄经理以来,在改革开放的这十多年间,他创出了"碧春风格",无论从茶庄"重合同、守信誉",还是改进取货渠道,扩大经销品种,增加销售金额,创收利润等方面都成绩斐然。

[笺注]

玉叶:今古茶名。在此做茶叶代词解,象征茶叶的天然色泽与淳美品质。千山名珍:此指碧春茶庄在多年经营中,从全国十几个省、市、自治区数百个县市的茶场(厂)选采、销售的千种以上的各品类、品种优质名茶。碧春茶庄是京城一家久负盛名的"老字号"茶叶店。"碧春"历史悠久,品类全,店堂典雅庄重,员工礼貌待客,服务热情,是溢香万里、誉满京华,颇受四海宾客青睐,独具"碧春"风雅的茶庄。

七

意会灵山玉露,品千般韵味

神通秀谷芝兰,尝百种风情

——舒玉杰

——题赠全国名优茶评审专家刘振利工程师

1994年6月28日于北京

[刘振利]1957年出生,北京市人(祖籍河北省沧州市)。毕业于安徽省农业大学(函授)茶叶系茶叶加工专业。现任联合利华食品(上海)有限公司京华茶叶分公司采购部经理、工程师。于1993年荣获北京市"十佳青年"称号与"五四奖章"。

八

湖州慕羽坊联

茗水长流,璀璨茶经传四海

妙峰矗立,辉煌圣迹耀千秋

——戴盟

[笺注]

"慕羽坊"于1998年冬建在湖州妙峰山上陆羽墓之前。

九

挽庄晚芳先生

以身献茶,廉美和敬尊名叟

因材施教,桃李菊梅颂晚芳

——戴盟

[题解]:庄晚芳先生,福建省惠安人。1908年出生,1996年5月2日于杭州逝世,享年88岁。生前曾任浙江农业大学茶学系教授,是我国著名的老一代茶学科学家,为中国的茶学和茶文化事业做出了卓越贡献。

[笺注]

上联中的"廉美和敬"四字是庄晚芳先生生前所大力倡导的"中国茶德"。全文是:"廉俭育德,美真康乐,和诚处世,敬爱为人。""茗叟":为庄晚芳先生之别号。

十

丹心品尝苦寒韵

诚信开基芳华春

——舒玉杰

——题赠扬州徐丹诚茶行总店嵌名联

[徐丹诚]1952年6月生于江苏省南京市。徐丹诚先生从而立之年起，即同茶结下了不解之缘，他视茶如命，愿终身与茶为伴，他的身心几乎都浸泡于茶汤之中，真有些达到了如痴如狂的程度。所以有些社会名士曾送他："茶痴""茶怪""茶丐"等绰号。他在风景秀丽的扬州市扬子江北路梅庄新村开设了一家"扬州徐丹诚茶行"，也颇受社会的青睐，又于1999年10月18日举行了"徐丹诚茶行总店"开张典礼。这副"丹诚嵌名"联即是作者应丹诚先生之约为"扬州徐丹诚茶行总店开业"志禧所写的贺词。

十一

此地有茶山茶水茶风茶月，

更兼有茶人茶事，添千秋茶话

世间多痴男痴女痴心痴梦，

况复多痴情痴意，是几辈痴人

——徐丹诚

[笺注]

人们自然会看得出来，这是一副茶人自喻谐趣联。这副联语的旨趣在历史上也还有一段风流逸闻呢。若是看过云亭山人孔尚任写的《桃花扇》传奇或看过王丹凤主演的《桃花扇》(电影)的人，人们就会想起明末清初时，上元(古县名、明为应天府，今之南京市)秦淮名妓李香君[因其娇小玲珑，人们呼其为"香扇坠"，侠而慧，颇能辨识贤奸]与风流倜傥的侯方域[(公元1618～1654年)河南商丘人。字朝宗，号雪苑。颇有才名，时与方以智、冒襄、陈贞慧合称"四公子"]在国家兴替之际发生的那段悲欢离合的恋情故事。清康熙皇帝南巡到江宁时，听到秦淮河畔流传的这段风流韵事后，竟然也引起了这位盛世帝君的兴致，于是写下了一副吟风咏月的联语。

徐丹诚先生在一个偶然的机会里看到了这副联语，于是就将上联原文"此地有佳山佳水佳风佳月，更兼有佳人佳事，添千秋佳话"之"佳"字，妙笔一落改为"茶"字，便给这副原联以全新的旨趣与意韵，成为一副格调高雅，妙趣横生的咏茶(人)联了。这副改写后的联语,作为徐丹诚先生的自况联真是惟妙惟肖,字字入骨了;而下联的结句"是几辈痴人",又隐喻了徐丹诚先生的女儿徐扬也是一位对茶情有独钟的年轻茶人。她现在农业部茶叶质量监测中心,在沈培和老师手下学习品评茶叶的专业训练,并参与了多项国内、国际茶会的茶品质量检测工作。

咏茶联(十九副)

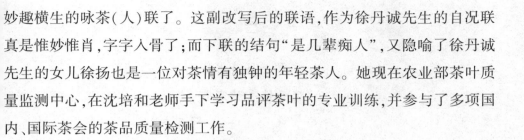

一

石花玉叶珠兰韵

绿雪红梅碧螺春

——舒玉杰

[笺注]

上联:宛若一束玲珑剔透,由翡翠、珠玉雕成的微缩盆景,但它却散发着诱人的阵阵幽香。联中嵌入的三个茶名:石花、玉叶,均为四川省名山区蒙顶山山区出产的古今名茶蒙顶石花和玉叶长春;珠兰,为安徽省歙县花茶厂生产的珠兰花茶。下联:同上联形成了鲜明对比,它可谓是新中国茶园百花争奇斗艳的长幅画卷——展现在读者面前的是千峰碧翠、万壑飘香,在高山云雾之中,溪流湖水岸边,红梅绿竹之间,座座茶山、茗园生机勃勃,春意盎然,它正展示着当今中国茶叶生产的兴旺景象。下联所辑的三个茶名——绿雪:即敬亭绿雪。因该茶成品外形色泽翠绿,全身白毫似雪,故名。产于安徽省宣州区敬亭山茶厂;红梅:为浙江省杭州市九曲红梅茶厂生产的九曲红梅;碧螺春:产于江苏省苏州洞庭湖东、西山。茶树生长在碧波万顷的太湖之滨,独得大自然的钟爱和茶工的精心焙制,以其色泽嫩绿隐翠,芽身卷曲似螺,叶底柔匀,清香幽雅的绝妙韵味而饮誉世界,自然她要在万紫千红的茶苑中,独占先春了。

二

文君秀眉清水绿

观音佛手甘露香

——舒玉杰

[笺注]

这副茶名集锦联,既求上下联词意对仗,又不刻求音律的平仄对应,只着意茶名组成联语形式之后所赋予茶品的高雅情趣与圣洁意境。

咏茶

上联:集中体现了"从来佳茗似佳人"的品格韵致——"文君"秀眉神韵,雪魄冰魂,乃天赋芳姿;一个"绿"字充分体现了珍品绿茶的碧润芳鲜;清水,而佳茗只有溶于甘泉之水才能发其特有的宜人馨香。所集三个茶名——文君:即文君绿茶。产于天府之国的西汉才女卓文君的故乡——四川省邛崃茶厂;秀眉:由珍眉或珠茶精制加工中自然产生的断碎芽叶与嫩筋梗片等所组成。由上海市茶叶进出口公司拼配,因其条索形状纤细秀美如

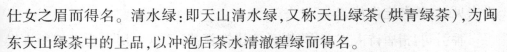

仕女之眉而得名。清水绿:即天山清水绿,又称天山绿茶(烘青绿茶),为闽东天山绿茶中的上品,以冲泡后茶水清澈碧绿而得名。

下联:以三个与佛事相关的茶名组成的对句,不仅同上联有天然对应之妙,且集中体现了"茶佛一味"的历史渊源和名茶珍品所具有的祛病疗疾、延年益寿的神奇医效。那南海大士观音手中所持净瓶里的圣水(甘露),似乎真的曾洒向人间大地(《文选英华》八六一唐李华《东都圣善寺无畏三藏碑》:"观音大圣在日轮中,手持净瓶,注水地中。"),凝结而成了具有特殊疗效的珍茗。当然超品茗茶是秉天地灵秀之气、加之人工科学培育、精制而成,它们的名字所以同佛相关都是有其历史渊源的。而茶叶一向被佛家视为圣洁之灵物,一些名山古刹的僧侣们,如今仍以香茗供佛;海内外的游人香客到天台、九华、普陀、峨嵋等佛教圣地进香览胜者,如能获得同佛事相关的茶叶,都视为珍品携回,以馈赠亲友。

所集三个茶名——观音:这自然是闻名遐迩,素被誉为"红叶绿镶边,七泡有余香"的福建安溪铁观音了;佛手:即永春佛手,属乌龙茶类。系用佛手品种茶树精制而成,产于福建省永春县,故名;甘露:蒙顶甘露,亦名蒙山甘露,产自四川省名山区蒙顶山山区。据传,西汉末年甘露寺吴理真禅师曾亲手在蒙顶山最高峰上清峰植仙茶树七株,因此得名。

三

品高李白仙人掌

香引卢仝玉液风

[笺注]

品高句:指唐代大诗人李白《答族侄僧中孚赠玉泉山仙人掌茶》诗。诗人在《序》中说:"余闻荆州玉泉寺近清溪诸山。……其水边处处有茗草罗生,枝叶如碧玉,唯玉泉真公常采而饮之,年八十余岁,颜色如桃李。而此茗清香滑熟,异于他者。所以能还童振枯。"

李白在《仙人掌茶诗》中咏曰:"茗生此石中,玉泉流不歇。根柯洒芳津,采服润肌骨。丛老卷绿叶,枝枝相接连。曝成仙人掌,似拍洪崖肩。举

世未见之,其名定谁传。"

香引句:指唐诗人卢仝作《谢孟谏议寄新茶》。这是历来为人们所推崇的一首茶歌。歌中有:"七碗吃不得也,唯觉两腋习习清风生。蓬莱山在何处,玉川子(卢仝自号)乘此清风欲归去。"

四

佛天雨露

帝苅仙浆

[笺注]

集宋人句。浙江天台山——佛教天台宗的发祥地,也是浙东的名茶产地。古时在天台之赤诚、瀑布、佛陀、香炉等峰上产有名茶三品:曰紫凝、魏岭、小溪。此联语盖赞其茶之美,如玉露仙浆也。

五

泉甘洁器天色好

坐中拣择客亦佳

[笺注]

集宋六一居士(欧阳修)《尝新茗诗》句。

六

入座半瓯轻泛绿

开缄数片浅含黄

——郑谷

[郑谷]小传略

[笺注]

入座饮茶,客人每人碗里只斟给半盏;开封时为何只取数片?这是言茶之珍,贵如金玉,未宜多得;如作痛饮,绝非佳品。"轻泛绿""浅含黄"六字,清新典雅,是咏茶的传神之笔,韵味悠长。

七

白绢旋开阳羡月

竹符新调惠山泉

[笺注]

集明·文徵明《酌泉试宜兴吴大本所寄茶》诗句。

八

欲试点茶三昧手

上山亲汲云间泉

[笺注]

集明·韩奕《白云泉煮茶诗》句。

九

香于九畹芳兰气

圆似三秋皓月轮

[笺注]

集宋·王禹□《恩赐龙凤茶》诗句。

十

蜀士茶称胜

蒙山味独珍

——文同

[文同] (公元 1018～1079 年) 字与可,自号笑笑先生,世称石室先生。宋代梓潼(今四川梓潼县)人。仁宗皇佑间进士。曾知洋州(今陕西省西乡县)、湖州。北宋著名画家和诗人。

[笺注]

这是诗人在《新茶诗》里赞颂蜀茶联句。蜀土:泛指今四川省。四川自古以来就产名茶,是我国茶叶的原生地之一。从汉唐以来许多州县都盛产名茶。如"东川(指川东)有神泉、小团、昌明、兽目","蜀州产黄芽、雀舌、鸟嘴、麦颗、片甲、蝉翼"等茶。(引自唐李肇《唐国史补》)。蒙山:蒙山茶产于今四川省名山区境的蒙顶山区。蒙顶茶久负盛名,从唐代起即为宫廷贡品,是茶中之珍品。

十一

> 琴里知闻唯渌水
> 茶中故旧是蒙山
> ——白居易

[白居易](公元772—846年)字乐天。唐代大诗人。下邽(今陕西渭南)人。德宗贞元间进士。官至翰林学士。一生坎坷,遭受贬谪。诗人同茶事有不解之缘,他亲自开凿过山泉,种植过茶园,写过不少脍炙人口的茶诗。

[笺注]

此联为集乐天《琴茶》诗句。渌水:古琴曲名。诗人有《听弹古渌水》诗:"闻君古渌水,使我心和平。欲识漫流意,为听疏泛声。西窗竹阴下,竟日有余清。"蒙山:指产于四川名山区蒙顶山区的蒙顶茶,古有蒙顶石花;今有蒙顶甘露、蒙顶黄芽。

十二

> 摘带岳华蒸晚露
> 碾和松粉煮春泉
> ——齐己

[齐己](生卒年未详)晚唐诗僧。本姓胡,字得生。益阳(今属湖南)人。此联语为作者《闻道林诸友尝茶因有寄》诗句。诗僧曾在岳麓山道林寺隐修甚久,这首诗是离寺院后寄怀念之情所作。此联,词意清新,对仗工妙,可谓是咏茶佳联。

[笺注]

上联：是谓在清晨日出前，僧友们便进入岳麓山道林寺周围的茶园里采摘刚刚萌发的早春茶芽，故谓之"岳华"；蒸晓露：是指先将带着露珠的鲜芽叶以锅蒸杀青后，再转入其他工序。下联：是作者说其用茶碾把友人寄来的饼茶，碾成松粉般的茶末，再选最佳的泉水煎烹品尝。

十三

囊中日铸传天下

岭上仙茗为御茶

——舒玉杰

[笺注]

此为集名句、典故联。日铸：即为日铸雪芽，产于浙江绍兴会稽山日铸岭，久负盛名。在陆羽《茶经》中已誉其为"珍贵仙茗"。北宋欧阳修称其是："两浙之茶，日铸第一。"至南宋时，划其地为"御茶湾"。监制皇室贡品。南宋诗人陆游则更以啜饮其家乡日铸茶为快事。并赋诗咏唱曰："囊中日铸传天下，不是名泉不合尝。"

十四

肯让湖州夸紫笋

愿同双井斗红纱

——郭沫若

[笺注]

此联语为集作者《咏高桥银峰茶》诗句。紫笋：即是产自湖州长兴县顾渚山的紫笋茶。因其芽叶色紫，其形如笋，故名。湖州紫笋，自唐代列为宫廷贡品和载入陆羽《茶经》以来，已是闻名遐迩的中国名茶了。肯让，是岂肯之意。双井：茶名。产于江西修水县。古时当地土人，汲取双井之水造茶，茶味鲜醇，胜于他处。从宋代起，双井茶即颇有名气。北宋文学家欧阳修在《归田录》里说："草茶以双井第一。"红纱：谓双井茶装封精美、品质珍贵。宋欧阳修《归田录》记载：古时双井草茶"制作尤精，囊以红纱，不过一二两,以常茶十数斤养之,用避暑湿之气。"

十五

玉碗光含仙掌露

金芽香带玉溪云

[笺注]

仙掌露:即指仙人掌茶。产于湖北当阳县城西玉泉山,一名堆蓝山。唐大诗人李白有咏仙人掌茶诗并序。玉溪云:是指仙人掌茶生长在清泉溪流四季不竭,云雾缭绕常年笼罩,独得天钟地爱的良好环境之中。

十六

泉嫩黄金涌

芽香紫璧栽

——杜牧

[杜牧](公元803~852年)字牧之。京兆万年(今陕西西安)人。晚唐杰出诗人、文学家。文宗大和进士,曾官监察御史等职。

[笺注]

此联为集诗人《茶山》诗句。黄金涌:即金沙泉,在湖州长兴县顾渚山啄木岭下。据《茶董补》卷上载:"金沙泉处沙中,居常无水。将造茶,太守具仪注,拜敕祭泉,顷刻发源,其夕清溢,供御(指造贡茶)毕,水即微减;供堂者毕,水已半之;太守造毕,水即沽矣。"紫璧:即指顾渚山所造之贡茶,是选用早春刚萌发之紫色芽叶,其形如笋,所造之饼茶,其光泽与质量,有如珍贵的紫色璧玉。

十七

诗写梅花月

茶煎谷雨春

溪畔水滨茶园

[笺注]

此为咏龙井茶联。西湖龙井,产于杭州西湖之滨的凤篁岭龙井村之山麓,以及梅家坞、狮子峰等处,尤以狮峰产者为最佳。龙井茶以其色泽翠绿,香气浓郁,甘醇爽口,形如雀舌等四大特点著称于世。

十八

溪上茗芽因客煮

海南沈屑为书熏

——伊秉绶

[伊秉绶](公元1754~1815年)号墨卿,字组似。清代书法名家。福建汀州(今福建长汀)人。曾任扬州知府,与一批书画家交往,颇受推崇。他的书法筋骨老健,清绝有书卷气。善诗词、联语。这幅联语即是作者所题字画联。

[笺注]

溪上句:是言从溪畔水滨茶园里所采制的茗芽,往往只有贵客临门时,才烹煎款客。海南句:是言南海碧蓝的海水里,所沉积的黑色粉末所散发的香气,只是因为长年练习书法,为翰墨所熏染。这是把茶茗清香与翰墨书香巧妙熔于一炉的书斋字画联,更富有幽雅的书卷气息。

十九

宝鼎茶闲烟尚绿
幽窗棋罢指犹凉

——曹雪芹

[曹雪芹](公元? ~1763 或 1764 年)名霑,字梦阮,号雪芹、芹圃、芹溪。清代著名小说家。祖籍河北丰润区。后迁辽阳(一说沈阳),满洲正白旗人,属内务府包衣。雪芹出生于(南京)百年望族仕宦之家。工诗、善书、多才艺。后家道衰落,中年迁居北京西郊,贫至举家食粥,在其所著古典长篇小说《红楼梦》尚未成书时(只完成前八十回),在贫病交攻下,泪尽而逝。

[笺注]

曹雪芹在《红楼梦》若干回中都写了茗事,第四十一回中专门写了《贾宝玉品茶栊翠庵》,尤为精彩;而以茗事入联语却为数不多。这副联语是作者在第十七回中,以宝玉在元春省亲时为"有凤来仪"所拟楹联。有凤来仪:凤凰是古代传说中的仙禽,相传它们出现是一种瑞应。《尚书·益稷》:"箫韶《古舜帝时的乐曲》九成(一曲终叫一成)有凤来仪(来归)。"又传说凤是食竹的。所以借这一成语典故来命名林黛玉所居之潇湘馆为"有凤来仪",又合元妃归省之仪,是最为贴切的了。宝鼎:这里指煎茶的鼎状风炉。

此联是写宝黛两人在潇湘馆幽静清雅的环境中品茗下棋的情景。只顾聚精会神地下棋,以至对煮茶宝鼎里飘散的淡淡轻烟,似乎并未看见;至棋罢,重新斟茶品饮接触茶盏时,才突然觉得手指微凉,这是由于长时间下围棋掷子所致。这副楹联,写出了林黛玉的孤寂清高与贾宝玉的潇洒脱俗,他们既崇尚茗饮之道,又精通棋艺,多才多艺。作者还善于从琐事细节上来体察物性和事理,并以此衬托出潇湘馆内翠竹冉冉,林黛玉房中几簟生凉的特定氛围。这副楹联是林黛玉性格的写照,情景融和,韵味悠长。

茶趣联（五副）

一

坐,请坐,请上坐

茶,敬茶,敬香茶

[笺注]

民间曾流传过这样一个逸闻,清代郑板桥在寓居扬州时,常游历名山古刹,有一次,他不期而访一个寺院,而寺院的主持大和尚不认识这位仪表似乎并不出众的"施主"。于是只说了一句:"坐";招呼侍者:"茶"。经过交谈,主持大和尚觉得来客谈吐不凡,不由肃然起敬。忙又说:"请坐";又吩咐侍者:"敬茶"。当和尚请教来人的姓名时,方知客人就是大名鼎鼎的书画大家郑板桥,便满脸堆起笑容地恭请客人:"请上坐";连呼侍者:"敬香茶"。

当和尚请郑燮先生题咏时,来客并未置谦词,便不加思索地挥毫书就了《茶与坐》联。欣喜偶获郑燮先生墨宝的大和尚一看,顿时涨红了脸,感到尴尬万分:"这不是自己刚才说的话吗?"这副联语,虽为笑话,但却辛辣地讽刺了社会上那种看人行事的势利小人。

二

一杯香茶,解解解解元之渴

两曲清歌,乐乐乐乐师的心

[笺注]

从前有一个"解元"(科举时,乡试第一名为解元),姓解,一日外出,又热又渴,回到家里,连声呼渴。侍女忙端来一杯香茶,便风趣地说出一联(见上联)。解元一听,竟忘了口渴,连连说道:"妙对! 妙对!"一字四选三韵真是妙不可言:"前两个'解'字是解渴之'解';第三个'解'字是姓(音谢);第四个"解"字则是"解元"之解(音介)。解学士忙将侍女说出的上联记下来，去向诸生求对，却一时竟无人能对出。于是"绝对"之名，遂传遍京城。

无独有偶，京城里有一个姓乐的乐师，一天从外边回家，不见妻子，只闻清唱之声。就唤妻子到跟前，责备地说："家事不理，唱什么?"妻子一看丈夫的脸上颇有不悦之色，于是就满面堆笑地说出了一句话(见下联)。乐师听后。满腔不快之情顿消。并连声赞道："妙对! 真是妙啊! 这不刚好对上了那个上联吗?"

这下联又是一字四选二韵，前两个"乐"字是快乐之乐，是妻子针对丈夫不快而发;第三个"乐"字是姓(音岳);第四"乐"字则是乐师之乐。恰与上联一字四选的动名词相应对仗，妙趣横生。

三

为名忙，为利忙，忙里偷闲，饮杯茶去
劳心苦，劳力苦，苦中寻乐，拿壶酒来

[笺注]

新中国成立前，广州惠爱路(今中山路)的"好奇香"茶楼门口，悬挂着一条向顾客求对的上联。茶楼老板以此招徕顾客，为饮茶平添雅兴。一天来一位茶客，看了上联后，凝视不语。老板忙将顾客让入茶座，斟上了一杯香茶，但看客人仪表有欠风雅，即以语含讥讽地口吻笑道："客官如有意，何不挥毫赐教?!"只见那客人把茶一饮而尽，说："老板，有笔墨何不拿来一用。"说话间，笔墨送到，客人提笔立就下联。老板看后，连连伸出大拇指，赞赏不已。于是这副主客妙对，随之传为佳话。

四

道童锅里煮茶，不知罐煮
和尚墙头递酒，必是私沽

[笺注]

相传，古时某地有两位书生，山前的叫李观竺，才高八斗，学富五车;山后的叫刘思古,为寒门贵子,精通诗文。两人都是遐迩闻名的才子,也互有景慕之心,由于有一山相隔,且有些文人相轻之意,谁都不愿首次登门造访。所以闻名虽久,尚未相见。

有一天,刘思古来到山前,特意去拜访李观竺,两人初次相见,便针锋相对地以"对句"斗起法来。当他们以联语巧妙的点出各自的姓氏之后,却又心照不宣地避而不说其名。主人又故意发问:"刘先生,你知道我的名字吗?"思古会意,恰在此时,他一眼瞥见院中一小书童正在点燃鼎镬煎茶,于是他灵机一动,便脱口说出了上联。

刘公子这个上联,语带双关,饱含讥讽,又切中双名(茗),真是妙不可言。欲知此联的妙处,还得先从联语中的"锅煮"与"罐煮"说起。这两个"煮"字恰好说明了这个故事是发生在宋代的"点茶法"与唐代陆羽创造的"煮茶法"新旧交替之际。陆羽"煮茶法"是以镬(釜)煎茶,是将末茶投入沸水中煎煮;而到了宋代,由于多崇尚饮用研膏茶,茶之本身较唐代更为精细,所以不宜再用煎茶法,代之以适合茶质细嫩的"点茶法"。宋时的"点茶法"有两种饮法:一是以铜瓶煮水,当水沸后,提瓶离火,落滚后随即将末茶投入,以茶筅搅匀,分茶于碗品饮;二是先将末茶放于茶碗里,直接以落滚的开水冲饮。有如现在饮用袋装奶茶的方法。

刘公子的出句以"罐煮"谐音点出主人的名字"观竺",且以"锅煮"二字,讥讽主人命书童仍以釜(锅)煮茶,是不精于茗事。"罐"者在此做冲茶器具之代词,泛指冲茶用的陶瓷瓶罐。

主人听客人出句饱含贬损之意,心中虽感不快,但暗服来者才高,名不虚传,略加思索便以下联相对。

李公子的下联也对得绝妙,尔以"道童锅里煮茶",吾便对以"和尚墙头递酒";尔巧言之"不知罐煮",吾谓之"必是私沽"。且"沽"与"姑"字谐音,且含有鸡鸣狗盗之意,淋漓痛快地回敬了来客。说罢两人会心地拊掌大笑,观竺遂将思古请进书房,命童子献上香茗,并设宴款待。之后两人朝夕相处,宴谈数日,成了忘年之交。

中華茶道

五

一杯清茶,解解解元之渴
七弦妙曲,乐乐乐府之音

[笺注]

这幅联语,相传是明初联坛高手解缙的对句故事。解缙(公元1369~1415年)字大绅,号春雨。江西吉水人。明太祖洪武间进士,曾历官御史、翰林学士。少有奇才,乡试第一名,中了解元。工联语,八岁时即以预针格属而对名于世。

有一次解缙游历登山,感到口干舌燥,想寻水解渴,突然发现在林木掩映之中有一草庐,细听里面传出清脆悦耳的乐声。这是一曲《高山流水》,节奏欢畅明快,激越清脆。及至进了草堂,只见一位皓首老者抚琴而坐,如醉如痴。解缙急想知道老者的称呼,便贸然打躬相问。原来他姓乐,过去曾是朝廷乐府的一个官员,专门采集民间乐曲的。不然怎么会有这么高的技艺呢。老者听说来者是颇有才名的解元解缙,向自己讨水喝,便灵机一动,何不先考他一考,于是出了上联。

解缙一听,便笑了,指指老乐师的七弦琴,朗声对出了下联。老者一听,赞不绝口:"妙!妙!"随即捧出雀舌清茶请解学士品尝。

这幅趣联,别具诗情画意和高雅风韵——红颜学士对皓首乐师,七弦妙曲对一杯清茶;《高山流水》逸韵悠长,一杯雀舌,满庐生香。真堪称是咏茶趣联中的上乘之作。至于联中"解"与"乐"的迭字读音,请参阅前"侍女与夫人"茶联对之注解。

茶叶店联(八副)

一

谊结九州茗苑,诚招云腴客

心连四海宾友,惠顾碧春茶

——舒玉杰

——题赠北京王府井碧春茶庄联

1995 年春于北京

二

峰云逐日菲千紫

睿木盈坡竞万春

[笺注]

此联为北京市峰睿商贸公司大生堂茶叶(壶艺)店嵌字联。这副楹联对仗工稳,意境清新,是咏茶(叶店)联中的上乘之作。

名茶名地·隋代古刹

三

恒得雨露滋仙掌

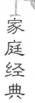

泰转阳春益寿眉

——刘墉

[刘墉]（公元1719～1804年）清山诸城人。字崇如，号石庵。乾隆十六年（公元1751年）进士。官至体仁阁大学士。谥文清。擅长书法，浑厚雄劲，古拙朴茂。一时名满天下；兼通经史百家。诗亦劲炼清雄。

[笺注]

这副联是刘墉为老北京"恒泰茶庄"所题的嵌字联。上联的"雨露滋仙掌"是从唐李白《答族侄僧中孚赠玉泉山仙人掌茶》诗句演化来的。下联"益寿眉"句，似指产于福建省光泽县乌君山之"老君眉"茶。

四

同兴国饮千禧业

德茶尚品万树春

——舒玉杰

——题赠北京同兴德茶庄嵌字联

1999年11月18日于北京

五

素雅为佳松竹绿

幽淡最奇芝兰香

六

嫩色新香尽堪疗渴

金英绿片悉是名珍

七

崔舌未经三月雨

龙团先占一枝春

[笺注]

雀舌:茶名。其茶刚萌发新芽,淡绿微黄,刚生出一小片嫩芽,形如雀舌。此茶常在夏历二月惊蛰后即开始采摘,所以"未经三月(清明)雨"。一枝春:本为梅花之谓。陆凯赠范晔诗:"折梅逢驿使,寄予陇头人。江南何所有,聊赠一枝春。"此联妙借"一枝春"来寓指刚刚焙制出的第一批上好春茶。

八

森伯呼君宜作颂

甘侯益我合酬封

[笺注]

森伯:即茶之谓。宋代陶□《清异录·茗□》说:"汤悦有《森伯颂》盖茶也。方欲饮而森严乎牙齿,既久,而四肢森然。"甘侯:乃寓指建阳所产之高品名茗。其典故出自明适园无诤居士陆树声所著《茶寮记》。所附《晚甘侯》云:"孙樵送茶与焦刑部,书云:'晚甘侯十五人遣侍斋阁。此徒,皆请雷而摘,拜水而和,益建阳丹山碧水卿月涧云龛之品,慎勿贱用之。"这幅佚名咏茶联,当出自一位精通茗饮之道的大家手笔。联语用典高雅,对仗工稳;情辞蕴藉,环境适宜;"益我合酬"四字,写尽茶茗之天性与传递友谊之使命。真可谓是咏茶联中又一上乘佳作。

茶亭联(五副)

一

四大皆空坐片刻无分尔我

两头是路吃一盏各自东西

[笺注]

此联原在河南省洛阳古道,是一首宗教色彩较浓重的古代茶亭联。四大：佛教名词。本指地、水、火、风构成物质现象的基本因素。佛教认为世界万物和人之身体，均由四大组成。"四大皆空"句，反映了人们在佛教思想的影响下，产生的一种消极人生观，人生无常论。是洛阳古道茶亭主人，令客人得乐且乐，目的是招徕顾客，投币吃茶。

二

小住为佳，且吃了赵州茶去

日归可缓，试同歌陌上花来

——樊增祥

［樊增祥］（公元1846～1931年）字嘉父，号云门，一号樊山。湖北恩施人。光绪三年（公元1877年）进士。历官渭南知县，陕西布政使，护理两浙总督。有《樊山全集》传世。

［笺注］

此为樊山题杭州九溪林海亭联。九溪在杭州市西湖之西南、龙井之南。林海亭在九溪之畔。赵州茶：唐代高僧从谂禅师（公元778～897年），俗姓郝，曹州（今山东省菏泽市）郝乡人。为南泉普愿弟子，传扬佛教不遗余力。住赵州（今河北赵县）观音院。时谓"赵州门风"，世称："赵州和尚"。从谂的口头禅是"吃茶去"。据传饮茶便达于顿悟，所谓"赵州禅法"。《五灯会元》卷四："赵州从谂禅师问新到：'曾到此间吗？'曰：'曾到。'师曰：'吃茶去。'又问僧，僧曰：'不曾到。'师曰：'吃茶去。'后院主问曰：'为什么曾到也云吃茶去，不曾到也云吃茶去？'师召院主，主应诺。师曰：'吃茶去。'"所以，上联中"且吃了赵州茶去"的赵州茶，并非是普通的赵州茶，而是充满禅味的佛茶。陌上花：词牌名。五代时，唐末镇海镇东军节度使、吴越王钱□自立为吴越国（公元907～978年，为十国之一）王，钱□是临安（今杭州市）人。王妃每岁新正都归临安省亲，王以玉笺锦书遗妃云："陌上花开，要缓缓归矣。"妃见乃还都吴州（今之苏州，在五代时曾改称吴州、中吴府）。吴人用其语为《缓缓歌》。

三

不问石砚羊毫,一样染成烟雨景

且把玉壶雀舌,几番吟到月浸亭

[笺注]

此为九江甘棠湖茶亭联。在江西九江市中心,由庐山泉水注入而成。为游览胜地,亦是品茗佳处。雀舌:茶名。《梦溪笔谈》:"茶芽,古人谓之雀舌,言其至嫩也。"月浸亭:在甘棠湖畔,该亭于白居易贬为江州司马时初建。后人据其《琵琶行》中"别时茫茫江浸月"之诗句而命名。

四

南南北北,总须历此关头,且望断铁门限,备夏水秋汤,迎接过去现在未来三世诸佛,上天下地

东东西西,那许瞒了脚跟,试竖起金拳头,击晨钟暮鼓,唤起眼耳舌鼻身意六道众生,吃饭穿衣

[笺注]

这是一幅谐趣茶亭联。其旨意在于破除"六道轮回"之说。在诙谐中道出了人才是宇宙的真正主宰这一真理。看,茶亭的主人,在方丈的小小茶亭里,来接待"三世诸佛",同时品饮人间的香茗,这岂不是超乎了苍穹之上吗?而下联:"唤起眼耳舌鼻身意六道众生,吃饭穿衣"之句,却又回到了"有情众生"居住的世俗世界的现实生活之中。这的确是一幅颇有意趣的茶亭联。三世诸佛:佛家语。"三世"为迁流义,用于因果轮回,指个体一生(包括其生死轮回的转化过程——一个似乎是无限的过程)的存在时间。过去:指前生、前世;现在:指现在、今生;未来:指来世、来生。三世诸佛:过去佛,指迦叶诸佛;现在佛,为释迦牟尼佛;未来佛,为弥勒佛。六道众生:佛家语。即佛教所说的一切有情众生,都要按生前的善恶行为,有五种轮回的趋向。即指地狱、饿鬼、畜生、人、天("三界诸天")。再加上阿修罗则称为"六道"。佛教宣扬的"六道轮回"是指的前五种趋向,因为"阿修罗"是佛教

修行的最高"果位",即已成为"金身罗汉",达到"涅槃"境界,不再进入生死轮回。

<h1 style="text-align:center">五</h1>

处处通途,何去何从?

求两餐,分清邪正

头头是道,谁宾谁主?

吃一碗,各自东西

[笺注]

清朝年间,广州近郊三眼井桥头,有座茶亭,亭子里挂着这副对联。此联乍看似乎在说就餐吃茶,其实内含深刻的人生哲理:一个人来到世界上,如何对待人生? 如何选择自己的生活道路? 联语在警示人们,一定要"分清邪正"。

茶楼茶馆联(三十八副)

<h1 style="text-align:center">一</h1>

泉以石出情宜烈

茶自峰生味更圆

[笺注]

此联的作者未详。书法家刘炳森先生为"龙井茶室"题书的就是这副独具风韵的"泉烈茶圆"联,它把西湖龙井的茶、泉、情、味全都融入联中,而又飘逸出那泉茶一味、令人嗅之陶然的缕缕幽香。

<h1 style="text-align:center">二</h1>

馨香台座欺兰芷

浅碧半瓯小琼瑶

——邓代昆

[笺注]

这副咏茶联,是四川著名的中青年橡刻家、书法家邓代昆先生为徐金华一家所创立的"徐公茶"——"碧潭飘雪"和《亲亲茶事》而题书的楹联。这副楹联语意新奇,隽永深邃;而书法艺术则更是风神秀骨,洒落清美。

三

题北京五福茶艺馆新春茶人雅集

嘉宾满座,品茗论道颂盛世
古乐流云,赏心陶情歌春天
————舒玉杰
1999 年元月 20 日

四

酒旗戏鼓天桥市
多少游人不忆家
————北京天桥乐茶园联
————易顺鼎

[易顺鼎](生卒年不详)字实甫,一字中实,号哭庵。清末龙阳(即今湖南省汉寿县)人。少年奇慧,颇负才名,晚清著名词人。著有《楚颂亭词》《湘弦词》《琴台梦语》《容园词综》等集传世。

[题解]北京天桥乐茶园,始建于 1933 年,原名"天乐戏园"。1991 年在其原址上翻修改建后,由我国著名戏剧大师曹禺先生提议命名为"天桥乐茶园"。这副楹联是在茶园落成时,为重现天桥昔日那种酒帘高悬,茶肆飘香,乐曲悠扬,使游人流连忘返的情景,而选取了作者《天桥曲》七言诗的后两句权作茶园舞台楹联。全诗为:

垂柳腰细全似女,
斜阳颜色好于花。

酒旗戏鼓天桥市，

多少游人不忆家。

[笺注]

酒旗：即酒帘，酒店、酒楼门前高悬的招子。唐张籍《张司业集》一《江南曲》："长干午日沽春酒，高高酒旗悬江口"。唐杜牧《江南春》："千里莺啼绿映红，水村山廓酒旗风。"戏鼓：戏剧演出中伴奏的乐器之一。天桥：原意为天子通行之桥。这两字的由来，是因当初确有一座受皇帝封号为"天桥"的石桥。从此天桥便成为古今北京前门之南一处地名。这座石桥修建于公元十三世纪中期、元世祖忽必烈时期。那时不叫天桥，到明朝永乐十八年（公元1420年）和嘉靖九年（公元1530年）先后修建了天坛与先农坛，皇帝每年去天坛祭天，祈求风调雨顺；到先农坛播种，预祝五谷丰登，这座石桥便成为皇帝祭天的必经之路，皇上是天子，天子穿行之桥，平民禁止通行，故称之"天桥"。天桥的原址在今永安路东口和天坛路（亦称为金鱼池大街）西口交汇处。整座桥选用汉白玉石桥，两旁桥栏雕刻精细。远望此桥，洁白如玉，庄重秀美。可惜这座历经六百多年人世沧桑的古石桥，在1915年翻修马路时被拆除。所以后人只知天桥之名，不见天桥之形了。天桥市：即指晚清时的天桥市场。天桥这一带地方，在元明和清初时期是从京城南郊进京城正阳门的正路。凡进京城办事的官员、商贾在这里下榻，给京城运送货物的车马、劳工均在这里歇脚。当时这一带是河流纵横、港汊交错的水乡泽国。河沟两旁杨柳夹岸，稻田水池相连，颇有江南水乡的风韵，春、夏、秋三季风光秀丽，景色宜人。再则因京城是皇帝所居之地，城里皆是达官显贵府第，不许开设娱乐场所，吵闹喧哗。于是人们逐渐在城南天桥一带修起各地的本乡会馆，建起了旅店、商业摊点等，由于游人渐多，伴随而来的茶肆、酒楼、餐馆不断兴建；打拳卖艺、说书、唱曲等场子一一出现，本地与外埠各派的江湖艺人曾达五六百人之多，演出的剧种、曲种有六七十种。吸引着城里城外的游客汇集天桥，便形成了集游览、购物、娱乐于一处，独具特色的天桥市场。

五

相如聊解渴

谢朓喜凝眸

[笺注]

相如:即西汉辞赋家司马相如。传其有消渴之疾。谢朓:字玄晖。南朝齐诗人。凝眸:目不转睛。形容注意力高度集中。唐代李商隐《李义山诗集》五《闻歌》:"敛笑凝眸意欲歌,高云不动碧嵯峨。"

六

玉盏露生液

金瓯雪泛花

[笺注]

玉盏、金瓯:极言其茶具之精美绝伦。而茶盏中所盛的是甘露玉液般的茶汤,芳香袭人。雪泛花:古时(宋代)研膏茶茶色贵白。水煎时所呈色象,如雪浪翻滚,谓之"雪泛花"。宋代苏轼咏茶诗有"雪乳已翻煎脚处"之句。

七

扬子江心水

蒙山顶上茶

——陈绛

[陈绛](生卒年未详)字用言。明代上虞(今属浙江)人。明世宗嘉靖间进士。官至太常卿。仿《论衡》著《山堂随钞》,另著有《金罍子》集。

[笺注]

这是陈绛搜集民谣写成的一副赞颂名泉、名茶的联语。扬子句,指江苏镇江市金山中泠泉水,亦称扬子江南零水。唐刘伯刍品鉴为"天下第一泉"。蒙山句,蒙山在今四川省名山区境,是著名的产茶区。相传西汉末年,甘露寺吴理真禅师在蒙山主峰上清峰种仙茶树七株,从此蒙山开创了产茶的历史。今名山区属四川蒙山茶叶集团公司系统的六家茶叶生产企业都生产蒙山茶。

八

竹炉汤沸邀清客
茗碗风生遣睡魔

［笺注］

邀清客：招徕客人，清品名茶。茗碗风生：是引卢仝《茶歌》七碗典故。遣睡魔：原指僧侣学佛诵经务于不寐，又不许夕食，以饮茶破瞌睡，谓之"遣睡魔"。苏轼茶诗有"奉赠包居士，僧房战睡魔"之句。此联中可引申为饮茶可令人振奋精神，醒脑益思悦志。

九

陆羽著经卢仝解渴
武夷品俊顾渚香浓

［笺注］

卢仝解渴，是点卢仝《茶歌》中七碗之句："一碗喉吻润，二碗破孤闷，三碗搜枯肠，唯有文字五千卷，四碗发清汗，平生不平事，尽向毛孔散，五碗肌肤清，六碗通仙灵，七碗吃不得也，唯觉两腋习习清风生。"

武夷句：指产于福建省崇安县境内武夷山的武夷岩茶。武夷茶是高香品种，具有色艳、香浓、味醇的特有品质。

十

石鼎煎香俗肠洗尽
松涛烹雪诗梦初醒

［笺注］

石鼎：以石制作的古鼎状煎茶风炉。烹雪：古代文人雅士、品泉高手，往往以雪水烹茗为高雅之举。唐代陆龟蒙《煮茶》诗有"闲来松间坐，看烹松上雪"之句。

十一

只缘清香成清趣
全因浓酽有浓香

十二

识得此中滋味
觅来无上清凉

[笺注]

此为雨花台茶亭联。雨花台在南京市中华门外,其地势乃一个小山冈,冈上盛产五彩雨花石。相传,六朝时云光法师曾在此讲经,感动天神,落花如雨,因称雨花台。其地有泉,味甘冽,宜烹茶。此联语言清雅,颇具艺术魅力,读来令人有泉寒茶香,身临其境之感。

十三

煮沸三江水
同饮五岳茶

[笺注]

三江:三江之解甚多。《国语》韦昭注:以吴郡之松江、钱塘江、浦江为三江;郭璞《山海经》注:以浙江、松江、岷江为三江。此泛指以江水煎茶。五岳:即东岳泰山、西岳华山、南岳衡山、北岳恒山、中岳嵩山。此泛指高山新产之名茶。

十四

凝成黄山云雾质
飘出九华晨露香

[笺注]

黄山：安徽黄山盛产云雾名茶黄山毛峰。据《黄山志》记载："莲花庵旁石隙养茶，多清香冷韵，袭人断腭，谓之黄山云雾。"云雾茶即黄山毛峰的前身，创制于清光绪年间。九华：即九华山，在安徽省青阳县西南，与五台、峨嵋、普陀合称中国佛教四大名山。安徽云雾茶九华毛峰即产于九华山区。

十五

含英咀华茶经茗赋

春来秋去燕客鸿宾

［笺注］

含英咀华：语出韩愈《进学解》："沈浸浓郁，含英咀华。"茶经：为陆羽于唐大历年间所著世界上第一部《茶经》。茗赋：即《香茗赋》，为南朝宋女词人鲍令晖所著。这是继西晋杜育作《荈赋》之后，较早的专门咏茶的文学作品（可惜此赋早已失传）。所以在此联中将《经》《赋》相提并论。认为《经》与《赋》是茶学、茶文化史上最值得咀嚼品味的经典文献了。

十六

龙井泉多奇味

武夷茶发异香

［笺注］

龙井泉：在杭州市西湖南风篁岭上。相传，该泉于三国吴赤乌年间即已发现。泉水出自岩石中，水味甘洌，四时不绝。龙井村四周的山上又盛产色泽翠绿，香气浓郁，甘醇爽口，形如雀舌的西湖龙井。龙井泉随之也成为闻名遐迩的天下名泉了。武夷茶：产于福建崇安县境内武夷山区的武夷岩茶。它是既有天真味，又有圣妙香的茶中珍品。

十七

九曲溪山烹雀舌

一溪活水煮龙团

[笺注]

九曲溪山：武夷山中有三十六峰，九曲溪水。宋代李纲有诗赞曰："一溪贯群山，清浅萦九曲。溪边列岩岫，倒影侵寒绿。"此即武夷岩茶之产地。武夷素有"碧水丹山，奇秀甲东南"之誉。

十八

佳肴无肉亦可
雅谈离我难成

十九

为爱清香频入座
欣同知己细谈心

二十

欲把西湖比西子
从来佳茗似佳人

[笺注]

此为杭州西湖藕香居茶室联。这一独具风情妙韵的联语，均取自苏轼的诗句。上联是人们比较熟悉的，出自《饮湖上初晴后雨》："欲把西湖比西子，淡妆浓抹总相宜。"而下联是出自《次韵曹辅寄壑源试焙新芽》："戏作小诗君莫笑，从来佳茗似佳人。"

二十一

幽借山巅云雾质
香凭崖畔芝兰魂

[笺注]

这副佚名联，也是咏茶联中的优秀作品，定然是出自精晓茶品妙韵的品泉大家之手。联语辞情委婉，意境幽深；格调高雅，语出天然。似乎每一个

字都是从幽雅的品茗意境中自然得来。真是妙不可言。云雾质：是泛指高山所产之云雾茶。如，黄山毛峰、庐山云雾，均属此类茶中之上品。云雾茶多生长在气候温和湿润，终年云雾缭绕，散射光较充足，昼夜温差较大的高山区，大自然孕育了云雾茶的独特品质。芝兰魂：泛指高档名茶中所蕴含的天然幽香。

二十二

茶亦醉人何必酒

书能香我不须花

二十三

松涛烹雪醒诗梦

竹院香浮荡文思

二十四

桔井泉香杏林春暖

芝田露润蓬岛花浓

二十五

万象峥嵘开眼界

元龙豪气叙胸襟

[笺注]

某市万元茶楼嵌名联。万象：指自然界的一切事物，《文选》南朝宋谢灵运《从游京口北固应诏诗》："皇心美阳泽，万象咸光昭。"唐《温庭筠诗集》四《七夕》："金风入树千门夜，银汉横空万象秋。"元龙：姓陈名登，字元龙。汉末下邳（今江苏邳州市）人。

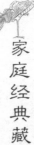

二十六

门前有客唱双者

坐上无人四不知

[笺注]

这是某地茶馆的一副寓典谐趣联。双者:近者悦,远者来,语出《论语·子路》。四之:手之舞之,足之蹈之,见于卜商《毛诗序》。

二十七

桃花潭水汪伦宅

芳草斜阳孙楚魂

——薛时雨

[薛时雨](公元 1818~1885 年)字慰农,号桑根老人。安徽全椒人。清咸丰进士。官历嘉兴知县,杭州知府。工楹联,著有《藤香馆小品》二卷。

[笺注]

桃花潭:在安徽省泾县西南 40 公里青弋江边的翟村。潭在悬崖陡壁下,水深数丈,清澈见底。潭西岸石壁,怪石列耸,姿态万千,争奇竞秀。唐大诗人李白应泾川豪士汪伦的邀请,曾漫游此间。据清代袁枚(公元 1716—1797 年,浙江钱塘人,字子才,乾隆四年进士。)《随园诗话》载,汪伦邀请信说此地有“十里桃花,万家酒店”。李白欣然而至,既不见桃花,也不见酒店。汪伦说:“十里桃花”者,是说十里外有桃花渡口,“万家酒店”是指潭西有万姓酒店。李白大笑不已。汪伦常酿美酒以待李白。后在相别时,李白《赠汪伦》诗曰:“李白乘舟将欲行,忽闻岸上踏歌声,桃花潭水深千尺,不及汪伦送我情。”孙楚:西晋太原府中都县(今山西永济市)人。他在《歌》中有曰:“茱萸出,芳树巅;鲤鱼出,洛水泉;姜桂茶荈出巴蜀,椒桔木兰出高山。”

二十八

谱合蔡家六班名著

品来顾渚一室香生

［笺注］

蔡家：寓指东汉蔡邕，字伯喈。精通天文、术数，好词章，能作画，善鼓琴，尤工八分书，并奏定《六经》文字，即《易》《礼》《诗》《书》《乐》《春秋》。"六班名著"，正是指蔡邕修订的《六经》。顾渚：指产于湖州长兴县顾渚山的顾渚紫笋，自唐代成为皇室贡茶和入品《茶经》以来，早已是闻名遐迩的天下名茶了。此联将琴棋书画与茗事巧妙地熔于一炉，堪称是茶楼、茶室联中的上乘之作。

二十九

楼外是五百里嘉陵，

非道子一枝笔画不出

胸中有几千年历史，

凭卢仝七碗茶引起来

［笺注］

此为重庆嘉陵江茶楼联。嘉陵江：源出陕西凤县嘉陵谷，西南流分支入四川境，至渝汇入长江。道子：即吴道子，名道玄，字道子，唐代阳翟人。初授瑕丘尉，玄宗时召为内教博士。工画，称为画圣，善画佛像及山水。尝奉命于大同殿画大嘉陵江三百里山水，一日而毕，即上联中所指；卢仝七碗：指唐代诗人卢仝在《谢孟谏议寄新茶》一诗中咏茶七碗之名句。已见前注。

三十

杰阁共登临，愧无太白仙才，

斗酒百篇挥速藻

芳踪齐会合，安得杜陵广厦，

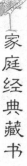

金陵十万护残花

——蒋词仙

[蒋词仙]经历待考。

[笺注]

此为上海青莲阁茶楼联。这首楹联与茶楼名相得益彰,气势恢宏,可谓是茶楼联中的杰作。太白:李白,字太白,号青莲居士。唐代大诗人,与杜甫齐名,有"谪仙""诗仙""酒仙"之称。杜陵:即杜甫字子美。唐代大诗人,被称为"诗圣"。因其曾居长安城南少陵以西,故自称少陵野老,世称杜少陵。联中"斗酒百篇""安得杜陵广厦"等句,其典出自杜甫《饮中八仙歌》《茅屋为秋风所破歌》等诗篇。

三十一

楼上一层,看塔院朝曛,湖天夜月

客来两地,话武林山水,泸渎莺花

[笺注]

此为浙江省嘉兴县品芳茶园联。上联之月字,点出嘉兴南湖月夜幽美景色。据载,明嘉靖二十八年(公元1549年),嘉兴知县赵瀛仿五代时旧制重建"烟雨楼"于湖心,四面临水。草木清华,晨烟薯雨,春花秋月,向称胜景。下联的武林山水,乃是杭州山水之别称。《汉书·地理志》:"钱唐县武林山者,灵隐天竺诸山之总名。山间有南北二涧,东注西湖即武林水。"

三十二

寰宇庆升平,聚四海英贤,作刹那会合

天涯若邻比,共一堂茶话,缔脂粉姻缘

[笺注]

上海四海升平楼茶馆联。上联巧妙地嵌进了茶馆字号,招徕四海英贤品茗联谊,话寰宇升平;下联引王勃《送杜少府之任蜀州》:"海内存知己,天涯若比邻"之名句。"缔脂粉姻缘"句,则更蕴藉情深,寓"美好姻缘不易"之

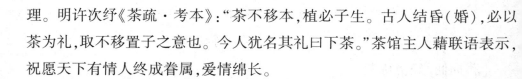

理。明许次纾《茶疏·考本》："茶不移本，植必子生。古人结昏（婚），必以茶为礼，取不移置子之意也。今人犹名其礼曰下茶。"茶馆主人藉联语表示，祝愿天下有情人终成眷属，爱情绵长。

三十三

偶然乘兴而来，只因话

梅子阴晴，杏花消息

且只放怀凭眺，可想见

元龙豪概，庾亮高风

[笺注]

东台听雨楼茶社联。这是一副以茶话今怀古联。联语，以茶客口吻说出，十分自然，而又富有情趣。上联话时令梅子杏花；下联怀古人豪迈高情。对仗工妙，词情雅丽而豪迈，可谓是茶楼联上乘之作。梅子阴晴：初夏江南气候湿润多雨，适当黄梅成熟，称其时令为梅雨或梅天。《初学记》南朝梁元帝《纂要》："梅熟而雨曰梅雨。"注：江东称黄梅雨。《唐太宗咏梅诗》："和风吹绿野，梅雨濯芳田。"杏花消息：是寓意"杏花春雨江南"一片思乡之情。元代虞集（今江西崇仁县人）任翰林学士时，作《风入松》词一首，自道厌倦仕宦生涯，思返江南故乡。词云："为报乞生归也，杏花春雨江南。"杏花消息，在联语中可作"故乡消息"解。

元龙豪概：汉末下邳（今江苏省邳州市）人，字元龙。曾任广陵、东城太守，以平吕布功封伏波将军。元龙的深沉大略和豪迈的气概风格，颇受后人的推崇。庾亮高风：庾亮，东晋□陵人，字元规。风格俊整，处世待人都十分讲究礼节。元帝时侍讲东宫，明帝立，受遗诏辅政，成帝朝为中书令，平苏峻之乱，拜征西将军。时晋室偏安，亮力图恢复未成而卒。联语赞颂庾亮作为一位老臣，先后曾辅佐过东晋三代帝君（约公元 317 年～342 年），鞠躬尽瘁，死而后已的高尚风范。

三十四

平章雪碗冰瓯，待招太白

楼头，明月清风作俦侣

大半烟鬟雾鬓，却让樵青

林下，美人名士共神仙

[笺注]

某地青莲阁茶楼联。平章：在此作品评解。宋代辛弃疾《稼轩长短句》三《水调歌头淳熙己亥……席上留别》："在家贫亦好，此语试平章。"又，陆游《剑南诗稿》三《自笑》："平章青韭秋菘味，拆补天英紫凤图。"待招：是从"待诏"（意为等待皇帝诏命……）演化而来。在宋代民间尊称手工艺人为待诏。如京本通俗小说《碾玉观音》中称裱褙匠与碾玉工为待诏。在此联中可作"茶博士"解。雪碗冰瓯：其中之冰雪二字是喻指珍贵茶茗。典出宋代苏轼《次韵曹辅寄壑源试焙新芽》："要知冰雪心肠好，不是膏油（读去声）首面新。"上联是说，文人雅士，趁月白风清，闲暇之时，登临青莲阁茶楼，品茗清谈，评古论今，畅叙幽怀的情景。

烟鬟雾鬓：语出明代孙髯翁《昆明大观楼长联》："高人韵士，何妨选胜登临，趁蟹屿螺州，梳裹就风鬟雾鬓。"樵青：典故出自唐代颜真卿作《浪迹先生元真子张志和碑铭》[按：张志和，初名龟龄，唐婺州金华（今浙江金华）人。好画山水，擅作渔歌。是一位具有传奇色彩、信奉道教的神秘人物。曾作书《玄真子》，故在江湖上自号玄真子，真卿因避玄宗年号讳，故在《碑铭》作"元真子"。志和与真卿同茶圣陆羽交厚。在天宝末年安禄山叛乱后，志和曾向唐肃宗献计，深蒙器重，令其为翰林待诏，授左金吾录事参军。并赐名志和，字子同。后因坐是贬南浦（今四川省万县）尉，从此不仕，漂泊江湖……]："肃宗赏赐奴婢各一人，元真配为夫妇。夫名曰渔僮，妻曰樵青。人问其故。曰："渔僮使棒钓收纶，芦中鼓□；樵青使苏兰薪桂，竹里煎茶。"下联的意思是，青莲阁茶楼里，有如樵青一样，深明茶性的少女烹茶待客；而前来这里品茗的不仅有须眉韵士，亦有"风鬟雾鬓"的时代女性，真可谓是

1053

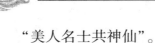

"美人名士共神仙"。

三十五

> 怡目赏心,饼馋酷嗜公羊传
> 春芽腊制,茶话应增尔雅篇
> ——黄广记

[黄广记]经历待考。

[笺注]

某地宜春茶楼联。公羊传:书名。为汉景帝时公羊寿与胡子母都著于竹帛上之书。汉代何休解诂,发明春秋微言大义。饼馋句:戏作也。尔雅篇:书名。《尔雅》曾传为周公(姬旦)所著。这里记载有古茶字("□,就是苦荼")最早的一部字书。所以,陆羽在《茶经》里说:"茶之为饮发乎神农氏,闻于鲁周公。"春芽腊制:指以膏油(读去声)封其面的研膏茶饼。

三十六

> 藕叶藕花围曲槛,想当年苏小也
> 向个中来,这绿水光中可余鬓影
> 香风香雾拍重堤,问此日放翁竟
> 归何处去,那红霞片里应有诗魂

[笺注]

此为杭州西湖藕香居茶楼联。苏小:即苏小小。南朝齐时钱塘名妓,才空世类,容华绝世。唐代白居易诗有:"杭州苏小小,人道最夭斜。"及"若解多情寻小小,绿杨深处是苏家。"今杭州西湖西泠桥畔有苏小小墓。墓前建有慕才亭,题曰:"千载芳名留古迹,六朝韵事著西泠。"放翁:即陆游,号放翁。南宋爱国诗人。他是一位精于茗事,爱好品泉的文人,在一生大量的诗品中,也写了不少咏茶诗。在杭州所作《临安春雨初霁》诗有"矮纸斜行闲作草,晴窗细乳戏分茶"之咏茶名句。这也就是联语作者所写的至今仍有那红霞里隐现的"诗魂"吧?曲槛:即西湖十景之一的"曲院风荷"。重堤:即指苏堤、白堤。

三十七

访胜古西岩，看青山揖客，红杏招人，

风暖香尘，正好停车谋雅集，

沽春小东道，喜调水符来，卖饧箫唤，

赏心乐事，何妨画壁记清游

——薛时雨

三十八

陶潜善饮，易牙善烹，饮烹有度

陶侃惜分，夏禹惜寸，分寸无遗

[笺注]

广州陶陶居茶楼嵌名联。以四位古人名入联，对仗工稳，妙趣横生，寓意深长。陶潜：晋代陶渊明。昔年在庐山隐居时，常以饮酒消愁，每饮必醉，醉必赋诗，每得佳句。如"采菊东篱下，悠然见南山"之名句，即是醉酒所得。易牙：春秋时齐人。因善烹饪调味，被齐桓公用为寺人。陶侃：晋时鄱阳（今属江西）人，字士行。早年孤贫。官历荆州刺史、侍中太尉，封长沙郡公，拜大将军。刺荆州时常勉人以惜分阴，反对饮酒。夏禹：夏代开国之主。古帝颛顼之孙。姓姒氏，初封夏伯，故世称为夏禹。其父在舜帝时，因治水无功被杀，又令禹继续治水。禹为治平水患，珍惜每寸光阴，十三年治水，三过家门而不入，终平水患，成为千古佳话。

茶泉联（十二副）

一

独携天上小团月

来试人间第二泉

——苏轼

[笺注]

这幅联语是苏轼《惠山谒钱道人烹小龙团登绝顶望太湖》诗中之名句。历来被誉为咏泉与茶亭妙联。作于宋神宗熙宁七年(公元1074年)。惠山:在江苏无锡市西郊,江南名山之一。小团月:即小龙团茶。宋代欧阳修在《归田录》记载:"茶品莫贵于龙凤,谓之团茶。凡大者八饼重一斤。庆历中,蔡君谟为福建转运使,始造小品龙团茶以进,其品精绝,谓之小团,凡二十饼重一斤。"由此可见小龙团是茶中极品。独携:诗人登惠山拜谒惠山寺钱道人时,亲自携带小龙团茶,同钱道人烹茶品泉,登绝顶,赋诗抒怀,遂有诗作传世。二泉:即惠山泉,一称陆子泉。相传,该泉开凿于唐大历年间,经陆羽品尝而得名。其水质甘香重滑,为烹茶佳水。被陆羽评为"天下第二泉"之后,唐代刘伯刍亦步陆羽之后尘前来品鉴,亦同样评其为"天下第二泉",该泉便成为遐迩闻名的天下名泉了。

二

山寺北连三竺去

泉声西自五云来

——张以宁

[张以宁](公元1301~1370年)字志道,号翠屏山人。古田(今福建省古田县)人。元泰定四年(公元1327年)进士。至正间,官至翰林侍读学士,知制诰。明洪武初,复授侍讲学士,奉使安南。北还时,卒于途中。专研《春秋》,著《胡传辨疑》《春王正月考》等书。善诗联,格调幽古清新。有《翠屏集》四卷传世。

[笺注]

此为杭州虎跑泉联,在西湖大慈山下。《据杭州园经》载:"性空大师尝居大慈,无水,或有神人告之曰:'明日当有水矣。'是夜,二虎跑地作穴,泉水涌出,因号虎跑泉。"原来这泉是从大慈山后的砂岩、石英岩中渗出,流量为0.37立升/秒。泉水甘洌清醇,向有"天下第三泉"之称。千百年来,"龙井茶叶虎跑水",号称西湖"双绝",闻名遐迩。四海游客,五洲宾朋,都慕名前来,以一品龙井茶叶虎跑泉为快事。三竺:指杭州灵隐山之上、中、下三天竺。五云:指五云山。在杭州市西湖西南面,濒临钱塘江。相传,古时有五彩瑞云萦绕山口,因而得名。古人有诗句赞道:"石磴千盘依碧天,五云辉映五峰巅。"

三

秀翠名湖,游目频来过溪处

腴含古井,怡情正及采茶时

——爱新觉罗·弘历

[笺注]

乾隆在位时,曾六次南巡,游历江南名山胜水。每游一处必作诗或题联纪胜,御书刻石,故其传世翰墨最多。这幅联语,就是游历杭州去龙井村品泉时,为龙井题联。乾隆还曾作《坐龙井上烹茶偶成》。其诗有曰:"龙井新茶龙井泉,一家风味称烹煎。"秀翠名湖:即指西湖。旧称武林水、钱塘湖、西子湖。三面环山,一面濒市,在杭州市之西。自宋代开始通称西湖。环湖山峦迭翠,花木繁茂,湖光山色,风景如画。宋代著名文学家苏轼在《饮湖上初晴后雨》赞曰:"水光潋滟晴方好,山色空蒙雨亦奇;若把西湖比西子,淡妆浓抹总相宜。"过溪处:是指从西湖去龙井,要经过龙泓涧和"九溪十八涧"的某一些溪涧。古井:即指龙井。在杭州市西湖西面风篁岭上。本名龙泓,又名龙湫,是以泉名井。泉水出自山岩中,四时不绝,水味甘洌,为烹茶佳水,有"天下第三泉"之誉称。龙井之西为龙井村,环山产茶,即是饮誉中外的西湖龙井茶。怡情:为快怡于所见,心情感到快乐舒畅。采茶时:龙井于谷雨前采制第一批春茶。乾隆在《坐龙井上烹茶偶成》有"寸芽生自烂石上,时节焙成谷雨前"的诗句。

中華茶道

四

出地清泉甘似醴

雨花宝石便能奇

[笺注]

此为陆子泉联。陆子泉,在江苏无锡惠山山麓。相传,该泉于唐大历元年至十二年(公元766～777年)为无锡县令敬澄令人开凿的。泉水碧澈透明,清冽甘芳,富含矿物质,是烹茶最佳水质。自唐代陆羽与刘伯刍相继评其为"天下第二泉"以来,惠山泉便闻名海宇,成为最负盛名的天下珍泉了。唐代诗人皇甫冉《惠山寺流泉歌》有曰:"寺有泉兮泉在山,锵金鸣玉兮长潺潺。作潭镜兮澄寺内,泛岩花兮到人间。"

五

云雾润蒸华不注

波涛声震大明湖

——赵孟頫

[赵孟頫]小传从略,已见前注。

[笺注]

此联为子昂题趵突泉联,自清代镌刻于泉北重建的泺源堂抱柱上做楹联。趵突泉:一名瀑流,又名槛泉,从宋代起始称今名。在山东济南市西门外桥南。名列济南泉城七十二泉之首。为古泺水发源地。泉有三股,浪花四溅,势如鼎沸,声若隐雷。水质清醇甘冽,最宜烹茶。宋代曾巩有"润泽春茶味更真"之句。

此联对仗工隐,气势恢宏。上联咏泉气象之美,从泉水蒸发出来的水润之气,若轻烟云霞一般,空蒙迷漫,似乎把远处的华不注山峰都笼罩得难见其奇秀雄姿了;下联写泉声势之大,三股清泉,昼夜喷涌,声若隐雷,波涛之声,飞越泉城,把城北的大明湖水都震起了层层细浪。

华不注:山名,简称华山,又名金舆山。在山东历城县北部,济南市郊东北。海拔 197 米,西与鹊山相望。不:柎(音附)的本字。为花萼房也。《诗·小雅·棠棣》:"萼不𬘫𬘫",笺注:"承华者曰萼,不,当作柎;柎,萼足也。"按,萼足即萼房。谓此山孤秀如花萼。《左传》鲁成公二年(公元前 589 年)齐晋鞍之战时,"齐师败绩,逐之,三周华不注"即在此山。小清河绕山前东流入海;山阴黄河如带,景色雄奇。北魏郦道元在《水经注》形容华山'虎牙桀立,孤峰待拔以刺天,青崖翠发,望同点黛"。明清两代在山南麓建有华清宫、泰山行宫、三元宫等道观。

　　大明湖:在济南市旧城北部。由珍珠泉、芙蓉泉、玉府池多处泉水汇成,水面 46.5 公顷。大明湖始于北魏。清人刘凤诰咏湖诗有"四面荷花三面柳,一城山色半城湖"之句。大明湖风光秀丽,是济南游览胜地之一。

六

逢人都说斯水好

愧我无如此泉清

——济南某县令

[笺注]

　　此为珍珠泉联。在今山东济南市泉城路北珍珠饭店院内。珍珠泉为泉城七十二泉之一。泉从地下上涌,状如珠串。泉水汇成水池,约一亩见方,清澈见底。清代王昶《珍珠泉记》云:"泉从沙际出,忽聚忽散,忽断忽续,日映之,大者为珠,小者为玑,皆自底达于面。"清乾隆曾以此泉水煎茶,品评其为天下第三佳水。

七

常德德山山有德

长沙沙水水无沙

[笺注]

　　白沙井联,在湖南长沙市天心阁下的白沙街东隅。井水甘洌,久汲不竭,誉为长沙第一井。素为烹茶酿酒佳水。毛泽东《水调歌头》:"才饮长沙水"即指白沙井水。上下联皆以顶针连珠格式见长。作者匠心独运地将"常德"与"长沙"巧妙相对,使两个地名,更具山清水秀之美。

八

两树梅花一勺水
四时烟雨半山云

[笺注]

神水阁联。一名圣水阁,明称神水庵。在四川峨眉山。因阁前有玉液泉而著名。泉出石下,清澈无比,终年不竭,俗称神水。炎夏酷暑,游山者到此,每取水解渴,无不称赞水味甘冽清醇。

九

冰井留铭,且喜诗人足千古
云山如画,恰有冷地作重阳
——金武祥

[金武祥]见前注金粟香。

[笺注]

梧州冰井联。在广西梧州北山山麓。井泉之水出自大云山中。其水甘凉清冽,汲之烹茶,则"碗面雪花映"。留铭:指唐代著名诗人元结曾作《冰井铭》置于井东。冷地:指以此冰井著称的胜地。重阳:恰逢九月九日重阳节,作者登梧州北山,游冰井即兴题联,以纪胜地之行。

十

片帆从天外飞来,劈开
两岸青山,好趁长风冲巨浪
乱石自云中错落,酿得
一瓯白乳,合邀明月饮高楼

[笺注]

中华茶道

此为白乳泉联。在安徽怀远县城南,背依荆山,面临淮河,隔河与禹王庙相望。泉东有"望淮楼",楼上悬此楹联。白乳泉水清冽甘醇,烹茗煮茶,芳鲜可口。宋代苏轼曾游此泉,并品评为"天下第七泉"。长风巨浪句:是从李白《行路难》"长风破浪会有时,直挂云帆济沧海"之句演化而来。合邀明月:取李白《月下独酌》"举杯邀明月"之句。

此联对仗工稳,意境旷远迷茫,豪情雅趣,融汇其中。在广阔的时空里,递次展开了一幅幅浓淡相宜的山水画卷,试看那万里江天,白帆点点;百舸争流,浪激青山;青峰嶙峋,高刺云端;玉英飞落,天酿甘泉;海楼景美,水沸茶鲜;举杯邀月,意韵幽闲。真可谓是江山多娇人潇洒,诗画飘逸茶中仙。

十一

一卷经文,苕雪溪边证慧业

千秋祀典,旗枪风里弄神灵

[笺注]

上饶陆羽泉联。在江西上饶市广教寺内,现为上饶市第二中学院内。唐代陆羽于德宗贞无初,曾隐居上饶北山,建山舍,种茶园,开山引泉,品之,定为"天下第四泉"。一卷句:指陆羽著《茶经》。苕雪:溪水名。源出浙江天目山,分东西二苕。东苕源出山南(东天目),流经德清县,为馀石溪,至吴兴为苕雪溪。陆羽曾于唐肃宗上元初(公元760年)结庐苕溪隐居,完成了《茶经》初稿。证慧业:此为佛家语。意为印证人类天生的智慧,称之为"证慧业"。此指陆羽将他毕生的智慧和才能都贡献给人类的茶学事业。

祀典:正规的祭祀活动。旗枪:茶名。当春茶芽柄刚萌发一叶,其形如旗;芽叶稍长,其形似枪,故称其为旗枪。神灵:因陆羽对茶学做出卓越贡献,死后被人们祀为"茶神"。

十二

奇迹比中冷,回睹万马

浮江,洗甲银河犹昨日

嘉名分上苑,曾见六龙
驻辇,题诗琼岛忆春阴

[笺注]

此为无锡惠山泉联。中泠:泉名。在江苏镇江市金山之西。被刘伯刍评为"天下第一泉",而陆羽评其为"天下第七泉"。万马浮江:惠山景名。洗甲银河:取"安得壮志挽天河,洗尽甲兵全不用"(杜甫《洗兵马》)之意。分上苑:上苑,长安皇家园林。据史料记载,唐武宗会昌年间,宰相李德裕住在京城长安,喜饮二泉水,竟然责令地方长官派人用驿递的方法,把三千里外的无锡泉水运去享用,谓之"分上苑"。当时诗人皮日休曾赋诗讽曰:"丞相常思欲煮茗,郡侯催发只嫌迟;吴关去国三千里,莫笑杨妃爱荔枝。"六龙驻辇:天子车驾六马也。唐代杜甫诗有"回识六龙巡幸处"之句。此指乾隆皇帝曾巡游惠山泉。琼岛春阴:在北京北海琼华岛东麓,倚晴楼南,为"燕京八景"之一。清乾隆十六年(公元1751年),高宗触景生情,御题"琼岛春阴",立碑刻石于绿荫深处,至今古迹犹存。

茶丝栈联 (五副)

一

经纶布函夏
色味得先春

[笺注]

经纶:谓以治丝之事。宋朱熹:"经者,理其绪而分者;纶者,此其类而合者也。"函夏:全中国之谓。《汉书·扬雄传》:"以函夏之大汉兮。"服虔注:"函夏,函诸夏也。"色味:指来自大自然赋予茶的天然颜色与香味。先春:亦为茶名,此指早春的阳光雨露。

二

浴蚕新月冷

团凤旧生涯

[笺注]

浴蚕句:即寓指蚕神马头娘,化身为蚕,在清风冷月之中,食桑叶吐丝成茧,以五彩丝绸,衣被人间的典故。团凤:指茶中珍品龙团、凤饼。在此泛指中国出口之名茶。

三

品贵马头传万国

香清雀舌傲重洋

[笺注]

马头:即马头娘——蚕神——中国丝绸的代名词。《原化传拾遗》:"蚕女当高辛时,其父为邻所掠,惟所乘之马仍在,其母发誓曰:'有将父还者,以女嫁之。'马惊跃振迅而去,父乘马归。自此,马不肯吃草饮水。父问其故,母以誓言告之,父怒,射杀马,暴皮于庭,女行过其侧,马皮蹶然而起,卷女飞去,栖于桑树之上。女化为蚕,食桑叶吐丝成茧,衣被人间。宫观塑女子像,谓之马头娘,以祈蚕桑焉。"雀舌:茶名。沈括《梦溪笔谈》:"茶芽,古人谓之雀舌,言其至嫩也。"此句泛指中国出口之名茶。

四

此后生涯劳织女

于今香味美卢仝

[笺注]

织女:丝织女工。卢仝:唐代诗人。其所作《谢孟谏议寄新茶》是一首脍炙人口的咏茶歌,历来为文人雅士和嗜茶品茗者所乐道。

五

崔舌清香别饶风味

马头品贵凤裕经纶

茶酒联（六副）

一

与陶潜论酒

偕陆羽评茶

［笺注］

上联：陶潜（公元365～427年）字渊明，一字元亮。浔阳紫桑（今江西九江市西南）人。东晋诗人，以田园诗著称于世。出身于仕宦之家，后因家境衰落，生活贫困，又处于晋宋易代之际，其"大济苍生"的志向难酬，他辞去彭泽县令之后，结庐于九江之滨，过着躬耕隐居生活。常以酒消愁，有酒必饮，饮之必醉，常在醉酒时赋诗。他共做二十首酒诗。其中酒诗之五"采菊东篱下，悠然见南山"之名句，即是酒醉时赋诗所得。陶渊明也可谓是酒中之仙了。

下联：陆羽：一生嗜茶，精通茶学、茶礼、茶艺与烹茶技艺，在世时同代人誉其为"茶仙"；死后人们祀其为"茶神"；今人奉其为"茶圣"。

由此可想而知，这副联的作者不仅善饮，且精于茗事；不然怎会试想与两位古代酒仙、茶神论酒、评茶呢？

二

山径摘花春酿酒

竹窗留月夜品茶

中华茶道

三

金杯酒泛珍珠滟

玉盏茶烹雀舌春

四

兀兀醉翁情，欲借斗勺共酌酒

田田词客句，闲倾荷露试烹茶

——张午桥

[张午桥]生平未详。

[笺注]

此为星岩书院联。在广东肇庆市七星岩宝台。相传为北宋龙图阁直学士包拯创造。兀兀：昏沉状。唐代白居易《长庆集》十《对酒诗》："所以刘阮辈，终年醉兀兀。"田田：象声词，声音琅琅。

这副联语作为高级学府的楹联，乍看起来，颇令人有些费解之处，其实不然，这是一幅独具特色的佳作，不仅构思巧妙，对仗工稳，且寓意颇深，韵味悠长。作者在对句中点化出两类截然相反的鲜明人物形象。请看：上联点化出一个酒意微醺的醉翁，似乎手中还持着酒杯，摇晃着将杯中酒一饮而尽；兴犹未尽，于是高擎酒杯，仰望长空，突然思绪驰骋，飞向那深邃的夜空：应向苍穹借北斗，共饮蟾宫桂花酒……；下联，则写了一群颇有闲情雅意的青年诗人学者，在夏雨初晴之后，来到碧水红莲的池塘边，笑声朗朗，兴致勃勃地正在从碧翠的荷叶上，将那晶莹滚动的露珠轻轻收起，倾入容器之中，准备试烹新茶。

五

酒后高歌，听一曲铁板

铜琶，唱大江东去

茶边话旧，看几番星轺

露冕,从淮海南来

[笺注]

此为江苏镇江京江第一楼联。铁板铜琶,语出宋代俞文豹《吹剑续录》。相传,宋苏轼尝问歌者曰:"吾词比柳(永)词何?"对曰:"柳郎中词,只好比十七八女孩儿执红拍板,唱'杨柳岸晓风残月';学士词,须关西大汉执铁板,唱'大江东去'。"这是赞誉东坡学士《水调歌头》:"大江东去,浪淘尽千古风流人物⋯⋯"等词豪放激越的词风的。联语引此典故,意在标示该茶(酒)楼格调高雅,不同凡响。星轺:古代帝王使者为星使,因称使者所乘之车为星轺。也作使者的代称。在此寓意为,光临京江第一楼者,嘉宾满座,冠盖如云,帝王使者,达官显贵亦不乏其人。露冕:除指冠盖之外,在此亦寓指旅客露宿风餐一路辛劳;如今得有闲暇,正好饮酒品茗,听一曲"大江东去",以陶冶幽情。

六

得世外清凉境界,正好谈话,

况当荷露新烹,竹泉初熟

浇胸中块垒闲愁,有何下酒,

好把寒梅细嚼,秋菊狂餐

——江鹤琴

[江鹤琴]生平未详。

[笺注]

广州文缘酒家联。荷露新烹:此指用在雨后或清晨从池塘荷叶上收的露珠来煎茶。竹泉初熟:指以竹炉和泉水刚刚烹好的早春新茶。

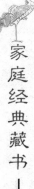

中华茶道

佛茶联（五副）

一

茶笋尽禅味

松杉真法音

——苏轼

[苏轼]小传略,已见前注。

[笺注]

东坡先生于宋元□四年(公元 1089 年)出知杭州不久,在知果院一次法会上做《参寥上人初得知果院,会者十六人,分韵赋诗,轼得心字》。此联即为集其诗句。知果院:据《武林梵志》载,其旧址在杭州孤山。今已不存。分韵:以《圆觉轻》"大圆觉经为我伽蓝身心安居平生性智"十六字,为每人分韵赋诗之命题。茶笋句:谓法会上所饮之茶,是采自初春刚萌发的其形如笋的茶芽焙制的珍品。禅味:是言法会上佛教的氛围十分浓重,乃至连茶香也充满息虑宁心的清修之味道。松杉句:谓寺院内的松杉风涛声同大殿法会上之诵经声、法器的演奏声,遥相呼应,也充满着佛法的声音。

二

山猿借钵藏新果

野鹿衔筐送早茶

[笺注]

白云山郑仙寺山门联。相传是秦代郑安斯筑室隐居之所。

三

云带钟声采茶去

月移塔影啜茗来

四

时有客来烹茗烟暖浮新竹

闲无伪累洗钵泉香带落花

五

一勺励清心,酌水谁含出世想

半生盟素志,听泉我爱在山声

[笺注]

此为镇江市招隐寺内万古长青泉联。寺在镇江南招隐山中。东晋末年(南朝宋初)戴颙隐居山中,故名。颙死,其女将住宅舍为佛寺,名招隐寺。酌水:取水而饮。《晋书·吴隐之传论》:"吴隐酌水以励清,晋代良能,此焉为最。"后常以酌水形容廉吏。出世想:佛家语。即指出世间。与世间相对,是谓超出"三界诸天""六道轮回"的境界,相当于涅槃。盟素志:是谓践盟,要实现自己的平生素志。听泉句:取杜甫《佳人》"在山泉水清,出山泉水浊"之意。

御茶联(二副)

一

岩泉澄碧生秋色

林树萧森带曙霞

[笺注]

此为北京静心斋焙茗坞联。静心斋原名镜清斋,在北海公园北岸,西临天王殿。建于清乾隆二十二年(公元 1757 年),1913 年改称静心斋,又称乾隆小花园。焙茗坞是园中的主要建筑之一。当年为清廷帝妃和王公近臣品茗和专为宫廷焙制御茶之所。自静心斋向游人开放以来,焙茗坞已开设茶座,在游览静心斋园林美景时,可以在此小憩品茶。

二

五色云英滋秀草
千年露实结蟠桃

［笺注］

这是北京故宫御茶膳房联。御茶膳房,在北京故宫中和殿东围墙内。清乾隆十三年(公元 1748 年)以箭亭东外库改为御茶膳房。五色:本为青黄赤白黑五种颜色。按古代以此五色为正色。在此做以五彩祥云化作的玉露、甘霖解。云英:本为唐仙女与云母名。上联是谓宫中之御茶是玉露、甘霖凝结而成,绝非人间凡品也。蟠桃:谓仙桃也。《十洲记》:"东海有山名度索山,山上有大桃树,蟠屈三千里,曰蟠木。"《武帝内传》:"七月七日,西王母降,以仙桃四颗与帝,帝食辄取其核欲种之,母曰:'此桃三千年一生实,中夏地薄,种之不生。'帝乃止。"《宛委馀编》:"洪武时出元库内蟠桃核,长五寸,广四寸七分,前刻'西王母赐汉武桃宣和殿'十字。"

第五节　茶与歌舞

茶与歌舞结缘,历史悠久。远在唐代,诗人杜牧在《题茶山诗》中就有"舞袖岚侵涧,歌声谷答回"的描述。我国各民族的采茶姑娘,历来都能歌善舞,特别是在采茶季节,茶区几乎随处可以见到尽情歌唱,翩翩起舞的情景。因此,在茶乡有"手采茶叶口唱歌,一筐茶叶一筐歌"之说。

在我国,以茶为题材的歌舞、音乐,就像茶诗一样丰富。可以说,在我国江南各省,凡是产茶的省份,诸如江西、浙江、福建、湖南、湖北、四川、贵州、云南等地,均有茶歌、茶舞和茶乐。这些歌舞、音乐大致可以分为两种类型,一类是人民大众在长期的茶事活动中,根据自己的切身体会,自编自演,再经文人的润饰加工而成的民间歌舞;另一类是文人学士根据茶乡风情,结合茶事劳作,借茶抒怀,专门创作而成的茶歌、茶舞和茶乐。这些茶歌、茶舞在不同的时期,反映了不同的茶农生活和社会面貌,其中有凄苦,也有欢乐。它们是茶区劳动者生活感情的反映,较多地保留着茶乡的民俗、民风。

郑板桥所书《墨兰苔茗联》

茶歌

在以茶为主题的喜闻乐见的民间文艺形式中,悦耳动听的茶歌是最常见、最朴实、最富有生活气息的。茶歌又称"采茶歌",最早兴起于茶叶采摘之时。每当阳春三月,茶林片片葱绿,一首首优美的采茶歌就会在茶山上飘荡,令人心旷神怡。

(1)**我国的茶歌有三个主要来源** 一是由谣而歌,即民谣经过文人的整理配曲再返回民间。如明清时杭州富阳一带流传的《贡茶鲥鱼歌》就属于这种情况。这首茶歌是正德九年(公元1514年)按察金事韩邦奇根据《富阳

谣》改编为歌的,其歌词曰:

> 富阳江之鱼,富阳山之茶。鱼肥卖我儿,茶香破我家。
>
> 采茶妇,捕鱼夫,官府拷掠无完肤,
>
> 昊天何不仁,此地一何辜?鱼何不出别县,茶何不出别都,
>
> 富阳山,何日摧?富阳江,何日枯?!
>
> 山摧茶亦死,江枯鱼始无!呜呼!山难摧,江难枯,
>
> 吾民何以苏?!

这首茶歌的歌词语言犀利,通过一连串的问句,深刻揭露了官府采办贡茶、捕捉贡鱼给人民带来的侵扰和灾难,淋漓尽致地唱出了富阳人民不堪重负的沉重哀叹和内心的痛苦。

由茶农和茶工自己创作的民歌和山歌是茶歌另一个主要来源。它是茶区劳动生活情感的自然流露,没有经过文人的润色,故这些茶歌大多保留着原汁原味。如清代流传在武夷山茶区的茶歌:

> 想起崇安真可怜,半碗腌菜半碗盐;
>
> 茶叶下山出江西,吃碗清茶赛过鸡。

这首茶歌表现了从江西到武夷山区采制茶叶的劳工的难以想象的艰苦生活。除了江西、福建外,其他如浙江、湖南、湖北、四川各省的地方志中,也都有不少记载。这些茶歌,开始未形成统一的曲调,后来孕育产生了专门的"采茶歌",以致使采茶调和山歌、盘歌、五更调、州江号子等并列,发展为我国南方一种传统的民歌形式。

我国民间流行的茶歌是很多的,如《光绪永明志》卷三便载有一首《十二月采茶歌》:

> 二月采茶茶发芽,姊妹双双去采茶,大姊采多妹采少,
>
> 不论多少早还家。三月采茶茶叶新,娘在家中绣手巾,
>
> 两头绣出茶花朵,中间绣个采茶人。七月采茶茶叶稀,
>
> 茶叶稀时整素机,织得绫罗两三丈,与郎先作采茶衣。

这首采茶歌反映了茶山茶农的劳动生活,唱出了茶山儿女的生活希望和乐趣。

　　茶乡人民的生活是清苦的,但采茶姑娘的歌声却使清苦的生活增添了生活的情趣,如流传于陕西阳山一带的茶歌,歌词为:

　　云在天上浮,水在山下流;采茶姑娘上山哟,茶歌飞上白云头!

　　鱼儿荡清波,山雀离了窝,獐子蹦出了芽草坡,要听高山采茶歌。

　　这首民歌用拟人反衬的手法,表现了采茶姑娘对生活浓烈、纯朴的热爱。景德镇民歌"采茶忙"唱道:

　　年年都有桃花二月天,今年的桃花比不上茶叶鲜,

　　采茶姑娘爱茶山,茶山代代乐无边。

　　又如江西永新县茶灯《拣松子调》:

　　春天茶叶鲜又嫩,姐妹双双进茶园,

　　喜摘新茶手不停,唱起茶歌甜津津。

　　以上几首茶歌以清新明快的节奏,优美动听的旋律,歌颂了茶农们朝气蓬勃的劳动生活,抒发了茶乡人生在茶山、长在茶山、爱在茶山的喜悦心情。

　　茶歌不仅反映了茶乡人民的劳动生活,而且还热情地讴歌了茶乡男女淳朴的爱情。如一首流传在湖州安吉山区的《采茶歌》:

　　谷雨采茶茶发芽,深溪石岭山难爬。

　　郎采多来奴采少,再凑半斤就回家。

　　端午采茶茶叶青,茶树丛里递毛巾。

　　郎唱山歌奴奴应,恩爱夫妻时时亲。

　　立秋采茶茶叶旺,茶花开得满山香。

　　小郎乘凉脱衣衫,奴奴开怀喂儿凉。

　　这首茶歌唱出了一对夫妻翻山越岭采茶的艰辛,劳动中互递毛巾的温存和关爱,夫唱妇应的真挚感情以及劳动归来后乘凉喂儿的愉快心情。每节分别以"谷雨""端午""立秋"开头,标明了采茶的季节。

　　文艺工作者创作的歌词是茶歌的第三个来源。当代,茶农经济日渐富足,生活水平不断提高,他们的劳动积极性前所未有地高涨起来。文艺工作者创作的歌词充分表达了劳动者热爱生活,热爱茶业事业的炽热情感和高尚情操。

（2）**现代茶歌欣赏** 我国现代以茶为主题的歌曲作品很多，多为文艺工作者所创作。现选出几首以飨读者：

《**请茶歌**》 流行于浙江四明山地区，由马骧作曲。语言亲切感人，韵味细腻醇香，该歌曲表现了四明山区人民对革命同志的深厚感情。歌词共两段：

哎，革命的同志哥，请你喝杯四明茶，

请你喝杯四明茶。四明山上的茶叶细又香，

当年茶农撒下籽，游击队员帮浇秧。

茶树种在名山上，云里生来雾里长。

喝杯革命故乡茶，走遍天下嘴还香，

走遍天下嘴还香。

哎，革命的同志哥，请你喝杯四明茶，

请你喝杯四明茶。四明山上的流水清又清，

当年山民开山渠，游击队员砌堤埂。

万古千秋长流水，地下喷来天上降。

喝杯四明清凉水，革命意志永坚强，

革命意志永哟坚强。

《**龙井茶，虎跑水**》 周祥钧作词，曾星平作曲。这是一首对名茶、名泉、名湖的赞歌。主要流行于浙江。它也是一首友谊的颂歌。歌词共两段：

龙井茶，虎跑水，绿茶清泉有多美。

山下泉边引春色，湖光山色映满杯。

五洲朋友！请喝茶一杯！

春茶为你洗风尘，胜似酒浆沁心肺。

我愿西湖好春光，长留你心内，凯歌四海飞。

龙井茶，虎跑水，绿茶清泉有多美。

茶好水好情更好，深情厚谊斟满杯。

五洲朋友！请喝茶一杯！

手拉手，肩并肩，互相支持向前进。

中華茶道

一杯香茶传友谊！凯歌四海飞。

《请茶歌》 文莽彦作词、解策励谱曲。这是一首江西民歌。语言亲切，感情真挚，曲调高亢而自豪，旋律优美而明快，以茶表意，以茶传情，表现了老区人民对红军的深厚感情。歌词共两段：

同志哥，请喝一杯茶呀，请喝一杯茶！

井冈山的茶叶甜又香啊，甜又香啊！

当年领袖毛委员啊，带领红军上井冈啊，

茶叶本是红军种，风里生来雨里长，

茶树林中战歌响啊，军民同心打豺狼，

打豺狼啰！喝了红军故乡的茶，

同志哥，革命传统你永不忘啊！

革命传统你永不忘啊！

同志哥，请喝一杯茶呀，请喝一杯茶！

井冈山的茶叶甜又香啊，甜又香啊！

前人开路后人走啊，前人栽茶后人尝啊，

革命种子发新芽，年年生来处处长，

井冈茶香飘四海啊，棵棵茶树向太阳，

向太阳啰。喝了红军故乡的茶，同志哥，

革命意志你坚如钢啊！革命意志你坚如钢啊！

《挑担茶叶上北京》叶蔚林作词，白诚仁谱曲。湖南民歌《挑担茶叶上北京》，歌词生动，曲调清新，节奏欢快，也是深受欢迎的一首茶歌。歌词共四段：

桑木扁担轻又轻，挑担茶叶上北京。

船家问我是哪来的客，我是湘江边上种茶人。

桑木扁担轻又轻，头上喜鹊唱不停。

我问喜鹊唱什么？它说我是幸福人。

桑木扁担轻又轻，一路春风出洞庭。

　　　　　船家问我哪里去,北京城里探亲人。

　　　　　桑木扁担轻又轻,一片茶叶一片心。
　　　　　你要问我哪一个? 毛主席的故乡人。

　　《采茶灯》 陈田鹤编曲,金帆作词。该曲调来自闽西地区的民间小调,是一首享誉国内外的歌舞曲。它的曲调是将"正采"和"倒采"两首歌,借转调手法叠合创编而成,旋律运用活泼、明快,节奏律动性强,音调气韵开朗,适宜边唱边舞的采茶动作,气氛热烈欢快。反映了新社会福建茶农劳动的欢乐和丰收的喜悦,其歌词为:

　　　　　百花开放好春光,采茶姑娘满山冈。
　　　　　手提篮儿将茶采,片片采来片片香。
　　　　　采到东来采到西,采茶姑娘笑眯眯。
　　　　　过去采茶为别人,如今采茶为自己。
　　　　　茶树发芽青又青,一棵嫩芽一颗心。
　　　　　轻轻摘来轻轻采,片片采来片片新。
　　　　　采满一筐又一筐,山前山后歌声响。
　　　　　今年茶山收成好,家家户户喜洋洋。

　　《采茶舞曲》 周大风作词编曲。曲词描写江南茶区大忙季节中,青年男女分工合作,你追我赶,确保粮茶双丰收的动人情景,反映了当时的时代特点。这首舞曲歌词通俗生动,曲调明丽活泼,旋律典雅优美,充分表现出以吴语韵味为主情调的江南水乡风采。舞曲歌词共三段:

　　　　　溪水清清溪水长,
　　　　　溪水两岸好呀么好风光。
　　　　　春天呀,万里晴空彩云飘。
　　　　　妹妹呀,西湖一片新气象。
　　　　　茶芽尖了吐芬芳,龙井茶树迎春绿,
　　　　　蜂蝶欢舞鸟歌唱呀,采茶姑娘采茶忙。
　　　　　采不完香茶唱不完的歌,

乐坏了我们采茶姑娘,采茶姑娘。

溪水清清溪水长,溪水两岸好呀么好风光。

哥哥呀,你上畈下畈勤插秧。

妹妹呀,东山西山采茶忙。

插秧插得喜洋洋,采茶采得心花放,

插得秧来匀又快,采得茶来满屋香。

多快好省来采茶,好换机器好换钢。

溪水清清溪水长,溪水两岸采呀采茶忙。

姐姐呀,你采茶好比凤点头,

妹妹呀,你采茶好比鱼跃网。

一行一行又一行,摘下的青叶箩里放,

千箩万箩千万箩呀,片片茶叶放清香,

多又多来好又好,龙井香茶美名扬。

美呀么美名扬。左采茶来右采茶,

双手两面一齐下,一手先来一手后,

好比那两只公鸡,争米上又下。

两只茶箩两旁挂,两手采茶要分家,

摘了一会停一下,头不晕来眼不花,

多又多来快又快,年年丰收龙井茶。

《南音与铁观音》 石祥作词,银力康谱曲。歌曲对铁观音名茶、对南音充满着深情的爱,亲切感人,歌词亦流畅自然。歌词共两段:

饮一杯铁观音,唱一曲南音,

歌声里飘茶香,茶水中有歌韵。

南音铁观音,铁观音南音,

味儿一样浓,情啊一样深。

歌与茶,同是安溪两件宝,

茶与歌,同出闽南一条根。

饮一杯铁观音,听一曲南音,

闽歌逢知己,品茶倍思亲。

南音铁观音,铁观音南音,

饱含多少情啊,温暖多少心。

歌与茶,海阔天空比翼飞,

茶与歌,品不够哟唱不尽。

《前门情思大碗茶》 阎肃作词,姚明作曲。歌词描写老北京前门的大碗茶,具有浓厚的生活气息,勾起了游子海外归来的无限遐思。新旧对比,意味深长。歌词共两段:

我爷爷小的时候,常在这里玩耍。

高高的前门,仿佛挨着我的家。

一蓬衰草,几声蛐蛐儿叫,

伴随他度过了那灰色的年华。

吃一串冰糖葫芦,就算过节。

他一日那三餐,窝头咸菜么就着一口大碗茶。

世上的饮料有千百种,也许它最廉价。

可谁知道它醇厚的香味儿,

饱含着泪花,它饱含着泪花。

如今我海外归来,又见红墙碧瓦。

高高的前门,几回梦里想着它。

岁月风雨,无情任吹打,

却见它更显得那英姿挺拔。

叫一声杏仁儿豆腐,

京味儿真美,我带着那童心,

带着思念么再来一口大碗茶。

世上的饮料有千百种,也许它最廉价。

可为什么它醇厚的香味儿,

直传到天涯,它直传到天涯。

1077

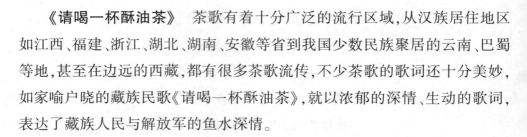

《请喝一杯酥油茶》　茶歌有着十分广泛的流行区域,从汉族居住地区如江西、福建、浙江、湖北、湖南、安徽等省到我国少数民族聚居的云南、巴蜀等地,甚至在边远的西藏,都有很多茶歌流传,不少茶歌的歌词还十分美妙,如家喻户晓的藏族民歌《请喝一杯酥油茶》,就以浓郁的深情、生动的歌词,表达了藏族人民与解放军的鱼水深情。

满山白雪映红霞呃,贵客来到我们家呃,

解放军同志辛苦了啊,请喝一杯酥油茶呃!

你们风雪高原把营扎,军民团结如呀如一家,

我们并肩修大路,挥镐抡锤战风沙,

一条彩练蓝天挂。你们万里边疆把根扎,

军民团结如呀如一家,我们同读毛主席的书,

真理光辉照万家,我们同耕青稞田,

丰收景象美如画。见到亲人解放军呃,

心里乐开了花呃,高山上没啥来招待呀,

啊,同志们呀,啊,同志们呀,

请喝一杯酥油茶呃! 呃唉呃。呃唉呃,

请喝一杯酥油茶呃!

《中国茶情》　周荣钧作词,朱良镇作曲。2002 年上海国际茶文化节主题歌。女声独唱。这首新茶歌立意高,选材精,角度新,构思巧;曲调优美而气势磅礴,抒写了古老中华茶文化的辉煌篇章。歌词共两段:

一片片清新的香茗,

一缕缕飘溢的神韵。

中国茶日朗月清天地生,

中国茶味醇色正情意深。

端上幸福茶,奉上团圆茶,

续满紫砂壶,碰响青瓷杯,

献上生活的温馨,

举起民族的风情。

古老的茶文化源远流长，
　　中国茶情神州风韵。

　　一片片青春的生命，
　　一缕缕芬芳的憧憬，
中国茶一香二甜三回味，
中国茶香飘四海会嘉宾。
跳起采茶舞，唱起请茶歌，
吟起咏茶诗，绘起品茶图，
　　荡起绿色的欢腾，
　　心中永远是真诚。
东方的茶文化走向世界，
　　中国茶情辉煌文明。

茶舞

　　茶舞主要有采茶舞和茶灯两大类，在浙、赣、皖、苏、闽、湘、鄂、川、黔、滇等地，茶舞都很普遍，历来是民间迎新春、闹元宵的主要节目，深受人民群众的喜爱。

　　茶乐多以采茶调为主。采茶调是汉族的民歌，在我国西南的一些少数民族中，也演化产生了不少诸如"打茶调""敬茶调""献茶调"等曲调。居住在滇西北的藏胞，劳动、生活时唱不同的民歌，如挤牛奶时唱"格格调"，结婚时唱"结婚调"，宴会时唱"敬酒调"，青年男女相会时唱"打茶调""爱情调"。居住在金沙江西岸的彝族支系白依人，旧时结婚第三天祭过门神开始正式宴请宾客时，吹唢呐的人，按照待客顺序，依次吹"迎宾调""敬茶调""敬烟调""上菜调"，说明我国有些兄弟民族和汉族一样，不仅有茶歌，也形成了若干有关茶事的固定乐曲。

　　茶灯和马灯、霸王鞭等，都是过去汉族比较常见的民间舞蹈形式。茶灯,是福建、广西、江西和安徽"采茶灯"的简称。它在江西还有"茶篮灯"和"灯歌"名字;在湖南和湖北则称为"采茶"和"茶歌";在广西又称为"壮采茶"和"唱茶舞"。新中国成立后,这一为农民喜闻乐见的艺术形式经过加工整理被搬上了舞台,如云南的《十大姐》、福建龙岩的《采茶灯》等。

茶灯不仅各地名称不一,跳法也不同,一般是由一男一女或一男二女参加表演。舞者身着彩服,腰系绸带,男的持一钱尺(鞭)作为扁担、锄头、撑杆等道具,女的或手拿花扇,以做竹篮、雨伞、茶器具,或拎着纸糊的各种灯具,载歌载舞。表演内容为种茶的全部过程,如《桂南采茶》中有"恭茶、参拜",预祝茶叶的丰收;"十二月采茶""摘茶""炒茶""卖茶"等,表现从种茶到采摘加工等过程。采茶的舞蹈动作一般是模拟采茶劳动中的正采、倒采、蹲采以及盘茶、送茶等动作,有时也模仿生活中梳妆、上山以及表示男女爱慕之情的姿态。

除汉族和壮族的《茶灯》民间舞蹈外,我国有些民族盛行的打歌、盘舞,往往也以敬茶和饮茶的茶事为内容,从某种角度看,也可以说是一种茶叶舞蹈。如彝族打歌时,客人坐下后,主办打歌的村子或家庭,老老少少,恭恭敬敬,在大锣和唢呐的伴奏下,手端茶盘或酒盘,边舞边走,把茶、酒一一献给每一位客人,然后再边舞边退。

云南白族打歌,类似于彝族的打歌,人们手中端着茶或酒,在领歌者的带领下,唱着白语调,弯着膝,绕着火塘转圈圈,边转边抖动和扭动上身,以歌纵舞,以舞狂歌。

我国的现代文艺工作者在"采茶灯"的基础上,先后创作出《采茶舞》《采茶扑蝶舞》等一系列的茶叶舞蹈,使"采茶灯"这一原先流行于山乡的民间舞跻身城市舞台,并受到热烈欢迎。其中,《采茶扑蝶舞》由于歌词清新,动作优美,因此曾在1953年第4届世界青年学生和平与友谊联欢节上获集体舞二等奖。

今天文艺工作者以茶为题材创作的舞蹈作品,也受到了人们的好评。其中由湖州戴静英创作的茶舞《月夜茶香》,曾在浙江省音乐舞蹈节中获二等奖。它表现的是一群村姑劳动之余,在月夜竹影下细品慢尝香茗的情景。

这情景如诗似画、美不胜收,正如舞曲歌词所唱的那样:"红泥炉,紫砂壶,羽扇轻摇徐徐煮。借问谁家茶最好,回味三日忆不足。一叶留住四季春,细品农家丰乐图。"舞蹈具有浓郁的吴越文化特色,反映了江南特有的茶俗、茶风,具有一种娴雅超俗的审美意蕴。舞蹈中茶乡姑娘缓缓的小幅度动作,以胸腰带动胯的曲线立姿和出胯伏地的跪态形成了柔美的外形,透出一股江浙妇女特有的含蓄和雅韵。舞蹈中几位姑娘身着彩绘的真丝服装,以洁白的羽毛扇、古朴的石泥炉和九只造型各异的紫砂壶作为道具,其娴雅的舞姿与月夜竹影和优美的江南田歌相伴,使得"月夜茶香"的舞蹈始终萦绕着一种淡淡的、雅雅的抒情氛围,从而使人们深切感受到茶文化所特有的高雅、深沉、平和的意境。

第六节　茶与谜语

谜语在中国起源很早。古人称谜语为隐语、庾辞、灯虎、灯谜、春灯等。隐语最早见于文字记载的是《春秋》,《左传》,《史记》与《战国策》也有记述。这时的隐语以故事形式出现。南朝文人鲍照首创字谜,唐代又有进展。灯谜活动始于南宋,明代以后渐成风气。

谜语是暗射事物或文字等供人猜测的隐语。它也是一种深受人们喜爱的智力游戏。谜语通常由"谜面"(指猜谜语时说出来或写出来供人做猜测线索的话)和"谜底"(即谜语的答案)组成。如"麻屋子,红帐子,里头住着白胖子"射"花生";"一人一口"射"合"字。

茶谜语是谜语内容中的一个分类,是以茶为题材的谜语。茶谜有数种,如谜底为茶者,谜底为茶名或名茶者,谜底为茶事者,谜底为茶具者;以及以茶为谜面,谜底为他事者。归纳起来可以分为如下三个小类:字谜、物谜和故事谜。

茶字谜

（1）谜面："早晨茶"。谜目：猜一个成语。谜底：当朝一品。

（2）谜面："戒烟茶"。谜目：猜一个成语。谜底：水火不容。

（3）谜面："草木之中有一人"。谜目：猜一个字。谜底：茶。

（4）谜面："人隐桃花后"。谜目：猜一个字。谜底：茶。

（5）谜面："一百零八岁"。谜目：猜两个字。谜底：茶寿。

（6）谜面："清茶寡色无人品"。谜目：猜一个字。谜底：藻。

（7）谜面："人到西湖共品茶"。谜目：猜一个字。谜底：藻。

（8）谜面："茗"。谜目：猜一个成语。谜底：名列前茅。

（9）谜面："喝早茶"。谜目：猜一个成语。谜底："一品当朝"。

（10）谜面："茶"。谜目：猜五言唐诗一句。谜底："草木有本心"。

（11）谜面："春到人间草木知"。谜目：饮品名。谜底：茶。

（12）谜面："不惜赴汤蹈火"。谜目：饮品名。谜底：茶。

（13）谜面："花冠伞盖半遮林"。谜目：猜一个字。谜底：茶。

（14）谜面："春到人挂念"。谜目：猜一个字。谜底：茶。

（15）谜面："金尖"。谜目：猜一个字。谜底：人。

（16）谜面："移花人接木"。谜目：猜一个字。谜底：茶。

（17）谜面："一杯为品"。谜目：猜一个成语。谜底：浅尝辄止。

（18）谜面："茶山居士生卒考"。谜目：猜一个成语。谜底：曾几何时。

（19）谜面："名茶生何处?"谜目：猜电影名。谜底：云雾山中。

（20）谜面："人在草木中"。谜目：猜一个字。谜底：茶。

茶物谜

（1）谜面："生在山上，卖到山下；一到水里，就会开花"。谜目：猜物。谜底：茶叶。

（2）谜面:"生在山中,一色相同;泡在水里,有绿有红"。谜目:猜物。谜底:茶叶。

（3）谜面:"生在青山叶儿蓬,死在湖中水染红。人家请客先请我,我又不在酒席中"。谜目:猜物。谜底:茶叶。

（4）谜面:"幼时山中发青,大时锅里翻身;常在笋中发闷,喜在水中浮沉"。谜目:猜物。谜底:茶叶。

（5）谜面:"生在青山枝婆娑,离别家乡罐中"。谜目:猜物。谜底:茶叶。

（6）谜面:"生在山里,死在锅里,藏在瓶里,活在杯里"。谜目:猜物。谜底:茶叶。

（7）谜面:"冷水里无动于衷,沸水里馨香浓浓"。谜目:猜物。谜底:茶叶。

（8）谜面:"娘在徽州黄土,出世清明前后,吃过多少苦头,还要陪客进口"。谜目:猜物。谜底:茶叶。

（9）谜面:"生在西山草里清,各州各县有我名;客来堂前先请我,客去堂前谢我声"。谜目:猜饮品。谜底:茶叶。

（10）谜面:"风满城"。谜目:猜茶名。谜底:雨前茶。

（11）谜面:"武夷一枝春"。谜目:猜茶名。谜底:山茶。

（12）谜面:"山中无老虎"。谜目:猜茶名。谜底:猴魁(或"太平猴魁")。

（13）谜面:"手植碧云效古人"。谜目:猜现代茶书。谜底:《茶叶栽培学》。

（14）谜面;"鞍钢见闻"。谜目:猜茶名。谜底:铁观音。

（15）谜面:"大家听潮品香茗"。谜目:猜茶名。谜底:普洱茶。

（16）谜面:"冰山上月色朦胧"。谜目:猜茶名。谜底:冻顶乌龙。

（17）谜面:"头大项颈小,肚大嘴巴翘"。谜目:猜物。谜底:茶壶。

（18）谜面:"一只无脚鸡,立着永不啼。喝水不吃米,客来把头低"。谜目:猜物。谜底:茶壶。

（19）谜面："山顶一只猴,客人一到就点头"。谜目:猜物。谜底:茶壶。

（20）谜面："龙井游记"。谜目:猜茶书古籍。谜底:《茶录》。

（21）谜面："颈长嘴小肚子大,头戴圆帽身披花"。谜目:猜物。谜底:茶壶。

（22）谜面："铜将军团团围着,铁将军把手三关,火将军当中稳坐,水将军怒气冲天"。谜目:猜物。谜底:煮水壶。

（23）谜面："人间草木知多少"。谜目:猜物。谜底:茶几。

（24）谜面："一枝春花人俱往"。谜目:猜物。谜底:茶具。

（25）谜面："深池凝碧绿"。谜目:猜茶叶品名。谜底:碧潭飘雪。

（26）谜面："川上六出飞花日"。谜目;猜茶叶品名。谜底:巴山雪芽。

（27）谜面："金顶一角"。谜目:猜茶叶品名。谜底:峨眉毛峰。

（28）谜面："十分锐利"。谜目:猜茶叶品名。谜底:毛尖。

（29）谜面："岁寒三友中"。谜目:猜茶叶品名。谜底:竹叶青。

（30）谜面："赤水河"。谜目:猜茶叶品名。谜底:川红。

（31）谜面："渴时一滴"。谜目:猜茶叶品名。谜底:甘露。

（32）谜面："两山之间笼翠微"。谜目:猜茶叶品名。谜底:川绿。

（33）谜面："奉上香茗"。谜目:猜茶叶品名。谜底:贡茶。

（34）谜面："犹记蒙山云雾中"。谜目:猜茶书古籍。谜底:《茶录》。

（35）谜面："长颈大肚皮,像鸡不像鸡;吃的是白汤,吐的是黄水"。谜目:猜物。谜底:茶壶。

（36）谜面："拢翠庵品茗议优劣"。谜目:猜茶书古籍。谜底:《大观茶论》。

（37）谜面："轻度腹泻"。谜目:猜茶书古籍。谜底:《茶解》。

（38）谜面："油腥太过怎么办"。谜目:猜茶书古籍。谜底:《茶解》。

（39）谜面："远道而来为品茗"。谜目:猜茶书古籍。谜底:《茶引》。

（40）谜面："植树种草多提倡"。谜目:猜茶名。谜底:宜兴绿。

茶故事谜

（1）**品茶猜谜**　据说这个故事中的谜语是明朝江南四大才子中的唐伯虎与祝枝山的游戏之作。有一天，祝枝山去会老朋友唐伯虎，到他家后立即被邀请去品茶猜谜，且立下赌约说如能猜出，自是捧出佳茗招待祝枝山，如若猜不出则要说声对不起，恕不接待。祝枝山一听二话不说，回答道："来吧！"话音刚落，只见唐才子摇头晃脑吟出谜面："言对青山说不清，二人土上说分明。三人骑牛牛无角，一人藏在草木中。"祝枝山略一沉思，旋即猜出，得意地敲了敲茶几说："倒茶来。"唐伯虎一看他的架势，知道他猜得不错，就将其延请到太师椅上就座，并示意童仆将新上市的上好茶叶沏好奉上。那么这个故事的谜底是什么？谜面中的第一句与谜底相关的是"言对青"；第二句与谜底相关的是"二人土上"；第三、第四句都与谜底相关。其实，这个故事的谜目是要求祝枝山猜出四字礼貌用语。谜底为"请坐，奉茶"。

（2）**一封空信里装着茶与盐**　这则谜语则是与清代大学者纪晓岚有关。说的是纪晓岚的儿女亲家卢雅雨任两淮转运使，掌管江淮地区盐政，是一肥缺。只是卢雅雨结交朋友太多，三教九流，无所不交，家中常是宾客盈门，座无虚席。且卢又好摆阔，常常是一掷千金，渐渐开始觉得家中财力不济。于是，只好挪用公款，一次两次的，以致亏空甚多。朝廷发觉此事，决定对其抄家处罚，而在朝中身居要职的纪晓岚得知此事后，心急如焚，急忙派遣心腹家人连夜赶往江淮向亲家通风报信，但又怕万一路上出了纰漏泄了密，于是处心积虑想了个办法，用一空的信封装了少许茶与盐，封好后忙叫家人带给卢雅雨。卢雅雨收到之后，打开一看，心下便知亏空之事业已败露，且知晓朝廷将对其实施处罚，忙将家产移至他处。等到钦差抄家时，家产业已寥寥无几，卢家也由此躲过一劫。请问这个故事的谜底是什么？

"账亏空"，起到了极妙的暗示作用。

（3）**哑巴和尚戴草帽**　南朝梁代，在江南一座古刹中，其中的住持是一

中華茶道

祝允明像，图出自清－任熊绘《于越先贤像传赞》。祝允明字希哲，号枝山，人称"祝枝山"，与唐伯虎、文徵明、徐祯卿合称"吴中四才子"。

位嗜茶如命的和尚。有一天晚上打坐念经之后，正准备安寝时，茶瘾突然上来了，可找遍整个寺院，却再也找不出多少茶叶，只好叫小沙弥到平日要好的一个食货店老板那里去买，而这两人平素就喜好以谜会话。住持想了想，就叫一个哑巴徒弟戴上草帽，穿着木屐去了。那店老板本刚想吹灯睡觉，听见有人敲门，打开一看，见是一个脚穿木屐头戴草帽的和尚，知道是寺中方丈又和他比谜了。看了看，想了想，就取出一包茶叶叫小沙弥带回寺去了。为什么店老板一见其人就知道他的要求呢？店老板是个猜谜高手。他看了哑巴小和尚的装束，心里就明白了当家老和尚的意思。"头戴草帽"为草字，小和尚为"人"字，"穿上木屐"为"木"字，合起来为"茶"字。

第七节　茶与谚语

　　谚语是民间创作、广泛流传的、定型化的语言,它是生活经验的总结和集体智慧的结晶。茶谚语是谚语中的一个分支,即民间口耳相传的易讲、易记、富含哲理的关于茶叶的俗语。它主要来源于茶叶生产实践和茶叶饮用,是茶叶生产经验和茶叶饮用的概括或表述,就其内容或性质也大致分为如上两大类,每类又可以细分若干子目。现当代茶谚内容涉及茶树种植、茶园管理、茶叶采摘、茶叶制作及茶叶饮用等诸多方面。

　　茶谚语不仅是我国茶学或茶文化中的一宗宝贵遗产,从创作或文学的角度来看,它又是我国民间文学中的一枝奇葩。

茶树种植

　　茶树种植,法如种瓜　见于唐代陆羽《茶经·一之源》。意即种茶如种瓜。后魏贾思勰《齐民要术》对瓜的种时、种法均详载。陆羽借种瓜之法喻种茶之法,为后世所传。

　　千茶万桐,一世不穷　全句原为:"千杉万松,一生不空;千茶万桐,一世不穷。"在浙江、江西、湖北等地流行。意为杉、松、桐(油桐)、茶都有很高的经济价值,多种可以致富。

　　千茶万桑,万事兴旺　在江西、浙江、湖北一带流行。意为多种茶、多种桑(养蚕)均是致富之道。

　　正月栽茶用手捺　全句为:"正月栽茶用手捺,二月栽茶用脚踏,三月栽茶用锄夯也夯不活。"主要流行于浙江瑞安等地。手捺是用手揿土,脚踏是用脚踩土,锄夯是用锄像夯一样把土砸实。目的均为使茶树根与土壤紧密结合,以保证茶苗成活。由于正月栽苗容易成活,所以种苗时操作比较粗糙,只需用手捺几下即可。二月栽苗稍迟,种苗操作较细,所以脚踩土。三月栽苗更迟,所以须用锄夯土。

桑栽厚土扎根牢,茶遇酸土笑呵呵 在浙江西部等地流行。意思是说栽植桑树土层宜厚,而茶树却喜欢酸性土壤。类似的谚语还有"土厚种桑,土酸种茶""沙土杨梅酸土茶",主要流行于广西等地。

向阳好种茶,背阳好播杉 在福建等地流行。意思是说阳坡宜种茶,阴坡宜种杉。阳坡气温高,日照强度大,春秋季茶树长势尤旺。而冬季阴坡的茶树易受冻害。类似的谚语还有"向阳好种茶,背阴好插柳"等。

高山出名茶 在浙江天台等地流行。高山云雾多,漫射光多,对茶树生长有利,且空气湿度大,使叶片生育好,持嫩性强。高山日夜温差大,土壤有机质含量较多,利于提高茶的香气。类似的谚语还有"高山云雾出名茶"等。

槐树不开花,种茶不还家 主要流行于广西一带。意即槐树在夏季开花,趁着槐树尚未开花,赶紧种茶而不回家,也意味着槐花一开,种茶即迟。

茶园管理

要吃茶,二八挖 在浙江等地流行。意即农历二月的春耕和八月的伏耕有利于茶叶的增产。

三年不挖,茶树摘花 在浙江余杭等地流行。意即茶园三年不掘地,茶树就无茶可采,只长茶花了。

若要春茶好,春山开得早 在浙江嵊州等地流行。"开春山"即茶园内的春季耕锄,一般结合锄草施肥进行,以达到疏松土壤,铲除春草,提高土温,促进茶树萌芽的作用。一般地区在惊蛰(3月6日前后)到春分(3月21日前后)时节比较适宜,"春山开得早"意在不误农时。

若要茶树好,铺草不可少 在浙江义乌等地流行。即在茶园的行间铺草,其好处有六:防止土壤冲刷,减少杂草发生,保蓄土壤水分,稳定土壤温度,增加土壤有机质和其他养分,提高茶叶产量和品质。

若要茶树败,一季甘薯一季麦 在浙江、安徽等地流行。意谓如果在茶园中间种一季麦和一季甘薯,便会使茶树衰败。此两种作物不宜与茶间作,因为麦类(如大麦、小麦、燕麦、黑麦等)叶子密闭,蒸腾系数大,吸肥吸水力强,其根系密布在25厘米的表土层中,阻碍水分透入深土层,并吸收土壤上层的养料。如果种甘薯,作畦常要挖去茶树根边的土壤,会使茶根暴露,影响茶树发育。甘薯藤蔓又会缠到茶树上,影响采茶。

秋冬茶园挖得深,胜于拿锄挖黄金　主要流行于安徽等地。说明茶园耕耘的重要,秋冬的耕耘,有助于土壤的疏松、通气,为来年的茶叶丰产创造了条件。

茶地晒得白,抵过小猪吃大麦　在浙江等地流行。"茶地晒白"为茶园伏耕中的一个技术环节:把底土翻到上面,在高温下,经过"晒白"的土壤易于风化,变得疏松,可增加土壤肥力,利于保蓄水分。大麦是小猪的精饲料,猪吃精饲料长势必好。全句意为茶园伏耕中的底土晒白,对茶树的效果来说,胜过小猪吃大麦。

茶树本是神仙草,只要肥多采不了　在浙江等地流行。强调了施肥的重要性,意思是只要把肥上好,就能把像神仙草一样的茶树种好,就能多采茶叶。茶树施肥有五个基本原则,即重视有机肥,重视基肥,重视春肥,重视氮肥,重视根部肥。类似的谚语有:"茶树缺肥芽不旺",流行于浙江等地;"茶树不怕采,只要肥料足",流行于浙江绍兴等地。

春山挖破皮,伏山挖见底　在浙江等地。挖破皮流行,谓耕锄得较浅。挖见底,谓耕锄得较深。意即春耕不能太深,否则损伤根系。伏耕则应深耕。

修茶臂,理茶脚　在浙江杭州及湖南等地流行。茶臂,茶丛内较粗大的枝条,今称"骨干枝"。茶脚,茶丛下部的枝条,亦称"地脚枝"或"匍地枝"。修剪整理的方法是剪去衰老的骨干枝、病虫枝,对匍地枝要留蓄其上行枝,剪去其横行匍地部分,经疏枝后的茶树,树冠面积、覆盖度都有大幅度提高。

一担春茶百担肥　在浙江淳安等地流行。肥,系指标准肥。意即如果增产一担春茶,须要增施一百担标准肥。

中華茶道

茶叶采摘

三岁可采　出自唐代陆羽《茶经·一之源》。意为茶籽种下后,三年即可采茶。

叶卷上,叶舒次　出自唐代陆羽《茶经·一之源》。意为嫩叶卷曲的可制上等茶,叶片已展平的茶叶品质较次。

笋者上,芽者次　出自唐代陆羽《茶经·一之源》。笋,肥壮的茶芽。芽,细弱的茶芽。意为肥壮的茶芽像笋那样饱满,而细弱的茶芽就会差一些。

清明时节近,采茶忙又勤　在江苏一带流行。清明时节是采茶的重要时机之一,凡清明前采摘的茶,即为受人看重的"明前茶"。

小满熟了樱桃茶　在河北省张家口流行。小满,农历节气,在每年的5月21日左右。小满节樱桃和茶叶都成熟了。樱桃越熟越好吃。但茶叶太熟就成了老叶,没有采摘价值了。5月下旬是春茶结束阶段,此时所采之茶差不多都是下等茶。

小满过后茶变草　流行于浙江等地。过了小满,春茶结束,茶芽已成老叶,如草一般失去价值。谚语说明采摘季节的每一天都极其宝贵。

头茶不采,二茶不发　在浙江绍兴等地流行。一般树木枝条顶端的生长最为活跃。植物生理学术语为顶端生长优势。顶芽旺盛的活动抑制了侧芽的生长,如若切除顶芽(即采去头茶),便可使侧芽(二茶)迅速生长,有时采去一个顶芽,可换来较多新梢的形成,获得更多的芽叶。采与发的关系处理好,便可构成茶树的丰产。类似的谚语还有:"漏手不收,二茶不抽。"意即头茶漏采处,二茶就发不出来。"今年不采,明年不发。"两说均流行于浙江嵊州等地。"茶叶越采越发。"流行于浙江杭州等地。

立夏茶,夜夜老　在浙江等地流行。立夏以后,气温渐升,此时茶芽生长迅速,叶片渐渐老化。类似的谚语还有:"夏前宝,夏后草。"主要流行于浙江桐庐等地。"茶过立夏一夜粗"流行于浙江等地。"立夏三天茶生骨"

流行于安徽等地。"一年老了爹,一夜老了茶"流行于湖南等地。

会采年年采,不会一年光　在陕西一带流行。会采,即会使用"留叶采摘"的办法采收鲜叶,不强采,以保证年年有较多的茶叶可采。不会,即不采用"留叶采摘"的办法采茶,而采用不留叶的强采,尽管当年的产量较高,但来年产量会大大减少,甚至无茶可采。同类的谚语还有"留叶采摘,常采不败"。

谷雨前,嫌太早　全句为:"谷雨前,嫌太早。后三天,刚刚好。再过三天茶变草。"在上海、湖北等地流行。早、刚刚好、草,均系对茶叶老嫩而言,强调采摘的季节性、时效性。类似的谚语有"谷雨茶,满把抓""清明发芽,谷雨采茶""早采三天是个宝,迟采三天变成草"。

前三日早,正三日宝,后三日草　在浙江奉化、鄞州区等地流行。意为茶叶的采摘要及时,要适时,以便抓住最佳时机。

抢茶如抢宝　在浙江等地流行。言采茶季节时间如金,像抢宝一样采摘茶叶,不容半点松懈。类似的谚语有"茶叶好比时辰草,日日采来夜夜炒"。

枣树发芽,上山采茶　在浙江杭州等地流行。枣树发芽在农历三月上旬,时值清明节前后,是龙井茶区采摘高档龙井之时。

割不尽的麻,采不尽的茶　在浙江等地流行。麻,指苎麻,多年生草本,地下部分由根和地下茎形成麻蔸,可活数十年,一年可收割数次。茶为长寿作物,可活百年以上,从第四年起即可采摘,采期数十年。每年可采三季茶,即春茶、夏茶、秋茶。每季茶中又可分批采摘多次,一年可采三十余次。

插得秧来茶又老,采得茶来秧又草　在湖南长沙等地流行。意为大忙季节,既要早稻插秧,又要采制春茶,有点顾此失彼。类似的谚语还有:"采朵茶儿秧又老,插朵秧来茶变草。"主要流行于浙江杭州等地。"四月采茶茶叶黄,三角田中使牛忙;使得牛来茶已老,采得茶来秧又黄。"主要流行于陕西。

稻时无破箩,茶时无太婆　在福建等地流行。意为农忙时节无闲具、无闲人。稻子收割前,把所有的破箩都补好,以备盛稻。采茶时节,连平时坐在家里只吃饭不干活的"太婆"都上山采茶了。太婆,曾祖母,喻年事已高在家颐养天年,不再干农活的老人。

茶叶制作

茶之否藏,存于口诀 出自唐代陆羽《茶经·三之造》。否(少,匹),坏。藏,好。意思是指茶叶制得好坏,有一套口诀(经验)。

大锅炒茶对锅保 在浙江嵊州等地流行。珠茶制造过程中"对锅炒"在先,"大锅炒"在后,只有对锅炒得好,才能使大锅炒的质量得到保证。炒对锅是形成颗粒成圆的关键过程,是颗粒"做坯"的过程。炒干机的炒手往复运动,叶子在锅中不断受到弧形炒手板的推力和球形锅面的反作用,促使叶子在不断推炒中逐渐卷曲,形成颗粒。到炒大锅时,只是叶子随着水分的继续蒸发,逐渐把已形成的颗粒炒紧,对成形不起关键作用。

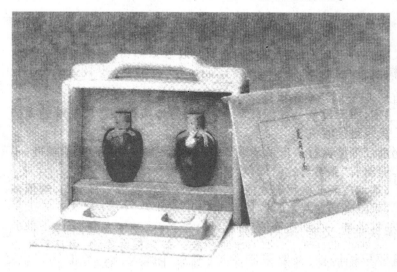

清宫旧藏茶叶包装盒

小锅脚,对锅腰,大锅帽 在浙江嵊州等地流行。从炒小锅、炒对锅到炒大锅,是珠茶初制成圆的特定工序。三道工序的基本要求各有侧重,炒小锅是使茶叶细小的"下脚茶"成圆,炒对锅是使腰档茶成圆,炒大锅则要求粗大的面张茶(盖帽)也成圆。

抛闷结合,多抛少闷 在浙江等地流行。抛闷,即抛炒、闷炒,都是杀青技术。抛炒的特点为在高温杀青条件下,不使叶子与锅底的接触时间过长,使蒸发出来的水蒸气和青草气迅速散发,叶温也随着下降,然后再接触锅底,使叶温上升。其优点是香气好,使低沸点而又具有强烈青草气的芳香油容易散发。青草气的主要组成部分是青叶醇,沸点约157℃,抛炒时大量挥发,可改善茶叶香气。抛炒的叶色翠绿,但时间过长,容易使芽叶断碎,甚至炒焦,加之梗子与叶脉含水量高而与锅底接触面又小,升温不如叶片快,造成杀青不匀,甚至红梗红叶。闷炒的特点为生成的高温蒸气具有穿透力,使梗脉内部迅速升温,能克服抛炒中芽叶各部位升温不一致的矛盾,闷炒叶温较高,对彻底破坏酶的活化有显著效果。在锅温较低时可适当提早闷炒,并适当延长闷炒时间,以免产生红梗红叶。闷炒叶质柔软,有利揉捻成条。抛炒与闷炒各有特点,应结合进行。抛闷时间应据鲜叶情况而定,原则是嫩叶要多抛,而老叶要多闷。

高温杀青,先高后低 在浙江等地流行。强调杀青时先用高温后用低温。不论是炒青或蒸青,都是利用高温破坏酶的催化作用,不使叶子变红。在杀青后阶段,酶的活化已破坏,叶子水分大量蒸发,此时应适当降低温度。若继续采用高温,不但芽尖和叶缘容易炒焦,而且内部化学成分也会遭到损失,影响绿茶品质。先高后低,既能使鲜叶杀匀杀透,又能达到"老而不焦,嫩而不生",从而保证了杀青阶段的茶叶品质。

增叶老杀,老叶嫩杀 在浙江等地流行。杀青是把鲜叶中的水分杀掉。嫩叶的含水量较高,酶的催化作用较强,故应"老杀",即多杀去一些水分。否则,酶的活化未彻底破坏,易产生红梗红叶;而且在揉捻时液汁易流失,加压时易成糊状,芽叶易断碎。低级粗老叶则相反,其含水量少,纤维素含量较高,叶质粗硬,故应"嫩杀",即少杀去一些水分。如果水量失去过多,揉捻时难以成条,并且加压时易断碎。

茶叶贮藏

贮藏好，无价宝 在浙江、江苏等地流行。讲茶叶贮存的重要性。不善贮茶者，其茶色、香、味、形俱变，如同陈茶一般。既降低了饮用价值，又失去欣赏价值。善贮茶者，即便存放一年以上，依然香气不散，滋味不变，颜色不走，其经验如无价之宝。

茶是草，箬是宝 讲箬叶在贮茶中的作用，箬有两种，一是笋皮，二是箬竹之叶，叶可裹粽。谚语指的是后者。箬叶清香性凉，可以隔湿，兼保茶真气，用其包茶作用良好。

茶怕异味 茶叶中含有高分子棕榈酸和萜烯类化合物，这类物质性质活泼，极易吸收各种气味。由于碰到异气便不易分离，并很快吸收黏附于茶叶表面，从而吸收异味。这句谚语朴实、简洁、明了地告诉人们，要注意茶品的保存和贮藏。

茶叶饮用

客来敬茶 出自我国民间俗语。唐宋以来，"客来敬茶"在我国民间已经形成民间习俗，并成为我国各民族的传统礼节。随着中国茶文化对海外的传播，"客来敬茶"的礼节也成了许多国家的日常礼仪。

山水上，江水中，井水下 出自唐代陆羽《茶经·五之煮》。意为饮茶用水以山水为上，江水为中，井水为下。

当代吴觉农在其《茶经述评》中曾对"三水"有述，泉水亦可称山水。泉水悬浮杂质少，透明度高，污染少，水质稳定。但在地层的渗透过程中溶入较多的矿物质，且流经途径及其溶解物质的不同，含盐量和硬度有很大差异，故不是所有的山水都是上等水，有的甚至完全不能饮用。江水溶解的矿物质少，硬度较小。但含有较多的泥沙悬浮物和动植物腐败后生成的有机物等不溶性杂质，浑浊度较大，易污染，不是理想的泡茶用水。井水悬浮物含量低,水的透明度高,在地层的渗透过程中溶入了较多矿物质的盐类,硬度较大,水质稳定,受季节变化的影响小,但水源易污染。应以水源清洁,最好经常使用的活水井水。

开门七件事,柴米油盐酱醋茶 七件事即日常生活中必需的七件东西。要见于历代诗文。南宋吴自牧《梦粱录·鲞铺》:"盖人家每日不可阙者,柴米油盐酱醋茶。"元代武汉臣《玉壶春》第一折:"早晨起来七件事,柴米油盐酱醋茶。"明代唐寅《除夕口占》诗:"柴米油盐酱醋茶,般般都在别人家。"清代强璘《无题》诗:"书画琴棋诗酒花,当年件件不离它。而今七事都更变,柴米油盐酱醋茶。"

扬子江中水,蒙顶山上茶 在四川等地流行。意为扬子江水、蒙顶山茶是数得上的好水、好茶。扬子江,即南泠水(亦即中泠水)。古时把江苏江都至镇江之间的长江称扬子江。泠又作零或濡。南泠水最宜煎茶。唐代张又新《煎茶水记》载刘伯刍把宜茶之水分为七等,以扬子江南泠水为第一。蒙顶茶,产于四川省邛崃山脉中的蒙山顶上。蒙山山高势陡,重云积雾。自唐代起,蒙山茶为历代贡品,品名有"雾钟""雷鸣""石芽""雀舌""甘露""米芽""白芽""鸟嘴""黄芽"等。

龙井茶,虎跑水 在浙江杭州。谚语含有两层意思:饮茶要饮龙井茶,用水要用虎跑水,只有用虎跑水泡龙井茶才是最上等的茶。龙井茶,即"西湖龙井",产于浙江省杭州市西湖周围群山中。西湖自唐代就享有盛名。虎跑水,即虎跑泉之水。虎跑泉在浙江杭州市大慈山虎跑寺,泉水甘洌,著称于世。

宁可一日无粮,不可一日无茶 在新疆等地流行。强调饮茶的重要性。新疆牧民喝奶茶,早中晚三次不可少。中老年牧民上下午各加一次,有的一天喝七八次,新疆地区高寒,少蔬菜,主食以奶、肉为主,奶茶用以补充维生素,并助去腻消食。类似的谚语还有:"牧鞭不离手,奶茶不离口。"

早茶一盅,一天威风 在云南等地流行。全句为:"早茶一盅,一天威风;午茶一盅,劳动轻松;晚茶一盅,提神去痛。一日三盅,雷打不动。"这里的"茶"特指云南当地的盐巴茶,为纳西族、傈僳族、普米族、彝族、怒族、苗

族等少数民族日常饮料,一日不可少。饮罢身轻气爽,益智消乏。

春茶苦,夏茶涩,要好喝,秋白露　在浙江杭州等地流行。系对春、夏、秋茶品质的概括。春茶指 5 月底前采摘制成的茶叶。春季温度适中,雨量充沛,茶树经一冬休养生息,体内营养物质丰富,茶叶的汁水较多。内含氨基酸、芳香物质、维生素 C,其滋味鲜爽,香气强烈。夏茶多指 6 月初到 7 月初采摘制成的茶叶。夏季气温高,芽叶中积累多酚类物质,滋味不如春茶鲜爽,较苦涩。秋茶是 7 月中旬以后直至当年茶季结束前采摘制成的茶叶。经过春夏两季采收,茶树体内贮存的营养物质显著减少,茶汁浓度减低,苦味随之减淡,比夏茶口感好。

茶叶学到老,茶名记不了　出自民间俗语。意思是说我国茶叶品种丰富,茶名也五花八门,仅县市级以上的名茶就多达千余种,而且各种创新名茶仍在不断出现,即使每天品尝一种,也得花上三年左右的时间。

新沏茶清香有味,隔夜之茶伤脾胃　一杯清澈碧绿的茶汤,时间放长了,会失去绿色,增加黄的程度。研究表明,茶汤的变化主要是因为茶多酚在不断地氧化,导致茶汤颜色加深。当然,在温度较高的夏天,茶汤的放置时间长了还会发馊变质。这种变了质甚至长了霉菌的茶水,与其他变质饮料一样,是不宜饮用的。任何饮料都以新鲜为好,茶也不例外,应当随泡随喝,不仅香气浓郁,茶味甘醇,还可以减少污染。

烫茶伤人,姜茶治病　茶宜温饮,不宜烫饮。中医认为,"烫茶伤五内"。经常饮用烫茶会烫伤食管的黏膜,久而久之,会导致疾病的发生,甚至病变。姜茶是药茶的一种,由于加工的方法或配伍的不同,可以治疗不同的疾病。

素食清茶,爽口爽心　这是一条与茶有关的养生谚语。素食属于清淡类的食品,无论是口感,还是食用之后,都能给人带来舒坦的感觉。冲泡出来的各种茶汤,都有消解油腻的作用。经常适当地食用素食和品饮清茶,不仅能爽口爽心,而且有益健康。

白天皮包水,晚上水包皮　在江苏扬州、浙江德清等地流行。意为白天人们在茶馆里饮茶,茶吃在肚子里,以皮包水。晚上,人们又到浴室洗个澡,人浸在浴池里，以水包皮。此为江南水乡饮茶者的日常生活写照，以茶洗内，以浴洗外，使人精神舒爽，延年益寿。

第八节　茶与棋

"茶诗琴棋酒画书"自古以来就是文人雅士引以为豪的七件雅事。从四千年前，"天之赐物"——围棋的出现、"神农"发现茶起，风风雨雨数千年，棋、茶经久不衰，历尽沧桑，棋与茶结下了不解之缘。

棋与茶是亲密的伙伴，紧紧地联系在一起。它们同在唐朝兴盛，同作为盛唐文化经典，漂洋过海，扎根东瀛；还传入朝鲜半岛和周边地区。今天，它们已远播东南亚及欧美等几十个国家和地区，作为古老东方文化的结晶，惠泽全球，为人类所共享。

茶道与棋道都是中国人的艺术创造，都是东方文化的瑰宝。茶产于名山大川之间，其性平和而中庸；围棋崇尚平等竞技，一人一手轮流下子，棋逢对手本身就是一种平衡，完全符合中庸之道。中国茶道通过茶事，创造一种平和宁静的氛围和一个空灵虚静的心境，而曲径通幽，远离杂乱喧嚣是弈者追求的一种棋境，可以说对弈成了双方心灵的交流，无声的语言沟通。

正是这种茶、棋"性相近"，中华大地出现了可以以"茶"会友，自得"棋"乐的茶艺馆。茶艺馆在传播文化的同时，也为对弈者提供了远离尘嚣，曲径通幽的好棋境。在这里，你可潇洒飘逸天地间，心清气爽，沉浸在棋局中，茶客边饮茶，边对弈，以茶助弈兴，喝着并不贵的"绿茶"或"盖碗茶"，把棋盘暂作人生搏击的战场，暂时忘却生活的烦扰，茶也就被认为世外桃源中的"忘忧君"。

中国文人雅士素来喜爱弈棋，好饮茶，将棋茶视为雅事。曹臣《舌花录》中，曾把琴声、棋子声、煎茶声等并列为"声之至清者也"，还说"琴令人寂，茶令人爽，竹令人冷，月令人孤，棋令人闲"，可见，这两者自古就是十分密切。现代茶艺馆同样以优雅的环境，浓厚的文化氛围，让对弈者如置身于

"世外桃源"之中。

第九节　茶具收藏

由于信息技术的不断发展,人们视野的不断开阔,收藏作为一项情趣高雅的文娱活动,为愈来愈多的人们所喜欢。对于个人而言,收藏不但可以充实生活,增长见识,陶冶情操,修身养性,而且可以广交朋友,增进交流。

对于国家和民族而言,收藏也是一件大好事。博物馆中的各类珍贵藏品,往往是一个国家或民族的象征;而流散于民间的各种藏品,则往往是相应历史文化中不可分割的组成部分。在这个意义上说,收藏对于继承和弘扬民族传统文化,保存历史遗产和教育后代都具有十分重要的意义。

茶叶瓶、茶叶罐

如今,我国的茶叶罐艺术品可谓琳琅满目,精品辈出。长久以来,用来制作茶叶罐的材料五花八门,有木头、瓷器、竹子、锡、铜、铁皮、搪瓷等,不一而足。从收藏角度看,最有艺术价值的不外乎是瓷器、陶器等材料制作的,而锡制茶叶罐,因其工艺水准高,利于保持茶叶的芳香等特点,受到了收藏爱好者的青睐。

在我国茶叶博物馆的"茶具厅"里可以看到造型典雅、形态各异、花纹别致、图案吉祥、色泽素雅的各式瓷质茶叶瓶、茶叶罐10余种,其中清代的青花茶叶罐上还有"芽茶"的字样。一些茶文化专家收藏的近代或现代铁听茶叶罐,向人们展现了中国相关历史时期的茶文化现象以及历史的一个侧面。

翁隆盛茶号为旧时杭州最大的茶叶店,位于杭州清河坊,创设于清雍正七年(公元1729年),创办人翁耀庭,原籍海宁,店址初设杭州梅东高桥。太平天国之后,翁氏为发展业务,将店址迁至当时的商业闹区清河坊,后来又

《红楼梦》插图《贾宝玉品茶栊翠庵》

扩建五层洋房,门楣上装饰"狮球",注册商标,气派焕然一新,以百年老店、货真价实招徕顾客。翁隆盛茶号的名声之所以历久不衰,驰名中外,是因为其主要经营特色是:所制的龙井茶品质优良,自称采购认真,选而复选。专供"三前摘翠"的富春茶,精工焙制,色、香、味俱全,以此脍炙人口。龙井极品狮峰茶,曾获巴拿马博览会奖状。1937 年抗战军兴,杭州沦陷,各大茶号相继歇业,龙井茶产地人穷地瘦茶园荒。1953 年在接受社会主义改造后,清河坊的零售门市部撤销,而把湖滨同大元茶号改为翁隆盛茶号,后又易名狮峰茶叶店。该茶庄的茶叶,罐上有鲜明的狮球商标,图案生动,并有中英文对照的"翁隆盛茶号"字样。翁隆盛茶号在上海设有分号。

吴元大茶店坐落在浙江杭州望江门。1919 年由安徽歙县人方祖寿开办。首创茶叶邮包业务,首在辽宁打开销路,而后扩大到山东禹城等地,及至津浦、胶济、陇海等铁路沿线各城镇的一些茶店。大销路茶叶有中低档旗枪,还有玉兰、茉莉、桂花窨制的花茶以及白茶"寿眉"。该茶庄的茶叶罐绘有"多子商标",并分别绘有"母子图"或"五子图"等,画面生动形象。

上海程裕新茶号最初由安徽绩溪人著名学者胡适的祖父在清代道光十八年(公元 1838 年)创立,后由同乡程福全接手。1917 年,胡适从美国留学回到上海,曾应邀为"程裕新茶号"书写了店招(招牌)。该茶庄的茶叶罐上一面有"一帆风顺"的画面,另一面上方印有醒目的"狮峰龙井"的字样,因为这是该茶庄的主要茶品之一,下方是菱形"新"字商标,图案简洁明了。

方福泰茶店坐落于浙江杭州盐桥大街,开办于晚清时期,零售兼批发。该店在杭州出名缘于一起与官方的纠纷:当时清廷驻杭八旗大小官员,生活腐化,欺压百姓。方福泰茶店当时为招揽生意,作亏本买卖,小包装茶每包售铜钿三文,每人限购一包。而一旗人小吏欲强买一千包,因店方未允发生争吵,小吏动手打人,方福泰栈司以拳相报,小吏逃窜。此事引起邻近各商号公愤,盐桥一带举行罢市,轰动杭城。消息传到北京,清廷恐事态闹大,下令将小吏撤职,风波平息,方福泰茶店自此出名。该茶庄的茶叶罐以"平湖秋月"入画,"福"字商标十分醒目。

另外,北京、石家庄、哈尔滨、长春、太原、烟台、芜湖、安庆、龙口等地茶庄的茶叶罐也各有自己的特色,向人们传递了许多年前的茶文化信息。

近年来,茶叶罐的收藏更是如火如荼。在去年北京诚轩的秋季艺术品拍卖会上,一件清早期沈存周制锡诗文秦权式茶叶小罐,成交价达到了88000 元,而在 2001 年上海敬华的秋季拍卖会上,它的成交价只有 44000元。秦权式茶叶小罐,造型古朴可爱,把手可玩。全罐诗文高雅,雕刻文字如行云流水,灵动畅快,为沈存周所制锡茶具之佳作,极为少见。

与紫砂、锡制茶叶罐相比,瓷制茶叶罐能在拍卖市场上创出高价的比较少,主要是因为其中的珍品大多数都在博物馆,而在私人手中的很难出手。但随着茶叶罐拍卖市场的日趋火爆,我们也欣喜地看到一些珍品开始露面,像近日露面的清雍正·粉青釉盖罐,就为清代宫廷御用小茶叶罐,与故宫藏清雍正·冬青釉茶叶罐的造型、尺寸几乎完全一致,惟釉色略深于粉青。

好茶还需好罐装,如果金钱允许,不妨也为它们配上一只精品茶叶罐,其不仅可以好好保存茶叶,自身更可以保值增值。

紫砂壶具

宜兴紫砂工艺壶由来已久,明代著名画家徐渭在一首诗中有这样一句:"青笼旧封照谷雨,紫砂新罐买宜兴。"可见,紫砂茶叶罐自古以来就受到文人的欢迎。

紫砂壶式样繁多,可谓"方非一式,圆不一相"。按造型分类,有素色、筋瓢与浮雕三种。素色,光润浑朴,不加任何雕刻,造型素雅;筋瓢,壶面施以几何纹线,构成各种造型;浮雕,则装饰各种图案,或鱼虫花鸟变形。圆壶珠圆玉润,方壶工整简洁,浮雕捏塑的婀丽倩雅,仿古造化敦实周正,模拟自然形态逼真。如仿各种瓜果的南瓜壶、荸荠壶、莲蓬壶、松鼠葡萄壶等一个个妙趣横生,耐人寻味。紫砂小壶上有的雕有草、正、隶、篆、魏碑、汉瓦、钟鼎铭文、古金石索等各体书法,有的则刻有诗、画、印章,图文并茂,俨然一幅完美中国画。品茗之余,兼欣赏其艺术,给人知识的启迪和高度的艺术享受。

绿釉瓷茶叶罐　　不锈钢茶叶罐　　纸茶叶罐

陶茶叶罐　　紫砂茶叶罐　　青花瓷茶叶罐

全球名列第三的收藏家是台湾收藏家王度,回台湾定居后,他有了更充裕的时间从事文物收藏。他的爱好也更趋广泛,从刀剑、紫砂壶到古镜,再到鼻烟壶、如意、扳指、带钩、带扣、漆器、西藏文物、玉器、家具等等，多达三十多类。他自己也因"身经百战"成了眼光锐利的鉴赏家。

纵横文物收藏四十余年的王度，不知曾为收藏某件珍品而有过千辛万苦的执着，然而王度也有着通达和爱国、爱民族的收藏观。

他说："再珍稀的宝物也都是暂得于己而已，今天我手上的各种文物，千百年来不知经过了多少人的把玩，我只不过是其中的一个过客，我的收藏主要以中华文物为主，将来这些收藏不管如何处理，有一条一定得坚持的就是，属于中华民族的文物，就应留在中国。不能落到外国人手中。"

欣慰的是，目前除台湾外，香港和大陆都留存有他收藏的作品。就在北京大学庆祝建校一百零六周年之际，王度将他精选的三百余件收藏品，包括西藏文物、带钩、紫砂壶、暖炉等提供给了北大赛克勒考古与艺术博物馆作长久性展出。

陈鸣远，清初康熙、雍正年间著名紫砂艺人。当时很多文人雅士评价他的艺术造诣，认为"鸣远一技之能，世间特出"，并说"古来技巧能几人，陈生陈生今绝伦"。王度万万没想到，他偶然买的一把紫砂壶竟是明清三大紫砂名匠之一，"清初第一高手"陈鸣远的束紫三友壶。当时仅花了150美元，而其真正的价值，就是百倍于此价也毫不为过。要知道这种壶可是紫砂中的稀世珍品。相传人世间这种壶仅有两把，一把在香港，另一把就在王度手中。

这天赐的机遇，让王度一下子就迷上了紫砂陶壶。他一面四处寻找有关紫砂陶艺的书籍，苦心钻研陶瓷文化史，一面千方百计去收藏紫砂壶。只要知道哪里有明清紫砂茗壶拍卖，无论是香港还是英国，他都会飞去争购。在短短三年中，王度先生竟收藏了三百余款有艺术价值的古壶。他的这种集藏速度，十分令人吃惊。平均算来，三天就要买进一把紫砂壶，而且往往是掷千金万金求一壶而在所不惜，所以世人送他个"壶疯"的雅号。

台湾另一位紫砂壶收藏家，大名黄熙晃，他偶然为紫砂壶的魅力所吸引，前前后后搜求到"方非一式"的紫砂壶100多把，而且特发奇想，决心到陶都宜兴拜师学习陶艺。由于他的一而再、再而三，痴情不改，竟然感动了一位著名的陶艺家,被破格收为徒弟,于是,他为此荣获了"壶痴"的美称。

第十节　茶之旅游

中国茶文化旅游是指以悠久的茶文化为中心,进行了解、考察、观赏、体验的文化旅游活动,它是独具中国特色的文化旅游活动。中国茶文化旅游活动的项目,主要包括:茶文化访古旅游(如访问茶圣陆羽故里、历代名茶产地和遗迹、参观出土茶具和有关茶文化文物等)、考察茶文化风尚(如各地茶情茶俗)、观赏茶艺表演(如蒙顶山的"龙行十八式"掺茶表演)、参与各地茶道活动(如潮州工夫茶)、品尝各地茶点茶食、领略各地茶馆风情等活动。

生态游

长期以来,青藏高原和祖国内地之间就存在着一条汉藏交往的古老通道,它是目前世界上已知的地势最高、最险的文明文化传播的古道,是一条完全用人和马的脚力踩出的、用有血有肉的生命之躯铺就的古道。马帮们沿着这条坎坷崎岖的古老驿道,源源不断地为藏区驮去茶、盐、糖等生活必需品,从藏区换回马匹、牛羊和皮毛。专家们将这条汉藏古道称为"茶马古道"。它是一个民族文化的大观园、民族迁徙的大走廊,是中华民族大团结的历史见证。

茶马古道途经的横断山区、青藏高原,又是我国地理地貌最为复杂、生物多样性最为丰富的地区,有着极高的科学考察价值。

1.茶马古道遗址

据研究,茶马古道的路线大致有两条:一条由云南普洱茶的产地宁洱县出发,经大理、丽江、迪庆、德钦,到达昌都;另一条则由雅安出发,经泸定、康定、巴塘,到达昌都。两条古道在昌都会合后,再到达波密和拉萨,尔后辐射至藏南的泽当和后藏的江孜、亚东。

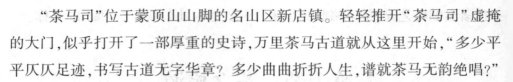

　　"茶马司"位于蒙顶山山脚的名山区新店镇。轻轻推开"茶马司"虚掩的大门，似乎打开了一部厚重的史诗，万里茶马古道就从这里开始，"多少平平仄仄足迹，书写古道无字华章？多少曲曲折折人生，谱就茶马无韵绝唱？"

　　"茶马司"为宋朝时期管理茶马交易的机构，大概就是茶马交易的"市管会"。据史料记载，宋朝曾在全国不少地方设立了"茶马司"，但至今仍留存于世的，全国独此一家。随着现代公路的开辟畅达，那条迤逦数千里、穿越整个横断山脉的茶马古道已沉寂了差不多半个世纪，但这条"世界上海拔最高的中国古文明传播的国际通道"，在很多人的心目中依然能与享有盛誉的"丝绸之路"相提并论。

　　近年有关专家学者提出"茶马古道"有7条路线，分别是：

　　——雪域古道。由云南南部的产茶地大理、丽江、迪庆经西藏，进入印度、尼泊尔等国家。这条主干线还有两条岔道，一条由云南的德宏、保山经怒江到西藏，与雪域古道会合；另一条由四川雅安、巴塘、理塘经西藏与雪域古道会合。

夏禹像

图出自明·天然撰《历代古人像赞》。

——买马古道。在古大理国时,开辟了由广西进入云南文山,经红河、昆明再到楚雄、大理的买马古道。

——贡茶古道。从云南南部经思茅、大理、丽江到四川西昌,进入成都,再到中原;其岔路一是从大理、楚雄到昆明、曲靖,从胜景关入贵州,经湖南进中原;二是从云南曲靖、昭通进入四川宜宾,经水路或旱路到内地。

——滇缅印古道。这是史书记载时间最早的一条古道,从四川西昌经云南丽江、大理到保山,由腾冲进入缅甸,再进入印度等国家。这条主干线的岔道由兰坪、澜沧江,翻碧罗雪山,跨怒江,再翻高黎贡山进缅甸、到印度。马铃薯、玉米很可能就是由这条古道最早进入中国的。

——滇老东南亚古道。从云南出境后,从老挝再到东南亚。

——滇越古道。从云南昆明,经红河,由河口进入越南。

——采茶古道。这是各地客商来云南茶区收购茶叶的古道,它连接了包括西双版纳、思茅、临昌、德宏等主要产茶区。

后来,又有学者研究发现,唐朝时期,"普洱茶"开始作为商品行销西藏。李石《续博物志》记载:"西番(即西藏)之用普茶,已自唐时"。宋朝时期,大理政权为战争需要,在普洱设"茶马市",以普洱茶换取西藏马匹,并因"以茶易西番之马"而形成了历史上第一条普洱至西藏的"茶马古道"。

在今宁洱县境内,仍保留有三处较完整的茶马大道遗址:一是位于宁洱镇民主村茶庵矿的"茶马古道遗址",长约2公里的山石古道,在一片半原始森林中徒仄而上;二是位于磨黑镇孔雀坪的"官马大道遗址";三是位于同心乡的"旱季茶马大道遗址",那山石古道上清晰可见的马蹄印,记述了昔日"茶马古道"的繁荣和沧桑。

2.植物王国古茶树

西双版纳境内,山峦绵延起伏,江水逶迤横亘在群山之间。西双版纳是傣语记音,"西双"是"十二"的意思,"版纳"是指"一千块田",直译为"十二千块田"。西双版纳为傣族集中聚居地,此外还有拉祜、哈尼、基诺、布朗、瑶、回、汉等族。西双版纳已查明的高等植物有7000多种,被称为"植物王国"。在山岭河谷、原始森林中,还繁殖着野象、虎、豹、犀牛、金丝猴、孔雀、

犀鸟等珍禽异兽,水边林畔,常有孔雀起舞,被誉为"孔雀之乡""动物王国"。溪流环绕的傣家村寨、竹楼、竹桥、角亭、白塔,造型各异的佛塔、佛寺等,都显示出傣族风情和丰富多彩的文化,令人流连忘返。

据专家们考证,西双版纳是世界茶叶的原产地之一,是人类种植茶叶最早的地方,从古至今,西双版纳一直都是"普洱茶"的主要产地。1951年,在勐海县南糯山发现3棵大茶树,高约3米多。1958年,又在该地深山野林里发现一棵两人合抱的大茶树,高约5.5米,株幅10米,生长在1100米的山坡上,树龄有800年以上,当地群众称之为"茶树王",并建立了纪念亭,供人观光考察。

1956年,在西双版纳地区海拔1900米的孔明山,发现大茶树,最高达19米。另外,还分别发现了高达13米的大茶树。

西双版纳曾是"茶马古道"上重要的驿站,历史上"茶马古道"的中心集镇易武就在西双版纳州的勐腊县,游览这条线路可观赏奇丽的热带、亚热带原始森林景观,考察丰富的动植物资源,体验以傣、基诺、拉祜、佤族等多种浓郁的民族风情,饱览中老、中缅边境的风光,探寻流经中南半岛六国的澜沧江——湄公河原始的水上之旅。

"热带植物园",也就是云南热带植物研究所,在云南勐腊县西北96公里小勐仑罗梭江的葫芦岛上。1958年由著名植物学家蔡希陶教授主持创建。占地130多公顷,引种我国以及亚、非、拉地区的珍贵植物1000余种,其中有萝英木、龙血树、金鸡纳、美登木等珍贵树种;有轻木、柚木、铁力木等稀有林木;有油棕、油瓜、油橄榄等油料作物;有香蕉、菠萝、芒果等热带或亚热带水果,还有酸味水果嚼后反觉甜的"神秘果"。绿环翠盖,品种繁多,百花争艳,瓜果飘香,既是植物培育和科学研究基地,也是游览胜地。

3.香格里拉

50多年前,几位英国探险家的飞机迫降在一个名叫香格里拉的世外桃源。英国纪实小说《失去的地平线》和同名好莱坞巨片轰动了整个西方。后来,经多方考证,书中描绘的地理特征、风土人情与云南中甸地区极为符合。香格里拉就在云南迪庆藏族自治州。英国BBC广播公司、华盛顿邮报等20多个媒体郑重宣布:本世纪最后的世外桃源——香格里拉,在中国云南省的中甸迪庆藏族自治州被发现。

芳草如茵的纳帕海草甸、兀然耸立的太子雪山、蔚蓝柔美的碧塔海、险峻幽深的虎跳峡谷,10多个少数民族和多种宗教信仰在此世代并存,和睦融洽,一派祥和出世的景象。在这里可以尽情地享受生命与自然的完美融合。香格里拉在迪庆藏语中的含义为"心中的日月",这不仅仅是指美丽无比的自然风光和与世无争的田园生活,而是人与自然统一的至高境界,成为一种生命的符号。

目前,迪庆这一茶马古道上的重要通道已渐渐成为人们关注的热点。迪庆位于滇、川、藏的结合部,澜沧江、金沙江、怒江三江并流的国家级风景名胜区核心区,是一块神奇美丽的净土。这里有融雪山峡谷、江河湖泊、原始森林、高山草甸、民族风情、宗教为一体的香格里拉旅游资源。境内有气势磅礴、雄伟壮观的雪山冰和沿雪山而下的低纬度、低海拔的现代冰川;有以纳西东巴文化的发祥地——仙人遗田白水台为代表、融自然景观与人文景观为一体的旅游奇观;以虎跳峡为代表的大江峡谷;以碧塔海为代表的湖泊草甸;以滇金丝猴和黑颈鹤为代表的60多种珍稀动物及4400多种高等植物;以藏传佛教为代表的民族文化等。这些得天独厚的自然景观和人文景观构成了人与自然和谐共生、多民族、多宗教和睦相处的和平、宁静的香格里拉。

"虎跳峡"位于丽江纳西族自治县,金沙江流经石鼓之后,切开哈巴雪山和玉龙雪山,形成大峡谷,江流最窄处仅约30余米,传说有巨虎一跃而过,因而得名。全长15公里,自谷底到江岸山顶,高差达3000多米,是世界上最深的峡谷之一。虎跳峡,一向以"险"闻名天下,首先是山险,其次是水险。每年都吸引到此寻幽探险的大批游客。

"白水台"在香格里拉县三坝白地峡谷西端的雪山脚下。台面上,雪姿百态,有的像奇花异卉,有的像大小梯田,有的像鳞甲,有的如银珠。台左侧,有20多米高的"飞瀑";底下,有300多平方米左右的月牙形泉台,泉中有一天然塑像,当地人称为"神女"。白水台的台顶,为周长大概500米左右

1107

中华茶道

的平地,中央是由 10 多个泉池串联而成的"天池"。泉源头是一小潭,泉中夹杂着无数细小的白沙。从源头北行不远,苍岩上镌有摩崖诗。

品茗游

1.龙井问茶

龙井坐落在杭州西湖边的凤凰岭上,是一处著名的旅游胜地。周围山石峥嵘、古木参天、藤萝遍布、风景宜人,龙井本名龙泓、又名龙湫,由于井水清冽、甘美,大旱不涸,人们以为此井与海相通,其中有龙,所以称为"龙井"。

龙井是西湖著名的五泉(虎跑泉、玉泉、吴山泉、郭婆井)之一。相传晋代道士葛洪在西湖北山葛岭炼丹时,不辞路遥,专到这里取井水用以炼丹,所以此井名声日增。

龙井还以名茶蜚声中外。远从明代起,这里所产的茶叶就很负盛名。田艺衡在《煮茶小品》中介绍:"今武林诸泉,唯龙泓入品,而茶亦惟龙泓山为最。"龙井茶叶之优异,是因为这一带土质疏松,透水透气性好,加上气候温和,雨量充沛,非常有利于茶树的生长。

龙井在五代后汉乾祐二年(公元 949 年)始建寺,初名报国看经院,北宋熙宁年间改名为圣寿院。北宋后,寺院多有变革。明正统三年(公元 1438 年),寺址也从离井里余的落晖迁移到井畔。现在原寺宇已改建为茶室。

自一道窄小的门进去,迎面便是一堵龙墙,粉墙黑瓦,塑上个龙头,以瓦作鳞,让人一看便知此墙的寓意。龙墙后有许多假山叠石,著名的龙井泉便深藏在此假山中间。

龙井处于石灰岩断层破裂带上,这里地下水比较丰富,虽然不深,即使遇到大旱,井水也从不枯竭。龙井泉水通过石罅外溢后,沿山势往下流淌,不几步便见一石,名"听涛石"。

万籁俱寂时在此听涌泉,有如涛声阵阵。"听涛石"上面还有一块很有来历的五六丈高的石头,名"神运石"。由"神运石"沿丛林中曲折山道而上,可登山顶"湖山第一佳"处,眺望外江内湖。由神运石往下,即为"江湖一勺亭"。泉水通过亭旁的玉泓池,而后跌宕下泻,流入凤凰岭下的山涧之中。

龙井茶室名为"秀萃堂"。有楹联一对:"泉从石出情宜洌,茶自峰生味更圆"。它周围古树丛蔚,这里有银杏、桂树、泡桐等,有的树龄达三百年以上。春天山坡上杜鹃花如火如荼,秋天野菊花星星点点,更添佳趣。

在龙井饮茶是一种美好的享受。尤其是雨天,进四面厅,品茗闲坐,听雨声淅沥,赏茶香阵阵,别有一番情趣。喝过几杯龙井茶,无限舒坦之意洋溢于身,正如苏轼的饮茶诗中所写的:"示病维摩元无病,在家灵运已忘家。何须魏帝一丸药,且尽卢仝七碗茶"。上好的龙井茶不经杀青,含有丰富的叶绿素、氨基酸、茶多酚和维生素 C,加之嫩采和精工细做,色香味俱全,喝一杯确让人心旷神怡,精神爽朗。

从茶室正门缓步下山,满眼是茂林修竹,风韵萧爽,这大概是"凤凰岭"得名的由来吧。

龙井茶已有超过 1200 年历史。唐代陆羽在《茶经》中提道:"杭州钱塘天竺、灵隐二寺产茶。"元代诗人虞集在游龙井时也曾写下:"烹煎黄金芽,不取谷雨后,同来二三子,三咽不忍漱"的诗句,盛赞龙井名茶。

龙井茶的产地分布在西湖西南的狮峰、龙井、五云山、虎跑山和梅家坞一带,所以"狮、龙、云、虎"等品种之别,其中又以狮峰、龙井为最佳,500 克成茶可多达 4 万～5 万个芽片,真不愧为茶叶中的精品。成茶形似雀舌,扁平挺秀,光滑匀齐,翠绿略黄,香馥若兰,清香持久,泡在杯中嫩芽成朵,一旗一枪,交错相映,芽芽挺立,栩栩如生。汤绿明亮,滋味甘鲜,品尝以后,精神顿爽。在清朝时曾被指定为每年进贡的"御茶"。龙井茶具有色翠、香郁、味醇、形美四大特色,因为它的产地具有得天独厚的自然条件。龙井的茶地,四面是丘陵坡地,晴日能受到阳光照射,雨天又容易排水。西北有较高的白云山和天竺山,挡住寒冷的西北风,东南是河谷深广的九溪十八涧,使湿润的东南风吹入山谷,滋润茶树。西湖山区是微酸性沙质土,含有丰富的铁质和磷酸盐类,再加上千百年来茶农积累的丰富栽培经验,所以产龙井名

2.丹青画出是君山

君山,又称洞庭山。在湖南岳阳市西南洞庭湖中。一说舜帝二妃娥皇

宋代茶具:耀州窑印花碗

和女英居此,一说秦始皇南巡泊此。二妃叫君妃,又叫湘妃,故名君山,又名湘山。这里四面环水,风景秀丽,唐刘禹锡用"遥望洞庭山水色,白银盘里一青螺"的诗句来描述它的景色和秀姿。君山由七十二个大小山峰所组成,山上古迹甚多。现存二妃墓,柳毅井、龙涎井、飞来钟及秦始皇封山印等。山中异竹丛生,有斑竹、实竹、方竹、紫竹、毛竹、罗汉竹等,各具特色。

"淡扫明湖开玉镜,丹青画出是君山。"李白如此赞美它。君山上有很多神话传说,包括湘妃竹和柳毅传书的故事。

"二妃墓"又名湘妃墓。湘妃乃尧帝二女,舜妻,舜也称湘君,所以二妃亦称湘妃。相传4000多年前的尧舜时代,尧见舜德才兼备,便把帝位让与舜,其女娥皇、女英与他为妻。婚后,夫妻恩爱。舜常外出巡视江河,治理山

川,开拓疆土。一次南巡到洞庭湖君山,娥皇、女英见夫久出未返,四处寻找,登上君山,忽闻虞帝死在苍梧(九嶷山)之野,悲痛万分,遂攀竹痛哭,泪血滴在竹上,竟成斑竹。二妃因悲恸而死于君山并葬于此。墓为石砌,前立石柱,上雕麒麟、狮、象,中竖墓碑镌"虞帝二妃之墓",清光绪七年(公元1881年)两江总督兼兵部右侍郎彭玉麟立。墓前20米处立有一对引柱,高2.8米,上刻对联云:"君妃二魄芳千古,山竹诸斑泪一人"。此为1979年重建。

"柳毅井"在君山龙口、龙舌山尾部。原井边有一大橘树,所以又被称为橘井。据《巴陵县志》载,橘井即柳毅传书时入洞庭龙宫下水的地方,其故事源于唐代李朝威所写的《柳毅传》。1979年柳毅井经修整,供人参观。

白银盘裹的"君山银针",就产于君山上。由未展开的肥嫩芽头制成,芽头肥壮挺直、匀齐,满披茸毛,色泽金黄光亮,香气清鲜。君山茶叶誉满中外,1956年莱比锡世界博览会上,"君山银针"获金质奖章,誉名为"金镶玉"。君山海拔90米,四周白浪滔天,雾气腾腾,烟波飘渺,山上土层深厚、肥沃,是适宜茶树生长发育的好地方。据考证,南北朝梁武帝时君山茶叶就被纳为贡品。

"君山银针"属于轻发酵茶,黄茶类,做工精细讲究。采摘时雨天不宜、露水芽不采、紫色芽不采、空心芽不采、开口芽不采、过长过短芽不采、冻伤芽不采、虫伤芽不采、瘦弱芽不采,一共有"九不采"。其汤色红润有香味,饮后只觉淡淡幽香。"君山银针"风格独特,产量稀少,是我国十大名茶之一。

3.西双版纳览胜

西双版纳坐落于云南省东南端,通常指以景洪为中心的西双版纳傣族自治州景洪、勐海、勐腊三县地域,这里是傣、汉、哈尼等多民族聚居地区,古代傣语为"勐巴拉那西",意思是"理想而神奇的乐土",这里以神奇的热带雨林自然景观和少数民族风情而闻名,是一个充满诗情画意的地方。大自然赋予了西双版纳丰富的物产和资源,在热带雨林中有大象、犀牛、孔雀、长

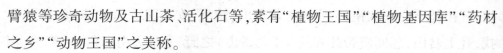

臂猿等珍奇动物及古山茶、活化石等,素有"植物王国""植物基因库""药材之乡""动物王国"之美称。

西双版纳旅游,以首府景洪市为中心。北线有动植物王国——野象谷,可领略热带、亚热带原始森林风光;东线有橄榄坝热带田园风光、民族民居和热带植物园;西线有景真八角亭(国家级文物保护)、别具一格的民族风味——烧烤和边陲小镇打洛、异国风情缅甸小勐拉;南线有曼飞龙白塔(国家级文物保护)、240 边境贸易区;市区有民族风情园、热带花卉园、民俗村等。

"普洱茶"产自云南西双版纳和思茅等地。普洱,是云南省南部的一个县名,原不产茶,但它是滇南的重要贸易集镇和茶叶市场。澜沧江沿岸各县,包括古代普洱府所辖的西双版纳所产茶叶,自古以来都集中于宁洱县加工,运销出口,故以普洱茶为名。

"普洱茶"是采用绿茶或黑茶经蒸压而成的各种云南紧压茶的总称,包括"沱茶""饼茶""方茶""紧茶"等。

普洱茶属后发酵茶。用云南大叶种茶树鲜叶制成的晒青毛茶通过发酵而成。云南大叶种茶树生长于云贵高原上云雾缭绕、土壤丰沃、气候温和湿润的天然环境中,得受风露清虚、深厚原始的自然之气。所以云南大叶种茶树鲜叶内含成分丰富,用其制成的晒青毛茶性味苦涩浓烈。通过发酵,其浓烈性味得以收敛,滋味转为醇厚甘滑。普洱茶品性温和,既不似绿茶清寒,又不似红茶浓烈,独具陈香、醇厚、味甘滑的风韵。普洱茶有耐储藏,愈陈愈香的特点。普洱茶加工制成后,须存放三年五载乃堪品味。逾年随时间推移和缓发酵,达一定年份则内香潜发,活力释放,味醇韵正,胜绝他芳。

访古游

1.天门寻访文学泉

文学泉俗称三眼井,位于湖北天门市北门外、西塔寺内。天门市,在唐时称复州竟陵县，是唐代茶圣陆羽的故乡。陆羽本为"弃婴"，为竟陵龙盖寺智积禅师所收养。

陆羽的身世坎坷凄凉，极富传奇色彩。据《上饶县志》《天门县志》以及陆羽《自传》记载，陆羽大约出生于唐玄宗时的开元二十一年（公元733年），不足一岁时被弃于竟陵的一座小石桥下。当时竟陵龙盖寺主持智积禅师路过小桥时，听到群雁哀鸣声和婴儿的啼哭声，禅师寻声下桥去看，发现一个婴儿冻得瑟瑟发抖，不停地哭，一群大雁唯恐婴儿受冻，都张开翅膀为婴儿遮挡寒风，于是禅师抱回婴儿到寺中抚养。后人把这座小石桥称为"古雁桥"。

史载，陆羽在游历江南，调查研究茶事前，一直在此用三眼井水，为智积禅师烧水煮茗，深得赞许。智积圆寂后入塔，龙盖寺也就改名为西塔寺。陆羽长大后，曾被授予"太子文学"之职。人们为纪念陆羽"品泉问茶"的功绩，于是将三眼泉命名为文学泉，又名陆子（陆羽）井。

据历史记载，文学泉为晋代高僧支遁（即支道林，世称支公，公元314～366年）开凿。五代后梁裴迪（公元907～933年）作《西塔寺陆羽茶泉》诗曰："竟陵西塔寺，踪迹尚空虚。不独支公住，曾经陆羽居。草堂荒产蛤，茶井冷生鱼。一汲清冷水，高风味有余。"在陆羽离开西塔寺一百多年后，诗人来到陆羽故居西塔寺，找到陆羽当年汲水煮茗的三眼井，见到的却是一片荒凉。结尾时，作者感慨万千，茶泉虽然已经"清冷"，但陆羽"高风"依然存在。后西塔寺塌毁，陆子井湮没。直到明嘉靖十七年（公元1540年），"金宪柯公令人持锥匝地，博求无踪"，于是在西塔寺旧址建陆子茶亭，以寓怀古之意。

据清代康熙《景（竟）陵县志》载："嘉靖己未（公元1559年），知县丘宜阅视城址，召民填筑，掘得井于城西北隅二十余步官地内，口径七尺，深近百尺，中有断碑废柱，字刻支公，万真陆井也，岂清冷之迹，出处显晦，固迹有数存耶。"后陆子井再度湮没，直到清代乾隆三十三年（公元1768年），因久旱无雨，人们在荷花塘挖池找水时，才找到一块断碑，上刻"文学"两字，并终得泉水，清甘而冽。后经考证，才知道是文学泉所在，遂建亭立碑，使胜迹复

生。后亭被毁，新中国成立后重修。如今的文学泉口径近一米，上覆有八方形巨石，并凿有三孔，呈"品"字状。井后为碑亭，为木结构建筑的六角尖顶重檐。亭内立有石碑，正面题"文学泉"三字，背面题"品茶真迹"四字，字体苍劲古朴。亭后有小庙，庙内壁嵌片石，线刻陆羽小像，陆端坐品茶，颇有风采。像旁镌有许多名人诗词，井亭周围环以藕塘，波光潋滟，荷花飘香；塘外岸柳摇曳，村舍掩映，别有一具情趣秀丽风光。

"一生为墨客，几世作茶仙"。陆羽的《茶经》世代相传，并被译成多种文字，流传全球。陆羽对中国乃至世界茶业做出了不朽贡献，人们永远怀念他。

天门文学泉，及附近的古雁桥、陆公祠等，现今已成为历代茶人寻源究根的游览胜地。

2.金沙紫笋顾渚山

唐代诗人刘禹锡在《洛中送韩七中丞之吴兴》诗中吟道："溪中士女出笆篱，溪上鸳鸯避画旗。何处人间似仙境，春山携伎采茶时。"诗人写的是浙江长兴顾渚山春天采制贡茶时，太子带着歌伎上山助兴，载歌载舞，茶山犹如人间仙境。春天的茶山的确非常美：一片片茶园碧绿如染，一座座茶山连接云天，青翠欲滴的茶丛，漫山遍野的映山红，还有那山溪、小道、鸟语、花香、茶歌，穿着漂亮、玲珑活泼的采茶姑娘，穿梭出没于茶丛间，犹如仙女在万绿丛中翩翩起舞。此时的茶山，称之为人间仙境，并非夸张。

顾渚山位于长兴县西北 45 公里处的太湖西岸。春秋时时吴王夫差之弟登山东顾其渚（太湖）而得名。顾渚紫笋茶因其色紫、叶芽似笋状而得名，冲泡后，汤色清朗，幽香如兰，味鲜爽而甘醇。相传陆羽曾到此品评当地所产之紫笋茶为天下第二名茶。自此紫笋茶即被列为皇家贡品，并专设贡院督办贡茶。山中有一处明月峡，绝壁峭立，瀑布喷珠，人迹罕至，所产茶叶尤为上品。陆羽曾一度在此置办茶园，研究名茶。

山上还有一"金沙泉"，水质非常好，用以烹茗，清香无比。在历史上即有"顾渚茶，金沙水"之说。此水曾与紫笋茶一起入贡朝廷，"大唐贡水"之

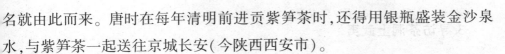

名就由此而来。唐时在每年清明前进贡紫笋茶时,还得用银瓶盛装金沙泉水,与紫笋茶一起送往京城长安(今陕西西安市)。

金沙泉位于浙江长兴县顾渚山东麓,其地三面环山,使泉水与外界地表水源隔绝。而金沙泉眼又正好处在花岗岩地层内,地表又为砾石冲积而成,加之,地面植被繁茂,竹林遍布,这种良好的自然环境和水文地质条件,为金沙泉优质矿泉的形成,创造了得天独厚的条件。

长兴贡茶院位于顾渚山南麓的虎头岩(今称乌头山)后,是中国茶叶发展史上,制作最早的贡茶——唐代顾渚紫笋茶的作坊,叫作"顾渚贡焙"。它始建于唐大历五年(公元770年),最初仅贡500串;唐建中二年(公元781年)进3600串;至唐会昌年间(公元841~846年),增至18400斤。由"刺史主之,观察使总之"。时为监察御史的杜牧,在他的《题茶山》中,说到奉诏来顾渚山监制贡茶,"修贡亦仙才",认为这是一件美差。接着谈到在茶山,河里船多、岸上旗多、山上人多,"舞袖岚侵涧,歌声谷答回","树荫香作帐,花径落成堆",一派茶山的热闹景象和优美的自然风光。而经过茶人们的辛勤劳动,紫笋贡茶制好了,于是修具奏章,快马加鞭,直送京城长安,也许能得到皇上的赏赐。唐代曾任吴兴(今浙江湖州)刺史的张文规在《湖州贡焙新茶》诗中还写道:"凤辇寻春半醉归,仙娥进水御帘开。牡丹花笑金钿动,传奏湖川紫笋来。"一旦贡茶紫笋送到长安(今西安),宫女们立即向正在寻春半醉而归的皇帝禀报。据宋嘉泰《吴兴志》载:"《统记》云,长兴有贡茶院,在虎头岩后……自大历五年(公元770年)至贞元十六年(公元800年)于此造茶,急程递进,取清明到京。至贞元十七年(公元801年),刺史李词以院宇隘陋,造寺一所,移武康吉祥额置焉。以东廊三十间为贡茶院,两行置茶碓,又焙百余所,工匠千余人,引顾渚泉亘其间。"贡茶虽然带来的是皇家的享受,但却是百姓的灾难。

如今,顾渚贡焙虽然已成废墟,但残迹尚在,并立碑为念,以供后人评说贡茶的功过。

中華茶道

3.寻访茶洞上武夷

武夷山由三十六峰九十九岩和九曲溪所组成,澄碧清澈的九曲溪,萦绕在奇峰秀崖之间,折为九曲十八弯,真是个"曲曲山回转,峰峰水抱流"的人间仙境。独具"花香岩骨"的武夷岩茶就出自这片胜地。

武夷山第一棵岩茶就出于茶洞。武夷先人自古就把茶洞视为岩茶发源地,并当做圣地朝拜,足见茶洞在茶史上的显赫地位。为此,武夷山的"茶洞"也成了游人必游之地。

位于五曲溪北、天游峰脚下的茶洞,并非真正的山洞。不少游客游玩此地,大都为没能找到所谓的洞口而留下遗憾和困惑。其实,只要静下心来认真察看周围的环境,便不难发现茶洞的独特之处,它处于"峥嵘深锁"的峡谷之中,面积约 2600 平方米,东、南、北三面为仙游岩、玉华峰等岩峰所包围,惟西面一条岩谷通道形似洞口,通道内有仙浴潭、留云书屋诸胜。"茶洞"两字遒劲有力,韵味深长,就镌刻在仙浴潭附近的清隐岩壁上。

在茶洞里,看到数亩茶园里的老茶叶色葱绿、细嫩光亮,才真正理解这里是"臻山川精英秀气所钟,品具岩骨花香之胜"的武夷岩茶的洞天仙府。民间流传着一个故事:有一年,武夷山特别炎热,中暑拉痢的人非常多,许多药方都无法控制这一疾病。有位民间郎中深知"吊兰"可以医治这种病。于是,他到天游峰采摘,当攀上既光又滑的岩壁采到这株"吊兰"时,脚下一滑,便坠入谷中的仙浴潭,差点送了性命,是山中一位仙人救了他,并告诉他这"吊兰"的具体用法。后来,众人的疾病终于得到根治。这"吊兰",就是最早的武夷岩茶树。

"武夷岩茶"属半发酵茶,制作方法介于绿茶与红茶之间。"武夷岩茶"品质独特,它未经窨花,茶汤却有浓郁的鲜花香,饮时甘馨可口,回味无穷。

"武夷岩茶"的条形壮结、匀整,色泽绿褐鲜润,冲泡后茶汤呈深橙黄色,清澈艳丽;叶底软亮,叶缘朱红,叶心淡绿带黄;兼有红茶的甘醇、绿茶的清香;茶性和而不寒,久藏不坏,香久益清,味久益醇。泡饮时常用小壶、小杯,因其香味浓郁,冲泡五六次后余韵犹存。

如果到了武夷山,应该再去探访一下九龙窠的"大红袍"。

"大红袍"是"武夷岩茶"中品质最优异者。"大红袍"茶树生长在武夷山九龙窠高岩峭壁上,岩壁上至今仍保留着 1927 年天心寺和尚所做的"大红袍"石刻。这里日照短,多反射光,昼夜温差大,岩顶终年有细泉浸润流滴。这种特殊的自然环境,造就了"大红袍"的特异品质。

"大红袍"茶树现有 6 株,都是灌木茶丛,叶质较厚,芽头微微泛红,阳光照射茶树和岩石时,岩光反射,红灿灿的十分显目。

相传天心寺和尚用九龙窠岩壁上的茶树芽叶制成的茶叶治好了一位赴京赶考秀才的疾病,这位秀才后来中了状元,就将身上穿的红袍盖在茶树上以表谢恩之情,"大红袍"茶名由此而来。

八俊巡游图

出自明·张居正《帝鉴图说》。

四曲溪南有一片依山傍水的平地,这是元代皇家御茶园的遗址。御茶园初创时,曾经盛极一时。园内建筑的大致布局是前有仁风门,中有拜发殿、清神堂;四周有思敬亭、焙芳亭、宜寂亭和浮光亭;此外,还有碧云桥、通仙井、喊山台和喊泉亭。故址前那郁郁葱葱的林木中,有两棵高大的枫树,名叫"照天烛"。现在御茶园故址,已重建楼宇,设置茶叶科研机构,新辟单丛、提丛、名丛几大块梯形茶园。游人可到此观赏茶园、品饮岩茶、欣赏茶艺和茶歌舞,感受岩茶的悠悠古韵。

武夷山人不仅擅长于种茶、制茶,而且精于品茶。在挖掘继承古人煮茶、斗茶、鉴茶的基础上,把品茗和欣赏自然景观、文化艺术融为一体,形成了一套颇富雅兴的"武夷茶艺",大大地丰富了茶文化的内涵。武夷茶艺十八道程序:焚香静气——叶嘉酬宾——活煮山泉——孟臣沐霖——乌龙入宫——悬壶高冲——春风拂面——重洗仙颜——若琛出浴——玉液回壶——关公巡城——韩信点兵——三龙护鼎——鉴赏三色——喜闻幽香——初品奇茗——游龙戏水——尽杯谢茶。

游览武夷山,不要错过"武夷茶艺"的表演。此外,水帘洞古代制茶作坊、宋兵部尚书庞垍吃茶处、苏东坡赞颂武夷山茶的诗句石刻等也值得一游。

习俗游

1.天池哈族奶茶香

天池位于乌鲁木齐市东北 90 公里的阜康市境内,天山博格达峰的半山腰,为冰川堰塞湖,沿谷地呈长条形延伸。湖面海拔 1980 米,水面面积 49 平方公里,《穆天子传》中称"西王母瑶池"即指这里,传为西王母休憩之地。另载有周穆王乘八骏宝车来与西王母相会的神话。唐李商隐诗中所说"八骏日行三万里,穆王何事不重来"指的就是这件轶事。"天池"之名来自清乾隆四十八年，新疆都统明亮所题碑文。天池平均水深 40 米，最深处超过 100 米。湖水由高山冰雪融成，绿如碧玉。四周雪峰环抱，云杉参天，景色十分秀丽。现有盘山公路，可以从乌鲁木齐市乘车直达风景区。游客可乘游艇，在"天池"中环湖观景。

在"天池"游览景区，散落着不少哈萨克族的民居建筑，或毡房或帐篷。游客们只要去光顾，主人就会热情招待。

哈萨克族主要集中在新疆伊犁哈萨克自治州、木垒哈萨克自治县等地。以游牧为主的哈萨克族，饮食中以肉、奶为主，很少吃蔬菜，因而在长期的劳动、生活实践中认识并学会了饮奶茶，以消化高脂肪、高蛋白食品并补充维生素。哈族对茶的消耗是很大的，一个五口之家，一块砖茶（重 2 千克）仅能维持两个星期。粗略算来，每人每年需要消费 10 千克茶。他们煮奶茶用的茶叶都是茯茶，以湖南生产的最受欢迎。相反，各种精致的绿茶、花茶因煮不出传统的奶茶味道，而不予问津。

奶茶是在煮好的茶汁中兑上牛奶而成的。煮奶茶用两个水壶。大壶是用来煮水的，通常用铝壶，讲究的用"萨马瓦"，这是一种与火锅相似的铜制品，可盛 8~10 千克水。水煮开后，由位于下方的水嘴放出。小壶一般用小搪瓷壶或陶瓷壶，它是用来煮茶的。当小壶内的水快要煮沸时，放进一把茶叶，水开后还要熬一段时间。主妇在一个茶碗里放上适量的盐，将茶水冲到茶碗里，再将碗里的茶汁倒回壶里，如此反复数次。这样，茶就有了咸味。

之后，主妇用小勺舀上一二勺放在微火上温着的稠厚的牛奶，兑上一些颜色紫红的浓茶，再兑入白开水，最多半碗，喷香的奶茶就做成了。这时，主妇就把第一碗奶茶交给身旁的男主人，由男主人把第一碗奶茶用双手递给坐在席位正中的长者或客人。其后，向两旁依次递过。等所有的客人都有了奶茶，主人将摆放着的方糖给每人碗中放上两块，便招呼大家喝茶。餐巾上放有酥油、蜂蜜，还有切成小块的馕。客人们可以一面喝茶，一面用馕蘸酥油或蜂蜜吃。据介绍，哈萨克族如果遇上红白喜事，主人还要摆上炸成菱形或方形的油饼,哈语称"托哈希"。茶喝完了,如果还要,只要把碗放到餐巾中部,男主人会立即把碗拿过去,交给女主人斟上。不想喝了,只需将手平伸,在空碗上盖一下,主人就知道了,不再斟了。假如是远道来客,主人还会盛情相劝,希望客人多喝几碗。

当游客们在天池风景区光顾哈萨克族毡房或帐篷、品尝哈萨克族奶茶时,主人会用乐器演奏哈族那富有民族特色的乐曲,或演唱风情浓郁的哈族民歌。这些节目增添了人们品尝奶茶的兴味。

2.布朗村寨觅茶趣

布朗族,主要集中分布在云南省西双版纳勐海县的布朗山、巴达、西定等地,有近8.2万人,信仰小乘佛教,属南亚语系孟高棉语族布朗语支,没有本民族文字。布朗族崇拜小动物,如蛤蟆、竹鼠等,认为小是美的。民间流传蛤蟆舞,蛤蟆还被铸造在象征财富与权力的重器铜鼓上。布朗族以黑为美,男女服饰都以黑色为基本色调。

在青年男女开始谈恋爱之前,要举行一种叫作"节"的成年礼,主要内容是把牙齿染黑,一般二三年举行一次。布朗族实行严格的家族外婚制和一夫一妻制。

过去,布朗族男女青年恋爱成熟时,男方父母即请一位媒人,携带猪肉、茶叶、草烟等礼品去女家求亲。姑娘的父母先故意推诿一番,不收礼物,待媒人再次送上礼品时,女方父母才收下。他们及时把肉分成小块,用芭蕉叶包好,由姑娘分送给亲戚们。

婚期届临,如果是男到女家从妻居,男方就要准备好米、肉、茶叶、草烟等东西,并摆在饭桌上,由媒人送到女家。女方父母同媒人协商以后,双方氏族长、头人齐集于姑娘的亲戚家,对新郎新娘进行一番教育、嘱咐。

婚期次日,在新娘的亲戚家办酒席,宴请众亲邻,至深夜方散席。鸡叫以后,新娘和她的同伴们要悄悄地把新郎接到女家,叫作"偷女婿",接着举行拴线仪式。

如果是女子到男家从夫居住，那么就在男方办酒席，并于结婚当晚鸡叫以后，由新郎和他的同伴们悄悄把新娘接到男家，叫作"偷新娘"。

布朗族的一些村寨还保留古老的父系家族组织，称为"嘎滚"。布朗族的房屋建筑常为竹木结构，屋顶覆盖草排。

布朗族的一个传统仪式是迎接太阳。每年阳历 4 月 14 日、15 日或 16 日，布朗人成群结队地去迎请太阳。迎日的地点在村寨东边地头。人们在这里搭设彩棚，举着五颜六色的旗幡，端着用竹篾编成的器皿，装有糯米饭、紫米粑粑、鱼、肉、鸡、瓜果、米花等，奏铓锣，载歌载舞。

布朗族人非常好客，在村寨之间搭设沙拉房凉亭式建筑，供路人休息或过夜；对于进村寨的客人，则献上一杯自己精工酿造的"翡翠酒"。布朗族男子都会编制各种竹器，如背箩、背箱、挑箩、饭盒、筛子、簸箕、篾席、针线盒等，布朗族妇女擅纺织，还会制茶，能制出散茶、竹筒茶、酸茶，尤其是酸茶，布朗族人常将其放在口内细嚼后咽下，以帮助消化和解渴。酸茶也是布朗族人食用、待客和赠友的佳品。

3. 兰州登山"刮碗子"

兰州把喝茶叫"刮碗子"。有句十分流行的话说到："宁丢千军万马，碗子不能不刮。""碗子"也叫"三炮台"或"八宝盖碗子"。据说它早先是皇宫里的喝法，是在宫里做官的河州人（临夏人）带回来又加以发展的。兰州有很多的回族居民是从临夏来的，这种"三炮台"碗子便衍传到了兰州，一代一代传下来，成了兰州的一种饮茶习俗。

"三炮台"（也称"三泡台"），又称"盖碗茶"，茶具由茶碗、茶盖、茶托配套组成，茶碗底小口大，茶盖、茶托非常合适，加上蓝色花纹和红色小花，既精巧美观，又方便耐用。用其喝茶，一有利于有效成分溶解析出；二能防止茶叶入口，卡喉咙；三能防尘，减少污染。

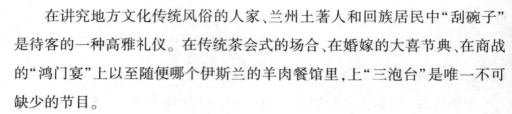

在讲究地方文化传统风俗的人家、兰州土著人和回族居民中"刮碗子"是待客的一种高雅礼仪。在传统茶会式的场合、在婚嫁的大喜节典、在商战的"鸿门宴"上以至随便哪个伊斯兰的羊肉餐馆里,上"三泡台"是唯一不可缺少的节目。

兰州的"刮碗子",特别重视"硬件"。碗子务必是优等瓷质的,或者是"景德镇"的,或者是透着亮的"蓝山水"之类,还有"夜光杯玉"的;所用的茶叶,是云南绿茶,最好的是春尖或下关沱,既有醇香又带苦味,就是皮日休所说"卷旗经雨展,石笋带云尖"(毛尖)那样的。

"刮碗子"还有很多讲究。如必须先备一壶滚烫的开水,又称"牡丹花水"。碗子配料规格有几种:把茶、糖等原料放入碗里,用开水冲泡,盖5~10分钟就可以喝了;单泡茶,品纯味和苦香,叫"苦茶";加上桂圆和冰糖,叫"三香茶";另添加杏干、大枣,叫"五香茶";再添枸杞子、葡萄干等,就成了"八宝茶"……

"刮碗子"还有保健功能:白糖清茶可以消积化食;红糖砖茶可和胃驱寒;冰糖窝窝茶可泻火清热。还有健胃强身、提气补虚的"八宝茶",除放茶叶、红白糖外,还放核仁、红枣、柿饼、芝麻、葡萄干、桂圆肉、枸杞、沙枣等等,揭开茶碗盖,香气扑鼻,喝一口茶水清甜爽心。

"刮碗子"也有学问。熟练的人是用右手大拇指和小拇指夹住茶托,用中指稳住茶盖,用食指和无名指夹着刮着茶盖,放在嘴上一口一口地品尝。不会一只手摆弄三件茶具时,也可一只手端茶托和茶碗,一只手压着刮茶盖。由于一个小小的茶碗内要加上十来种东西,再用滚烫的开水去冲,水是加不了多少的,故而喝几口就要再加上水,这样反反复复,直到第三次加水后,才会品尝出真正的茶味来。

"刮碗子"有急刮、慢刮之分:忙,就急刮;闲,就慢刮,一刮几个钟头。在茶室里,一般总有茶博士随时冲水,喝一口添一回,及时而周到,颇为讲究,可让游人体验到宾至如归的感觉。

收藏游

1.陶都宜兴游

宜兴在江苏省南部,1988 年设市,有"陶都""陶的古都"之美称。

宜兴紫砂陶器的生产始于北宋,是采用当地含铁黏土质粉砂岩为原料(俗称"紫砂泥")烧制而成,质地精密,造型大方,装饰纯朴,民间风味极浓。明代之前,紫砂陶器的品种主要有缸、坛、罐、瓮之类的器皿。据 1976 年宜兴羊角山古窑遗址出土的北宋紫砂陶残器,宜兴紫砂陶始于北宋中叶。宋元至明正德年间,为宜兴紫砂陶的初创阶段。1966 年,在南京江宁县马家山油坊桥出土的明嘉靖十二年(公元 1533 年)司礼太监吴经墓葬紫砂提梁壶,为迄今有记载的最早的一件完整紫砂壶。

从明代开始,烧造紫砂陶茶具(特别是茶壶)的技艺逐渐进步,涌现出供春、时大彬、徐友泉、李仲芳、项圣思、邵大享等著名艺人,宜兴紫砂茶壶逐渐名扬海外。紫砂陶艺术鼻祖是明正德年间的供春。其制品被称为"供春壶",当时有"供春之壶,胜于金玉"之说。明嘉靖至万历年间,因当时品茶、论茶之风盛行,文人雅士又讲求撮泡茶法和注重实用功能,不仅使紫砂壶由煮茶大壶转化为几案文玩小壶,而且促使紫砂技艺有了大的改革和发展,迎来了宜兴紫砂陶的成熟和繁荣阶段。当时紫砂壶造型多姿,名家辈出,有董翰、赵梁、元畅、时鹏四大家和李仲芳、时大彬、徐有泉三大家,其中以时大彬名声最大。

清初,几何形紫砂陶器盛行,著纹器极为普遍,写生技巧成熟,装饰风格已达顶峰,开创了紫砂陶的鼎盛阶段。这一时期最杰出的制壶名家是陈鸣远,他出身紫砂世家,其作品技艺高超,富于创新。清嘉庆年间,著名篆刻家陈鸿寿与砂艺作者杨彭年结合,在陶壶面上表现诗、书、画、印艺术,使紫砂陶艺术发生了较大的变化。特别是陈鸿寿的铭刻,寓意深远,风格古雅简

洁,有"壶随字贵,字依壶传"之评价。清嘉庆以后至清末,陶壶装饰上出现了金银丝镶嵌等新工艺,邵大亨是最突出的制壶名手。清末以后至现代,制陶名手层出不穷,有的技艺全面,娴熟,有的以精致、严谨著称。

明清两代,著名的诗人、艺术家,如郑板桥、董其昌、陈鸿寿、吴昌硕、任伯年等,都在紫砂壶上亲笔题诗刻字,使紫砂陶形成了一种融文学、书法、绘画、金石、雕塑于一体的独特风格。

宜兴紫砂陶有壶、杯、碟、盆、瓶、文具雅玩、人物雕塑等品类,其中以壶为代表。宜兴紫砂壶有"世间茶具称为首"的赞誉,它不仅具有得天独厚的原料材质,古雅的自然色泽,精湛的手工技艺,变化多姿的造型,而且还有无与伦比的优点。由于紫砂陶器表里不施釉,具有一定的气孔率和吸水率,但盛茶不渗漏,透气性能好,因此,紫砂茶壶具有泡茶不走味、贮茶不变色、盛暑不易馊的特点。寒冬不易冷,盛夏不炙手;沸长注不裂,火炖无破忧;赏用时间愈长,器身色泽愈加光润古雅,泡出的茶也更加醇郁馨香。

按照造型,宜兴紫砂壶可分为花货、光素货等类。或仿古代器物(如仿实用器具),或模拟自然(如竹节壶、松段壶、瓜果壶、树瘤壶等),或妙用几何图形变化,或巧借实用器物变形,或融外来具之特长。茶壶表面往往镌刻名人诗词、书画、印鉴等,简练大方,淳朴古雅,风格各异,千姿百态,使实用性和艺术性和谐统一,文化内涵丰富,成为享誉世界的中华艺术瑰宝。

2.瓷都景德镇游

景德镇是中国著名的瓷都,坐落在江西省东北部昌江之滨。景德镇东晋设镇,由于位于昌江之南,始称昌南。后因大将陶侃擒"寇"于此,更名为"新平"。至唐代,因"溪水时泛、民多伐木为梁",所以又称"浮梁"。史料记载,"浮梁"也是当时重要的茶叶集散地。

北宋景德年间(公元1004~1007年),宋真宗赵恒派员在此监制入贡御瓷,每件瓷器底部均书有"景德年制"字样。因御瓷制作精细,光致莹美,当时人人称赞,影响很大,以至于谈起这个地方,"天下咸称景德镇"。景德镇名称沿用至今,已有近千年历史。

早在战国时代,这里就有了制陶业;唐代制瓷业已较成熟;宋代成为我国的重要产瓷区;元代成为全国制瓷技艺最高的窑场,并设立了"浮梁瓷局";明、清以来,景德镇一直是全国的瓷业中心,制造皇宫用瓷的御窑厂均设在此地。

瓷器是由瓷土或瓷石为原料,经过配料、成型、干燥、焙烧等工艺流程制成的器物,早在四千多年前,中国已烧制出了原始瓷器。在中国瓷器发展史上,东汉时期是一个重要的转折点,当时已烧制出了符合瓷器标准的青釉瓷器。魏晋南北朝时期,制瓷工艺有了很大进步,主要生产青釉瓷器。东晋时浙江德清窑的黑釉瓷,色泽光亮,犹如漆器。北朝后期,中国北方开始出现了白釉瓷器。到宋、元、明、清时期,中国制瓷业进入发展兴盛期,从单色釉发展到多种彩色釉,装饰纹样复杂,创烧出了大量的新品种。

古语有:"水土利陶。"位于景德镇市区附近的高岭村,盛产陶瓷工业用的原料——黏土,质量最佳,被国际上统一命名为"高岭土"。早在唐代时期(公元 618~907 年),景德镇生产的白釉瓷,就有"假玉器"之美誉。在 13 世纪的元代,景德镇就开始成为全国制瓷重镇。明代(公元 1368~1644 年),景德镇已是"天下窑器所聚"的全国制瓷中心了。当时,景德镇已与广东的佛山镇、河南的朱仙镇、湖北的汉口镇,并称中国四大名镇了。

公元 1405~1433 年,中国杰出的航海家郑和七下西洋,就带有景德镇瓷器,使景德镇瓷器遍及南亚、东南亚、非洲东海岸和阿拉伯等地。在千年不灭的窑火中,景德镇瓷器花色品种很多,装饰典雅美观,并形成了"白如玉、明如镜、薄如纸、声如磬"的独特风格,其中青花瓷、颜色釉瓷、青花玲珑瓷和粉彩瓷,是最为名贵的四大传统产品,被称为景德四大名瓷。

位于景德镇市郊盘龙山的景德镇陶瓷历史博物馆,建于 1980 年,占地 83 公顷。该馆既有室内陈列,又有从该市和各地搬迁来的古建筑群。室内

陈列主要是景德镇古代陶瓷珍品。古代建筑有"明园""清园"。明园有广东布政使汪柏住宅、明代探花故居、明代祠堂、明代仕官住宅、明代民居住宅、明代村镇商店和明代阁门。清园有以"玉华堂"命名的清代祠堂,清代进士住宅"大夫第"。在清园附近还有反映陶瓷生产的古窑作坊群。这些古代建筑陈列内容分别有:在古建筑群中展出珍贵而丰富的古代陶瓷珍品,在仿古瓷作坊中有手工操作表演。"玉华堂"专题展出明代御窑,以及永乐、宣德、成化年间的大批精美瓷器,如光泽柔和的甜白釉、色彩凝重的青花瓷,均有确凿的纪年,是迄今世界上同期产品中的精品。"大夫第"陈列着"珠山八友"的佳作,以及当代景德镇画苑名流的作品。此外,还珍藏了"扬州八怪""金陵八家"的珍贵名画。手工作坊内,瓷工运用古代的制瓷工具设备,进行炼泥、拉坯、印坯、镟坯、修模、雕塑、上色、荡釉、满窑、烧炉、开窑等操作。从线条粗犷的青花粗瓷大碗,到比人高的陈设瓷器,整个生产过程,均采用传统手工工艺。这一手工作坊,包括窑房和坯房,既是我国建筑史上罕见的古代制瓷手工业建筑,也是我国晚清时期遗留下来的最完整的手工业制瓷体系。

　　茶文化专家所说的"宜陶景瓷",前者是指宜兴的紫砂茶具,后者是指景德镇的瓷质茶具。到景德镇旅游,除了可以大饱眼福,还可以觅到自己心仪已久的精致瓷质茶具。

第十章 茶事百科

第一节 茶的名号

苦茶　亦作"苦"。古代蜀人茶的方言。《尔雅·释木·槚》:"槚,苦茶。"郭璞注:"树小如栀子,冬生。十,可煮作羹饮。今呼早采者为茶,晚取者为茗,一名荈,蜀人名之苦茶。"陆羽《茶经·七之事》引华伦《食陀》:"苦茶久食益意思"。

茶　①"茶"的假借字或古体字。清代郝懿竹《尔雅义疏》:"诸书说茶处,其字仍作茶,至唐陆羽著《茶经》,始减一画做茶。"清代顾炎武《唐韵正》:"茶荈之茶与苦菜之茶,本是一字。古时未分麻韵,茶荈字亦只读为徒。……梁以下始有今音,又妄减一画为'茶'字。"《说文解字》:"茶,苦茶也。从艸,余声,同都切。"北宋徐铉等校曰:"此即今之茶字。"②早采的茶叶。

茗　①茶芽。《说文解字·艸部》:"茗,茶芽也。从草名声,莫迥切。"②晚收的茶叶。晋代郭璞《尔雅·释木·槚》注:"今呼早采者为茶,晚取者为茗。"③茶的别称。④茶的嫩叶。《魏王花木志》:"茶,叶似栀子,可煮为饮,其老叶谓之荈,嫩叶谓之茗"。

设　茶的别称。古蜀西南方言。陆羽《茶经·一之源》:"茶者,南方之嘉木也。""其名一曰茶,二曰槚,三曰蔎,四曰茗,五曰荈。"又《茶经·七之事》引杨雄《方言》:"蜀西南人谓茶曰。"

舛　①茶的别称,常与茶或茗合称。参见"茶"。唐代陆德明《经典释文·尔雅音义》:"舛,尺兖反。舛,其实一也。张揖《杂字》云:茗之别名也。"②老的茶叶。《太平御览》引《魏王花木志》:茶,叶似栀子,可煮为饮,"其老叶谓之舛,嫩叶谓之茗"。

茶舛　复合茶名。晋代陈寿《三国志·吴书·韦耀传》:"密赐茶舛以当酒。"左思《娇女诗》:"心为茶舛剧,吹嘘对鼎"。

水厄　魏晋时,北方人不习惯于饮茶者对茶的戏称。北魏杨衒之《洛阳伽蓝记》:"时给事中刘镐,慕王肃之风,专习茗饮,彭城王谓镐曰:'卿不慕王侯八珍,好苍头水厄。'"《太平御览》卷八六七引《世说》:"晋司徒长史王扔好饮茶,人至辄命饮之。士大夫皆患之,每欲往候,必云:'今日有水厄'"。

茗饮　①茶汤。三国魏张揖《广雅》:"荆巴间采叶做饼,叶老者,饼成以米膏出之。欲煮茗饮,先炙令赤色,捣末置瓷器中,以汤浇覆之。"北魏杨衒之《洛阳伽蓝记》:"菰稗为饭,茗饮作浆。"唐代杜甫《进艇》:"茗饮蔗浆携所有,瓷罂无谢玉为缸。"②以茶为饮料的简说。宋代苏轼《问大冶长老乞桃花茶栽东坡》:"周诗记苦茶,茗饮出近世。"宋代陈渊《同魏李修雪中闲步》:"携手望春同茗饮,小坊灯火自相亲"。

茗汁　茶汤。北魏杨衒之《洛阳伽蓝记》:"(王)肃初入国,不食羊肉及酪浆等物,常饭鲫鱼羹,渴饮茗汁"。

酪奴　茶汤的别称。南北朝时,北魏人不习惯饮茶,而好奶酪,戏称茶为酪奴,即酪浆的奴婢。北魏杨衒之《洛阳伽蓝记》:"(王)肃与高祖殿会,食羊肉酪粥甚多,高祖怪之,谓肃曰:'卿中国之味也,羊肉何如鱼羹,茗饮何如酪浆?'肃对曰:'羊者是陆产之最,鱼者乃水族之长,所好不同,并各称珍。常云:羊比齐鲁大邦,鱼比邾莒小国。唯茗不中,与酪作奴。'……彭城王勰谓曰:'卿明日顾我,为卿设邾莒之食,亦有酪奴'"。

花乳　茶汤别称。唐宋饮茶多将团饼研末煮泡,汤面浮沫渤如乳,隐现变幻如花。刘禹锡《西山兰若试茶歌》:"欲知花乳清冷味,须是眠云跂石人"。

茶茗　茶汤。陆羽《茶经·七之事》引《夷陵州图经》:"黄牛、荆门……等山,茶茗出焉。"引《茶陵图经》又云:"茶陵者,所谓陵谷生茶茗焉"。

涤烦子　茶的别称。因茶有去疲劳、除烦恼之效而得名。唐代施肩吾诗:"茶为涤烦子,酒为忘忧君"。

隽永　唐代时称呼煮茶时第一次煮泡出来的茶汤,以备增味和止沸,有时也直接用来奉客。陆羽《茶经·五之煮》:"第一煮水沸,而弃其沫之上有水膜如黑云母,饮之则其味不正。其第一者为隽永,或留熟(盂)以贮之,以备育华救沸之用。"是书《六之饮》:若坐客数"六人已下,不约碗数,但阙一人而已,其隽永科所阙人"。

月团　团饼茶的喻称。唐宋时茶作团饼状,诗文中常以月喻其形。唐代卢仝《走笔谢孟谏议寄新茶》:"开缄宛见谏议面,手阅月团三百片。"宋代王禹偁《恩赐龙凤茶》:"香于九碗芳兰气,圆如三秋皓月轮。"宋代秦韬玉《采茶歌》:"太守怜才寄野人,山童碾破团圆月"。

甘露　茶的赞称。唐代陆羽《茶经·七之事》引《宋录》:"新安王子鸾、豫章王子尚,诣昙济道人于八公山。道人设茶茗,子尚味之曰:'此甘露也,何言茶茗'"。

瑞草魁　唐人对茶的赞称。魁即第一之谓。唐代杜牧《题茶山》:"山实东吴秀,茶称瑞草魁"。

金饼　古代时团茶、饼茶的雅称。唐代皮日休《茶中杂咏·茶焙》:"初能燥金饼,渐见干琼液。"宋代黄儒《品茶要录》:"借使陆羽复起,阅其金饼,味其云腴,当爽然自失矣"。

嘉木　茶树的赞称。陆羽《茶经·一之源》:"茶者,南方之嘉木也。一尺、二尺乃至数十尺,其巴山、峡川,有两人合抱者,伐而掇之"。

榌　茶的古体字。唐代陆德明《经典释文·尔雅释文》:"茶,《埤仓》作。"《集韵》:"茶、荼,茗也。一曰葭荼"。

茶旗　亦称"旗"。茶初展的叶芽。宋代叶梦得《避暑录话》:"其精者在嫩芽,取其初萌如雀舌者谓之枪,稍颖而为叶者谓之旗。"唐代皮日休《奉贺鲁望秋日遣怀次韵》:"茶旗经雨展,石笋带云尖。"宋代赵佶《大观茶论》:

"茶旗,乃叶之方敷者,叶味苦。旗过老则初虽留舌,而饮彻反甘矣"。

茶枪　亦称"枪"。未展的茶嫩芽。唐代陆龟蒙《奉酬袭美先辈吴中苦雨一百韵》:"酒帜风外肢,茶枪露中撷。"自注:"茶萼未展者曰枪,已展者为旗。"宋代赵佶《大观茶论》:"茶枪,乃条之始萌者,本性酸,枪过长则初甘重而终微涩。"参见"茶旗"。

草中英　茶的赞称。五代郑邀《蔡诗》:"嫩芽香且灵,吾谓草中英。夜臼和烟捣,寒炉对雪烹。惟忧碧粉散,常见绿花生。最是堪珍重,能令睡思清"。

苦口师　茶的别称。宋代陶谷《清异录》:"皮光业最耽茗事。一日,中表请尝新柑,筵具殊丰,簪绂丛集。才至,未顾尊罍,呼茶甚急。径进一巨瓯,题诗曰:'未见甘心氏,先迎苦口师。'众哗曰:'此师固清高,难以疗饥也'"。

蝉翼　古代茶名,产自蜀州(今四川一带)。为极薄嫩茶叶新制上好散茶,因叶嫩薄如蝉翼而得名。五代蜀人毛文锡《茶话》:"蜀州……蝉翼者,其叶嫩薄如蝉翼也,皆散茶之最上也。"明代张谦德《茶经》上篇论茶:"蜀州之雀舌、鸟嘴、片甲、蝉翼,……其名皆著"。

片甲　古代茶名,产于蜀州(今四川一带)的散茶。采嫩而薄的芽叶制成,成茶因薄嫩芽叶相抱如片甲而得名。品质上乘。五代蜀人毛文锡《茶谱》:"又有片甲者,即是早春黄茶,芽叶相抱如片甲也。……皆散茶之最上也"。

鸟嘴　古代蒸青散茶名,产于今四川一带。该茶采摘嫩芽制成,因其形似鸟嘴而得名。品质为蒸青散茶之上等。五代蜀人毛文锡《茶谱》:"蜀州……其横源雀舌、鸟觜(嘴)、麦颗,盖取其嫩芽所造。以其芽似之也。……皆散茶之上也"。

麦颗　古代蒸青散条名,产自今四川一带。为嫩芽所制。因其细嫩纤小形似麦颗而得名。五代蜀人毛文锡《茶谱》:"蜀州……其根源雀舌、鸟觜(嘴)、麦颗,盖取其嫩芽所造。以其芽似之也。"宋代赵佶《大观茶论》:"凡芽如雀舌、谷粒者为斗品(品质最好)。"北宋沈括《梦溪笔谈》卷二十四杂志一:"茶芽,古人谓之雀舌、麦颗,言其至嫩也"。

泸茶 古茶名。泸州(今四川泸州市)产的茶通称。五代蜀人毛文锡《茶谱》:"泸州之茶树,……每登树采摘芽茶,心含于口,待其展,然后置于瓢中,旋塞其窍(很快将瓢口塞上)。比归,必置于暖处。其味极佳。又有粗者,其味辛性熟,彼人云,饮之疗风。通呼为泸茶。"清代赵学敏《本草纲目拾遗》:"泸茶,《四川通志》:泸州出。通呼为泸茶"。

斗 ①茶名。宋代黄儒《品茶要录》:"茶之精绝者曰斗曰亚斗。"②制茶工艺。有些地方,茶事起于惊蛰前,"其采芽如鹰爪。初造曰试焙,又曰一火,次曰二火。因称其造一火曰斗,二火曰亚斗"。

水豹囊 茶的别称。宋代陶谷《清异录》卷四《茗荈》:"豹革为囊,风神呼吸之具也。煮茶啜之,可以涤滞思而起清风。每引此义,称茶为水豹囊"。

不夜侯 茶的别称。宋代陶谷《清异录》卷四《茗荈》引胡峤《飞龙涧饮茶》诗曰:"沾牙旧姓余甘氏,破睡当封不夜侯"。

江茶 宋代对江南诸路茶的统称。南宋李心传《建炎以来朝野杂记》:"江茶在东南草茶内,最为上品,岁产一百四十六万斤。其茶行于东南诸路,士大夫贵之"。

冷面草 茶的别称。宋代陶谷《清异录》:"符昭远不喜茶,尝为御史,同列会茶,叹曰:'此物面目严冷,了无和美之态,可谓冷面草也。饭余嚼佛眼芎,以甘菊汤送之,亦可爽神'"。

苍璧 亦称"苍龙璧"。宋代"龙团"贡茶的别称。宋代黄庭坚《谢送碾赐壑源拣芽》:"矞云从龙小苍璧,元丰至今人未识。壑源包贡第一春,细色碾香供玉食。"《谢公择舅分赐茶》:"外家新赐苍龙璧,北焙风烟天上来。明日蓬山破寒月,先甘和梦听春雷"。

香乳 茶汤的赞称。唐宋人饮茶以茶汤沫多为佳,沫白如乳。宋代杨万里《谢傅尚书惠茶启》:"远饷新茗,……当自携大瓢,走汲溪泉,束涧底之散薪,燃折脚之石鼎,烹玉尘,啜香乳,以享天上故人之意"。

茶水 宋代吴自牧《梦粱录·茶肆》:"又有一等街司衙兵百司人,以茶水点送门面铺席,乞觅钱物,谓之齪茶。"宋末元初周密《武林旧事·诸市》:

凉水有"甘豆汤、椰子酒……茶水、沈香水、荔枝膏水"。

森伯 茶的别称。宋代陶谷《清异录》："汤悦有《森伯颂》，盖茶也。方饮而森然严乎齿牙，既久四肢森然。二义一名，非熟夫汤瓯境界者，谁能目之"。

粉枪 有白茸的茶芽。茶芽初萌，尖挺如枪，并带白毫，故名。宋代叶清臣《述煮茶小品》："粉枪牙旗，苏兰薪桂，且鼎且缶，以饮以啜，莫不沦气涤虑，蠲病析醒，祛鄙吝之生心，招神明而达观"。

清人树 茶的别称。宋代陶谷《清异录》："伪闽甘露堂前两株茶，郁茂婆娑。宫人呼为清人树。每春初，嫔嫱戏摘采新芽，堂中设倾筐会"。

酪苍头 茶的别称。宋代杨伯岩《臆乘·茶名》："岂可为酪苍头，便应代酒从事。"苍头，古代私家所属的奴隶。

漏影春 古代特制茶名。以茶为主，加以其他果物，堆塑成花卉形。宋代陶谷《清异录·茗》："漏影春，法用镂纸贴盏，糁茶而去纸，伪为花身，别以荔肉为叶，松实、鸭脚之类珍物为蕊，沸汤点搅"。

凌霄芽 茶的别称。元代杨维桢《煮茶梦记》"：铁龙道人卧人床，移二更，月微明及纸帐。梅影亦及半宙，鹤孤立不鸣。命小芸童汲白莲泉燃稿湘竹，授以凌霄芽为饮供。道人乃游心太虚……白云微消，绿衣化烟，月反明子内间，予亦悟矣。遂冥神合元，月光尚隐隐于梅花间，小芸呼曰：凌霄芽熟矣。"**葭萌茶**的别称。明代杨慎《郡国外夷考》："《汉志》：'葭萌，蜀郡名。'萌，音芒。《方言》：'蜀人眉茶曰葭萌，盖以茶氏郡也'"。

葭茶 茶的古称。

芽以 少数民族对茶的称呼。清代陆廷灿《续茶经》："《百夷语》：茶曰芽以；粗茶曰芽以结；细茶曰芽以完"。

茶生 茶的别称。广东方言。清代屈大均《广东新语》："珠江之南，有三十三村，谓之河南。其土沃而人勤，多业艺茶。春深时，每晨茶估涉珠江以鬻于城，是曰河南茶。好事者或就买茶生门制。叶初摘者曰茶生"。

离乡草 茶叶的俗称。清道光末年，粤商在荆莞一带大量收购红茶外销，因此四山俱种茶，山民借以为业。所制均采嫩叶在暴日中揉捻，不用火炒,雨天用炭烘干。茶商以枫柳木作箱。外封以印,题卜嘉名。同治《崇阳县志》:"茶出山则香,俗呼离乡草"。

老婆茶

渲老　茶的别称。中原方言。清代陆廷灿《续茶经》:"《中原市语》:茶曰渲老"。

老婆茶　旧时浙江茶叶俗名。流传于宁波一带,指立夏节采制的茶。清光绪《鄞县志·岁时》:"清明后,近山妇女结伴采茶,以谷雨前所采曰雨茶,以立夏节所采曰老婆茶"。

茗柯　茶树枝干。文学著作中比喻语言简短,文风朴实。南朝宋刘义庆《世说新语·赏誉》:"简文云:刘尹(刘恢)茗柯有实理。"注曰:"谓如茗之枝柯虽小,中有实理,非外博而中虚也"。

中華茶道

第二节　饮茶处所

茶坞　亦称"茗坞"。种茶的山坞。唐代皮日休《茶中杂咏·茶坞》："间寻尧氏山，遂入深茶坞。种辩已成同，裁葭宁记亩。"罗隐《送云川郑员外》："歌听茗坞春山暖，诗咏苹洲暮鸟飞"。

茶轩　①用作饮茶的有窗廊屋。唐代秦系《山中赠张正则评事》诗："山茶邀上客，桂实落前轩。"唐代贯休《避地昆陵寒月上孙徽使君兼寄东阳王使君三首》："朽声冷浸茶轩碧'，苔点狂吞纳线青。"②旧时茶馆、饭庄用名。宋代陆游《湖村》诗："渴鹿出林窥药井，驯鸥掠水傍茶轩"。

茶舍　①唐代宜兴采造贡茶处。《宜兴县志》："茶舍，旧在罨画溪，去湖里。唐代李栖筠守常州，有僧献阳羡佳茗，陆羽以为芳香冠绝地境，可供尚方，始贡万两，置舍洞灵观，韦交卿徙兹地。"②制茶房舍。唐代皮日休《茶中杂咏·茶舍》诗："乃翁研茗后，中妇拍茶歌。相向掩柴扉，清香满山月。"③亦称"茗舍"。烹茶供客之所。明代吴应箕《南都纪闻》："金陵栅口有五柳居，万历戊午年，一僧赁开茶舍，宜壶锡瓶，时以为极汤社之盛"。

茗舍　即"茶舍"。清昼、崔子向、陆士修《渚山春暮会顾丞茗舍联句》："谁是惜暮人，相携送春日。因君过茗舍，留客开兰室"。

茶房　①官府内饮茶处和茶事用房。唐代张籍《和左司元郎中秋居十首》："菊地才通履，茶房不垒阶。"《明会典·王府制度》："茶房二间，净房一间。"②犹茶馆。《福惠全书·刑名部·词讼》："出入茶房酒肆"。③旧时茶馆、旅店、戏院等行业专事供应茶水或杂务的工役。

茶亭　施舍和出售茶水的亭子。唐代朱景玄《茶亭》诗："静得尘埃外，茶芳小华山。此亭真寂寞，世路少人闻。"福建《闽侯县志·古迹》："茶亭在南门外，昔有僧暑月醵金煮茗饮行者，因名。"清光绪《长汀县志·茶亭》按："汀僻处万山中，行路之难，若比于蜀道，尝一二十里远隔乡村，无可以避风雨而解烦渴、为行人少憩息者。汀人士素多好善，每于其中相度地势，建亭煮茗,以利行人"。

茶瓯厅 唐代察院兵察厅之别名。赵磷《因话录》载,察院有三厅:"礼察谓之松厅,厅南有古松电;刑察谓之魇厅,寝者多魇;兵察谓之茶瓯厅,以其主院中茶,茶必以陶器置之,躬自参缄启故也"。

官培 亦称"贡焙"。官府设置的采制茶叶的场所。唐宋私焙的对称。由朝廷命官管理,负责造茶入贡。宋代官焙在建安(今福建建瓯)北苑凤凰山,有龙焙、正焙、内焙、外焙、浅焙之分。初以制龙凤团茶为主,故又称北苑为"龙焙"或"正焙",其他离正焙较远处的为"外焙",距"正焙"不远在山内出的为"内焙"或"浅焙"。宋代宋子安《东溪试茶录》:"旧记建安郡官焙三十有八。……又引丁氏旧录云:'官私之焙,千三百三十有六。'而独记官焙三十二。"具体为东山之焙十有四,南溪之焙十有二,西溪之焙四,北山之焙二。南宋蔡绦《铁围山丛谈》:"建溪龙茶,始江南李氏。号北苑龙焙者,在一山之中间,其周遭则请叶地也。居是山,号正焙。一出是山之外,则曰外焙。正焙、外焙,色香必泂殊。"宋代赵佶《大观茶论》:"世称外焙之茶,脔小而色驳,体耗(枯竭)而味淡,方之正焙,昭然可别。"又云:"有外焙者,有浅焙者。盖浅焙之茶,去壑源为未远,制之能工,则色亦莹白;击拂有度,则体亦立汤。惟甘重香滑之味,稍远于正焙耳"。

私培 民间制茶场所。相对官焙而言。宋代建安(今福建建瓯)所造茶叶虽入贡,但主要流贩四方。南宋胡仔《苕溪渔隐丛话》后集卷十一:"壑源诸处私焙茶,其绝品亦可敌官培,自昔至今,亦皆入贡,其流贩四方,悉私焙茶耳"。

中华茶道

茶市　买卖茶叶的官办市场。据《宋史·赵开传》：建炎二年,赵开推行新茶法,官方印发"茶引"售商人,"使茶商执引与茶户自相贸易。改成都旧买卖茶场为合同场买引所,仍于合同场置茶巾,交易者必由市,引与茶必相随"。清嘉庆《崇安县志》："武夷以茶名天下自宋始,其时利犹未溥也。今则利源半归茶巾。茶市之盛,星渚为最"。

茶仓　贮存茶叶的仓库。《明会典·茶课》："凡中茶有引由,出茶地方有税,贮放有茶仓,巡察有御史,分理有茶马司、茶课司,验有批验所。"设于河、洮、甘等州,西宁等卫,成都、重庆等府,以备召商中茶,接济边饷,或实行茶马贸易,充实军马。

茶库　①官署名。宋代太府寺下有"布库、茶库、杂物库"等。《宋史·职官志》："茶店,掌受江浙、荆湖、建剑茶茗,以给翰林诸司及赏炎出鬻。"②即"茶仓"。明代架材《议茶马事宜疏》："官茶贮库,商茶就彼发卖"。

茶局　贡焙或贡茶所设的机构。宋代赵汝砺《北苑别录》："造茶旧分四局,匠者起好胜之心,彼此相夸,不能尤弊,才并而为二焉。故茶堂有东局、西局之名"。清代黄宗羲《四明山志》："上有宋水相史嵩之墓,殿帅范文虎团置茶局贡茶"。

茶酒司　①宋代四司六局之一(四司为:帐设司、厨司、茶酒司、台盘司;六局是:果子局、蜜煎局、蔬菜局、油烛局、香药局、排办局)。除为官府豪族家供应宴席服务外,杭州街市居民每遇礼席,以钱请之,亦可上门服务。事见宋代吴自牧《梦粱录》。②专司茶酒者。《称谓录》云："《东轩笔录》:艇中惟有一卒,司镣炉,谓之茶酒司"。

御茶园　简称"御园"。专供采制贡茶的茶园。宋代建安(今福建建瓯)的凤凰山麓曾建过御茶园。元代,福建崇安武夷山区九曲溪的第四曲处,所设御茶园规模较大。清代周亮工《闽小记》："御园在武夷第四曲,喊山台、通仙井俱在园畔。"

茶屋　饮茶游息之所。《嘉兴县志·完宅》："茶屋,元屠兼善建,以为游息之所。"明代贝琼《茶屋记》："携李屠生兼善,颜其游息之所曰茶屋。盖兼善嗜茶,尤善烹茶之法,凡茶之产于名山,若吴之阴羡、越之日铸、闽之武夷者,收而贮之屋中;客至,辄汲泉烹以奉客,与之剧谈终日,不待邾茗之会焉"。

茶埠　①茶叶集散的商埠。《明一统志》:"茶埠峪寨,在岷州卫城东十五里。"②部分地区称停泊茶船的码头。

顾渚芽

喊山台　御茶园惊蛰鼓噪催发茶芽所筑的台。明代徐𤊹《茶考》:"喊山者,每当仲春惊蛰日,县官诣茶场,致祭毕,隶卒鸣金击鼓,同声喊曰'茶发芽',而井水渐满;造茶毕,水遂浑涸。"清康熙四十九年《武夷山志》:"至顺三年,建宁总管暗都刺于通仙井畔筑台(高五尺,方一丈六尺),曰喊山台。亭其上,曰喊泉亭。因称并为呼来泉"。

茶院　①专事某种茶务的院落。清康熙《长兴县志》:"顾渚芽茶,唐代宗大历五年,置贡茶院于顾渚山。宋初贡而后罢。元改贡茶院为磨茶院。"宋贡焙改易建瓯后,顾渚产茶不复研膏。元朝时,湖州以造"金字末茶为进"。②设茶供饮的处所。清道光《东阳县志》:茶院,在沿东五十里独山深坞,"唐宋时有司常治茶于此,设茶院,名茶院坞"。《海盐县图经》:茶院,在县西南二十七里,"吴越王钱谬幸金粟寺。令寺僧于此设茶"。

茶庵　旧时建于路旁施茶或作供茶用的佛寺或草棚。佛寺的茶庵以尼姑庵居多;亦有建供周围居民朔望献茶敬神行,多数用于暑日备茶供路人歇脚解渴。以茅屋称茶庵者,性质和茶亭基本相同,主要供施茶用。清乾隆浙江《景宁县志·守观》记载全县四个茶庵:"惠泉庵,县东梅庄路旁";"顺济庵,一都大顺口路旁";"鲍义亭,一都蔡鲍岸路旁";"福卢庵,在三都七里坳"。其中一个即称为茶亭。屈大均《广东新语》:河南之洲"有茶庵,每岁春分前一日,采茶者多寓此庵"。

茶神庙　旧时奉祀茶神的庙宇。清光绪《宜兴荆溪县新志》:"茗岭,产佳茗,俗称闽岭,乡音误也。岭有庙,祀柳宿,柳主草木,为茶神也"。

陆羽新宅　指唐代陆羽住宅。上元元年秋,陆羽至湖州,先居杼山妙喜寺,后居住在茗溪之滨青塘村,在湖州城青塘门外一里,皎然有三首诗描写此宅。今在湖州市凤凰新村内。

青塘别业　唐代陆羽宅名。大历十二年左右,陆羽迁至义兴东南三十五里君山之南的罨画溪畔居住,宅名"青塘别业"。皎然曾作《喜义兴权明府自君山至集陆处士羽青塘别业》诗。君山与洞庭湖君山同名,清雍正改均山,今在宜兴市湖镇内。

杼山　唐代山名。湖州城西南三十五里,唐代有妙喜寺,住持为诗僧皎然,陆羽初来时居此(今在湖州市妙西乡内)。颜真卿任湖州刺史时曾作《杼山妙喜寺碑铭》。

第三节　茶人称谓

茶人　①精于茶道之人。唐代白居易《谢李六郎寄新蜀茶》诗:"不寄他人先寄我,应缘我是别茶人。"②采茶之人。陆羽《茶经》:籝,一曰篮,"茶人负以采茶"。明清之际屈大均《广东新语》:"其采摘亦多妇女,予诗'春山三二月,红粉半茶人'。茶人甚守礼法,有问路者,茶人往往不答。"③茶叶生产者。唐代皮日休《茶中杂咏·茶人诗》:"生于顾渚山,老在漫石坞。语气为茶莽,衣香是烟雾。"清代周亮工《闽小记》:"延、邵呼制茶人为碧竖,富沙陷后,碧竖尽在绿林中矣"。

茶仙　①谓嗜茶超脱之人。唐代杜牧《春日茶山病不饮酒团呈宾客》:"谁知病太守,犹得作茶仙。"②指陆羽。元代辛文房《唐才子传·陆羽》:"羽嗜茶,造妙理,著《茶经》二卷……时号'茶仙'。"宋代王禹偶《谷帘泉》诗:"迢递康王谷,尘埃陆羽仙。"③清代何焯自号茶仙。

茶役　①有关茶务的劳役。唐代袁高《茶山》诗:"蚩辍耕农末,采采实苦辛;一夫旦当役,尽室皆同臻。"②亦称"茶房",茶馆中的仆役。

茶神　①指陆羽。《新唐书·陆羽传》:"羽嗜茶,著经三篇,言之源、之法、之具尤备,天下益知饮茶矣。时鬻茶者,至陶现形置炀突间,祀为茶神。"②旧时茶乡信奉的保佑茶事之神。清代全祖望《十二雷茶灶赋序》:"《茶经》曰:是茶有二种,大者殊异,其即三女之种乎? 余因乞灵于茶神,以求其大者。"重刻清雍正《宜兴县志·风俗》:"茶户以谷雨日祭茶神,入山采茶,俗谓开园。"③茶叶的纯正韵味。明代张源《茶录》谓泡第一壶茶时,要用"冷水荡涤,使壶凉洁,不则减茶香矣。罐熟则茶神不健,壶清则水性常灵"。《沈氏旦曰》:"品泉,茶为水骨,水为茶神,大率茶酒二事,全得力于水也。"

茶具

茶盗　①唐末冒称茶商或半盗半商的强盗,因经常劫掠在长江,故又称"江贼"。杜牧《上李太尉论江贼书》指出,这些茶盗,多的有二三条船上百人,少的也有一条船二三十人。他们有的和茶商勾结,把抢来"异色财物,尽将

南渡,入山博茶";他们进山是盗,"得茶之后,出为平民",变成茶商。②封建统治者对起义茶农、茶贩的辱称。《宋史·刘珙传》载,珙知潭州时,"湖北茶盗数千人入境,疆吏以告。珙曰:'此非必死之寇,缓之则散而求生,急之则聚而致死,揭榜谕以自新。'……盗果散去"。

茶颠　指陆羽。陆羽嗜茶,性格狂放,故有"唐之接舆"和"茶颠"之称。清同治《庐山志》引《六帖》:陆羽隐苕溪,"闭门著书,或独行野中,击木诵诗,徘徊不得意。辄恸哭而归,时谓唐之接舆。"宋代苏武《次韵江晦叔兼呈器之》诗:"归来又见茶颠陆。"程用宾《茶录》也称:"陆羽嗜茶,人称之为茶颠"。

茶癖　①嗜茶成癖者。唐代贯休《和毛学士舍人早春》:"茶癖金错快,松香玉露含。"毛学士指毛文锡,嗜茶,著有《茶谱》一书。②指陆羽。明代许次纾《茶疏》:"余斋居无事,颇有鸿渐之癖"。

古茶具

甘草癖　指陆羽。宋代陶谷《清异录》:"杨粹仲曰:'茶至珍,盖未离乎草也。草中之甘,无出茶上者。宜追目陆氏为甘草癖'"。

茶博士　①指陆羽。博士起源战国时秦国职官名,汉时为太常寺属官,掌管图书,博学以备顾问。"茶博士"最早见之于唐代封演《封氏闻见记》,称御史李季卿宣慰江南,至熙淮县馆,闻伯熊精于茶事,遂请其至馆讲演;后闻陆羽亦"能茶",亦请之。陆羽"身衣野服",李季卿不悦,表演一完,就"命奴仆取钱三十文,酬煎茶博士。"陆羽受此大辱,愤写《毁茶论》。②旧时茶店伙计的雅号。宋以后城镇茶馆风起,人们称茶馆中的使役为茶博士。《水浒》第十八回:"宋江便道:'茶博士,将两杯茶来'"。

茶工 采制茶叶的工人。宋代赵佶《大观茶论》:撷茶"用爪断芽,不以指揉,虑气汗熏渍,茶不鲜洁,故茶工多以新汲水自随,得芽则投诸水"。明代屠隆《茶录·焙茶》:"茶采时,先自带锅灶入山,别租一室,择茶工之尤良者,倍其雇值,戒其挂摩,……细细炒燥,扇冷,方贮罂中"。

茶户 ①种茶的农户。亦称"园户"。宋代苏武《新城道中》(其二):"细雨足时茶户喜,乱山深处长官清。"唐宋时,茶叶实行官买官卖,由官府设立官营的种茶场,场中茶户称为"园户"。《宋史·食货志》:"在淮南,则蕲、黄、庐、舒、光、寿六州,官自为场,置吏总之,谓之山场者十三。六州采茶之民皆隶焉,谓之园户。岁课作茶输租。余则官悉市之。"《宋史·赵开传》:"茶户十或十五共为一保,并籍定茶铺姓名,互察影带贩鬻者。"古时安徽南方也称为"山户",清代何润生《徽属茶务条陈》:"徽属种茶者,名曰山户。"②专事采造贡茶的编户。明代沈德符《野获编补遗》:"洪武二十四年九月,上以重劳民力,罢造龙团,惟采茶芽以进。……置茶户五百,免其徭役"。清康熙《武夷纪要》:"宋元时有北苑龙团之贡,遂编徭役,名曰茶户。每岁差官督制,民疲奔命,苦不可言。至明朝罢之,而茶户之困如故。"③元代制销茶叶的商户。《元史·食货志·茶法》:"存留茶引二三千,本以茶户消乏为名,转卖与新兴之户"。

茶匠 专于点茶的人。宋代陶谷《荈茗录》:"馔茶而幻出物匠于汤面者,茶匠通神之艺也"。

茶客 ①贩卖茶叶的商人。宋代林逋《无为军》诗:"酒家楼阁摇风旆,茶客舟船簇雨樯。"清檀萃《滇海虞衡志》:六茶山"周八百里,入山作茶者数十万人,茶客收买,运于各处"。②茶店饮茶者。明万历时金陵有五柳居茶舍,《南都纪闻》载:"宜壶锡瓶,时以为极汤社之盛,然饮此者日不能数客。"③赁山种茶之民。清代卞宝第《闽峤辅轩录》:沙县"土著不善栽植,山地皆租与汀、广、泉、永之人,并有将山旁沃壤弃而出租者,……由是客民众多,棚厂联络"。

茶商军 由茶商茶贩和佣工组成的军队。《宋史·郑清之传》:"湖北茶商,群聚暴横,清之白总领何炳曰:'此辈精悍,宜籍为兵,缓急可用。'炳亟下召募之令,趋者云集,号曰茶商军,后多赖其用"。

　　研茶丁夫　宋时贡焙采制贡茶的工役。《宋太宗实录》:"至道二年,建州每年进贡龙凤茶。先是,研茶丁夫悉剃发须,自今但幅中洗涤手爪,给新净衣,敢违者论其罪"。

茶壶

　　茶夫　解送贡茶的夫役。明代徐《茶考》称,武夷御茶园在明初罢贡团饼之后,改为每岁额贡茶芽九百九十斤。"嘉靖中,郡守钱奏免解茶,将岁编茶夫银二百两解府,造办解京,御茶改贡延平,而茶园鞠成茂草"。

　　茶侣　茶伴、茶友。明代陆树声《茶寮记·茶侣》:"翰卿墨客,缁流羽士,逸老散人或轩冕之徒,超轶世味者",皆其"茶侣"。

　　茶卒　明清时一些地方署衙设置的专事茶务的皂隶兵卒。与茶卒相应的,还有管理酒事的酒卒。清代蓝陈略《武夷纪要·物产》引唐子段为虎丘借题诗:"皂隶富差去取茶,只要纹银不要赊",即是对茶卒的写照。

　　茶僧　①善于制茶,事茶的僧人。明代罗凛《茶解·跋》:"游松萝山,亲见方长老制茶法甚具,予手书茶僧卷赠之,归而传其法故山。"②茶瓢趣称。宋代方岳《茶僧赋·序》:"林子仁名茶瓢曰茶僧,余为之赋"。

　　螺司　旧时山区向茶农收购茶叶的小贩俗称。清代何润生《徽属茶务条陈》:"徽属种茶者,名曰山户。……山户零星,其茶卖于螺司,聚有成数,然后卖于行号。螺司者,山中贩户之俗称也"。

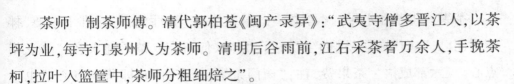

茶师　制茶师傅。清代郭柏苍《闽产录异》："武夷寺僧多晋江人,以茶坪为业,每寺订泉州人为茶师。清明后谷雨前,江右采茶者万余人,手挽茶柯,拉叶入篮筐中,茶师分粗细焙之"。

茶官　旧时为管理茶务所设的官史。《四库全书总目》卷——五著录《宣和北苑贡茶录》一卷,《提要》云："考茗饮盛于唐,至南唐始立茶官"。

茶贼　指偷采或偷卖茶叶者,也称"茶寇"。清代黄本骥《湖南方物志·常德府》："武陵七县通出茶。常德府境多茶园,异时,禁绝商贾,卒至交兵。知府事李涛曰:'官捕茶贼,岂禁茶商!'听其自如,讫无警"。

碧竖　福建方言,制茶人的别称。清代周亮工《闽小记》："闽茶曲:桥门石录未消磨,碧竖谁教尽荷戈。"自注:"延(平,今南平)邵(武)呼制茶人为碧竖,富沙陷后,碧竖尽在绿林中矣"。

茶头　①佛家称禅宗始祖灵前献茶或煮茶待客之役僧。《敕修清规·新首座特为后堂大众茶》："呈纳状讫,受特为人,令本寮茶头递付供头,贴僧堂前下间。"②旧时一些地区对茶馆,赌场中沏茶抹桌工役之称谓。

茶农　种茶的农民或农户。民国《崇安县新志》:抗战军兴,"艰于转运,故三年来茶业堆积于本山及福州者,不下数万箱,而茶商、茶农遂以交困"。

第四节　茶的物业

茶饼　饼茶。三国魏张揖《广雅》："荆巴间采茶作饼,成以米膏出之。"五代毛文锡《茶谱》："彭州有薄村棚口、灌口,其园名有仙岸、石花等,其茶饼小,而布嫩芽如六出茶者尤妙。"宋代冯时行《山居》诗:"酒缸开半熟,茶饼索新煎。"古有送茶饼定亲的礼俗。宋代吴自牧《梦梁录·嫁娶》:男方至女方相亲,双方中意后,即以金钗插于冠髻。"既已插钗,即伐柯人通好,议定礼,往女家报定。若丰富之家,以珠翠、首饰、金器、销金裙褶及缎匹、茶饼,加以双羊牵送"。

中華茶道

茶果　①茶和水果。《晋书·桓温列传》："温性俭,每燕惟下七奠,拌茶果而已。"唐代白居易《曲生访宿》："林家何所有？茶果迎来客。"②泛指点心。《六部成语·茶果费》注："衙门茶果,例有官项,即所谓点心费也。"③茶和果仁。《西湖老人繁胜录》载："茶果但儿;榛子仁、栝子仁、松子仁、橄榄仁、杨梅仁、胡桃仁、西瓜仁"。

茶供　①以茶作为敬神祭祖或定期祭祀的供品。《南齐书·武帝本纪》,永明十一年七月诏："我灵上慎勿以牲为祭,唯设饼、茶饮、干饭、酒脯而已。"宋《蛮瓯志》:觉林寺僧"收茶三等:待客以惊雷荚,自奉以萱草带,供佛以紫茸香。盖最上以供佛,而最下以自奉也。"明代徐献忠《吴兴掌故集·风土》:"每朔望,女妇设茶果堂中,茶多至三十碗者,云供土地神。"②贡茶。北宋张舜民《画墁录》:"唐茶品,以阳羡为上供。……丁晋公为福建转运使,始制为凤团,后又为龙团,贡不过四十饼,专拟上供。"③满足饮茶者需要,犹饮茶。宋代林洪《山家清供·茶供》:"茶即药也,煎服则去滞而化食。"《花草谱》:"金雀花,春初开黄花,……采以滚汤,著盐焯过,作茶供一品"。

白泥赤印　封缄物。古代寄送信函、物品,往往要在封口处加上黏土,并押上印痕,称为封泥,以防散失或泄密。隋唐开始,封泥渐废,单以印章濡朱色,直接盖押于封纸或绢上,故称赤印。唐代贡茶进京,也需封缄。唐代刘禹锡《西山兰若试茶歌》:"何况蒙山顾渚春,白泥赤印走风尘。"唐代卢仝《走笔谢孟谏议寄新茶》:"口云谏议送书信,白绢斜封三道印。开缄宛见谏议面,手阅月团三百片"。

茶苏　茶和屠苏。陆羽《茶经》引《艺术传》:"燉煌人单道开,不畏寒暑,常服小石子,所服药有松、桂、蜜之气,所余茶苏而已"。

茶饭　喝茶吃饭,引申为饮食之意。《太平广记》卷三九引唐代卢肇《逸史·刘晏》:"刘公渐与之熟,令妻子见拜之,同坐茶饭。"《东京梦华录·饮食果子》:"凡店内卖下酒厨子,谓之茶饭量酒博士"。《红楼梦》第八十四回:"又舍不得杜诗,又读两首,如此茶饭无心,坐卧不定"。

茶药　中唐以前大多书作"茶药"。①茶与药。唐代白居易诗句:"茶药赠多因病久,衣裳寄早及寒初。"《旧五代史·梁书·太祖本纪》:"开平二年三月辛巳,以同州节度使刘知俊为潞州行营招讨使。壬午宴扈驾群臣,并劳知俊,赐以金带、战袍、宝剑、茶药"。②作药用的茶。唐末五代韩鄂《四时纂要》:"五月:焙茶药。茶药以火阁上,及焙笼中,长令火气至茶。"林洪《山家清供》:"茶供,茶即药也"。

茶具

茶樯 运茶船的桅杆,这里引申为茶船。唐代许浑(一作杜牧)《送人归吴兴》诗:"春桥悬酒幔,夜栅集茶樯"。

茗饽 茶沫。陆羽《茶经》引《桐君录》:"茗有饽,饮之宜人。"又《茶经·五之煮》:"沫饽,汤之华也。华之薄者曰沫,厚者曰饽,细轻者曰花。"唐宋人煎茶煮茗以沫多为尚,明代改用开水冲泡茶叶后便无此习俗矣。

御茶床 宫廷中皇帝用的茶床。宋代吴自牧《梦粱录》记圣节(皇帝生日)集英殿赐宴称:"翰林司排办供御茶,床上珠花看果,并供细果。……御厨制造宴殿食味,凡:御茶床上看食、看菜、匙箸、盐碟、醋樽,……俱遵国初之礼在,累朝不敢易之"。

茶角 ①茶宴和茶会请帖。来代林逋《夏口寺居和酬叶次公》诗:"社信题茶角,楼衣笼酒痕。"②一块饼茶。宋代王巩《甲申杂记》:"仁宗朝,春试进士集英殿,后妃御太清楼观之。慈圣光献出饼角子以赐进上,出七宝茶以赐考试官。"王巩《随手条录》:"复到官家处,引某至一柜子旁,出此一角,密语曰:'赐与苏武,不得令人知。'遂出所赐,乃茶一斤"。

茶板　寺院集中喝茶时合击的板。宋代沈与求《石壁守》诗："秀色可餐吾事辩,粥鱼茶板莫相夸"。

茶料　包装完好待用的茶叶。《宋史·食货志》:绍兴十二年,兴榷场,尽榷建之蜡茶,"议者请鬻建茶于临安,移茶事司于建州买发。明年,以失陷引钱,复令通商。自是上供龙凤、京铤茶料,凡制作之费,筐笋之式,令漕司专之"。

茶船　①亦称"茶舟"。南宋杭州西湖中的点茶小船。《梦粱录·湖船》:"湖中南北搬载小船甚伙,如撑船卖买羹汤、时果……及点茶、供茶果婆嫂船、点花茶船。"②用作运茶的舟船。清代程雨亭《整饬皖茶文牍》:"又访得西皖各厘局,向有需索经过茶船之弊。"何润生《徽属茶务条陈》:"一、添设小轮,拖带茶船。……查徽府所属六县,惟婺、祁两邑地接江西,所销洋庄茶船,必取道于鄱阳"。

茶酒　①专门代人操办婚丧筵宴者。《武林旧事》:"凡吉凶之事,自有所谓茶酒、厨子专任饮食请客宴席之事。"②茶酒司的简称。宋代吴自牧《梦粱录·嫁娶》载:"茶酒司互念诗词,催请新人出阁登车。""迎至男家门首,时辰将正,乐官、妓女及茶酒等人互念诗词,拦门求利市钱红。"③用茶籽做的酒。

珍膏　称"茶膏"。古代制茶辅料。宋朝制作团饼茶时在茶体外面刷敷膏液,主要为增进美观和延缓陈化。宋代蔡襄《茶录》:"茶色贵白,面饼茶多以珍膏油其面,故有青黄紫黑之异。"宋代赵佶《大观茶论》:"茶之范度不同,如人之有首面也。膏稀者,其肤蹙以文;膏稠者,其理敛以实"。

茶膏　①即"珍膏"。②茶叶压榨出来的汁液。宋代黄儒《品茶要录》:"茶饼光黄,又如荫润者,榨不干也。榨欲尽去其膏,膏尽则有如干竹叶之色。"宋代陶谷《荈茗录》:"有得建州茶膏,取作耐重儿八枚。"③茶汤上面的浓稠粥面。宋代赵佶《大观茶论》:"点茶不一,而调膏继刻,以汤注之,手重筅轻,无粟文蟹眼者,谓之静面点。……妙于此者,量受茶汤,调如融胶,环如盏畔,勿使侵茶,势不欲猛,先须搅动茶膏,渐加击拂,手轻筅重,指绕腕旋,……则茶之根本之矣"。

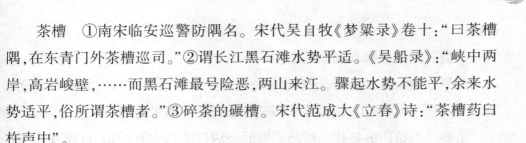

　　茶槽　①南宋临安巡警防隅名。宋代吴自牧《梦粱录》卷十："曰茶槽隅,在东青门外茶槽巡司。"②谓长江黑石滩水势平适。《吴船录》："峡中两岸,高岩峻壁,……而黑石滩最号险恶,两山来江。骤起水势不能平,余来水势适平,俗所谓茶槽者。"③碎茶的碾槽。宋代范成大《立春》诗:"茶槽药臼杵声中"。

　　绣茶　在团饼茶外表装饰茶叶。宋代周密《乾淳岁时记》:"禁中大庆会,则用大镀金,以五色韵果簇钉龙凤,谓之绣茶,不过悦目,亦有专其工者。"南宋宫中乡茶之制,源出北宋贵重龙凤茶之举。宋代欧阳修《归田录》称:庆历中,蔡君谟为福建路转运使,始造小片龙茶以进。"其价值金二两,然金可有,而茶不可得;……宫人往往缕金花于其上,盖其贵重如此"。

茶几与茶具

　　茶几　饮茶待客时放置茶具用的小桌子。明代许次纾《茶疏·茶所》:"寮前放置一几,以顿茶注、茶盂"。

　　茶设　茶寮和饮茶的环境设备。明代屠隆《茶说》:"茶寮,构一斗室,相旁书斋,内置茶具,教一童子专主茶设,以供长日清谈"。

　　茶资　茶钱或茶费。清代孔尚任《桃花扇·修札》:"送到茶资"。

　　茶枯　也称"茶籽饼"。茶籽榨油后渣滓所压成的饼。清嘉庆《慈利县志》:茶,"又一种子可榨油,枯饼可以肥种、洗衣"。

　　茶果费　①亦称"茶果银"。旧时官署和大户人家核定的茶果点心费用。

　　②亦称"茶果银"。《清会典》载,清代各地漕船向各仓廪缴纳的一种

税银。

茶墨　用茶水掺和制成的墨。

茶笋　指茶芽。陆羽《茶经·三之造》："凡采茶在二月三月四月之间，茶之笋者，生烂石沃土，长四五寸，若微蕨始抽，凌露采焉"。

茶幌　茶馆门前悬挂的帷幔。旧时茶店门前均立有标识，或旗或幌、或牌或匾，以便过往行人在较远处便可知该店性质。宋时各地茶店使用较多。

第五节　茶之用语

茶力　①茶的功力。唐代刘肃《大唐新语》引綦毋旻《茶饮序》："获益则归功茶力，贻患则不谓茶灾；岂非福近易知，祸远难见。"宋代杨万里《桐庐道中》诗："肩舆坐睡茶力短，野堠无人山路长。"②点茶的巧劲。宋代赵佶《大观茶论》："用汤已故，指腕不圆，粥面未凝，茶力已尽"。

茶风　①饮茶过度之病。唐代封演《封氏闻见记》："伯熊饮茶过度，遂患风，晚节亦不劝人多饮也。"②形容茶后兴奋。《海录碎事》引唐代张枯诗句："茶风无奈笔，酒秃不胜簪"。

茶气　①亦称"茗气"。蒸煮茶叶的热气。唐代项斯《山行》诗："蒸茗气从茅舍出。缲丝声隔竹篱闻。"许观《赠张隐君》诗："茶气拂帘消蕈午，想应宾主正高谈。"②蒸气辨汤。明代程用宾《茶录》："辨气者，若轻雾，若淡烟、若凝云、若布露，此萌汤气也；至氤氲贯盈，是为气熟，已上则老矣。"③茶味。明代许次纾《茶疏》：蒙茶"来自山东者，乃蒙阴山石苔，全无茶气，但微甜耳"。

茶术　制茶和烹点茶茗的技术。唐代李肇《国史补》："羽有文学，多意思，耻一物不尽其妙，茶术尤著。"

茶功　茶的功效。唐代白居易《赠东邻王十三》："驱愁知酒力，破睡见茶功。"唐代斐汶《茶述》：茶，"其性精清，其味浩洁，其用涤烦，其功致和"。

茶色　①茶叶颜色。陆羽《茶经·一之源》："阳崖阴林，紫者上，绿者次。"

②茶汤的颜色。《茶经·四之器》:"邢瓷白而茶色丹,越瓷青而茶色绿,邢不如越三也。"宋代赵佶《大观茶论》:"点茶之色,以纯白为上,青白为次,灰白次之,黄白又次之。"③茶叶的成色、品位。《宋史·食货志》下六:"大观元年,议提举茶事司须保验一路所产茶色高下、价值低昂,而请茶短引以地远近程以三等之期"。

茶兴　由茶引发的兴致。唐代韩拥《同中书刘舍人题青龙上房》诗:"更怜茶兴在,好出下方迟。"唐代薛能《新雪八韵》:"茶兴留诗客,瓜情想戍人。"其《留题》云:"茶兴复诗心,一瓯还一吟"。

茶声　饮茶时碾茶煮水的声音。白居易诗《酬刘梦得秋夕不寐见寄》:"病闻和药气,渴听碾茶声。"明代罗廪《茶解》:"山堂夜坐,汲泉烹茗,至水火相战,俨听松涛,……此时幽趣,未易与俗人言者。"其"水火相战"之声,即茶声。

茶事　①有关茶叶的事情。唐代袁高《茶山》诗:"我来顾渚源,得与茶事亲。"唐代皮日休《茶中杂咏序》:"自周已降,及于国朝茶事,竟陵子陆季疵言之详矣。……后又获其《顾渚山记》二篇,其中多茶事;后又太原温从云、武威段碣之,各补茶事十数节,并存于方册,茶之事由周至今,竟无纤遗矣。"②茶叶采摘、制作之事。宋代黄儒《品茶要录》:"茶事起于惊蛰前,其采芽如鹰爪,初造曰试焙"。

茶封　①茶叶封装。唐代卢全《走笔谢孟谏议寄新茶》:"摘鲜焙芳旋封裹,至精至好且不奢。"尚颜《献郑都官》:"药秘仙都诀,茶开蜀国封。"②茶叶计量单位之一。清代杨应琚《酌筹甘肯茶政疏》:"甘省额设茶引二万七千二百九十六引,每引行茶一百斤,交官中马。五十斤中马,五十斤听商自卖,外带附茶十四斤为运脚之费。以每五斤为一封,合计交官茶二十七万二千九百六十封,商人自卖正附茶三十四万九千三百八十八封"。

茶烟　①制茶蒸、焙时产生的烟。唐代张继《山家》诗:"莫嗔焙茶烟暗,却喜晒谷天晴。"②烧茶煮水时产生的烟。唐代刘禹锡《秋日过鸿举法师寺院便送归江陵》诗:"客至茶烟起,禽归讲席散。"唐代杜牧《醉后题僧院》诗:"今日鬓丝禅榻畔,茶烟轻飏落花风"。

茶爽　亦称"茗爽。"由茶获得的敏思神爽。唐代刘禹锡《酬乐天闲卧见寄》:"诗情茶助爽,药力酒能宣。"唐代司空图《即事二首》:"茶爽添诗句,天清莹道心。"唐代郑谷《西蜀净众寺松溪八韵兼寄小笔崔处士》:"澹烹新茗爽,暖泛落花轻"。

香茶香　唐代罗邺《夏日题远公北阁》:"榻恋高楼语,瓯怜昼茗香"。

茶天　最适宜茶树生长和茶叶制造的天时。宋代赵佶《大观茶论·天时》:"茶工作于惊蛰,尤以得天时为急。轻寒,英华渐长,条达而不迫,茶工从容致力,故其色味两全。若或时旸郁燠,芽甲奋暴,促工暴力随稿,晷刻所迫,有蒸而未及压,压而未及研,研而未及制,茶黄留渍,其色味所失已半,故焙人得茶天为庆"。

茶甘　茶之甘味。宋代赵佶《大观茶论》:"夫茶以味为上,香甘重滑。为味之全。"宋代陆游《晚兴涛》:"客去茶甘留舌本,睡余书味在胸中"。

茶具

茶话 以茶延客谈话,人多即为茶会或茶话会。宋代方岳《入局》诗:"茶话略无尘土杂,荷香剩有水风兼。"清同治《临川县志·古迹》引《正党寺醒泉铭·序》:万历己亥,"上人邀余茶话,茶味甚奇"。

茶令 茶会时的游戏。由一人作令官,令在座者如令行事,失误者受罚。宋代王十朋《万季梁和诗留别再用前韵》有句:"搜我肺肠茶著令。"并有自注云:"余归与诸子讲茶令,每会茶,指一物为题,各举故事,不通者罚"。

茶值 茶叶价值。古籍中"值""直"通假。南宋撰刊的《锦绣万花谷》载:"龙焙泉,即御泉也。北苑造贡茶,社前芽细如针,用御水研造,每片计工直钱四万。"《宋史·食货志下》:"茶盐香药,民用有限……今散于民间者既多,所在积而不售,故券直亦从而贱,茶直十万,旧售钱六万五千,今止二千。"明代许次纾《茶疏》:"名北苑试新者,乃雀舌冰芽所造,一夸之值,至四十万钱"。

茶沸 茶叶煮沸,或把水烧开。宋代黄庭坚《和王世弼》诗:"斋余佛饭香,茶沸甘露满。"姚贞《过别业》诗:"墨香临帖后,茶沸罢琴余"。

茶品 ①茶叶的品目。南宋高似孙著《剡录·茶品》,介绍了多种茶叶品目。②茶叶品质。明代罗廪《茶解》:"茶地斜坡为佳,聚水向阴之处,茶品遂劣。"③茶的品第。明代钱椿年《茶谱·茶品》:"茶之产于天下多矣,若剑南有蒙顶石花,湖州有顾渚紫笋,峡州有碧涧明月,邛州有火井思安,……品第之,则石花最上,紫笋次之,又次则碧涧明月之类是也。"④品茶。宋代黄德《品茶要录·人杂》:"善茶品者,侧盏视之,所入之多寡,从可知矣"。

茶汤会 寺庙以茶汤助缘之斋会。宋代吴自牧《梦粱录·社会》:"更有城东城北善友道者,建茶汤会,遇诸山寺院建会设斋,又神圣诞日,助缘设茶汤供众"。

粟纹 茶汤表面茶沫呈粟样的纹状。宋代宋子安《东溪试茶录》:正壑岭茶,"厥味甘香,厥色青白,及受水则淳淳光泽(民间渭之冷粥面),视具面涣散如粟。"黄儒《品茶要录》:"茶芽方蒸,以气为候,视之不可以不谨也。试时色黄而粟纹大者,过熟之病也"。

集茶 茶会的一种。宋代朱或《萍洲可谈》:"太学生每路有茶会,轮日

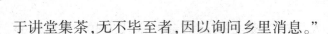

于讲堂集茶,无不毕至者,因以询问乡里消息。"

茶务 有关茶叶的事务。元代马端临《文献通考·征榷考五》:"至蔡京始复榷法,于是茶利自一钱以上,皆归京师。其子蔡绦自记之曰,公始说上以茶务,若所人厚,专以奉人主,此京本意"。

茶厄 ①制茶饮茶的谬误。明代沈德符《野获编补遗》:"茶加香物,捣为细饼,已失真味,宋时又有宫中绣茶之制,尤为水厄中第一厄。"②喻饮茶为灾。

茶宜 适宜茶树生长、茶叶采制和饮用的环境和条件。明代冯可宾《帆茶笺》:"茶宜:无事、佳客、幽坐、吟咏、挥翰、倘佯、睡起、宿醒、清供、精舍、会心,赏鉴、文憧。禁忌:不如法、恶具,主客不韵"。

茶理 ①茶的道理和学问。明代姚绍宪《提许然明<茶疏>序》:"余罄生平习试自秘之诀,悉以相授,故然明得茶理最精,归而著《茶疏》一帙,余未之知也。"明代屠本峻《茶解·序》:"罗高君性嗜茶,于东理有见解,读书中隐山,手著一编,曰《茶解》。"②茶叶特性。明代徐嫩《茗谭》:"闽人多以茉莉之属浸水瀹茶,虽一时香气浮碗,而于茶理太舛"。

茶喜 结婚之喜。明代王象晋《群芳谱·茶谱》:"茶,喜木也。一植不再移,故婚礼用茶。"一些地方也称结婚为"茶喜"。

茶趣 饮茶的情趣和乐趣。明代张源《茶录·饮茶》:"饮茶以客少为贵,客众则喧,喧则雅趣乞矣。独啜曰神,二客曰胜,三四曰趣,五六曰泛,七八曰施。"明代罗廪《茶解》:"山堂夜坐,汲泉烹茗,至水火相战,俨听松涛,倾泻入杯,云光潋滟,此时幽趣,未易与俗人言者。"清代冒襄《岕茶汇钞》:"茶壶以小为贵,每一客一壶,任独斟饮,方得茶趣"。

茶忙 采制茶叶的紧张季节。清乾隆《安吉州志》:"谷雨前数日采者,为雨前茶,亦谓之芽茶,值甚倍,采亦不多;交夏皆采,谓之茶忙,迟则叶粗而味薄,俗谓之老叶。"同治《安吉县志》:立夏"山村采茶叶甚忙,谚云'立夏三日茶生骨'"。

茶有三德 茶叶有提神醒脑、消乏去睡之功效,为僧人坐禅修行的理想饮料。僧人认为茶有三德:一曰可使坐禅修行时通夜不眠;二曰饱食时助消化、轻神气；三曰"不发"，即静坐敛心时可抑制情欲，专注一境。

两杯茶教　以茶饮为名义的教派组织，出现于清道光年间，为江苏扬州里下河一僧人首创。其原始教义不过是茶禅结合而受戒、诵经、敛财及为众人治病。僧死，其徒盛广大、黄朝阳继任教首。其时苏南已被太平军占领，苏北仍在清军控制下。清军南通狼山镇标兵陆家升等，因对战功升赏不满而决定叛清，并联合两杯茶教取通州以献太平军。为此陆家升与盛广大、黄朝阳曾共赴常熟福山太平军营地，又去天京(今南京)谒见洪秀全。投靠太平军后已变成农民革命队伍，可惜教众不懂军事，在起事前二天，被州官、地方驻军镇压，按教籍名册捉拿教众，死数千人。

第十一章　名茶趣说

作为文明古国的中国,历来有重视文学的传统。国家官员的考试准入,讲究的是诗赋八股取士;官员迁升,推崇的是文学"词臣";在野闲居,流行的是诗酒自娱。老百姓同样具有文学的想象力和欣赏力,只不过比较喜好戏文曲艺中的英雄传奇、儿女情长以及离奇古怪的小道新闻而已。茶作为民族文化的象征,不免印上此类徽记。

中国的名茶具备文化上的优势,名称优美雅致,经得起推敲把玩,明清以来的名茶,大多还伴有故事传说,从而被人当作茶余饭后的趣谈,炫才逞博的资本。因此,有关名茶的传说便纷纷纭纭,久盛不衰。

十八棵御茶的传说

清朝乾隆年间,风调雨顺,国力强盛。喜爱周游天下的乾隆皇帝出巡江南,来到名城杭州。在西子湖畔,美丽迷人的湖光山色使乾隆皇帝大饱眼福。意犹未尽,他提出去看看平时最爱喝的龙井茶树。

当乾隆在众多随从的前呼后拥下来到狮峰山时,只见群山连绵,泉水潺潺,茶园飘香,鸟鸣其间。秀美的采茶姑娘与山清水秀的西子湖一起构成了一道迷人的风景线,不禁使人想起苏东坡的诗句:"欲把西湖比西子,淡妆浓抹总相宜。"

当兴致勃勃的乾隆皇帝来到狮峰山下的胡公庙时,等候多时的老和尚恭恭敬敬地献上了最好的西湖龙井茶。只见精致的茶盏内芽叶舒展,亭亭玉立,碧绿的龙井茶在水中栩栩如生。稍事品尝,但觉一股清香袭来,沁人心脾,令人唇齿芬芳。乾隆皇帝连声称赞:"好茶,好茶!"兴之所至,在众人的陪同之下,乾隆观看了茶叶的采制过程。

狮峰山胡公庙前乾隆皇帝命名的"十八棵御茶树"

当乾隆皇帝来到胡公庙前茶园时,只见这里的十几棵茶树芽叶新发,分外鲜嫩。乾隆一时高兴,就学着采茶姑娘的样子采起茶来……

正在此时,忽然太监来报:"太后有病,请皇上急速回京。"乾隆帝十分焦急随手将茶芽往袖中一放,匆匆返回京城。但事实上皇太后并没有什么大病,不过是积食所致,肝火上升。见皇儿回来,心里高兴,又闻到阵阵清香,问带来何物?皇帝也觉得奇怪,伸手一摸,原来是采摘的茶叶已经干萎,散发出浓郁香气。于是,皇帝命宫女沏泡,请太后品尝。此茶果然清香扑鼻,滋味淡雅。太后喝了几口顿觉双眼舒适,再喝几杯后,眼红消了,胃也不胀了,尤似灵丹妙药。乾隆帝听后,十分高兴,立即下旨派专人看管狮峰山下胡公庙前十八棵茶树,年年精心采制,专供太后享用。

这就是十八棵御茶的来历。之后,狮峰山下的胡公庙成了杭州西湖旅游胜地之一。如今,胡公庙已经荡然无存,但十八棵御茶尚在。

小兰花茶的传说

小兰花茶又名齐山云雾,产自安徽省大别山区的齐云山一带。

传说在很古老的时候,大别山区的齐云山脚下有个老财主。他家财万贯,富甲一方,可却是个为富不仁的家伙,抢男霸女,横行乡里,无恶不作。如果哪家的姑娘出落得俏丽、俊美,他就千方百计地占为己有。

山脚下的东庄兰家有个叫兰花的姑娘,刚刚 16 岁,就出落得大方、俊美。尽管家里贫穷,也不敢让姑娘下地干活,以防止被那个好色的老财主知道了,打姑娘的算盘。但是,老财主手下有一群帮凶,经常给老财主通风报信儿。当老色鬼得知兰家姑娘长大成人而且很俊俏时,就派一伙人抬着花轿,吹着喇叭去兰家娶亲。兰家闻讯后就让兰花从后门逃到齐云山中。齐云山虽然山势并不陡峭,但是沟壑纵横,她就藏在一道沟壑的蝙蝠洞里,老色鬼的帮凶们在山上搜寻了一整天也没找到兰花姑娘。

此时兰花姑娘家的人也偷偷到山里寻找姑娘,但是只找到姑娘的一只鞋,以为兰花姑娘被出没的野兽吃掉了,为此兰家还为姑娘举办了丧礼。其实兰花姑娘并没有死,她在蝙蝠洞边发现了很多茶树。由于蝙蝠经常在夜里落在这些茶树上休息,也就将粪便洒落在茶树下,使得这些茶树长得十分茂盛,长出的芽苞也很壮实。兰花姑娘在家时就听说过采摘茶树芽苞炒制成茶的事情,她就想只能依靠这些茶树为生了!

兰花姑娘灵机一动,开始钻木取火,用捡到的一块大石板当炒锅。就是利用这些简陋的器具,炒制出带有兰花香气的茶叶。可是这种茶怎么才能卖出去,维持生活呢?兰花姑娘犯愁了。或许如常言所道“吉人天相”,一天兰花姑娘遇到了一个砍柴人。兰花姑娘请他帮忙卖掉她的茶叶,可以五五分成。砍柴人对兰花姑娘虽然有点半信半疑,但还是很犹豫地答应了。

砍柴人在村镇卖茶叶时,人们问他哪里来的茶叶,他就如实地告诉买者说:“这是齐云山蝙蝠洞出产的茶叶。”由于这种茶的兰花香气很浓,人们很喜欢喝,在传言中就被说成是蝙蝠洞仙姑显灵,蝙蝠洞的仙茶可以长生不老等等。这些传言传得活灵活现，而且越传越厉害，后来这个消息传到了老财主的耳朵里。于是他就想将蝙蝠洞的仙茶霸占到自己的手里，于是派打手去看守蝙蝠洞。此时兰花姑娘不知世间的变故，一见老色鬼的打手来到蝙蝠洞，吓得撒腿就跑，一不小心竟然跌下了悬崖。

老财主的打手们从蝙蝠洞找到很多炒好的茶叶，派人送下山。老财主就给这种茶取名为"齐山云雾"，用来到处送礼。不料，第二年春天这些茶树全都干枯而死，老财主也病入膏肓，不久就死掉了。

两年后，在兰花姑娘跌入悬崖的地方长出了一片茶树，用这些茶树芽苞炒制的茶叶如同蝙蝠洞的茶叶一样带有兰花的香气，人们猜想这是兰花姑娘化作的茶树，就将这种茶取名为小兰花茶。

涌溪火青茶的传说

涌溪火青茶产自安徽省泾县涌溪湾一带，是明代发现的一种名茶。

传说当年在泾县涌溪湾有位叫刘金的秀才，依靠每年的冬仨月教私塾为生。此人还略通医术，经常用中草药为乡亲们治病。这年春天，私塾放了学，他就到涌溪湾的湾头山采草药。在一块巨石旁，他发现了一棵很奇特的茶树，叶子一半金黄，一半银白。他早就听老人说过，湾头山有一种叶子黄白相间的茶树，虽然经常登山采药，却一直没有见到过。他想，这棵茶树可能就是老人们所说的那种茶树，他就采摘了一把茶树的嫩芽带下了山。

安徽泾县当时虽不是茶乡，但距离茶乡较近，人们对茶叶的炒制也略通一二。刘秀才回到家用做饭的铁锅，猛火揉炒，茶的香气渐渐溢出，使人觉得温馨舒畅。炒制好的这种茶叶白毫清晰，墨绿如翠，冲泡后茶汤晶莹，香甜爽口。此后，刘秀才就经常上山为茶树施肥浇水，并到秋后采集茶树种子，在山上垦荒种植。几年间茶树成片成行，而且长得十分茂盛。刘秀才请来帮工，帮助他采摘茶芽、炒制茶叶和销售茶叶。在销售时刘秀才根据这种产于涌溪、茶叶的外观墨绿青翠和饮茶降火祛瘟的特性，给它取名为涌溪火青茶。茶叶投放市场后不久，销路通畅，颇受茶商欢迎。到清代被列为贡

茶,由此这种涌溪火青茶也就蜚声全国了。

阳羡茶的传说

宜兴,濒临太湖,层峦叠嶂,风光绮丽,更兼有"善卷""张公""灵谷"三洞之胜,吸引着无数海内外游客。不少慕名而来的旅游者,在饱览了宜兴的湖光山色、洞天奇景之后,都不忘沏上一杯"阳羡茶"来品尝一番。阳羡泡出来后汤清色浓,味香而甜,堪称茶中佳品。

宜兴产茶历史久远,古时就有"阳羡贡茶""毗陵茶""阳羡紫笋"和"晋陵紫笋"。早在三国孙吴时代,就名驰江南,当时称为"国山茶"。"国山",也就是今天的离墨山。据《宜兴县志》载:"离墨山在县西南五十里……山顶产佳茗,芳香冠他种。"到了唐代,有"茶圣"之称的陆羽,为了研究茶的种植、采摘、焙制和品尝,曾在阳羡(今宜兴的古称)南山进行了长时间的考察,为撰写《茶经》一书积累了丰富的原始资料。陆羽在他的《茶经》中记及:"阳崖阴林,紫者上,绿者次,笋者上,芽者次。"陆羽在品尝同僧进献的佳茗后,认为"阳羡茶"确是"芳香冠世,推为上品","可供上方"。由于陆羽的推荐,"阳羡茶"因此名扬全国,声噪一时。从此,"阳羡茶"被选入贡茶之列,所以有"阳羡贡茶"之称。

大致在唐代肃宗年间常州刺史李栖筠开始,每当茶汛季节,常州、湖州两地太守集会宜兴茶区,并且唐皇特派茶吏、专使、太监到宜兴设立"贡茶院""茶舍",专司监制、品尝和鉴定贡茶的任务。采下来的嫩茶,焙炒好后,立即分批通过驿道,快马日夜兼程送往京城,赶上朝廷的宴会。当时称此种茶为"急程茶",一刻也不能延误。

诚可知,江苏宜兴距京城(今北京)有数千里之遥,不知累坏了多少驿役? 累死了多少骏马? 正如唐代诗人李郢诗曰:

"凌烟触露不停采,官家赤印连贴催,……驿路鞭声春流电,半夜驱夫谁复见;十里皇程路四千,到时须及清明宴。"

"阳羡贡茶",产自宜兴的唐贡山、南岳寺、离墨山、茗岭等地。"阳羡茶"以汤清、芳香、味醇的特点而誉满全国。

唐代茶具:洪州窑褐绿釉花纹茶碗

黄山毛峰的传说

明朝天启年间(公元 1621～1627 年),新任黟县县令熊开元春游黄山,由于迷路,夜晚便投宿在一个寺庙中。寺僧敬客以茶,此茶色微黄,形似雀舌,身披白毫。奇妙的是,沸水冲泡,热气绕碗一圈后,会移至碗中心,然后腾然升起,呈白莲花形,幽香满室。熊开元问寺僧,得知此茶名"黄山毛峰"。熊开元离寺时,寺僧又赠以茶一包、黄山泉水一葫芦,并告诉他,只有用黄山泉水冲泡这种茶,才能得见白莲花奇景。

熊开元回到衙后,同窗旧友太平县令来访,熊开元就用这种茶来款待他。太平县令大喜,为邀功请赏,即将此茶进呈皇上,但试验之下,未见有白莲花的奇景出现,犯下了欺君大罪。此事牵连到熊开元。熊开元被急令诏到宫中,得知是没有用黄山泉水冲泡的缘故。

于是,熊开元请求回黄山取泉水。皇帝同意后,熊开元立即星夜疾驰,另行取来黄山泉水和茶,并当场煮水泡茶。群臣为这位小小的县令捏着把汗,都提心吊胆地注视着茶杯。只见杯中水汽冉冉升起,在杯口旋即上升,约离杯口一尺处,即见旋转成圈,像一朵白色莲花挺立杯上,蔚为奇观。接着白雾逐渐散向四方,像片片白云,在微风中飘落。皇帝大喜,说:"确是神茶神水!"朝中文武百官有的欢呼,有的歌颂,都说这是皇帝恩泽所致,洪福所感。那种肉麻和媚态,熊开元看在眼里,恶在心头。当下皇帝降旨,熊知县官升三品,并赐红袍玉带。

熊开元手捧袍带回到住处,想起同窗自作聪明,自食恶果,又株连自己;皇帝为了观看白莲花,竟要杀死下属;群臣们为了自己的乌纱帽,竟然都千方百计地奉承阿谀。熊开元心中的鄙视愤恨之情油然升起,久久不能平静。想想黄山茶何等高洁,它与圣洁的天泉水融合一体,形成白莲奇观,而那些混浊的井水、河水就难以配合。茶的品质尚且如此清高,更何况人呢?于是他看破了世态炎凉,从心底敬慕寺僧的淡泊清雅,于是丢弃官服玉带,离开驿馆,直奔黄山,在云谷寺出家做了和尚,法名正志,意即行正志高。

据说现今云谷寺路边的檗庵大师塔基遗址,就是这位正志和尚的坟墓。每当人们品尝黄山毛峰时,总会带着缅怀之情谈起这个美丽的传说。

太平猴魁的传说

相传很久之前,在南京城里,有母子二人经营着一家茶店。有一年,儿子赵成到安徽太平去购买茶叶,到了那里后,将随身所带的银子赠给了一家十分贫穷的母女。那位老人看赵成诚恳善良,忠厚可靠,就把自己的独生女儿许配给了赵成。女孩名叫猴魁,生得聪明伶俐。新婚之夜,猴魁做了一个奇怪的梦,梦见一位仙翁托梦给她,告诉她在山上很高的地方,在一线天处,有一株奇特的茶树,假若能够采到,便可以包治百病。

第二天,猴魁按照仙翁指点,攀上高山,在一线天处,采得茶叶。猴魁并未将此事告诉丈夫,而是悄悄地将茶叶藏了起来,以备不时之需。

后来,丈夫欲回南京,带了妻子、岳母同行。行至京城时,看到皇帝张榜重金悬赏良医良药,为公主治病。猴魁看后,毅然代丈夫揭榜。然后,拿出自己的茶叶让丈夫带进宫中。果不其然,公主喝了此茶的茶汤后,身体由病危至康复。皇帝惊喜之下,问此茶名,赵成急中生智,回答说是猴魁茶。从此,猴魁茶声名大振,远近闻名。

关于太平猴魁,还有一个传说:

古时候,黄山上有一对白毛猴,生下一只小毛猴,有一天,小毛猴独自外出玩耍,来到太平县,遇上大雾,迷失了方向,没有再回到黄山。老毛猴马上出门寻找,几天后,由于寻子心切,劳累过度,不幸病死在太平县的一个山坑里。山坑里住着一个老汉,以采野茶与药材为生,他心地善良,当发现这只病死的老猴时,就将它埋在山冈上,并移来几颗野茶和山花栽在老猴墓旁,正要离开时,忽闻说话声:"老伯,您为我做了好事,我一定要感谢您。"由于不见人影,这事老汉也没放在心上。第二年春天,老汉又来到山冈采野茶,发现整个山冈都长满了绿油油的茶树。老汉正在奇怪,忽听有人对他说:这些茶树是我送给您的,您好好栽培,今后就不愁吃穿了。这时老汉才醒悟过来,这些茶树是神猴所赐。从此,老汉有了一块很好的茶山,再也不需翻山越岭去采野茶了。老汉后来把这片山冈称作猴岗,以纪念神猴,并把自己住的山坑叫作猴坑,把从猴岗采制的茶叶叫作猴茶。由于猴茶品质超群,堪称魁首,后来就将此茶取名为太平猴魁了。

信阳毛尖的传说

在信阳的茶山,一种尖嘴大眼,浑身长满嫩黄色羽毛的小鸟随处可见,它爱捉茶树虫,茶农们都很喜欢它,称它为"茶姐画眉"。据说,茶山上那棵最高最大的老茶树就是茶姐画眉衔籽种的。

那是很早很早以前,这一带还是光秃秃的荒山,官府和财主强迫百姓开山造地。乡亲们每天从日出干到日落,还吃不饱饭,又饿又累就患上了一种叫"疲劳痧"的瘟病,又吐又泻,忽冷忽热,不但痛苦不堪,还病死了不少人。见此情景,有个名叫春姑的善良姑娘十分焦急,到处奔走,寻医问药。这天,她登上高高的彩云山,陡峭的山岩中走出一位银须白发的采药老人,背篓里装满奇草神药。姑娘就像见到救星一般急切地向老人求救,老人听罢叹息道:"我采的药草虽多,却治不了这种瘟病,曾听上辈人说,远在洪荒时期,神农氏尝遍百草,找到一种宝树,这种树的叶子片片都是宝,只要喝了这种树

中華茶道

叶的汤,就可以百病皆除,延年益寿。"

　　但是老人说不上这种树长在何处,只记得说是一直往西南方向走,翻过九十九座大山,跨过九十九条大江,才能找到。为拯救乡亲,春姑拜谢老人后就一直往西南奔去。渴了,喝点泉水,饿了,就采野果野草充饥,历尽了艰难险阻,终于翻过九十九座大山,跨过九十九条大江,来到一个古木参天,到处鸟语花香的地方。可这时春姑已筋疲力尽病倒了。她头重如山,神志恍惚,体热如焚,便爬到一清泉边喝水,这时水上漂来几片嫩绿的树叶,无意中一起吞了下去,只觉满口清香,顿时神清气爽起来,病痛也全消了。心想,这一定是宝树叶了。于是就顺着泉水向山深处寻去,果然在泉尽头的山岭中找到宝树。春姑上树摘下一颗金灿灿油亮亮的种子,高兴得又唱又跳,惊动了山中一位老人。老人告诉春姑,这叫大茶树,种子摘下后,必须三九二十七天内播入土中才能成活。春姑一听急了:"老爷爷,我寻宝树,整整走了九九八十一天才到这里,二十七天内怎么能回到家乡?"说着就着急地哭了。老人闻言后随手用柳枝蘸了几滴露水朝春姑轻拂几下,春姑立即变成一只黄羽毛的小画眉。老人嘱咐道:"你赶快飞回去,等把茶籽种上,发芽之前,你要忍住不笑不唱也不哭,就能又重新变回原来的漂亮姑娘。"小画眉高兴地衔着金灿灿油亮亮的茶籽展翅回飞,只听耳边风响,不一会儿就看到了家乡的山水,想到乡亲们马上可以得救了,忍不住想要欢叫,刚一张嘴,茶籽就掉了下去,滚进深山的石罅中。小画眉急用嘴去啄,但深不可及,用爪抓,又够不到底,只好啄下一朵牵牛花当篮,从山下提来土,从泉中汲来水,埋土浇水后,茶籽竟发芽了,很快长成一棵又高又大的茶树。小画眉忘情地大笑起来,谁知立即变成一块美女石紧挨在茶树旁。大茶树见此情景伤心地哭了,泪水滴到石上,长出牵牛花来,花中又飞出不少黄色小画眉,它们飞上天空,绕着大茶树飞了三圈后,啄下茶叶,送到病人嘴中,乡亲们因此得救了。从此以后,信阳就有了成片的茶园和茶山,为纪念春姑,人们就将这些画眉命名为"茶姐画眉"。

苏仙黄尖茶的传说

信阳市名茶——苏仙黄尖，以其芽壮毫满、清香持久、汤色嫩黄明亮、滋味甘醇而饮誉豫南。苏仙黄尖茶产于大别山脚下的商城县苏仙石乡。该乡境内有一条"子安河"，河边几块硕大的巨石上，至今还留有"仙人"的两个脚印，清晰可见。

相传西汉末年，有个姓苏名耽字子安的人，其父早逝，母子相依为命，住在商城县境内的大苏山北麓。苏宅紧依石槽河东岸，门前怪石嶙峋，宅后绿竹满园，黄鹤纷至。

苏耽幼秉天赋，天资聪颖，5岁习文，7岁善剑，成年后精通天文地理，立志为天下人荡邪恶、扶正气。但时逢战乱，兵祸连年，民不聊生，加之瘟疫流行，田园荒芜，十室九空。苏耽欲酬心志，拜别慈母，踏遍青山，寻师学艺，普度众生。

在大苏山朝阳洞中有一隐居的得道真仙，道号"朝阳真人"。这天，正静坐洞府，忽然心血来潮，屈指一算，知是苏耽来访。便将拐杖抛出洞府，变成一只猛虎，一口衔住苏耽，腾空而起，直落洞内真人座前。苏耽从惊恐中睁开眼，见到真人忙跪拜于地，口称师父，向真人诉说诚心拜师、求学仙术、拯救苦难百姓的心思。真人听到这里，顿生恻隐之心，取出金丹数粒，交给苏耽后说："求学仙术非一日之功，拯救百姓乃当务之急，你先将此丹拿回，用大缸化水，让邻里百姓都喝上一匙，便能解除眼前瘟疫。"

苏耽按真人指点施行，果然灵验。待乡邻们饮服后，苏耽将缸中所剩残渣余水泼洒宅旁空地，不久便生出无数棵嫩黄叶芽小树，摘下嫩叶放入口中，甚觉甘甜清凉。苏耽屡试，还有清凉解毒之效。这就是最初的"黄尖"茶树。

此后，苏耽求仙学术之心更坚，再次辞母上山拜师。临行前他嘱咐母亲，教乡邻们遍种茶树，如果瘟疫再发生，可用井水煮茶饮服，以避疫害。两年后，瘟疫复泛。苏母日夜操劳，煮茶救民，终因劳累过度，以致油尽灯灭。

乡民们深感厚德,筹资把苏母葬于苏家宅后,并把苏耽所住之地改名"子安镇"(苏耽字子安),宅前河流更名"子安河"。

苏耽从师三年,学成炼丹术后返回故里,闻母已故,悲痛欲绝,当夜在母坟前守孝。突然雷雨交加,第二天雨过天晴,有数十只黄鹤飞临苏门,苏耽在母亲坟前三拜之后,于门前岩石跨上黄鹤,升仙而去,在石上留下两只深深的脚印,至今犹存。人们怀念苏耽母子,将此石叫作"苏仙石","子安镇"改为"苏仙石镇",今苏仙石乡因此得名。苏耽乘黄鹤去,留下"足迹"在人间,可是,苏氏母子留下的不仅仅是"足迹",他们留下的昔日避邪驱疫的茶树,如今已长得漫山遍野,经当地茶农精心炒制,生产出"苏仙黄尖""苏仙银峰"等名茶,成为当地人民宝贵的财富。

车云茶的传说

很久以前,车云山(今信阳市师河区西南部)上只有百十来口人家,山民都以种田烧炭为生。只在车云山顶白云缭绕处才有一小片茶树,没有人能说清它在何时是何人所植。山上有一个叫钱占山的财主,独霸山中,山顶那片茶树也为他所占。

财主有两个儿子:长子天生富贵相,财主命名为钱贵——望其日后荣华富贵;次子因生来丑陋,家里人都因其丑而唤其钱丑。钱贵深受财主宠爱,养尊处优,生性懒惰。财主嫌钱丑丑陋,羞辱门面,待之如仆,稍有不驯,即遭打骂。丑稍大,就令其与茶工为伍。丑聪明伶俐、勤劳勇敢、心地善良,与茶工友善,跟茶工学炒茶五年,练就一手炒茶好功夫,又独创炒法,技艺远在茶工之上。一日因不满父母苛刻茶工而与之发生口角,财主大怒,抢起拐杖劈头盖脸将丑一顿毒打,并骂其为"逆贼""丑八怪""贱骨头"。丑负气出走。茶工凑些盘缠,挥泪送别。

不久,丑辗转到随州。一日,遇一员外在门前品茶,丑渴乞茶。那茶汤黄味淡,丑说属炒缘由。于是员外要他示范指教。果然,炒出的茶色鲜味美。员外大喜,遂留丑为他炒茶。转眼已过三年,员外的十亩茶园因丑的到来而得以振兴,收入倍增。

后来,员外暴病,无医能治。家人急出告示:有能治愈员外病者,赏白银三千两。当天夜里,恍惚中有一银髯老者告诉丑,说员外的病需车云山"口嚼茶"(即十二岁的小姑娘在日出之前所采的茶,茶芽只有米粒大小。一人一次所采的茶炒制后一口可嚼,故名。)……如此这般方可治愈,言讫隐去。丑梦醒,急备一快马,日夜兼程赶回车云山。及至自家门前,不见往日繁荣景象,但见庭院荒草萋萋、雉飞兔窜、墙歪屋倾,一片荒凉。丑问一山民,方知父母于前年双双染病身亡。钱贵不会理家,整日斗鸡走狗,吃喝玩乐,万贯家产挥霍荡尽,早沦为平民。

丑取得"口嚼茶"回至员外家,员外已奄奄一息,不省人事。丑按银髯老者吩咐,夜守门前荷塘,趁五更取九十九个荷叶所承露珠,注入铜壶茶吊,用九十九年陈柏为火,烧开九十九滚,即为"口嚼茶"。茶汤碧绿,香飘五里。丑撬开员外牙齿,喂入两勺,其眼开始慢慢微睁;一杯喂完,员外肠回肚转,上下透气,道声"好茶";接着豪饮一碗,大汗淋漓,即刻痊愈。丑遂得赏银三千两,车云茶也因此声誉大享。丑回车云山,将三千两白银全部散发给山民,感召他们大力垦山种茶。车云茶从此长兴不衰,至今已载上乘"信阳毛尖"的殊荣,驰名中外。

灵山茶的传说

河南省罗山县西南部有座海拔 827 米的山峰,因其"每有云气覆顶,必雨",被人谓之"灵山"。山上层峦叠翠,千岩竞秀;山下碧水若镜,曲径通幽;山势雄,林木茂密,百鸟飞鸣,有洞、泉、瀑、溪之美,深林掩寺之盛,是游览观光的好地方。常言道,自古名山多名寺,名山名寺出名茶。

关于灵山茶,曾有一个非常浪漫的传说。

相传宋朝"天波杨府"的杨八姐,有一年曾率一队女兵,寻青踏翠游到灵山,在灵山南山坡安营扎寨训练女兵。有一次杨八姐在训练间隙到灵山中的茶园去小便,忽然一群游客迎面而来。杨八姐一时不知所措,忙向上天

祈告，求观音菩萨保佑她脱离难堪之境。观音菩萨见八姐如此狼狈，又好气又好笑，就对茶园吐下一口仙气。顷刻，茶园被浓云重雾笼罩，杨八姐也隐没在云雾之中。

从此以后，那片茶园经常是云蒸雾绕，茶香飘溢，出产的茶叶也格外香甜、格外好喝。当时，人们买茶叶都申明要"那个地方的茶叶"：那是一片只有几亩大小的茶园，鲜芽虽然不多，但其风味却敢和当时名满天下的蒙山茶争高低，人们待客品茶也都以灵山茶为荣。这则传说在无形中提高了灵山茶的知名度。

敬亭绿雪的传说

敬亭绿雪茶产自安徽省宣州市敬亭山，自明代始就成为贡茶，据说每年要向朝廷进贡 300 斤。或许有人对这种茶的名称感到蹊跷，其实是源自一个古老的传说。

相传古时候，宣城（今为宣州区）敬亭山上有个茶园，茶园的主人是一位叫绿雪的姑娘。她年方二八，长得水灵俊美，还很聪明伶俐，勤劳能干，刚直不阿。绿雪姑娘既能经管茶树，又能炒制茶叶。本地所产的敬亭山茶，经过她的亲手炒制，茶条绿白分明，茶香如兰。

宣城城里有个茶商，依靠贿赂与官府勾结，几乎垄断了宣城茶叶的购销，成为当地一霸。当他得知绿雪姑娘的茶叶品质甚优的消息后，既想独家包销姑娘的茶叶，又垂涎于绿雪姑娘的美色，于是就托媒人到姑娘家说亲。姑娘的父母既不敢得罪这个茶商一霸，又不想委屈女儿，于是就带着女儿跑到敬亭山的茶园去躲避。茶霸闻讯后带着打手追到姑娘家的茶园，扬言"不吃敬酒，就得吃罚酒"。绿雪姑娘本性刚直，绝不屈服于强权，宁死不屈。她只身跑到敬亭山山顶的峭壁上，毅然跳下山崖。茶霸霸占茶园后的第二年茶树全部萎缩、干枯，茶霸想得到好茶叶的美梦落空了。

后来茶霸一命呜呼后，绿雪姑娘的茶园又焕发出新芽。敬亭山的茶农都说这是绿雪姑娘显灵了，就将茶园产的茶叶叫作敬亭绿雪茶。这种茶曾一度失传,到 20 世纪 70 年代末才试种成功,使得新生的敬亭绿雪重新加入安徽三大名茶之列。

武夷水仙茶的传说

水仙茶产自福建省武夷山区的建瓯一带。这是一种奇特的茶树,它只开花不结子,因而要靠压条的办法繁殖。

传说古时候建瓯有个善良厚道的小伙子,父母双亡,家境贫寒,依靠到武夷山砍柴为生。他在山上砍柴时,从不损害林木,也不伤害各类动物;下山卖柴也是从不要高价,总是任凭买柴的人随意给钱。这样反倒使他砍的柴卖得好。

有一天,小伙子砍柴时觉得闷热得很,刚一举起砍刀就汗流浃背,而且热得他头昏脑涨,口干舌燥。尽管这样,他仍坚持爬坡砍柴。霎时间雷声大作,暴雨将至。他直起腰,往四外看了看,竟然没有可避雨的地方。他有些心急了,可是恰在此时见到一只小松鼠从他身边跑过去。他推测松鼠一定能找到避雨的地方,于是就跟过去。

小伙子刚翻过一个小山冈,就见到一个山洞,于是就进洞里避雨。他一进洞就闻到一种清香的气息。四处寻找原来是洞口有棵小树,开着白花,散发着香气。他随手摘了几朵小白花含在嘴里,顿觉满嘴清香,生津解渴,不大会儿觉得浑身清爽。雨过天晴后,他背起砍的柴下山时,顺便从那棵开白花的小树上折了个带花的枝条,想下山时一路闻着这种香气。

他回到家就随手将这个枝条扔在了土墙边。不料,夜里下雨。几天后,小伙子发现从山洞折来的那根枝条又长出新芽,开出了小白花。他很奇怪,就将那根枝条移到屋后的菜园里。几天后它就长成了小树,继续发芽、开花。小伙子就采摘白花卖到药店里。药店掌柜惊奇地说:"这是祝仙洞的茶呀,你怎么弄来的?"小伙子如实回答,药店掌柜说:"福气呀,很多采药人都不敢去祝仙洞采这种茶,你今后可不愁吃穿喽!"的确,小伙子每年折枝压条,不久就有了一片茶林,依靠卖这种茶花,过上了惬意的生活。

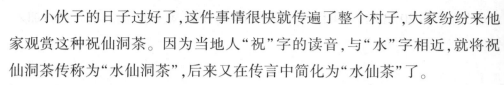

小伙子的日子过好了,这件事情很快就传遍了整个村子,大家纷纷来他家观赏这种祝仙洞茶。因为当地人"祝"字的读音,与"水"字相近,就将祝仙洞茶传称为"水仙洞茶",后来又在传言中简化为"水仙茶"了。

还有个传说,说的是在武夷山的天心岩下有座天心庵,庵里的道士喜欢饮茶,就请来父女二人到天心庵种茶。这位父亲叫白云公,女儿叫白姑娘。父女俩精心种茶,除了供应天心庵的道士们饮用外,剩余的还能卖个好价钱,因此,日子过得还算不错。然而,白云公老汉因偶感风寒,酿成大病,不治而亡,白姑娘孤身一人,很精心地经营着这个茶园。

有一天,白姑娘到附近的水仙洞担水,偶然间发现在石缝里长着一棵小茶树。她就将小茶树移栽到水仙洞旁的一块土地上,每次去担水时就给小茶树浇点水。到了第二年小茶树长得有三四尺高了,茶芽嫩黄,茶叶油绿,十分让人喜欢。白姑娘将采摘的茶芽炒制好,舍不得喝,也舍不得卖,就存放在自家的大葫芦里。因为是在水仙洞附近发现的这株茶树,白姑娘就给这种茶取名水仙茶。

几年后,有一天白姑娘上山砍柴,遇见一个小伙子昏迷在山坳里。白姑娘心地善良,很有同情心。她见到昏迷的小伙子,就上前呼唤,小伙子似乎听到了她的呼唤,但就是打不起精神来。于是白姑娘就将小伙子背回自己家里。她用水仙洞的山泉水烹煎了一壶水仙茶,给小伙子喝下去。不大会儿,小伙子就苏醒过来。对姑娘的救命之恩,小伙子非常感激并告诉她,他叫鹤哥,住在山后,孤身一人,因为家里无粮,没有吃饭就上了山,不料饿得晕了过去。

白姑娘很同情这个孤身青年,就留他住了下来,让他先恢复一下身体再回后山。他们两个人正值年轻,日久天长就产生了感情,结为夫妻。他们不仅经营茶园,还用水仙茶给穷人治病,很快就名声远扬,很多人慕名而来求医治病。

天心岩下的一个村镇里有个恶霸,听说水仙茶能治疗百病,就起了霸占水仙茶的坏念头。有一天恶霸带着打手来到水仙洞,白姑娘与鹤哥一见来势汹汹,就想说理战胜恶霸。正当恶霸一伙摆开架势准备拔水仙茶树时,突然一阵旋风凶猛地向恶霸一伙吹来,吹得他们屁滚尿流,踉踉跄跄地跑了。恶霸不死心,过了几天又带着打手来抢茶树,结果仍然是被突然吹来的旋风吹得屁滚尿流。恶霸们这才悟出是神明保佑水仙茶树,从此再也不敢想入非非了。

水金龟茶的传说

作为武夷岩茶"四大名茶"之一的水金龟茶的得名,据说是源自一个神奇的故事。

相传在很古老的年月,在武夷山的青云山云虚洞里有个硕大无比的水金龟,它在这个阴冷的山洞里修炼到了 1000 年的时候,就奉玉皇大帝的旨意,来到天庭。它想到天庭谋个一官半职,好好享受享受,不料玉皇大帝却派给它了个看守仙茶园的差事。它心里很恼火,但又不敢发作,只得忍气吞声地"忠于职守"。

有一年初春的一天,水金龟忽然听到人间欢声雷动,它就锁好仙茶园的大门,偷偷地溜到南天门向人间观看。原来是武夷山九曲溪的茶园正在锣鼓喧天地祭祀茶圣陆羽。茶农们焚香叩拜,非常虔诚。水金龟觉得十分恼火,它不由得自忖道:"陆羽算个什么? 不过一介凡夫! 难道我修炼了 1000 年还不如他?"金龟心里产生了不平衡,打算到人间也享受一些香火,得到人们的尊敬。于是水金龟就偷偷来到武夷山的牛栏坑。

凭着水金龟在天庭管理仙茶园的经验,它觉得牛栏坑这个地方是个山垅,每天日照程度达到七成,山泉从山岩渗出,不急不缓,泉水都积存在牛栏坑里。加之土地肥沃,见湿见干,气温也是不冷不热,正是茶树生长的好条件。于是它就选择了一块平地,并且将自己变成了一株茶树。

在这牛栏坑附近有座磊石寺,寺里有几位修行的老少和尚。这天有个小和尚到牛栏坑担水。他是个办事非常细心的和尚,由于每天都到这里担水,他对这里的一草一木都了如指掌。这天他发现牛栏坑附近多了棵茶树,而且这棵茶树非同一般。它枝干粗壮,茶树叶厚实,油绿油绿的,还带有隐

隐约约的龟纹。回到寺里他就告诉了老和尚这个新发现。老和尚一听喜出望外，赶忙穿了袈裟，带着全寺的和尚来到牛栏坑。老和尚亲自焚香，祭拜这棵茶树，口里还不断地祈祷，请求茶神保佑好这棵茶树，让它在这里繁衍出更多的茶树来。

在那次祭拜之后，每逢农家节日老和尚都带着全寺和尚来祭拜，并派两个和尚专门负责这棵茶树的施肥、浇水等事宜。就这样水金龟受到了尊敬，满足了心愿，树越长越茂盛，在和尚的精心培育下，逐渐繁衍出一片茶园。和尚采摘了茶树芽苞，因为金黄色的芽苞上带有龟纹，就给这种茶叶取名为水金龟茶。

不知春茶的传说

不知春茶产自福建省武夷山的天游峰一带。这个有点怪异的茶叶名，传说还有一段来历。

相传在明代有位老贡生，一辈子苦读经书却没有捞到显赫的功名，因而心灰意冷，退而过起了潇洒的归隐生活。他嗜好饮茶和书法，几乎喝遍了天下所有的名茶，但凡得知哪里有名茶就一定前往亲自品尝。

有一次与朋友饮茶时，一位朋友说武夷山茶的品类多，不乏名茶，尤其是"明前茶"更是口味独佳，就是因为交通不便很多茶不能及时运出来。得知这个消息后，这位老贡生就命家人打点行装，到武夷山去品"明前茶"。由于路途遥远，加之路上遇到劫路者，他的盘缠几乎被洗劫一空，只留给他一些零用银两并保住了一条命。等他赶到武夷山时，已过清明和谷雨节，第一轮春茶已采摘完毕，无法品尝到真正的"明前茶"了，他心里觉得非常不痛快。然而武夷山的美景却使他惊艳。他想这武夷山真不愧是"天下奇山"，既然千里迢迢来到这里，何不顺便游览一下这座天下名山呢！可是没有盘缠怎么办？于是他就借宿在一山民家，委托山民买来笔墨纸砚，在山上向游人卖字。这位老贡生的字还是很有水平的，两三天下来就卖了十几两银子。他把这些银子的一部分用来支付食宿费，另一部分用来游览武夷山。

在游览中,他不忘处处搜寻茶树来开阔眼界,像九龙窠的"大红袍"、慧苑寺的"白鸡冠"、凤林丹岩的"吊金龟"等茶树名种,都寻访到了。但他还是不满足,继续边游览边寻访。当他来到天游峰下时,忽闻到一股奇异的香气。这种香气有兰花般的清新,又有桂花般的浓郁。他凭自己的经验断定:这附近一定有茶树,于是就四处寻找,终于在一堆乱石缝里发现了几棵茶树。这几棵茶树枝叶茂盛,芽苞嫩黄带绿,油乎乎的,十分让人喜欢。老贡生踩着嶙峋的怪石采摘了几片芽苞,不由得感慨地说:"你这个不知春的东西,怎么现在才长芽苞呀!"话音刚落,就听到一个银铃般的声音飘过来:"'不知春',这个名字真好!我在这里采了好几年茶,也没有人给它取个名字。"

这时老贡生才发现不远处还有十几棵这样的茶树,有个胸前挂着红兜肚的姑娘正朝他走来。姑娘很大方,告诉他:她家已经在这里采了好几年这种茶了,就因为名字土气一直卖不出好价钱。姑娘随即问他:"您为什么叫它'不知春'呢?"老贡生其实是歪打正着,本来是埋怨这种茶树错过了清明、谷雨的时节,不知道春天已经到来,但又碍于贡生的面子,就借坡下驴地说:"它就是'不知春'。"由此,这种茶便以这个名字往山外销售。

松萝茶的传说

安徽休宁有座松萝山。松萝山上长的茶,叫松萝茶。这种茶,叶片厚,叶脉细,嫩度好,条索紧结,色泽有光,冲泡后,香气四溢,沁人心脾。古人曾说:"松萝香气盖龙井。"更有奇者,此茶能做药用。至今京津济南一带一些中医开方用松萝茶来治疗高血压、顽疮,化食通便。关于松萝茶的药用功能,也有个传说。

明太祖洪武年间,松萝山的让福寺香火极盛,有大小僧众四十余人。让福寺同其他各寺不一样,它的门前不是端坐两只石狮子,而是露天摆了两只大水缸。这两只缸,不知是哪年哪月摆的,由于年代久远,缸里的绿萍长得喜人,水的颜色也绿如翡翠。苏杭一带的官员、财主、商人经常朝山进香,看到这两只缸里的绿萍,都啧啧称赞不已。

有一年,一个外地香客在庙前看到这两只水缸,不停地打量,足足端详了两个时辰。而后径直地走进庙堂,对老和尚鞠了一躬,说:"方丈,鄙人看到贵寺有宝贝,愿以百金购买。万望方丈割爱方便。"老和尚一听,觉得很奇怪,自己并不知道寺里有什么宝贝,便问:"施主所说,不知所指何物?"香客说:"就是庙门前那对水缸。"

"啊!"老和尚如梦初醒,连连说:"是的,是的,年代久远,受天地之灵气,日月之精华,难能可贵。阿弥陀佛,难能可贵。"当下,两人便议定价为三百两黄金,三日后,由香客带人来取。香客一走,老和尚怕水缸被人偷去,就吩咐全庙大小僧人一齐动手,将满缸绿水倒尽,洗刷干净,搬藏到庙内。

三天后,香客来了,一看到被洗刷干净的两只缸,直摇头叹息:"可惜啊,可惜啊!宝气已净,没用啦!"老和尚这才明白过来,自己帮了个倒忙,心中后悔万分,只得合掌念着:"阿弥陀佛。"老和尚正在懊悔,已经走出庙门的香客又回转身来,对老和尚说:"老方丈,你不要急,宝气还在你庙前,那倒绿水的地方便是。若种上茶树,便能长出神奇的茶叶。它呀,'三盏能解千杯醉'啊!"老和尚听了喜形于色,连连作揖说:"谢施主!阿弥陀佛!阿弥陀佛!"

后来老和尚便在那里种上茶树。果然,长成一片与众不同的茶树来。老和尚便把它作为让福寺的香茶,起名为"松萝茶",世代相传。

二百年后,至明神宗时,休宁一带流行伤寒痢疾。人们纷纷到让福寺烧香拜佛,祈求菩萨保佑。凡是到寺里来的人,方丈都赐赠一包松萝茶,面授"普济方"。病轻者沸水冲泡频饮,两三日即愈;病重者,用此茶与生姜、食盐、粳米炒至焦黄煮服,或者研碎吞服,两三日也愈。果然,服后疗效显著,制止了伤寒痢疾的流行。

四明十二雷茶的传说

四明十二雷是浙江的一种名茶。南宋时期这种茶就被列为贡茶,后来原因不明地消失了，直到 20 世纪 80 年代才恢复了生产。这种四明十二雷茶主要产于浙江省余姚市四明山北麓、河姆渡南面的三女山、虹岭一带。

宋代茶饼

这个古怪的茶名源于一个奇妙古老的传说。相传很久以前，在河姆渡南面四山岭地带的小村里，住着一家山民，除老夫妻之外，还有三个挨肩的女儿。一家五口，依靠种茶、炒茶为生，日子过得比上不足，比下有余。

有一年夏天，三个姑娘到山里去寻找新的茶树，以便扩大茶园的品种。此行她们在山里找到两三种新茶树。在下山途中，她们发现了一个山泉的小池塘，池塘里的水清澈见底，而且四处静悄悄的，杳无人迹，于是在这里玩耍、洗浴。

不料，正当她们玩得高兴的时候，风云突变，黑云滚滚而来，霎时间雷电交加，暴雨如注。三个姑娘不幸被 12 声炸雷击中，沉入池塘底部，再也没有浮上来。

第二天天亮以后，人们突然发现在山泉边出现了三座相依相连的俏丽山峰，远眺犹如三个亭亭玉立的少女，在山上还长有一种茶树。后来当地人就将这三座突然拔地而起的山峰叫作三女山。由于三女山位于四明山山脉，又加上是由 12 声炸雷而形成的三女山，所以就将山上产的茶叶叫作四明十二雷茶。这种茶外形挺直而纤秀，如同松针，色泽淡绿，炒制后茶香如同兰花，茶汤橙黄透明，甘醇可口，香气久久不散。

乌牛早茶的传说

乌牛早茶产自浙江省永嘉县乌牛镇,这种茶的茶形扁平挺直,翠绿油润,是因产地而得名的茶叶品种。

传说宋代蔡襄在担任泉州太守期间,为还母亲的心愿,想在泉州造一座洛阳桥。由于蔡襄是个清官,依靠做官的俸禄无法偿还母亲的心愿。为此,他十分犯愁,终日愁眉苦脸,精神不振。恰巧观世音菩萨从普陀山到泉州来,听土地神说了蔡襄犯愁的事,就决定帮助蔡襄。她立即点化了一叶扁舟,上面站立着一位绝代佳人,舟上还立有一个招牌,上面写有"银锭掷中其身,则以身相许"的字样。这件事轰动了方圆数十里的纨绔子弟们,他们竞相往绝代佳人的身上扔银锭,可是都落在小舟里,却没有一锭掷中美女。几天之后,这些纨绔子弟们也都失去了信心。恰巧吕洞宾经过这里,他一眼就看出舟中美女是观世音的化身,就想和她开个玩笑。于是他变成一个翩翩少年,将银锭掷向美女,不偏不倚地掷中了美女的心窝。此时观世音已发现这是吕洞宾在恶作剧,气得她腾空而起,竟然一夜之间变成了一个白发苍苍的老太婆。

观世音气得白了头的事,使得吕洞宾非常尴尬,自己又无回天之力,他就去求西天佛祖。佛祖听了吕洞宾叙述的原委,狠劲地批评了吕洞宾,然后让吕洞宾带着一株仙茶树去给观世音赔礼道歉。观世音从仙茶树上摘取了三片茶叶,用普陀的山泉烹而饮之,头发立时就恢复了如墨似漆的颜色。

观世音菩萨随后就将这株仙茶树栽在普陀山的紫竹林中。第二年正值清明时节,一头来路不明的乌牛闯到了紫竹林,见到仙茶树长出的芽苞嫩绿而散发清香,上前就啃。这时恰好被观世音发现,乌牛叼起茶树就跑,观世音紧追不舍,一直追到瓯江下游的永嘉县境内时,观世音将乌牛打落云头,乌牛和茶树就都落在瓯江口北岸。第二天早晨这里就生出一片茶树林来。后来人们就将这里称作乌牛镇,这里产出的茶也就被称为乌牛早茶。

茶女红的传说

有"绿色的金子"之美誉的安徽"屯绿"闻名世界,是"首屈一指的好茶"。黄山毛峰是"屯绿"中的上品,它产在美丽的黄山,每年谷雨前三天后四天采摘,又名"谷雨尖子"。上等的毛峰叫"茶宝",又叫"茶女红"。它似根绿针,泡在杯中一小会儿,就舒展成一个完整的叶片,汤色碧绿喜人,香气四溢,而且还有养气颐神的功效。更可贵的是,在清晨,用山泉水沏,在杯中缭绕的热气中,可以看到一个美丽的姑娘,跪在茶树旁,采摘那迎着朝阳长出的第一枚叶子的情景。关于茶女红,还有一个古老的故事。

从前,在黄山有个叫萝香的孤女,长得如花似玉。萝香美丽、善良、灵巧,而且歌声动人,常常边采茶边唱歌。邻村有个年轻的打柴汉叫石勇,每天早上上山,他要绕路从萝香屋前经过,听听萝香唱歌;下山也从萝香屋前经过,喝杯香茶,香沁肺腑。他偷偷地爱着萝香,可是他怕姑娘受委屈,不敢言明。每天,他都悄悄地放一捆柴在萝香屋边;再累,也要把萝香的水缸挑满。

萝香渐渐大了,越发苗条标致。求婚的踏平门槛,可萝香总是摇头不允。

一天,一下来了好多求婚的,有县官的公子,有书生、武生,有财主的少爷,有店铺的小老板。他们在萝香的茅屋前会面,亮出珠宝金银、绫罗绸缎。

公子说:"我爸是一县父母官,我最有资格娶萝香。"武生说:"我武艺高!"书生说:"我文采好!"小老板说:"我家有钱!"少爷说:"我家有地!"他们就像捣了麻雀窝般,聒聒噪噪,吵个不止。萝香根本没有正眼瞧他们,说:"你们哪都不够格!"众人一惊,停止争吵,互相瞅着。忽然,公子说:"你不嫁我们,看哪个野小子敢娶你?"众人附和说:"对!"由狗咬狗到狗帮狗,众人就坐到萝香屋前,死皮赖脸地不走。萝香冷冷一笑,就离开了。她走到村里,找到德高望重的白胡子鲍老汉,说:"鲍老爹,我有一事想劳烦您,我要用茶宝决定婚事。"鲍老汉一听,说:"萝香好姑娘,只要你信得过老汉,这事我

就办。"

　　于是,鲍老汉走到萝香屋前,对众人宣布说:"有耳朵的听好,三月初八,萝香在黄山以茶择婿。"

　　"以茶择婿"这事轰动了四乡八镇,消息不翼而飞,大家都等着三月初八来看热闹。

　　这天,东方刚白,人们已挤在萝香的屋前,人山人海的。只见萝香在屋前,迎着太阳,摆了几条长凳,凳子上一排放了二十多只杯子,每个求婚者都站在一只杯子前。萝香像往日一样,大大方方地一手提壶,一手拿着茶叶走出来。用眼一扫,那群求婚的公子少爷小老板一个不缺,就是不见天天见面的石勇哥。于是,她张口唱起来。石勇像往日一样,扛着扁担绳子,提着砍刀正走在路上。一听萝香的歌声,他加快了步伐,歌声未停,他即已来到萝香屋前。看到那么多的人他赶忙挤进去,但条凳那里已没了位置,他只得在旁边站着。萝香向他嫣然一笑,鲍老汉就会意了,拿了只茶杯给他。他放下扁担、砍刀,紧紧捧着茶杯。

　　鲍老汉宣布择婿开始,嘈杂的人声顿停。于是,萝香在每只杯子上放了茶叶,然后,沏上开水,对天祈祷说:"萝香今日择婿,望神灵保佑。萝香精气已郁结于茶,谁的杯中显现出萝香的身影,谁就是萝香的丈夫。"

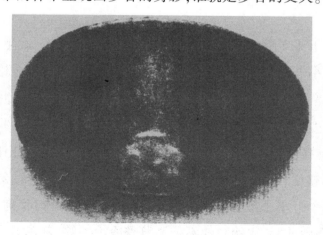

北宋茶具:耀州青釉茶碗

　　一会儿,茶叶在杯中舒展开来,成了一枚完整的叶子,茶杯上热气盘绕。

人们目不转睛地看着,看姑娘的影子在谁的杯上显现,看看谁是最有福气的人。说也怪,竟在石勇杯上的热气里出现了萝香迎着初露的太阳,跪在茶树前,用舌尖卷采的图画。

众人看到这神奇现象,个个屏住了呼吸。只见萝香喜滋滋地走到石勇面前,从怀里掏出一小包茶叶,说:"石勇哥,茶宝是属于你的。"

石勇仍捧着茶碗,目不转睛地望着热气上的图画,萝香只得把茶宝塞到他的手心。

看着石勇捧着茶碗,随萝香进屋了。其他求婚的才怏怏不快地散去。

知县公子满肚子坏水,路上就想好了歹计,一回到县衙,就说:"爸爸,今天求婚未成,可看到茶宝了。你要是把它搞到手,进贡给皇上,爸爸,我高官尽你做,大福尽你享!"

知县眉开眼笑地说:"好儿子,亏你想得周到。你马上派兵去拿那打柴的,搞到茶宝去进贡,待皇上赏赐下来,再把萝香抢给你。"

公子带着衙役,悄悄地包围了石勇的住处。石勇被五花大绑押到县城。知县亲自审问,要石勇交出茶宝。可这是石勇的命根子,任凭知县严刑拷打,他都一字不吐。知县只得把他收监。

萝香姑娘赶忙跑到县城去探监,看到石勇体无完肤,血肉淋漓地躺在地上。萝香止不住哭道:"石勇哥,你受苦啦!"

石勇一见到萝香,一下坐了起来,说:"萝香妹,他们要夺走你送给我的茶宝,他们是白日做梦。我宁死不给!"

萝香也气狠狠地说:"这个狗官,比强盗还坏!他们不会有好下场的。"

石勇说:"萝香妹,你快回去吧!不要管我!"

萝香说:"哥啊,我等着你。你先把茶宝交给狗官……"然后,放低声音说:"没有山泉水,那图画是现不出来的。"

石勇坚定地说:"萝香妹,为了你我死也不交出茶宝。"

忽然,"哈哈"一阵狞笑,两人抬头一看,原来知县父子站在面前。知县凶恶地说:

"石勇,你如果不交出茶宝,我就杀掉萝香。来人啊!"

"喳！"

上来几个如狼似虎的差役，把萝香按倒。石勇忙悦："不，你们不能杀她，我交！"

知县冷冷一笑，说："早这样，也省得皮肉吃苦。交出来，献给皇上，你也可以得点奖赏。嘿嘿！"

知县得到茶宝异常高兴，忙收拾了东西，带着公子赴京城进贡。但是，他并没有放掉石勇。

知县来到京城，把茶宝献给皇上。皇上亲手把一枚茶宝放到杯里，沏上茶。一会儿，茶叶在杯中舒展开来，杯上也出现了腾腾热气，周围清香异常。皇上和大臣们等待着那奇异现象的出现。可是他们不知道要用清澈的山泉水泡。所以过了一会儿，热气散去了，还不见那图画出现。皇上大怒，吩咐把欺君的知县父子斩了。

皇上派了个新知县来到歙县。这个家伙也是一肚子污水，心想，茶宝一定有些来历，只是前任发财心切，仓促送给皇上，才丢了性命。他决定从石勇嘴里掏出秘密来，就命人在牢中拷打石勇。石勇咬紧牙关，怎么都不肯说，最后竟气绝在衙役的杖板之下。凶狠的新知县就命衙役把石勇的尸体抛到黄山坳里。

这时萝香已逃到深山坳里，她时时想念着石勇，对着茶树洒泪。后来，她听说新知县打死了石勇，又抛尸山野，顿时昏了过去。人们一阵忙活，她才苏醒过来，哭着说："伯叔婶娘们，请你们把石勇的尸体放到我的茶树边。我用汗水浇灌茶树，我也要用心血浇活我的石勇哥。就是死，我们也要在一处啊！"

乡亲们明知萝香说的是痴话，还是答应了她的要求，把石勇的尸体放到茶树边。

萝香看着骨瘦如柴、面色如土的石勇，止不住哗哗泪下。泪珠扑簌扑簌地落在石勇的身上，与血迹相融，变成血水流淌下来，湿润了茶树的根。石勇生前最爱听萝香唱歌，最爱喝萝香制的绿茶。如今悲不能唱，只有茶水能浇灌石勇。可是茶宝已被皇上糟蹋了，如何办呢？萝香把新采的叶片放到自己的心窝上,哭喊着,就晕倒在石勇身上。太阳落山了,月亮慢慢升上来了。萝香似睡非睡,似醒非醒,觉得那叶片儿在心口蠕动,渐渐地卷起来,那茶宝竟制成了。萝香一下坐起来,拿起那茶宝直奔茅屋。她提着水罐儿去汲那带露的山泉,用松球烧开,沏上。此时天已鱼肚白色,她顾不得那显现的姑娘采茶图画,直奔石勇身旁,说:"石勇哥,你喝下这杯水吧,算是妹妹对你的心意,我不能没有你啊,哥啊!"

于是,她撬开石勇的牙齿灌下去。说也怪,这茶醇厚清爽的香气,就从石勇的嘴里一直渗到心里,石勇竟动了一下,说:"真香!"萝香姑娘一惊,喜上心头,说:"石勇哥!香,你就多喝些吧!"

她就扶着石勇把茶喝完。石勇觉得茶到肚,有种说不出的东西渗透到每一根汗毛孔里,他动了动手,伸了伸腿,说:"好怪啊,我还没有死吗?萝香姑娘,你从哪儿弄来这起死回生的灵丹?"

萝香姑娘见石勇活了,快活得心都要跳出来,眼里滚动着亮晶晶的泪珠说:"石勇哥,你躺着不要动,这灵丹有的是,我给你采去!"

萝香姑娘又快乐得像春天树林里的小鸟,不断地唱着歌,采叶,制茶……

石勇喝了七天茶后,居然渐渐恢复了元气,身体像以前一样壮实。

萝香姑娘虽然瘦了,但是她的精诚使石勇死而复生,心里异常高兴。从此,他俩便在山上过着自由自在的美满生活。茶宝的秘密始终保存着,新任知县也是"狗咬尿泡——一场空"。打那儿以后,茶宝便作为采茶姑娘的爱情信物而流传下来。

天子茶的传说

广东省的罗定市属于南亚热带季风气候区,特别是它那群山环抱的小盆地地势和红壤土,适宜茶树生长。这里除了有享誉国内的"黄鹤顶茶""珠兰茶"之外,还有一种名称特殊的"天子茶"。

说起这天子茶,颇有一段来历。相传远在明朝万历年间,一个广东罗定

州的新入伙的茶商,听说京城一带不产茶叶,就想长途贩运几大包茶叶到京

明·万历皇帝像

图出自《海公小红袍全传》

城去卖。到了繁华的京城找了个鸡毛小店住下之后,他就带了些家乡的"天字茶"到街上去找买主。这种"天字茶"的得名,是由于在罗定州的群山中有座高峰叫天字山,这里所产的茶叶质量最好,当地人称它为"天字茶"。不过,这位罗定茶商学着北方话推销茶叶,因为他的发音分不清"字"与"子"的音调,他说的"天字茶",在北方人听来却是"天子茶"。茶店的伙计都十分惊异,不敢接受他的茶叶,心里还嘀咕:这位老兄怎么这么大胆,竟敢在天子脚下卖天子茶!这位广东茶商不仅不知自己犯了忌讳,还大言不惭地宣扬说:"我们的家乡有座天'子'山,就出天'子'茶呀!"

这事很快就传到皇帝的耳朵里。万历皇帝听太监说前门大街有卖天子茶的,很是生气。皇上想,怎能容忍用天子的名义推销茶叶呢!于是就降旨将这个茶商抓了起来,由皇上亲自审讯。这个茶商是个非常聪敏的人,当他

得知是因为他咬字不准,将"天字茶"说成"天子茶"而酿成大祸后,就灵机一动改口说:"我们家乡的确有座像天字的大山,山上产的茶叶在我们那里是最佳的,人们都说这是专门给天子饮用的,我到北京来就是给皇上贡献这种天字茶的,因为我进不了皇宫,就只好卖到茶叶店,请他们转交给皇上。"

万历皇帝见他衣着土气,说话淳朴,就相信了他的话。随即命太监泡茶品尝。一会儿泡好的茶给皇上端上来,皇上一揭开碗盖,就立刻觉得香气扑面,品尝后更是觉得满口留香。皇上不住地点头称赞,就将罗定茶商安排在驿馆住下。然后又降旨给罗定州知州,要他每年进贡天子茶 100 斤。这样"天字茶"就张冠李戴地成了"天子茶"。

金地茶的传说

九华多云雾,云雾出香茶。古时最早的九华香茶中,名气最大的要数金地茶。

话说金地藏从新罗国渡海东来,入唐求法,历尽千辛万苦,才找到这仙气悠悠的九华山。"袈裟借地",得山主闵公让和的施舍,将这九华九十九峰做了他的道场。那年春天,春雨连绵,一连半个多月,九华山沉浸在浓雾细雨之中。金地藏端坐岩洞中,诵经不歇。忽然,隐隐听到耳边响起"噼啪噼啪"的声音。他虽未睁眼,仍感到这响声是从自己内衣胸襟里发出来的。他下意识地伸手一摸,情不自禁地喊了一声:"呀!茶籽儿。"

果然是茶籽儿。这茶籽儿是新罗国王子金地藏来唐的前一天深夜,遭父王废弃的母亲含泪将她亲手采来的王家香茶籽儿缝在金地藏的内衣襟里的。她对儿子金地藏说:"儿啊,你决意要到大唐去学法,娘不强留你。你把这点茶籽儿带上,不管到哪里落脚,你在秋天种下,春天就可尝到新茶。你喝了娘这新茶,能明目清心,消灾除病。你见到这茶,就像见到为娘……"

金地藏来到九华山,一直将这几粒茶籽儿放在身上。不料茶籽儿经九华灵雾滋润,加之金地藏身怀仙气,贴胸一焐,神力无穷,竟然发起了芽。茶籽儿芽尖从衣襟缝里冒出来,发出"噼叭"之声。

于是,金地藏立即小心翼翼地将发了芽的茶籽儿取出,种在他禅修的南台(神光岭)向阳的山坡上。茶籽儿入土,日日见长。不到三个月,竟长成一片郁郁葱葱的茶园,满山飘香。

这些新罗茶,"梗空如筱","叶肥似簪","毫毛吐霜",用山泉一沏,青烟袅袅,清香四溢。一天,闵公来拜访金地藏,附带看看儿子道明。喝到这新罗茶,连声称赞,说"真是仙山佛茶!"临走讨了几粒茶籽儿回闵园家中,种于府宅之畔,不出半载,茶遍闵园。闵公惊叹不已,知金地藏是位神僧,便也弃家,随金地藏皈依佛门,并将他亲手种亲自制的第一杯新茶敬了菩萨。

从此,洞僧金地藏的新罗佛茶闻名遐迩。山下老农吴家的长老吴孟光(字用之)老先生闻知,拄了根竹拐杖,上山来找金地藏,求赐佛茶品尝。金地藏以茶待客。长老喝了一口,便满口清香,连喝三口,他患了多年的眼疾顿时无药而愈,双目明亮。起身就拜,口称:"多谢菩萨,此乃'金地茶'也!"

"金地茶"之名,从此千古流芳!

金地茶,既以佛茶而闻名,一时竟与金同价,一两黄金一两茶,身价百倍,成为贡品。据说清朝康熙皇帝乾隆爷都是喝了金地茶,才添了灵气,生出了光辉,御笔为九华题书来的。正是:

> 云雾九华山,新罗金地茶。
>
> 千古播友谊,香茗在佛家。

普陀佛茶的传说

普陀佛茶出自普陀山的最高峰佛顶山,又因最初是由慧济禅寺的和尚种植、管理,并为寺院提供敬佛和待客的用茶,故名佛茶。

关于佛茶的产生,还得从普陀山成为观音道场说起。相传五代后梁时期,有一个叫慧锷的日本和尚来中国游历时,在五台山停留了好长时间,并与这里的方丈成了莫逆之交。有一天,慧锷在大殿后院见到有尊檀香木雕成的观音佛像,赞不绝口,非常景仰。方丈见他十分喜爱,便说:"如法师喜爱,您就请回供奉吧!"于是慧锷法师就在后梁贞明二年(公元916年)一个

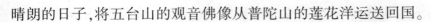

晴朗的日子,将五台山的观音佛像从普陀山的莲花洋运送回国。

这一天,运载观音佛像的渡船刚到普陀山的莲花洋面上,突然海风骤起,风急浪高,渡船东倒西歪,盘旋打转,无法张帆行进。慧锷见此,只好把船驶进普陀山的一个山岙潮音洞里,抛锚落帆,待得风浪平息后再走。

次日,虽然是个风平浪静的日子,慧锷兴致勃勃地扬帆起航,可是船刚驶出山岙,莲花洋面上就突然升起了一团烟雾。烟雾越升越高,逐渐扩散,像道屏幕挂在船的前面,挡住了去路。慧锷抬头望天,是一片湛蓝湛蓝的天;看看四外,却是风平浪静的大海。慧锷下令调转船头,绕过烟雾向前行驶。不料,飘动的烟雾却像与帆船捉迷藏一样,船向左行驶,烟雾飘到左边;船向右行驶,烟雾飘到右边。左冲右突,绕来绕去,也摆脱不了这片烟雾。慧锷没有办法,只好再次把船驶进山岙里,等烟雾消散了起锚。

到了第三天清早,晴空万里,彩云绚丽,霞光万道,风平浪静。慧锷和尚心中喜悦,合十顶礼,马上扬帆起航。遗憾的是,船一出山岙,就见到浓浓的乌云翻滚而来,天色变得铅一般灰沉沉的,海面上也涌动着滔天的巨浪。慧锷觉得不能再耽搁时间了,就命令船家顶风破浪朝前驶去。可是船驶出大约几十丈远,就好像抛了锚一样,进退不能。慧锷一看,只见海面上漂来一朵朵铁莲花,将船团团围住。慧锷这才恍然大悟:第一天是风浪阻挡,第二天是烟雾弥漫,今天是铁莲花围困,原来是观音大士不愿去日本! 于是他回到船舱,跪在观音佛像前祈告说:"如若日本众生无缘见佛,我遵照大士所指方向,另建寺院,供养我佛。"他的话音刚落,就听得水声哗哗地响了起来,从海底下钻出一头铁牛。铁牛游向铁莲花! 一口一个,很快就把几十朵铁莲花吞吃掉。这时在回程的海面上出现了一条航道,铁牛在前引路,直到岸边铁牛沉入海底,不见踪影了。慧锷定睛一看,原来船回到了普陀山的潮音洞。

慧锷看到岸边有所民房,就捧着观音佛像前往,将观音大士供奉在案几上。此时天空乌云散去,艳阳高照,风和日丽。慧锷自知观音显灵,就决定翻建这间民房,为观音大士修建观音道场。这个观音道场被当地人称作"不肯去观音院"。

普陀山成为观音道场之后，又相继建立了普济寺、法雨寺、长生禅院、盘陀庵、灵石庵等寺院，来这里修行的和尚日渐增多。可是普陀山没有水井，和尚们的饮用水都是挖池蓄雨水。如果单纯地饮用雨水，并不好喝，而濒临的海水又不能喝，这给慧济禅寺的住持出了大难题。有一天住持净身后，就跪拜南海观音菩萨，祈求大慈大悲的观音菩萨指点迷津，不再受缺水的困惑。观音菩萨闻讯带着善财童子来到佛顶山上空，用手一点，顿时佛顶山上就长出一片茶树林。

清晨小和尚巡山时，发现山上长出很多茶树，于是报告给住持。住持意识到这是观音菩萨显灵，也知道这种矮树是茶树，于是就派人到甬县(今宁波)和会稽(今绍兴)学习采摘、焙炒茶叶的技术。第二年清明时节，佛顶山的慧济禅寺就焙炒出第一批茶叶。当时茶叶的产量还低，所产的茶叶只用来供佛和待客，因而就取名普陀佛茶。

普陀佛茶是在每年清明节前后采制，这种茶色泽嫩绿，外观以"似螺非螺，似眉非眉"的蝌蚪状著称，因而也称"凤尾茶"。冲泡的茶汤嫩绿，香气馥郁，喝到嘴里给人齿颊留香之感。

碧螺春的传说

碧螺春原是产自江苏太湖洞庭山碧螺峰上的一种野茶。据清代王彦奎的《柳南随笔》记载，这种茶产于"洞庭山碧螺峰石壁"，"初未见异"，直到康熙年间的一年初春，一位茶农登山时，发现了这种野茶，又正是采摘的时节，就采摘了很多。可是他的背筐装不下，就兜在胸前的围裙里。他下山时就觉得围裙里的茶叶散发出一种"异香"，不由得吃惊地喊出"吓煞人香"来。回家后经过炒制，发现它"干而不焦，脆而不碎，青而不腥，细而不断"；冲泡时，茶汤清淡，香气绵长持久，因此大家就称它"吓煞人香"。在清康熙三十八年(公元 1699 年)，康熙"驾幸太湖"，当地官员以此茶献给康熙，博得赞许，问到茶名，觉得过于俗气。康熙品味着香茗说："这种茶状如青铜丝，又形似卷螺，还产于碧螺峰，就叫碧螺春吧!"从此"吓煞人香"就以碧螺春的名字名扬天下了。

　　关于碧螺峰上"野茶"的来历还有一个美妙的爱情传说。相传在很久远的年代。在太湖洞庭山的西山居住的渔民家有个姑娘叫碧螺,而在东山居住的渔民家有个小伙子叫阿祥。阿祥下湖打鱼时,经常遇到碧螺在湖边织渔网。他们虽不相识,但年貌相当,彼此产生了爱慕之情。阿祥喜欢碧螺边织网边唱歌的活泼性格,碧螺爱慕阿祥那伟岸的身材和吃苦耐劳的精神,只是他们无缘相识和相爱。

　　有一年在太湖里突然出现了一条恶龙,它搅得一向平静如镜的太湖水恶浪滔天,渔民下不得湖,打不了鱼,换不来粮食,日子过得越来越艰难。阿祥见此就决心惩处恶龙。一天晚上。阿祥悄无声息地摸到恶龙盘踞的西山水洞边。他见恶龙正伏卧着休息,就瞄准了恶龙的胸口猛地将渔叉刺向恶龙。不料恶龙受伤后变得更加疯狂,它张开饕餮血口,要吃掉阿祥。机敏的阿祥一个箭步跳出水洞。恶龙也随之追出水洞,他们就在湖边上搏斗起来。他们的搏斗、厮杀声传遍了洞庭山,东山和西山的渔民都到湖边为阿祥呐喊助威。碧螺姑娘本来就对这个小伙子有好感,于是站在最前面鼓励这个从来没有和自己说过话的小伙子。阿祥得到乡亲们的鼓励,特别是碧螺姑娘的鼓励后更让他觉得力量倍增。他与恶龙连续作战,不分白天还是黑夜,一直搏斗了36个时辰。阿祥最终刺死了恶龙,但此时他也筋疲力尽,累得昏迷过去。

　　碧螺姑娘见此立即跑过去,背起阿祥就回到家中。众乡亲们知道阿祥孤身一人,无依无靠后,很是欣赏碧螺姑娘的见义勇为,纷纷拿出自家最好的点心或腌鱼送到碧螺姑娘家。还有的乡亲划船到城里去为阿祥请医生治伤。尽管有碧螺姑娘的悉心照料和医生的治疗,可是阿祥的伤口却总也不能愈合。碧螺姑娘更是焦急万分,她在乡亲们的帮助下,访医求药,但仍不见效。

　　第二年初春的一天,碧螺姑娘到西山采草药,无意间来到阿祥与恶龙搏斗的地方,忽然发现一棵小茶树长出很多芽苞,于是就采摘了一些。回到家后阿祥饮用了碧螺姑娘烹煎的新茶茶汤,立时就觉得茶的清香沁人心脾,浑

身舒爽。这样碧螺姑娘每隔几天就去西山采茶,烹煎给阿祥饮用。过了不久,阿祥的身体大为好转。阿祥非常感激碧螺姑娘的救命之恩,掩藏在他们内心的爱情就自然萌生了。当他们沉浸在爱情的幸福之中时,并没有忘记救阿祥一命的那棵茶树。他们在西山的茶树旁搭建了一座小屋,搬到这里来住。他们为茶树施肥、浇水,还为茶树培育繁殖新的秧苗,终于使得这棵野茶树繁殖成一片茶林。遗憾的是,碧螺姑娘积劳成疾,并没有享受到长时间的美满生活,便与世长辞了。人们为了怀念这位品德高尚的姑娘,就将茶树所在的西山叫作碧螺峰。后来阿祥年老故去,留下的这丛茶林,很多年以后才被后人们再一次发现。后来康熙把这茶命名为碧螺春。

天台云雾茶的传说

红安县天台云雾茶不但驰名湖广、内蒙古、陇、宁、青等少数民族地区,在明代嘉庆年间,因耿定向举荐,曾一度有少量被定为"贡茶"进入皇宫。这少量的"贡茶"只产于天台山正峰顶一亩左右的面积里。传说当时的摘茶泡制十分严格和讲究。这里单说采摘方式和沏茶后的神奇景观。

采摘的时间为农历谷雨前五天,时间为十天。每天的清晨日出前的两个时辰。采摘者要选18岁以内的清纯姑娘,采前要洗手洗脸洗口穿戴干净。采摘方式为:不用手只用口咬,咬下的尖叶放在绫罗手帕中,然后倒入一个崭新的青丝竹篮里,太阳刚升起来,担回去泡制。这些泡制好的头尖谷雨茶,送往朝廷后由专人上贡给太监。

皇上、皇后沏天台云雾茶的器具也是特制的,这些器具全为金杯玉盏。当皇上皇后由太监、侍女沏上天台云雾茶后,送到御案上。皇上皇后揭茶盖品尝时,金杯玉盏内一股香雾缭绕。在皇上的眼前,同时有两条黄龙在金杯玉盏内壁水行环绕,直待至茶水喝完。再续水时,黄龙飞行环绕如前。

后来皇上御赐天台山云雾茶为"贡茶"。这个传说虽然真伪无从证实,但足以说明天台云雾茶历史悠久,采摘时间与方式十分奇特。

香露茶与观音仙茶

罗田茶叶的生产历史悠久。王葆心主编的《罗田物产志》云:"吾县产茶起于唐代,大盛于宋代。"《续资治通鉴长编》及《文献通考》亦说,宋时曾在罗田"石桥铺立茶场,造贡茶。"沈括的《梦溪笔谈》对此也有详细记载,说:"石桥茶场是宋仁宗嘉祐六年(公元 1061 年)买卖,凡制茶五十五万斤,卖钱三万贯左右。"较之清光绪年间两县一岁之钱粮还多。

罗田地处大别山主峰南麓,山高林密,气候温和,多为沙质土壤,酸碱适度,适宜茶树的生长。所产茶叶香浓味醇。南部石桥铺观音山的观音仙茶,颜色浅绿,醇香耐泡,冲泡四次,其味仍醇,饮后满口清凉。此外,北部落梅河香炉观的香露茶,东部僧塔寺的"云雾茶",中部老塔山的"凤山茶",都曾受到历代名人的赞颂。据传罗田县令给苏东坡寄了一包"香露茶",东坡欣然作诗答谢:"妙供末香露,珍烹具大官。拣芽分雀舌,赐茗出龙团。晓日云淹暖,春风浴殿寒。聊将试道眼,莫作两般看。"

元末南方农民起义军领袖徐寿辉,最喜故乡"云雾茶"。他每月要饮茶一斤。罗田文人曾为"凤山茶"拟对联"当户青山藏凤尾,卷帘白水试龙团。"1982 年,在省土产公司举行的名茶和绿茶审评鉴定会上,罗田落梅河产的香茶名列第二。罗田制茶的功夫精细,尤重内质。各地每年谷雨前后开园,采摘一枪一旗(即一芽一叶)或一枪两旗的芽条,以热锅焙炒杀青,后以手搓条索,再回热锅烘干,一次成品。叶汁外露滚炒成霜,故有"银霜""霜芽""龙团"之称。冲泡饮用,色正味醇。

龙井茶的传说

龙井茶产自浙江杭州的龙井村一带,以狮峰出产的龙井品质最佳,称作"狮峰龙井"。龙井茶在我国有着悠久的历史。据北宋苏轼考证,杭州种茶的历史源自南朝诗人谢灵运。他在西湖的下天竺一带翻译佛经时,从天台

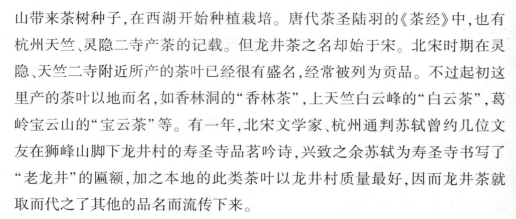

山带来茶树种子,在西湖开始种植栽培。唐代茶圣陆羽的《茶经》中,也有杭州天竺、灵隐二寺产茶的记载。但龙井茶之名却始于宋。北宋时期在灵隐、天竺二寺附近所产的茶叶已经很有盛名,经常被列为贡品。不过起初这里产的茶叶以地而名,如香林洞的"香林茶",上天竺白云峰的"白云茶",葛岭宝云山的"宝云茶"等。有一年,北宋文学家、杭州通判苏轼曾约几位文友在狮峰山脚下龙井村的寿圣寺品茗吟诗,兴致之余苏轼为寿圣寺书写了"老龙井"的匾额,加之本地的此类茶叶以龙井村质量最好,因而龙井茶就取而代之了其他的品名而流传下来。

如果说在元代和明代龙井茶的名声还介于诸名茶之间的话,那么到了清代,由于乾隆皇帝的重视与欣赏,它则被列为众名茶的前茅,成为驰名中外、独占鳌头的名茶之首。

乾隆皇帝曾六次下江南,不论是出于游山玩水,还是体察民情的目的,因为地方官吏知道他嗜好饮茶,所以每到一地,地方官吏都将本地的名茶献上供乾隆品尝。因此在他所到之地都留下了乾隆爱茶的佳话。传说有一年乾隆到杭州西湖巡游,知州在游舫上用本地的狮峰龙井招待乾隆。乾隆一看这茶的汤色碧绿,茶芽直立,忽忽悠悠地飘然而落,十分美观。啜饮一口,觉得满口清香,甘甜醇厚,便问知州:"这是什么茶?"知州回奏道:"这是西湖龙井的珍品——狮峰龙井,是从狮峰山胡公庙茶园采摘的。"

第二天乾隆就来到狮峰山的胡公庙茶园巡察,见到庙门前左右分别排列着9棵茶树,枝繁叶茂,葱茏碧绿,芽梢齐发,雀舌初绽,充满生机。乾隆来到采茶姑娘们跟前,就学着也采摘了一些新茶芽。接着知州和胡公庙的住持陪着乾隆参观了狮峰山下的茶场,观看了新茶炒制的过程。临行时茶场送给乾隆两盒狮峰龙井。

乾隆回到京城时,恰逢太后身体不适,乾隆就将从杭州带回来的狮峰龙井命太监烹煎给太后饮用。太后也很喜欢这种龙井,连喝几天便觉得身体渐渐清爽起来。乾隆闻讯大喜,随即传旨给胡公庙住持,敕封胡公庙前的18棵茶树为御茶,每年产的龙井茶进贡给朝廷。这样,龙井茶也就蜚声寰宇了。

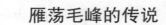

雁荡毛峰的传说

雁荡毛峰茶产于浙江乐清市雁荡山一带。这种茶以前叫作"猴茶"，据说是由猴子从悬崖峭壁上采得的茶叶，故而得名。

雁荡山山势陡峭，有的峭壁或悬崖上长有茶树，凭人的体力和攀山技艺，无人敢攀登峭壁或悬崖采茶。在雁荡山的南部有座罗汉寺，寺内有和尚数十位。和尚以慈悲为怀，他们善待一切生灵，与罗汉寺周围的各种动物相处得很和谐。雁荡山的猴子特别多，和尚更是与它们相处得很好。有一年的冬季，雁荡山下了一场从未见过的大雪，满山遍野都变成了白色的世界，许多鸟雀、猴子等素食类动物，到处都找不到食物，眼看就面临着生命灭绝的危险。恰在此时，罗汉寺的和尚在寺外四周放了很多大米、玉米给猴子食用。这种救命之恩深深感动了猴子。

猴子是很通灵性的，它们十分感激和尚的帮助。为了报答罗汉寺和尚的救命之恩，猴子就在来年的初春，攀悬岩、登峭壁，采得人迹难至的茶树芽苞，集中起来送到罗汉寺的山门外。这种人难以攀登的悬崖峭壁上长出的茶叶，接受的日照和云雾洗礼是得天独厚的，品种十分优异。和尚得到了这种优异的茶叶，更是感激猴子的回报。就这样一来一往，互通有无，久而久之，和尚和猴子就形成了某种默契，使得人们能够饮用到雁荡山悬崖峭壁上的茶叶。因为这种茶是猴子采摘的，所以又叫"猴茶"。后来这种茶树得以广泛栽种，茶的产量大大增多，茶商们觉得"猴茶"的名字不雅，就根据其形状、味道如同毛峰，更名为"雁荡毛峰"。

白牡丹茶的传说

福建省福鼎市一带盛产白牡丹茶，这种茶，身披白茸毛的芽叶成朵，宛如一朵朵白牡丹花，令人喜爱。

传说这种茶树是牡丹花变成的。在西汉时期，有位名叫乐群的太守，清

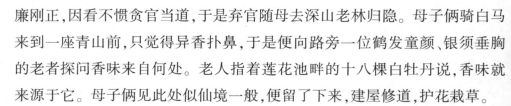

廉刚正,因看不惯贪官当道,于是弃官随母去深山老林归隐。母子俩骑白马来到一座青山前,只觉得异香扑鼻,于是便向路旁一位鹤发童颜、银须垂胸的老者探问香味来自何处。老人指着莲花池畔的十八棵白牡丹说,香味就来源于它。母子俩见此处似仙境一般,便留了下来,建屋修道,护花栽草。

一天,母亲因年老加之劳累,口吐鲜血病倒了。乐群四处寻药,万分焦急,非常疲劳,不知不觉睡倒在路旁,梦中又遇见了那位白发银须的仙翁,仙翁问清缘由后告诉他:治母亲的病须用鲤鱼配新茶,缺一不可。乐群醒来回到家中,母亲对他说:"刚才梦见仙翁说,我须吃鲤鱼配新茶,病才能治好。"母子两人同做一梦,无疑,一定是仙人的指点。

乐群十分有孝心,连忙张网到池塘里捉到了鲤鱼,但一时三刻到哪里去采新茶呢? 正在为难之时,忽然听得一声巨响,那十八棵牡丹竟变成了十八棵仙茶,树上长满嫩绿的新芽叶。

乐群立即采下,用新茶煮鲤鱼给母亲吃,母亲的病果然好了。

多余的茶叶,晒干,存放起来,那白毛茸茸的茶叶,竟像是朵朵白牡丹花,且香气扑鼻。由于这种茶具有润肺清热的功效,常作药用,曾为周围百姓带来健康。于是,乐群开山种茶,成了种植"白牡丹茶"的先驱。

为了纪念乐群弃官种茶,造福百姓的功绩,人们在当地建起了白牡丹庙,把这一带产的名茶叫作"白牡丹茶"。

周打铁茶的传说

江西省丰城市有一种周打铁茶。茶名取得很怪,殊不知这个茶名在当年还和乾隆皇帝有关呢。

据说在清乾隆年间,丰城市的荣圹乡有个名叫周打铁的人,为人憨厚正直,朴实忠诚,夫妻俩以经营茶树园为生。周打铁这个人念过几年的私塾,有些文化,对什么事都喜好刨根问底。他经营茶树园,不是单纯地按季节采摘茶芽、焙炒和销售,而是喜欢钻研种茶技术,培育新的茶树品种。有一年周打铁培育的一个新品种茶叶获得成功,夫妻俩高兴得不知如何是好。

恰在此时,乾隆皇帝到江南微服私访,来到周打铁的茶树园。乾隆等人以商人的身份,要求讨口水喝。周打铁夫妇一向对人热情,就将两位商人请到茶树园的茅棚。周打铁的妻子立即将新焙炒的茶叶烹煎了一壶给客人喝。

乾隆喝了周家泡的茶,觉得口味不同一般,香气馥郁,齿颊留香,就提出要买100斤。可是周打铁的这种茶刚刚试种成功,产量远远不能满足顾客的要求。无奈,乾隆只得作罢,临走时鼓励周打铁管理好茶树园。

过了两年,乾隆还没有忘记在丰城喝的那次茶,就通过江西巡抚到丰城市寻找一个茶树园主,想尝尝他茶树园的茶。可是人海茫茫,到哪里去找?江西巡抚就想了个变通之计,以选贡茶的名义,要每个茶树园献茶5斤。周打铁当然也不例外,只得拿出这两年所产的4斤茶叶交了上去。在上缴茶叶时,因为没有茶名,收缴的人就在茶包上写了"周打铁"三个字。

江西巡抚将收缴上来的茶叶,请江西的品茗名宿进行品尝后,筛选出四五种,其中就有写着"周打铁"的那包茶,通过驿站快马送往京城。乾隆皇帝收到这几包茶十分高兴,连夜品尝。当品尝最后到一包时,乾隆双手击掌,兴高采烈地说:"就是它!这是什么茶?"太监一看包皮,上面写着"周打铁"三个字,就说:"这是周打铁茶。"从此,周打铁茶就成为贡品茶了。这是我国唯一的没有正式茶名的贡品茶。

新江羽绒茶的传说

江西省吉安地区遂川县的新江乡花果山产有一种羽绒茶。称它为羽绒茶的原因就是由于它的外形色白而纤细,白毫密集,好像鸟的羽绒一般。这种奇特茶种据说是来自一个古老的传说。

传说在很久远的年代,有这么一家三口——老夫妻的膝下还有个姑娘,扶老携幼地从外地逃荒来到了遂川县地界。当他们艰难地来到新江乡时,老夫妻俩都病倒了。由于没钱治病,这对老夫妻相继病亡。留下的女儿只有18岁,按说这个年龄的姑娘是不愁没有生路的,可是她的命运不济,被当地的一个花花公子看中。这个花花公子家非常富有，想依仗自家的权势霸占姑娘。

不料，姑娘非常倔强，对这门婚事宁死不从。她不羡慕钱财，只想找个凭劳动吃饭的青年。后来那个花花公子派人来要挟姑娘说："给你一夜的思考时间，要是不应允，就不要怪我们不客气了！"姑娘在这里举目无亲，无依无靠，凭着自己的力量是无法与花花公子较量的。只有"三十六计，走为上"。趁着黑夜，就只身逃跑了。由于路途不熟，她走迷了路。天将破晓时，姑娘不敢独自行动，就爬上大山，钻进山林里。

几天后，一个青年猎人发现了饿得有气无力的姑娘，就将她背到山后自己家里。这个青年也是父母双亡，自己在山坡上盖了间草房，以打猎为生。姑娘在猎人家休养了几天后，孤男寡女，便产生了爱情。他们在一个月圆之夜，对月跪拜结为夫妻。

在婚后的日子里，一个偶然的机会，姑娘发现了一丛茶树。姑娘的老家是个茶乡，她熟悉茶树，只是觉得这丛茶树与众不同，它的叶芽茸毛很密集，枝叶也很粗壮。小夫妻俩就决定好好培育这丛茶树。第二年他们采摘了茶树的芽苞，焙炒成茶叶，发现这种茶叶仍然带有细密的茸毛，如同鸟的羽绒一般，就取名为羽绒茶。

羽绒茶外形美观，带茉莉花一样的香气，冲泡后汤色澄明透亮，香气扑鼻，很快就得到茶商的青睐。

乌龙茶的传说

乌龙茶是世界三大茶类之一。它是介于红茶和绿茶之间的半发酵茶，因而兼有红茶和绿茶的优点。用开水冲时，便会呈现红色并散发出一股香气，而叶子的底面则残留着绿色。红色镶边独具特色。

乌龙茶早就成为世界名茶，在民间有许多乌龙茶的传说，其中的传奇色彩给我们许多想象。为什么会被称作"乌龙茶"呢？

一种说法是，因为这种茶叶就好像乌鸦的羽毛那样黑，叶子形状有如龙的样子,故而得名。

　　另一种说法是,清朝雍正年间,在福建省安溪县西坪乡南岩村里有一户茶农,家中有一壮汉,姓苏名龙,也是打猎能手,因他长得黝黑健壮,乡亲们都叫他"乌龙"。一年春天,乌龙腰挂茶篓,身背猎枪上山采茶,采到中午,一头野生山獐突然从身边溜过,乌龙举枪射击,击中了目标,但负伤的山獐拼命逃向山林中,乌龙也随后紧追不舍,最后终于捕获了猎物,当把山獐背到家时已是掌灯时分,乌龙和全家人忙于宰杀、品尝野味,当天采来的茶鲜叶被扔在一边,全家人已将制茶的事全然忘记了。翌日清晨才忙着炒制昨天采回的"茶青",没有想到放置了一夜的鲜叶,已镶上了红边了,并散发出阵阵清香,当茶叶制好时,滋味格外清香浓厚,全无往日的苦涩之味。之后,又反复试验、精心琢磨,经过萎凋、摇青、半发酵、烘焙等工序,终于制出了品质优异的茶类新品——乌龙茶。安溪也成了乌龙茶的著名茶乡了。

大红袍茶的故事

　　武夷山盘亘于福建、江西接壤的崇安县境内,相传著名长寿者彭祖的两个儿子彭武和彭夷开凿了此山的九曲溪,故名。武夷山有三十六峰、九十九奇岩,峰峦叠翠,怪石嶙峋。九曲溪蜿蜒十五里,萦绕山间,形成三弯九曲的胜景。

　　武夷山的名茶是大红袍。关于大红袍,有几种奇妙的传说。有的说古时候崇安有位县令,生了重病,求医吃药终不见效。武夷山天心寺僧知道了,献上山寺所产的茶叶,没想到吃了几次,大病居然痊愈。这位县太爷感动至极,不过他感激的不是献茶的和尚,而是那棵茶树,于是屈驾亲临茶崖,对着茶树三跪九叩,焚香礼拜。然后脱下红色官服,战战兢兢地爬上茶崖,将自己的朝服披在茶树上,以表感恩戴德的拳拳之心。大红袍的茶名便由此而来。然而,认真追究起来,这个传说颇有破绽。县令服色,历代虽有变化,但从不服红袍,大红袍之说从何谈起。也有的说,这茶叶治好了皇后的怪病,皇帝龙颜大悦,赐名为大红袍。总之,传说众多,愈传愈神,愈神愈传。

这棵神奇的茶树,至今犹存。武夷山天心岩附近的九龙窠,岩壁上镌有"大红袍"三个大字,石罅间生长着三株一米高的灌木茶丛,茶质厚实,芽叶微微泛红,也许质厚色红才是大红袍茶树得名的真正由来吧。这三株茶年产仅7两左右,拍卖价高得令人咋舌。至于市面上销售的"大红袍",即使货真价实,也只是它的无性繁殖的后裔。

综观茶史,武夷茶的发展大致是始于唐,盛于宋、元,衰于明,而复兴于清。宋元时期,这里的茶称建州贡茶、北苑龙团,是宋皇室贡茶主要产地。每年惊蛰开始采茶,当地官员亲上祭台,隆重礼祭一番。令差役鸣金击鼓,满山茶农齐声高喊:"茶发芽!"喊声回荡在峡谷间,响如震雷,场面十分壮观。据说,这时山泉井水纷纷上涨,甘甜清洌。用这种水制茶,茶质异于常品。茶制完,水便退下,恢复原状,因此称为"通仙井""呼来泉",种种迹象都反映出武夷茶与仙道渊源已久。大红袍就是在这种氛围下产生的。

武夷茶属"绿叶红镶边"的半发酵茶,它的特点为"活、甘、清、香"四字。这种茶最适宜泡"功夫茶",也适合外销,因而近年来十分走俏。

"铁观音"的来历

相传清代乾隆年间,福建安溪松林头乡茶农魏饮虔诚信佛,每天起床的头等大事,就是将清茶一杯奉献在观音像前,几十年如一日,从未间断。一次,魏饮上山砍柴,偶尔路过一座观音庙,他赶紧叩头跪拜,拜着拜着,只觉得眼前一片亮晶晶的,定神一看,观音庙前居然长着一棵奇特的茶树,晨曦照耀下,叶面闪闪发光,显得十分厚实、圆润。魏饮想:莫非观音显灵,赐我这棵茶树?真是天助我也!于是,他小心翼翼地将它移栽到茶园,魏饮用这株茶的叶片制成乌龙茶,色泽厚绿,重实如铁,香味特异,比其他茶叶更为浓烈。一开始,人们顺口称它为"重如铁"。后来,得知魏饮的奇遇,便改名"铁观音"。

另一个传说是,安溪尧阳南岩山有位叫王士琅的文人,偶然发现了一棵与众不同的茶树,移植到自己的茶圃,朝夕管理,悉心培育,茶树枝叶茂盛,圆叶红心，采制成品，乌润肥壮，泡饮之后，香馥味醇，沁人肺腑。后来他将此茶进献给乾隆皇帝，由于茶叶乌润结实，沉重似铁，味香形美，犹如"观音"，乾隆便赐名为"铁观音"，这样，就把圣天子拉了进来。可惜这个传说流传不广，人们还是比较相信观音显灵。

福建乌龙茶，一向以闽北出产的武夷岩茶为正宗，后起的闽南安溪茶，很难与之抗衡。当18世纪武夷岩茶畅销海外时，安溪茶大多充当武夷茶卖给外国人。据《泉州府志》记载，清代乾隆年间僧人陈曼锡的《安溪茶歌》云"溪茶遂仿岩茶样，先炒后焙不争差"，因此，铁观音一开始只是武夷岩茶的仿制品。一般说来，仿制品的质量和声誉总不如原品，所以安溪乌龙茶要打开销路，必须别开蹊径。那时尚无广告，但朴素的广告意识似乎存于本心。魏饮事佛以及观音灵验等等，绝对是好广告。终于牌子越打越响，铁观音"青出于蓝而胜于蓝"，武夷岩茶的市场，竟然被安溪茶代替，"铁观音"战胜了"大红袍"。

当然，单靠广告是无法久占市场的。铁观音的后来居上，也得力于精心栽培和悉心炒制。铁观音纯用手工制作，工艺复杂，分十多道工序：采青、凉青、晒青、做青、炒青、初揉、初烘、复揉、复烘、拣剔、足火、包装等等。制作中，铁观音比武夷岩茶减轻了萎凋程度，加长了做青时间。两揉两烘后，采用低温慢烤，使叶内水分缓慢消失，咖啡碱随水分溢出，在茶叶表面形成一层白霜，称作"砂绿起霜"，成为铁观音高品级的标志，获得了"绿叶红镶边，七泡有余香"的美誉。1996年，铁观音的发源地西坪镇被农业部农垦局授予"铁观音乌龙茶生产基地"的称号，成为唯一获此殊荣的乡镇。

近年来，日本、欧美掀起了"乌龙热"，视乌龙茶为"健美茶""减肥茶"，其中最受人欢迎的便是"安溪铁观音"，居然被誉为"长寿茶""青春健美茶""茶类中之香槟酒"。尤其在日本，佛教的影响比较大，无论是崇实还是尚名，铁观音都对日本人胃口。所以，中国留学生到日本，往往带上一包包铁观音，聊以应酬。说起来，这算不上什么新发明。1925年，一位叫柴萼的人写道："予居日本时，有闽友持一小篓为赠。篓中装有鹅卵大之锡瓶十具。启瓶撮叶，浓香扑鼻，瀹汤以饮，真蔡君谟所谓味过于北苑龙团也，此铁观音茶,每年所产不多,故外省茶铺中不易购得之。"外省购不易,在外国倒有人送上门来,岂非快事。看来,那位带铁观音赴日的福建人,是开了风气之先。

白毫银针的传说

白毫银针是产于福建省北部的建阳、政和、福鼎一带。它的色泽白如银,形状细长如针,因此得名为白毫银针。在冲泡时,茶似银针挺立,漂浮于茶汤上层,待茶叶浸泡得水,再徐徐下沉,在橙黄茶汤的映照下,显得十分美观。

传说这种茶原本生长在福建北部的洞宫山的山巅,具有清热败火的功效,是当地人治疗疾病的首选草药。但由于山势陡峭,攀登路险,不到非采不可的时候,人们不敢轻易登山去采。有这么一年,政和一带从春到夏,半滴雨未下,天旱得庄稼干枯,地皮龟裂,最后导致瘟疫流行,很多百姓因染上瘟疫而死亡。当地人听老人说洞宫山的山巅有一种茶能够清热败火,解毒去瘟,前后有几个人登山去采,但都有去无回,所以人们都畏惧登山采茶。

在离政和县城很远的一个村子里,有一家山民老两口都染上了瘟疫,他们膝下有一双儿女。儿女们见到老爸老妈都染上瘟疫,心急火燎,到处求医问药都不见疗效。为了救老爸老妈的性命,兄妹挺身而出,要登洞宫山采茶治病。他们来到山脚下向一位当地的老者询问登山的路径,老者告诉他们:"无路可走,就得从这山坡往上登,但要记住:山陡林密,阴风呼啸,遇到什么事都不要停住脚步,一旦停下就有滚落山崖的危险。"老者还告诉他们:"在洞宫山的山巅有座'天池',池边生长着很多灌木,就是你要寻找的茶树,或者采些枝芽,或者采些种子,都能治疗瘟疫。"兄妹听了毫不畏惧,哥哥对妹妹说:"我来登山,要是我遇到危险,你再接着登山。"

为给父母治疗瘟疫,哥哥不顾老者说的"山陡林密,阴风呼啸",告别妹妹,怀着一种志在必得的心情开始登山。当他登到山半腰时,忽然一阵黑风猛地从山上袭来,刮得他睁不开眼,就稍微停顿了两步,不料忽然觉得脚下的山石滚动,他滑落了一段距离就变成了一块巨石,再也挪不动了。

等到天黑妹妹还不见哥哥回来,猜测是中途遇到了险情。她就找到山下的老者,请老者帮助分析哥哥的险情,并表示自己要前仆后继,继续登山。老者被姑娘的坚决态度感动了,给了她一块烤糍粑,并告诉她说:"登山时用糍粑塞上两耳,一定要记住不管遇到什么声响或情况,都不要停住脚步!"姑娘牢牢记住老者的嘱咐,登山途中,她遇到过狂风,遇到过暴雨,也遇到过野兽号叫,因为她的耳朵被糍粑塞着,什么也没有听见,埋头爬山,终于爬到了山巅。她在"天池"边上找到了一行行的茶树。当时正是秋季结子的时节,于是她高兴地采了一包茶树种子。

虽然人们说"登山容易下山难",可是姑娘下山时却觉得非常容易。她一路上没有遇到什么险阻,用了一个时辰就来到了山脚下。她知恩图报地拜会了山脚下的老者,给了他一些茶树种子。回到家里,她用采来的种子给父母烹煎后,连续饮用了几天,老爸老妈的身体就复原了。姑娘一见疗效不错,就给同村染上瘟疫的人也饮用一些,大家也都痊愈了。剩下的茶树种子他们就种在山坡上,几年后就成了成片的茶树林。后来又经一位外乡人的指点,他们学会了采摘茶树的芽苞,再经炒制就成了饮用的茶叶,还可以销售到山外去。前来购买这种茶叶的商人根据这种茶叶的外形为它取名白毫银针。

桂平西山茶的传说

桂平西山茶又名棋盘仙茗、棋盘石西山茶,产自广西桂平市的西山。西山栽茶始于唐代,明代时已享有盛名。据《桂平县志》记载:"西山茶,出西山棋盘石、乳泉井、观音岩下,矮株散植,根吸石髓,叶映朝暾,故味甘腴,而气芬芳。"西山最高山岩海拔约七百米。山中古树参天,绿林浓荫,云雾悠悠,浔江水色澄碧似锦。乳泉晶莹,气候温和、雨量充沛。茶树多生长在山腰的奇峰怪石间。西山集名山、名泉、名寺、名茶于一地,景色迷人。在广西的名茶中,桂平西山茶品质最好。

传说西山有一块巨大的棋盘石,周围树木遮天,是避暑胜地,神仙也常

中華茶道

来此游玩。

一天,东天大仙和西天大仙来此下棋,双方商定,输棋者受罚,对胜者的要求必须照办。两人下了很久,不分胜负。这时两人都口渴了,西天大仙便吹口气,变出了一杯香茶;东天大仙也吹了口气,变出了一杯泉水。一人喝水,一人饮茶,西天大仙正被香茶陶醉时,被东天大仙乘机将了他一军,西天大仙输了。这时正巧走来几位和尚,问两位大仙是何物如此清香,得知原来是香茶。东天大仙便罚西天大仙把茶种撒在这里,让这山坡上长出香茶,供人们享用。只见西天大仙吹了口气,无数茶种纷纷撒落在山上。东天大仙接着吹了口气,许多泉眼也相继落在这里,涌出了泉水,泉水色白似乳,众人齐声喊道"乳泉乳泉育仙茶"。茶树旺盛生长,茶芽齐发,香气浓郁。后来众人都说,西山茶是仙人所赐,所以格外香甜。

勤采嫩摘是西山茶的采摘特点。2月底或3月初开采,一直采到11月份,一年采茶20~30批。采摘标准为一芽一叶或一芽二叶初展,长度不超过4厘米。要求芽叶大小、长短、色泽均匀一致,保持芽叶完整新鲜。

西山茶炒制技术精湛。采用手工炒制,在洁净光滑的铁锅内进行,全程采用抖、翻、滚、甩、拉、压、捺等多种手法。炒制时按原料老嫩、含水程度、锅温高低及各工序的工艺要求不断变换手法,达到西山茶色、香、味、形的要求。

西山茶条索紧结,纤细匀整,呈龙卷状,黛绿银尖,茸毫盖锋梢,幽香持久,滋味醇和,回甘鲜爽,汤色碧绿清澈,叶底嫩绿明,经饮耐泡,采用西山乳泉烹饮更是脍炙人口,饮后齿颊留芳,耐人寻味。

西山茶产品畅销国内外,得到各方人士的高度赞扬。并且在1982年和1984年两次被评为全国名茶。

云雾茶的传说

传说古时候有一个叫阿虎的苗族青年,骑着一匹白马,带着一包茶种,来到云雾山。阿虎见山上云雾缭绕,土地湿润,很适合种植茶树,便把茶籽儿种了下去。从此,云雾山上有了茶林,阿虎还经常骑着白马到苗家村寨教乡亲们种茶。苗家有了茶叶,调米换盐,日子好过多了。

当时的皇帝十分贪婪,派很多人到全国各地寻找稀奇东西,供他享受。一天,云雾山上来了个县官,带着几个跟班的。他们气喘吁吁地爬上山来,走进寨子就大声地说:"口干得很,快舀水来喝!"苗家人向来好客,阿虎就请县官进家,特地抓了把清明茶冲给他喝。

谁知县官看了一眼茶叶又大声嚷起来:"你们是怎么搞的?拿这些粗叶大片的茶叶来招待我?快换细的来!"

阿虎笑笑说:"不用换,你一尝就晓得了。"说着把茶杯盖子一揭,只见杯里冒出一股白气,先像一把伞,后像一朵云,慢慢升上天空。就这样一出气一朵云,一出气一朵云,好看极了。县官忙问:"这是什么茶?这样怪!"阿虎说:"这叫云雾茶。"

啊,云雾茶!多好听的名字,味道一定很好,县官端起茶杯喝了一口,顿时觉得清凉甘甜,周身舒爽,便一口气喝了个杯底朝天,流着口水,连茶叶渣渣都吞了下去。

县官正给皇帝找宝,想不到无意中碰见这样的好茶。就对阿虎说:"你把云雾茶全部献给皇帝,我保你一辈子不愁吃不愁穿。"阿虎说:"苗家离不开云雾茶,怎么能全部献给皇帝呢?"县官正要发火,一想自己人少,不便硬来,就对阿虎说:"这样吧,你跟我去见皇帝,在京城栽一年茶叶,云雾山的茶就可以免交。"阿虎想:在别处栽种茶叶,会对更多的人带来好处,便答应了。接着收拾茶种,准备进京。

阿虎走的这天,苗族乡亲们依依不舍地把他送到山丫口。一直看着他骑的那匹白马渐渐远去,消失在云雾中。

从此以后,乡亲们天天盼望阿虎回来。一年又一年过去了,阿虎始终没有回来。后来人们听说,阿虎到京城种茶,因为土壤气候不适合,栽出的茶叶没有冒云雾,味道也不好。皇帝说他用"妖法"迷人,要杀死他。阿虎一气,骑上白马返回云雾山,被皇帝的兵用乱箭射死了。

消息传来,乡亲们更加怀念阿虎了。说也奇怪,从此以后,每当云雾升

中华茶道

起的时候,就有一匹白马飞起来,在云雾山上奔跑。几十里外都看得见。人们说,那是舍不得云雾山和乡亲们的阿虎,骑着白马又回来了。

蒙顶茶的传说

在一些古香古色的茶馆里,经常会看到"扬子江中水,蒙山顶上茶"的联语,意思是说扬子江心水,味甘鲜美;蒙山顶上的茶叶,茶品最佳。这种珠联璧合的搭配是人间最美的佳饮。

蒙山顶上茶,就是蒙顶茶。它产于四川省名山、雅安两县的蒙顶山,又称蒙山。这里由于气候条件适宜茶树生长,茶树种植的历史已有 1000 多年。

蒙顶茶种植在蒙山顶部的一块 30 多平方米的平台上,这块平台土地肥沃,雨水调和,很适合种植茶树。相传这种蒙顶茶与西汉末年蒙山甘露寺的一位叫吴理真的禅师有关。当年正值青年的吴理真,到青衣江游玩时遇到一个美丽的少女。他们一见钟情,并对天跪拜,私订了终身。可是吴理真无家无业,没有生活依靠。于是少女就给了他 7 粒茶树种子,告诉他说:"你将这 7 粒种子种在蒙山顶上,明年就能长出茶树来。以后的生活就不成问题了。"他们相约,在明年茶树长出芽苞的时候,少女就到蒙山顶上与他成婚。

转眼间就到了第二年的茶树长出芽苞的季节,那位少女真的来了。他们成亲之后,共同打理茶树,不几年这 7 棵茶树就繁衍成一片茶树林。他们将采摘的芽苞炒制成茶叶,在山下每每都能卖出个好价钱。因为他们炒制的茶浅绿油润,汤黄微碧,味醇甘鲜,清澈明亮,香气袭人,味道醇正,很受人们的喜欢。因为这种茶生长于蒙山顶上,所以就叫作蒙顶茶。后来他们还生下了一双儿女,日子过得美满而惬意。然而,天有不测风云。在一个风雨大作、雷电交加的午后,吴理真的妻子忽然听到天神的命令,要她立即返回天宫,否则就被处死。在这种情形下,她只得向丈夫道出了原委。原来她是玉皇大帝水晶宫里的一条金鱼,因为不甘于宫廷的寂寞,私自下凡,与他成婚。如今已被天神发现,如果违抗将会生命不保。说到这里,夫妻紧紧相抱,舍不得分离。但是天命难违,最终妻子擦了擦吴理真和自己的眼泪,又亲了又亲他们的儿女,然后将一条白色披纱交给吴理真,并告诉他说:"你将这条纱巾挂在屋顶上,就能变云化雾,永远笼罩着蒙山,滋润着茶树。你们今后世世代代的生活都不会犯愁了。"还告诉他,这种茶一定要用扬子江的江心水来冲泡,否则就不能泡出它的醇香味道。说罢就飘然而去。

妻子回到天宫后,吴理真带着儿女继续经管茶树,栽种面积不断扩大,蒙顶茶声名远扬。后来儿女们都成家立业了,吴理真就到甘露寺做了禅师。有一次,一位巡抚饮用了扬子江江心水冲泡的蒙顶茶之后,觉得口味异常不错,就进贡给皇上饮用,博得了皇上的好评,被誉为"人间第一茶",成为每年进贡的贡茶。皇上赐封吴理真为"甘露普慧妙济禅师"。

景星碧绿茶的传说

景星碧绿茶是重庆市最早的优质名茶之一。它产自重庆市南部万盛经济技术开发区的黑山谷风景区。黑山谷的第一高峰鸡公岭中,有一块平地,叫"景星台"。这里终年云雾缭绕,其土质、温度、湿度等特别适宜茶叶生长,这里盛产一种优质绿茶就叫作"景星碧绿"。该茶汤色翠绿明亮,香气清爽宜人,滋味醇和,茶香馥郁,饮后回甘,沁人心脾。喝一口"景星碧绿",就会觉得满口生津,唇齿留香。

这种景星碧绿茶还有一个动人的传说呢!相传很久以前,在鸡公岭一带有个十几岁的孤儿叫山娃,孤身一人,以上山砍柴、卖柴为生。在一个风雪交加的冬日,漫天飘着鹅毛大雪,天冷得滴水成冰。这天早晨,山娃打开茅屋门,发现茅草檐下蜷缩着一个衣衫褴褛的老婆婆。山娃连忙扶起老婆婆进到屋里,问老婆婆怎么到了这里。老婆婆老泪纵横地告诉他:她被不孝的儿子和儿媳赶出了家门,大雪天无处去,远远地看见这里有座茅屋,就奔了过来,不料门关着,就在屋檐下避雪。听到这里,山娃说:"老婆婆,您要是不嫌弃的话,就住我这里。我孤身一人,您就做我的母亲吧!"就这样山娃和老婆婆相依为命地生活在一起了。

冬去春来,老婆婆对山娃说:"鸡公岭顶上的景星台有块野生茶树林,如今春暖河开,茶树就要发芽了。听说这本来是玉皇大帝的御茶园,后来玉皇大帝又开辟了新的御茶园,如今荒废着,你去采摘些茶芽吧!"山娃在第二天就按照老婆婆的吩咐,登上鸡公岭,采摘了一背篓茶芽。老婆婆就手把手地教给他焙炒茶芽和冲泡的方法。老婆婆告诉山娃说:"以后,你经营好这座茶园,焙炒好后,卖到山下,就不愁吃穿了。"说完,瞬间老婆婆就不见了踪影。

事后,山娃才悟出这是仙人指路,老婆婆就是仙人。以后,山娃遵照老婆婆的话,将这座茶园管理得井井有条,生产的茶叶被选为贡茶,还受到了皇上的嘉奖。

这种茶因为产于鸡公岭的景星台,而且茶汤碧绿,清香浓郁,味道醇厚,于是得名为景星碧绿茶。

三道茶的传说

白族"三道茶",白族语"绍道兆",是一种宾主抒发感情,祝愿美好,并具有富于戏剧色彩的饮茶方法。第一道茶是加糖的"糖茶"即表示欢迎之意;第二道茶,白族称为"敖首兆",即只放茶叶的苦茶;第三道茶是米花茶,即象征吉祥。

关于三道茶,白族流传着这样一个富于哲理的故事。

很早以前,苍山下有个木匠老倌,他雕的花草能散发出幽香,刻的鸟鹊能唱出非常好听的歌。老倌收了一个徒弟,学了九年零九个月,已经是雕龙龙腾云,刻凤凤能飞了,可是,老倌还是不让他出师。老倌说:"你会雕会刻,功夫只学到了一半,要跟我上山去,把大树砍倒,锯成木板扛回家才算数呢!"

徒弟一听这话,忍不住好笑,心里说:"砍棵树,锯几块板子,这有什么难的!"

第二天,徒弟扛着锯子,带着斧头,跟着师傅出了门。他们爬了九十九座山,过了九十九道梁,找到了一棵九丈九尺九寸高的麻栗树。老倌和徒弟把树砍倒在地,弹好墨线刚要锯,徒弟就又渴又累,喉咙干得快要起火冒烟了!徒弟抹了一把汗,可怜巴巴地央求道:"师傅,让我到树底下喝口凉水吧!"

"不行!"师傅架起了大拉锯,板着面孔认真地回答道,"太阳落山锯不下板子,老虎豹子出来怎么办?"

徒弟没法,只好默默地跟着师傅拉起了锯子。拉了一阵,因为口渴得实在忍受不住了,他便随手扯了一把树叶子,塞进嘴里一边拉着锯一边嚼着。

老倌见他又皱眉头又咂舌的样子,笑着问他:"味道怎么样啊?"

徒弟做了一个鬼脸:"唉,好苦啊——"

老倌忍住笑,语重心长地开导他:"快使力气拉吧,要学到手艺,不先尝点苦头不行啊!"

板子锯下来了,太阳虽然还没有下山,老虎豹子也还没有出来,可那徒弟已经手瘫脚软地累倒在地上了。这时,老倌不慌不忙地从怀里摸出来一块红糖,要他徒弟在嘴里。老倌说:"先吃了苦头,再尝尝甜味,这红糖,可是我们手艺人的土人参啊!"

徒弟含化了那块土人参,不但口不渴了,神气又提起来了。他和师傅把板子扛回家,师傅这回让他出师了。分别时,师傅舀来半碗黄亮亮的蜂蜜,再揉上了一把花椒叶,用苦茶水冲化,要他喝下。

徒弟喝了一口,师傅问道:"如何,是苦还是甜?"

徒弟答:"苦味,甜味,辣味,麻味……什么味都有。"

师傅呵呵一笑,捋着白花花的长胡须说:"是啊,茶的味道也跟学手艺、做人的道理差不多,要先苦后甜,甜中有苦,苦里有甜嘛!你就慢慢地喝下它,好好地回味回味吧!"徒弟听了师傅的话,慢慢地喝下了它。徒弟也果真没有辜负师傅的厚望,很快就成为远近闻名的木匠了。一时间,上门求学的徒弟不断,他便按照师傅当年教他的办法教徒弟。徒弟在山上渴了,他让徒弟嚼树叶,教育徒弟学习手艺要吃苦;在山上累了,他也送给徒弟一块红糖块,教育徒弟有苦才有甜;出师离别时,送给徒弟一碗鲜蜜加花椒叶的茶,教育徒弟生活中有苦也有甜。就这样，一代传一代，久而久之，人们便称为"三道茶"。

　　这一苦、二甜、三回味的三道茶，当初，只在白族老人们为晚辈们出门求学、学艺、经商送行时使用，边喝边叮嘱些要说的话。后来，应用范围便越来越广泛，已作为富有民族特色的一种传统习俗——即白族人民欢迎和款待贵客嘉宾的重要礼节了。

苦丁茶的传说

　　"苦丁茶"并不是一种植物的专用名称，而是数十种叶片带苦味的可制成茶叶饮用的众多植物统称，只要叶片带苦味的茶，都可以称为苦丁茶。对"苦丁茶"一词的来历的解释，一般认为"苦"亦即其味苦甘，"丁"即为"一小片"或"一丁点"的意思。但事实并非如此，这与岭南一带百姓把苦丁茶作为"茶胆"调味使用有关，是根据其性质和使用方法来命名的，还有一种解释是"苦丁"即是壮语"苦"的意思。

　　目前市面上较为流行的六种同名异物的苦丁茶主要有五种，其中一种属藤黄科植物，乔木、叶可代，市面上不多见；两种属木樨科植物，产于四川、贵州、云南、广西等地，其叶细薄，淡黄色，似蜡纸，其味平淡，无苦甘味，这种苦丁茶四川、贵州、云南一带颇为流行，市面上也较多，夏天老百姓常以之消暑；还有两种属冬青科植物，属冬青科的枸骨刺种和大叶冬青种，主要产于江苏、安徽、浙江、福建、广东等省，外表绿褐色或黄绿色，与一般粗茶相似，用沸水泡开后，浸液味苦，浓者不堪入口。

　　"皋卢茶"是另一种冬青科的苦丁茶冬青种。古书上称之为"皋卢茶"，是药饮两用的名贵珍品，现已有两千多年的历史。苦丁茶冬青种原是中国古代药、饮兼用的宫廷贡品。东汉《桐君录》一书中载："南方有瓜卢木（即皋卢），亦似茗，至苦涩，取火屑，茶饮，……而交广（即两广和越南一带）最重，客来先设，乃加毛茸(绿茶的一种)。"明代医学家李时珍《本草纲目》就有记载："苦、平、无毒，南人取作茗，煮饮，止渴明目，消炎利便、通肠。"《本草拾遗》记载："久食令人瘦，去人脂。"《标准药性大辞典》亦载："苦丁茶味甘苦，性寒无毒，为凉肝散风要药……"可见苦丁茶具有降血压血脂，消热消炎，解酒，消滞减肥，促进人体新陈代谢的理疗保健功效，适于日常饮用，是理想的纯天然绿色保健饮品。

海南岛五指山脉，海拔1867米，常年云雾缭绕，雨水充沛气候湿润土质疏松肥沃，是苦丁茶最为理想的生长地区；正是得天独厚的自然环境，孕育了五指山苦丁茶独具一格的品质。苦丁茶就是采用五指山苦丁茶树的嫩芽叶，经过传统的工艺加工而成，无任何添加剂和化学原料，其茶风味独特，口感苦中有甘，先苦后甘，饮之清正爽口，精神气爽。五指山苦丁茶是目前中国唯一取得绿色食品标志使用权的苦丁茶产品和不可代替的安全食品，被列为博鳌亚洲论坛唯一指定茶礼品，荣获中国农博会金奖、海南名牌产品、海南省著名商标等荣誉称号，作为苦丁茶行业的主导品牌登上了国际舞台。

苦丁茶的纯天然特性原香型、茉莉花、香兰草、椰香等风味香型，以香气浓郁高雅、汤色清、亮滋味甘醇爽口、回甘长久、耐冲泡、外形美观、药效显著而闻名，是21世纪崇尚自然、提倡食疗养生，关注食品安全的都市人理想的食疗养生和送礼佳品。

苦丁茶因其有雌雄异株和种子后熟期过长的特点，在科技落后的古代发芽率很低，繁殖十分困难，成熟的苦丁茶要埋三年才能发芽，古人为促使苦丁茶种子早日发芽，便反复将苦丁茶种子来喂鸡，目的是利用动物肠胃的消化功能来促进种子早日发芽。现代有些人将苦丁茶种子反复冷藏和解冻三次，另外将种子和沙子混在一起捣，以便将其坚硬的外壳磨薄，再以稀硫酸浸泡，使外壳腐蚀变薄，以利嫩芽破壳而出。这也使苦丁茶的繁殖效率大为提高。随着种植面积的增加，这一昔日的宫廷贡品，成了今日百姓的福音。

苦丁茶对温度反应十分敏感，因为它属于热带植物，当气温低于摄氏10度的时候，其地表部分便停止生长，进入冬眠或半冬眠状态，如果温度低于0度，就有冻死的危险。苦丁茶喜湿怕涝，不耐干旱，在阴凉的环境中生长得很快，尽管苦丁茶在潮湿的环境下生长很快，但一旦被水连续浸泡达一星期

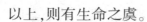

以上,则有生命之虞。

　　苦丁茶还有着悠久的历史和动人的传说。

　　据《万承县志》等资料记载,苦丁茶作为宫廷贡品始于北宋皇佑五年(公元1052年)。当时广西万承县有一个名叫许朝烈的首领为讨好宋仁宗,以求封官,遂以一株千年野生古茶树春天的首批嫩芽精心制作成干茶为贡品进献皇上。仁宗饮用了几个月后,觉得此茶先苦后甘,提神舒心,健胃消滞,通肠利便,身体健康情况大为好转,心里十分高兴,以为是长生不老之药,便要求许朝烈年年进贡,不得或缺,还在万承设州,任许为第一任州官,世代相袭。许朝烈受封后,十分高兴,更积极地进贡苦丁茶了。

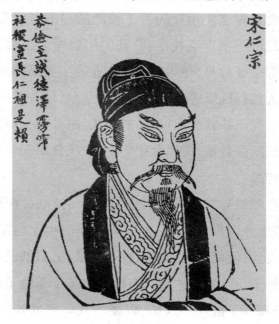

宋仁宗赵祯像

图出自明·天然撰《历代古人像赞》。

　　几年以后,满朝文武大臣皆习仿仁宗饮苦丁茶养生,后宫三千嫔妃发现苦丁茶不仅是养生的良药,还是护肤养颜的妙方,天天吵着要苦丁茶叶煮水洗澡,仁宗没办法,只得让许朝烈加大进贡数量。这令许朝烈十分苦恼,因为整个万承州也只有这么一株茶树,每年顶多也只有二三十斤的产量。怎能供应恁多人食用?正愁不知怎样向朝廷解释,忽报天雷已将茶树一巨枝劈断,遂顺水推舟上书朝廷,谎称茶树已被天雷劈死,再复难寻,请求免去进贡任务。仁宗虽然失望,但也没有办法,只得准其所请。虽然苦丁茶并非绝种,但许朝烈为免犯欺君之罪,对外还是说苦丁茶已经绝种了。久而久之,便没有人知道真正的苦丁茶是什么样的了,苦丁茶从此绝迹了相当长的一段时间。

还有一种说法说苦丁茶嫩芽呈紫红色,是被茶女阿香的鲜血染红的。古时候有一个名叫阿香的茶女,因为长得美,官府欲将其选进宫中。但阿香死活不肯,被送进宫那天,她趁人不备,跳崖而死,鲜血溅到苦丁茶芽上,茶芽遂从绿色变成紫红色,味道也变得甘甜香浓,后来人们把苦丁茶称为紫笋茶。

又传说,唐代安舒城有个诗人叫松,文采过人,但年过半百却屡试不第,遂南游隐居西樵山,教山民种茶。为了寻找苦丁茶种子育苗方法,他先给仙鹤喂吃茶果,再从其粪便中找出茶籽儿育种,未获成功,后经仙人指点,取蓬莱阁仙水浸泡,终获成功,使西樵山成为远近闻名的茶区。松在山中种茶赋诗十年,在七十高龄时才考中进士。后来人们为纪念他的功德,在山上修建了一座茶仙庙。

另有野史记载,明太祖朱元璋患有"结宫"的疾病(即今天所说的结肠炎、便秘等,通便有困难),太医用了很多药,均无明显效果,遂向全国征寻良方。岭南有一中草药医生乃以苦丁茶进贡,饮用方法是:选用已长出第七片嫩叶的茶芽,摘取制成干茶,每天冲饮四支茶芽,连饮七天。明太祖遵医嘱服用后果然治愈了顽疾,从此将苦丁茶列为宫廷贡品。苦丁茶因此被誉为"贡茶",当时满朝文武争相饮用苦丁茶,一时成为风习。

另有野史记载,骄横不可一世的慈禧太后中年以后曾患有严重的糖尿病,太医试遍了各种方剂,均无明显效果,遂向民间征求良方。当时两广一带有一猎人根据当地百姓有用苦丁茶治糖尿病的实例,乃大胆向朝廷进献苦丁茶,慈禧试后病情大为减轻,龙颜大悦,问猎人何处求得。猎人遂奏请降旨保护苦丁茶树,以免因过度采摘而濒于灭绝。太后乃准其所请。鸦片战争后英国殖民者也曾赶清廷饮用苦丁茶的时髦,曾在广州沙面十三行租界设点收购苦丁茶,"换谷三十担,值银六十两",有"片片新芽片片金"诗句,可见苦丁茶在当时是很珍贵的。

虎狮茶的传说

湖北宜昌长乐(今五峰土家族自治县)的虎狮茶,传说是唐代的茶圣陆羽发现的。

陆羽为了写作《茶经》,深入茶乡收集第一手资料,走遍了江南和江北的所有茶乡。传说有一年他来到峡州(今宜昌),这天他步行了数十里路,身体很是疲乏,眼看天色已晚,实在是走不动了。可是四处没有村镇,到哪里安身呢?正踌躇间忽然发现山坡上有一茅棚笼罩在暮霭里。他咬紧牙关,朝着茅棚走去。当他敲开茅棚的屋门时,开门的老婆婆见他面目丑陋,就要关门。这时老头迎了上来,不嫌弃陆羽的丑陋,留他住在家里,还拿来几个窝头给他吃。

陆羽吃完饭,茅棚主人给他泡了一碗瓦罐茶,还没来得及喝,就倚着被垛昏昏入睡了。睡梦里陆羽梦见自己急急忙忙地赶路,突然一只虎面狮身的怪兽跳到自己身前,吓得陆羽不知所措。与它搏斗,自己是赤手空拳;逃跑,肯定跑不过这只怪兽,正犹豫不决,忽听那只怪兽对陆羽说:"我是五峰山茶神,听说先生四处寻访佳茗,请先生品茗指点。"说罢,怪兽丢下一个大葫芦就不见踪影了。这时陆羽醒来方知刚才是南柯一梦。陆羽回味着梦中所见的情景,觉得很蹊跷。这时老头进屋来说:"先生请喝点茶吧!"陆羽这才见到身边的饭桌上有一碗瓦罐茶。他见茶汤澄明清澈,茶香袭人,不由得端起来品尝,立即觉得品味异常,是难得的好茶,遂向主人请教。老头告诉他这是长乐狮虎山产的一种嫩树叶,人们采摘回来,用火烤干,再用瓦罐煮着喝。陆羽随即请老头带他去看看狮虎山的这种树叶,发现原来就是这一种茶树。对于这个新的发现,陆羽十分高兴就随口作了一首诗:

飘游峡州哪为家,行云流水走天涯。

一包树叶梦中得,竟是长乐虎狮茶。

台湾乌龙茶的传说

福建有乌龙茶,台湾也有乌龙茶。台湾乌龙茶叫作冻顶乌龙茶,被誉为台湾茶中之圣,产自台湾地区南投县鹿谷乡。冻顶山是凤凰山的支脉,居于海拔700米的高岗上,因雨多山高路滑,上山的茶农必须绷紧脚尖(台湾俗语称"冻脚尖")才能上山顶.故称此山为"冻顶"。冻顶山上栽种了青心乌龙茶等茶树良种,山高林密土质好,茶树生长茂盛。

冻顶产茶历史悠久,《台湾通史》称:台湾产茶,其来已久,旧志称水沙连(今南投县埔里、日月潭、水里、竹山等地)社茶,色如松罗,能避瘴祛暑。至今五城之茶,尚售市上,而以冻顶为佳,唯所出无多。

冻顶乌龙茶是台湾包种茶的一种,所谓"包种茶",其名源于福建安溪。当地茶店售茶均用两张方形毛边纸盛放,内外相衬,放入茶叶四两,包成长方形四方包,包外盖有茶行的唛头,然后按包出售,称之为"包种"。台湾包种茶属轻度或中度发酵茶,亦称"清香乌龙茶"。包种茶按外形不同可分为两类,一类是条形包种茶,以"文山包种茶"为代表;另一类是半球形包种茶,以"冻顶乌龙茶"为代表,素有"北文山、南冻顶"之美誉。

冻顶乌龙茶的采制工艺十分讲究,采摘青心乌龙等良种芽叶,经晒青、凉青、浪青、炒青、揉捻、初烘、多次反复的团揉(包揉)、复烘、再焙火而制成。

冻顶乌龙茶的特点为:外形卷曲呈半球形,色泽墨绿油润,冲泡后汤色黄绿明亮,香气高,有花香略带焦糖香,滋味甘醇浓厚,耐冲泡。冻顶乌龙茶品质优异,历来深受消费者的青睐,畅销台湾、港澳、东南亚等地。

关于冻顶茶的由来,民间还流传着许多耐人寻味的故事。

清朝道光年间,台湾南投县鹿谷乡,有一个青年叫林凤池。林凤池是一个有志气、有学问的青年人,他十分热爱自己的祖国。一年,他听说福建要举行科举考试,心想要去参加,可是家穷没路费,怎么办呢?

乡亲们知道了,都跑来对林凤池说:"凤池,你要去呀,有困难,大家帮忙!"各家都凑了一点银钱给林凤池做路费。临行前,乡亲们又对他说:"你到了福建,可要向咱祖家的乡亲问问好呀,说咱们台湾乡亲十分怀念他们!"还交代说:"考中了,要再来台湾,别忘记这里是你的出生故里啊!"林凤池感动得流下了热泪,把乡亲们说的话记在心里。

由于林凤池学问好,回祖家福建考中了举人。他在祖家住了几年,想起离开台湾时,乡亲们的热情交代,便决定回台湾去探亲。回台湾之前,他到武夷山游览,看到这里丹山碧水,风景秀丽,真是"武夷山水天下奇,千峰万壑皆画图"!因为武夷山的"乌龙茶"驰名中外,他就要了三十六棵"乌龙茶"苗,带回台湾,种在南投县鹿谷乡的冻顶山上。乡亲们看到这些从福建祖家带来传种的乌龙茶苗,都十分珍惜,细心管理栽培。经过精心栽培,它们都成活了,并长得青翠可爱,绿油油的。从此以后,冻顶山很快就发展成为有名的乌龙茶园。这种从祖家带来繁殖的乌龙茶,清香可口,生津止渴,消暑退热利水,除毒,饮后大有苦尽甘来的快意,成为台湾乡亲喜爱的名茶。

后来,林凤池奉旨晋京,他就将加工好的乌龙茶带去献给道光皇帝。皇帝一尝,感到十分清香可口,连声称赞说:"好茶,好茶!"并问这茶是哪里来的。林凤池奏明来自祖家福建,种在台湾冻顶山上。道光皇帝说:"好吧,这茶就叫冻顶茶。"从此台湾乌龙茶又被称为"冻顶茶"。

茉莉花茶的传说

传说茉莉花茶是很早以前的北京茶商陈古秋创制的,他为什么想出把茉莉花加到茶叶中去呢,这其中还有一个小故事。

很早以前,北京有一位茶商名叫陈古秋。一天,他正在同一位品茶大师研究北方人喜欢喝什么茶时,忽然想起有位南方姑娘曾送给他一包茶叶,但至今尚未品尝过,便寻出请大师品尝。

冲泡时碗盖一打开,先是异香扑鼻,接着在冉冉升起的热气中,看见有一位美貌的姑娘两手捧着一束茉莉花,一会儿工夫又变成了一团热气。陈古秋大惑不解,就问大师其中缘故,大师说:"此茶乃茶中绝品'报恩茶'。"

这话提醒了陈古秋,于是他想起三年前曾去南方购茶,夜晚住宿客店,遇见一位孤苦伶仃的少女,泣说家中尚停放着父亲尸身,因无钱而无法安葬。陈古秋深为同情,便取出身上银两给少女。三年过去,今春又去南方时,客店老板交给他这一小包茶叶,说是三年前那位少女托他转交的。当时未冲泡,谁料竟是珍品。

"但为什么她独独捧着茉莉花呢?"为破此不解,两人又重复冲泡了一遍,那手捧茉莉花的姑娘再次出现。陈古秋一边品茶,一边悟道:"依我之见,这乃是茶仙提示——茉莉花可以入茶。"

于是次年,陈古秋便将茉莉花加入茶中,果然制出了芬芳诱人的茉莉花茶,此茶倍受垂青。从此,茶业界便有了这种新的茶品——茉莉花茶。

六安瓜片的传说

相传金寨麻埠镇有个农民叫胡林,他到齐云山一带采制茶叶。

茶季结束时,胡林来到一处悬崖石壁前。那里古木纵横,人迹罕至,忽然,他在石壁间发现了几株奇异的茶树,枝繁叶茂,苍翠欲滴,芽叶上还密布着一层白色茸毛,银光闪闪,十分可爱。

胡林精于制茶之道,对于辨识茶树品种的优劣极为内行,知道眼前的茶树是极为难得的名贵品种。于是,他采下鲜叶,精心制作成茶,带在身上,便急着下山回家。

回家路途遥远,胡林觉得有些疲乏,于是走进了路旁的一家茶馆歇脚。身上没有什么银两,于是胡林将自己随身所带的山茶拿出来冲泡。只见开水一注入,茶杯中便浮起了一层白沫,恰似朵朵祥云飘动,又像金色莲花盛开,且异香满屋,经久不散,举座皆惊,异口同声赞曰:"好茶! 好香的茶!"大家纷纷上前讨要,胡林是个慷慨之人,所带茶叶便分光了。

于是,胡林从茶馆出来,又回到山中,去寻找他在悬崖石壁间所发现的那几株茶树。可是峰回路转,茶树再也无处寻觅了。

当地人听说后,都认为胡林遇到的茶树是"神茶",是不可复得的。这个故事流传若干年后,有人在齐云山蝙蝠洞发现了几株茶树.相传是蝙蝠衔籽所生。这几株茶树和胡林当时所描述的茶树一模一样,大家就自然而然地称其为"神茶"。据说,六安瓜片就是由神茶繁衍而来的。

仙人掌茶的传说

在长江西陵峡附近的玉泉寺有一座古寺,它始建于"三国"时候,寺中出产一种名叫"仙人掌茶"的名茶,提起它,还有一段悲壮的故事。

传说很早以前,发生了一场战乱,战乱中玉泉寺遭到了洗劫:玉泉寺被烧,二百余名和尚死伤一半。此时恰逢大慈大悲观世音派遣的一位仙人视察三峡水情路过这里,见此惨景很伤心。于是仙人就伸出右掌,口含仙水向前喷去,随着手掌向上抬,便渐渐地从地里长出了一株株、一窝窝青翠的茶树来。说也神奇,随着茶树生长,那些在大火中丧命的和尚竟也一个个死而复生了。寺院里的和尚明白他们死而复生肯定与仙人所赐的茶树有关。于是,他们立即采茶煮汤给那些受伤的和尚服用。果然,过不多久,喝了"仙茶"的和尚身体都好了。

于是大家跪地向南海观世音派出的那位仙人谢恩。从此,玉泉寺有了茶园。由于那茶树是仙人伸掌召唤出来的,制出的茶叶形状似掌,为了纪念那位仙人,寺里的和尚就把这种茶叫"仙人掌茶"。同时,寺院和尚还将观世音菩萨和仙人的佛像都刻在石碑上,"仙茶"救人的故事流传至今。

口噙茶的传说

很早以前,洞庭湖属楚国管辖。当时的楚王是个孝子,他的母亲却是个"病秧子",楚王请遍京城名医,太后的病也不见好转,最后他只好写了求医告示,到处张贴。一天,宫门外来了个白胡子道士,自称能治好太后的病。于是他被领进后宫,为太后诊治。道士看完病后回到前殿,对楚王说:"太后的病是因饮食不周引起的。"楚王不高兴地说:"这话就奇怪了,我身为一国之王,太后想吃什么就有什么,怎么会饮食不周呢?"道士笑道:"大王,请原谅我实说。那些山珍海味、熊掌、燕窝、鱼翅当然是大补上品,可好物不可多用,长年累月,光吃这种东西就难免胃受亏,肝火上升,血脉不活,百病缠身,更何况太后这样的高龄呢?"楚王不由连连点头说道:"那太后的病怎样才能治好呢?"道士说:"太后的病,日积月累,已成顽症,加之年老体弱,只有慢慢调治。"接着,道士从腰间解下个青皮葫芦,双手递给楚王,说:"大王,药方就刻在葫芦上,只要照办,太后的病就会慢慢好起来的。"说罢,告辞而去。

道士走后,楚王拿起那葫芦察看,只见上边刻着几行小字:"一天两遍煎服,三餐多吃清素,要想益寿延年,饭后走上百步。"下边落款:洞庭道人。楚王看罢,把葫芦晃了晃,里边装的好像是水!连忙打开葫芦,凑上去用舌尖呷了呷,顿觉一股清香甘甜直冲五脏六腑,霎时浑身清爽,不禁称赞:"神水,神水!"急忙跑到后宫,向太后报喜去了。于是楚王每天午后、晚上从葫芦里倒出一点水来,烧开让太后饮用;一日三餐,太后也仅是瓜果蔬菜下饭;饭后,让宫女搀扶太后到花园散步。过了20多天,太后的疾病果然见好,可是葫芦里的神水也快没了。太后很是着急,楚王想了想说:"母后不必着急,我去找道士要些就是。"次日一早楚王登殿,向文武大臣们说要亲临洞庭寻找道士。殿下走出令尹,说道:"大王为太后治病,亲下洞庭,当然很好,可是国不可一日无君呀!就让老臣替你走一趟吧。"楚王听后,觉得这个办法不错,就同意了。

第二天,令尹就带上五百兵丁,装了些金银珠宝,分乘五条大船,日夜兼程,向东进发。不几天,船队开进洞庭湖口。湖心深处是一个小岛(君山),小岛上有一片青色瓦舍坐落其中。令尹令船队开往小岛。船队靠岸后,令尹带了随从上岸,只见竹林深处有一处道观,离道观不远处,洞庭道人正笑呵呵地迎出道门。令尹急忙上前拉住老道双手,夸奖地说:"道长,你真有妙手回春的本领!太后自从喝了你的神水后,疾病大为好转,大王命我带上礼物前来致谢,顺便再向道长求些神水。"道长客气地回答:"好说,好说!"令尹来到这个山清水秀的地方,便领着随从,由一个小道士带路,四处游看。他来到后山,忽闻一阵异香扑鼻而来。只见前面有两棵老松树,树下一汪清水,池中微波荡漾,香味就是从池里飘出来的。陪同的小道士说:"这池子里的水,久用不但能祛病消灾,还可益寿延年哩!"令尹问道:"你师傅献给太后的神水,就是这个吧?"小道士说:"不错,正是它呀!"令尹吩咐随从下山准备坛子,次日上山装水。

　　第二天大清早,令尹带着兵丁,抬着坛子来取水。等到池边一看,那满当当的一池神水,隔夜工夫竟被掏了个精光。令尹低头一想,明白了大半,于是怒气冲冲地带着随从走下山,闯进观内,劈头问道长:"那池子里的水是你弄走的吗?"道长平心静和地说:"俗话说,一方水土养活一方百姓,我观里有五百道士,每年都派出一些人带上神水为老百姓治病消灾。百姓们打心眼里感谢,送来钱财粮米,大家才得温饱。大人若把神水全都运往京城,只好了几家王公大臣,却使一方百姓受难,道士们也得受冻挨饿,所以我就连夜吩咐道士把池水舀得一干二净,洒到后山草坡上了。"令尹长叹一声道:"既然如此,那神水被洒在何处,能不能领我去看看呢?"老道听后,自己陪着向后山走去。他们走到昨晚倒水的地方一看,惊呆了:原来的草坡上一夜间竟然长出绿油油一片小树,吐着嫩芽,飘着清香。令尹掐下两片嫩叶放入嘴里一嚼,又惊又喜,又掐了一把嫩叶,带着随从下了山。

　　回到观内,令尹急忙吩咐道士煎上一壶开水,把嫩叶往水中一泡,不一会儿,水变得绿莹莹的,一股清香飘了出来。他呷了一口,不觉叫绝:"妙哇,这甘甜醇美的味道与神水一般呢!"并让在场的人品尝,个个夸赞称奇。于是,令尹吩咐地方官员征集100名黄花姑娘到君山听用,又要老道士经营这片神树。

　　几天后,地方官员带着100名黄花姑娘来到君山,姑娘们被分成几组,小心翼翼地采下绿芽。令尹举目望去,万绿丛中,姑娘们身着红衣红裙在采茶,交相辉映,十分好看,禁不住吟起诗来:"万绿丛中一点红,采叶人在草木中……"令尹觉得"人在草木中"倒很有些意思,就叫它"茶"吧!

　　再说,那些采茶姑娘知道茶叶珍贵,聪明的姑娘悄悄地把茶叶含在嘴里,避过检查,偷带出君山。一些有钱人听说这茶叶能益寿延年,争先恐后地跑到洞庭湖边,出大价钱向姑娘们购买。这就是后世人所说的"口噙茶"

的来历。

神鸟送种的传说

在武夷山有一种树丛矮小、叶片厚窄的茶树,它长在路边、崖前、山巅,耐寒耐旱,枝叶繁茂,这就是武夷山的"奇种"茶。

相传,武夷山古时是一片汪洋大海,不知什么时候,海水退去,留下许多奇峰怪石。不几年,荒凉的海滩成了片片肥沃的绿洲。人们便陆续从远方搬到绿洲上定居,开辟良田,种茶栽果。经过一代又一代人的辛勤劳动,武夷山村村六畜兴旺,户户五谷丰登,村民们的日子过得十分红火。

采茶图

然而,有一年初秋,一连几十天都没下雨,武夷山里所有的泉水都枯竭了,村民们呼天唤地,天天排着队到寺庙里求神拜佛,祈求苍天给他们送来及时雨。

可是呼天天不应、唤地地不灵,庄稼绝收了,大家只能到山里挖野菜和草根。一天,人们正在挖野菜,一阵清风吹过,带来阵阵凉意,大家抬头一看,只见一朵白云从远处飘来,一会儿飘过头顶,一会儿又飘了回来,大家都感到奇怪。

又过了几天,村民们依然像往常一样上山,忽然,天上飞来了一只满身金光闪亮的大鸟儿。它一声不响地落在一棵大树上。大家十分好奇地瞧着它,它大叫了一声,从嘴里吐出了一颗亮晶晶的绿珠子,绿珠子立刻钻进了土里。

大鸟站在树上说:"我是神鸟,奉观音旨意,从玉帝仙茶园里偷来这粒茶籽,这茶籽落地生根成树,开花结籽,风吹满山,满山皆是茶树,不畏寒冷,不惧旱涝,能充饥,能治病。"说完,神鸟展开翅膀,翩然飞去。

天空顿时电闪雷鸣,甘霖骤下。村民们跪在地上,沐浴着久盼的雨水,不住地叩头感谢。

雨过天晴后,神鸟吐下的那颗绿珠子破土而出,发了芽,抽了叶,开了花,结了籽。清风卷着茶籽,撒遍了整个武夷山。武夷山漫山披绿,生机盎然。大家采来茶叶熬汤喝,不仅神清气爽,而且喝了还能促进消化。

于是人们都上山采茶充饥,有些人还把茶树移到房前屋后种植,像吃菜一样,要吃就去采,时间长了,大家就给茶树起了个"菜茶"的名字。

由于这种茶树到处都能生长,十分耐旱,在石隙里也能成活,又说是神鸟从天庭衔来的种子,人们又给它取名为"奇种"。

铁罗汉得名的传说

传说一

历史上惠安县有个施集泉茶店,其经营武夷岩茶"铁罗汉"最为有名。

公元1890~1931年,惠安县曾两次发生热疫。在一次偶然的情况下,有患者喝了施集泉茶店的铁罗汉茶,身体居然得以痊愈。自此,人们知道了铁罗汉有治病的奇效,并开始用它来治病。人们感激此茶救人有如罗汉菩萨救人济世一般,故而得名"铁罗汉"。

传说二

一次,西王母设宴,五百罗汉开怀畅饮。

掌管茶司的罗汉喝醉了,在回家途经武夷山慧苑坑上空时,无意中将手中茶枝折断,落在了慧苑坑里。折枝被一老农捡回,于是罗汉托梦给老农,嘱咐他将茶枝栽在坑中,制成的茶能治百病,故得名为"铁罗汉"。

白鸡冠的传说

从前,有一位武夷山的茶农,他的岳父做生日,他抱着家里的一只大公鸡去祝寿。一路上,他被太阳炙烤得十分难受,当他走到慧苑岩附近时,就把公鸡放在一棵树下,找了个阴凉的地方休息。

没休息一会儿,他忽地听到公鸡的一声惨叫,他赶忙跑了过去,只见一条拇指粗的青蛇从公鸡脚边闪过,再看那大公鸡,脑袋耷拉着,殷红的血从公鸡的冠上往下流,只见那鸡血一滴一滴正落在旁边的一棵茶树根上。

茶农气得牙痒痒,但又无可奈何,只好在茶树下扒了个坑将大公鸡埋了,最后垂头丧气空着手去岳父家祝寿。

说来也怪,打那以后,慧苑岩附近的这棵茶树长势就特别旺盛,枝繁叶茂,比周围的茶树高出好大一截。那满树的叶子一天天地由墨绿变成淡绿,由淡绿变成淡白,在几丈外就能闻到浓郁的清香;采自这棵茶树的茶叶颜色与众不同,别的茶叶色带褐色,它却是在米黄中呈现出乳白色;用这茶叶泡出来的茶水是亮晶晶的,且清香扑鼻,滋味清凉甘美,连那茶杆嚼起来也有一股香甜味。

人们想这也许是茶树下埋了公鸡的缘故,便将这茶树命名为"白鸡冠",而"白鸡冠"也成了武夷山名品茶丛。

水仙茶得名的传说

福建省有一名曰水仙种的良种茶树,这种茶树只开花不结果,依靠插条繁殖。说起水仙茶的发现和插条繁殖,有这样一段传说。

相传,在建瓯有个穷汉子,终日靠砍柴为生。有一年,福建热得出奇。

在如此热的天气砍柴,小伙子没砍几刀就热得头昏脑涨、唇焦口燥、胸闷疲累。于是,他到附近的祝仙洞找了个阴凉的地方歇息。

刚坐下,只觉一阵凉风带着清香扑面吹来,循着这香气,他远远望见一棵小树上开满了小白花,此树的绿叶却又厚又大。

小伙子觉得十分好奇,于是走过去摘了几片树叶含在嘴里。绿叶嚼着凉丝丝的,不一会儿,就觉得头不昏、胸不闷了,精神也顿时抖擞起来。于是,他从树上折了一根小枝,挑起柴下山回家。

夜里,突然风雨交加,在雷雨打击下,他家的一堵墙倒塌了。

第二天清早,小伙子看见昨日带回来的那根树枝正压在墙土下,枝头却伸了出来,并且很快爆了芽、发了叶。不几日树枝就长成了小树,那新发的芽叶泡水喝同样清香甘甜、解渴提神。

这事很快在村里传开了,大家纷纷来采叶子泡水治病,并且向他打听那棵树生长的地方。小伙子说树枝是从祝仙洞折来的。因为建瓯人说"祝"和崇安话的"水"字发音一模一样,崇安人以为是"水仙",就把这棵树叫作水仙茶树了。

之后,人们仿效建瓯人插枝种树的办法,水仙茶很快就繁殖开来。从此,水仙茶成为名品而传播四方。

水仙茶的传说

在武夷山奇伟挺拔的三十六峰中,有一座山峰叫天心岩。它居于武夷群峰中央,直插入云霄,周围浓浓的云雾绕着山岭。天心岩四季如春,岩下有座庵,叫作天心庵。

有一年,天心庵来了一户外乡人。老者叫白云公,是个忠厚老实的茶农,女儿叫白姑娘。父女俩借庵旁的土地搭了个草庐,替庵里的道士种茶。在父女俩的精心经营下,茶园里的茶香吸引得方园百二十里的人都闻名赶来品茗。

天有不测风云,白云公得病不起,离开了人世。白姑娘孤零零的一个人靠着勤劳能干,勉强过着日子。

一天,白姑娘背着茶篓上山,发现一棵小茶树,小茶树上开满了星星点点的小白花,香味扑鼻,十分特别。白姑娘觉得新奇,非常喜爱它,就小心翼翼地把它移种到了自己住的草庐旁。

土制茶具

天心庵下有一个水仙洞,洞里有一眼山泉,泉水清澈明亮,传说是从天庭瑶池里渗透下来的仙水呢,白姑娘拎来这山泉浇灌小茶树。日复一日,月复一月,到了第二年的谷雨,小茶树竟长得有半人多高了,叶子片长得又厚又大,鲜嫩绿亮,十分惹人喜爱。白姑娘细心地将茶叶采下制好,装进葫芦里,舍不得卖也舍不得喝。因为这茶树是用水仙洞里的泉水养成的,白姑娘就给这株茶树取名为"水仙"茶。

天心岩下住着一个单身汉鹤哥儿,干事勤快利落,靠砍柴过日子。这天,他生了病,还要挣扎着上山砍柴,由于体力不支,终于昏倒在半路上,碰巧被白姑娘遇上了。白姑娘把他背回草庐,没有药给他服用,也不知如何是好。眼看着鹤哥儿浑身滚烫,双眼通红,呼吸愈发困难。这该如何是好呢?别的办法没有了,白姑娘只得烧了一壶水仙洞里的泉水,再从葫芦里撮上一把水仙茶叶,泡了一碗浓浓的水仙茶,给鹤哥儿灌下去。

说来也奇怪,没过多久,鹤哥儿的嘴唇竟红润起来,眼睛也能微微地睁

1219

开了。白姑娘心想这茶汤还真有效果呢,于是赶紧又冲上一泡水仙茶,这第二泡竟比第一泡还香呢。鹤哥儿喝下第二碗,神志就清醒了。白姑娘惊喜地又冲了第三遍水,茶汤居然还是那么香!鹤哥儿喝过三碗茶汤后,竟然能够坐起来了。白姑娘再冲入第四次水,只见茶叶渐渐地沉到碗底,如刚采时般鲜嫩,水里还留有丝丝余香。鹤哥儿喝完茶水后,疾病顿时全无,不由地起身感谢白姑娘。

打此后,鹤哥儿经常给白姑娘送柴担水,一来二往地,两个年轻人的关系也愈来愈亲密了,后来终于结成了夫妻。

白姑娘、鹤哥儿夫妻俩经常用水仙茶给穷苦人治病,这茶如灵药般有效。消息很快传遍了武夷山,家家户户都知道白姑娘的水仙茶成了仙药!

这消息自然也被天心岩下赤石村里那个无恶不作的狗财主听说了,他就打起了歪主意。这天,他装作买柴,把鹤哥儿骗进了自己的府上,并且诱骗鹤哥儿卖水仙茶。鹤哥儿不依,财主竟凶残地叫手下的狗腿子把他打死了,还吩咐手下家丁明日进山抢水仙茶。

鹤哥儿含冤死后,化为了一只白鹤,飞回了天心庵旁的草庐,它歇在一株老松树上,对白姑娘叫道,明早财主要来抢茶。

白姑娘向白鹤点点头,懂得了它的意思,白鹤就飞走了。可怜的白姑娘万万没有想到,这白鹤就是她的鹤哥儿啊!这夜,为了保住水仙茶,白姑娘跑前奔后,找了许多穷哥们儿,商量出了对付的办法。

第二天一大早,财主就坐着轿子进山了。随行的奴才们气焰嚣张,看那架势,今天非抢走水仙茶不可。他们才到半岭,忽然一阵山风,送来了一阵山歌:

> 天心今年奇事多,
> 出株水仙能除恶。
> 白姑是个瑶池女,
> 芦秆抽水水上坡。

财主听了,感到十分奇怪,顺着歌声看去,只见一个老农在犁田。他用一根毛竹引来涧里的泉水,贮在下丘田里,只用一根手根粗细的芦秆靠在田埂上，下丘田的水就顺着芦秆"哗哗"地倒流进上丘田里。这样的奇事财主还是头一次见着！他惊得目瞪口呆，刚想打听个究竟，耳边又传来一阵山歌：

> 今年奇事真新鲜，
>
> 竹竿晒茶指上天。
>
> 砻糠能搓九丈绳，
>
> 缚个龙王守山前。

财主正揣摩这首歌的意思，忽见村口一株老松树下，有个老木匠正在推刨子，一根十来丈长、谷桶粗的大木头，正被刨成一根头尖尖，身圆圆的像针状的东西。旁边站着白姑娘，手里拿着一绺头发，一根接一根在连成线，口里也唱着山歌：

> 大树当针发当线，
>
> 织顶天网不见沿。
>
> 请来天兵和天将，
>
> 神鬼难逃法无边！

这首歌一唱，狗腿子们个个推推搡搡，都不肯再往前走。财主心里更发慌，真以为白姑娘是个仙女，冲犯不得，于是赶紧偷偷地溜下山去了，从此以后再也不敢上山抢水仙茶了。

白姑娘保住了水仙茶，可是再也见不到她的鹤哥儿回来。于是，她背上茶篓整天到山上找，找呀找呀……这天，她爬上天心岩顶，突然看见一只白鹤从天边飞来，朝着她叫道：姑娘姑娘莫伤心，鹤哥驮你进天堂。白姑娘心想，原来这就是我的鹤哥儿啊，于是她骑上鹤背，朝天宫飞去了。

黄金桂的传说

相传，清咸丰年间，安溪罗岩灶坑村（今虎邱乡美庄村）有个叫林梓琴的人娶了西坪珠洋村一名叫王淡的女子为妻。

按照当地风俗，结婚一个月，新娘要回娘家"对月换花"，在新娘返回婆家时，她带回的礼物中要有一种东西"带青"（即植物幼苗），以象征世代相

传、子孙兴旺。

这位叫王淡的新婚妇人回婆家时的"带青"之物即为两株小茶苗,她和丈夫一起将小茶苗种在祖祠旁园地里。经夫妻俩的精心培育,两株茶苗长得枝繁叶茂。

用这两棵茶树上采摘的茶叶制成的茶色如黄金,奇香似桂,左邻右舍争相品尝,啧啧称赞,便特以王淡名字谐音"黄旦"为茶叶命名。

后来,茶商林金泰将"黄旦"运销东南亚各国,供不应求,为进一步提高黄旦的身价,并根据黄旦的特征,他为"黄旦"取了一个富贵高雅的名字——黄金桂。

惠明茶的传说

惠明茶因产于浙江省瓯江上游的云和县赤木山惠明寺附近而得名。传说在唐宣宗的大中年间,广东遇到几十年未见的大旱,土地龟裂,颗粒不收,灾民们只得背井离乡,逃荒求生。有一位叫雷太祖的畲族老人,眼看着4个儿子饿得面黄肌瘦,为求生路他们就沿途讨饭向北方逃难。他们来到福建后,没有找到谋生的地方,后来又流离到浙江,沿着瓯江来到云和县境内。他们父子5人没有什么手艺,只有靠卖力气挣钱或者开荒种地糊口。可是当年年景不好,雇用帮工的人家很少,开垦荒地没有当地政府的允许也开垦不成。

就在这个危难时刻,一位鹤发童颜的和尚来到他们面前。雷太祖想:和尚一向是以慈悲为怀,何不请求和尚给指一明路?雷太祖向和尚施礼后,说明他们一家走投无路的景况,立即得到老和尚的同情。他说:"我是赤木山惠明寺的长老。惠明寺周围荒无人烟,要是你们父子肯跟我去开荒种茶,卖出的茶叶咱们五五分成。"雷太祖父子听了老和尚的话,喜出望外,那种久旱逢甘霖的心情,简直无法用文字加以形容。就这样,父子5人跟随老和尚来到惠明寺,开始了垦荒种茶的生涯。

几年后,他们父子经营的茶树采摘了很多茶叶,准备上市销售。他们征

黄金桂

得惠明寺长老的同意,就将这里产的茶称作惠明茶。

　　还有个传说与这个传说略有不同。在浙江省云和县的赤木山,有眼山泉叫浣香泉。浣香泉的泉水长年不断,喝到嘴里有种甜香清冽的感觉。在山泉旁边住着一对夫妇,人称刘二和刘二婶,他们依靠在山上采草药过活。

　　有一天,刘二下山卖药去了,刘二婶采药回来,见到一位70多岁的老和尚靠在一块大石头旁,闭着双眼,气息微弱,看样子是走累了或者患病了。刘二婶知道这座赤木山没有寺院,当然也就没有和尚。但刘二婶是个热心肠的人,就上前唤老和尚,询问他怎么来到了这里。老和尚吃力地睁开眼,却说不出话来。刘二婶见此情景,立即跑回家里,用瓦罐提来一罐山泉水,用小勺喂给老和尚。老和尚喝了山泉水后,立刻就精神起来,脸色也变得好看多了。老和尚告诉刘二婶,他是在峨眉山万年寺修行50年的和尚,只有喝饱了香泉水,才能成为罗汉。为了寻找香泉水,他云游四方,跋山涉水,栉风沐雨,在所不辞。后来辗转找到赤木山,得知这里有口香泉,可是没有料到,刚刚听到山泉淙淙的响声和闻到山泉的香气,就累得走不动了。老和尚十分感激地说:"要不是大姐相救,我这辈子就与罗汉无缘了!"

　　老和尚在刘家休息了几天,身体恢复过来后,就每天到浣香泉喝泉水。他越喝身体越结实,面色变得红润泛光,精气神更加旺盛。临走时老和尚对刘家夫妇说:"你们救了我的命,使我能够喝饱一肚子香泉水,不久就成为罗汉了。贫僧无以相报,请收下我这葫芦里的茶叶种子。"说着老和尚将随身

1223

带的葫芦交给刘二夫妇,并教给他们种茶、采摘茶芽、揉茶和烘干的方法。然后说:"这种白茶煎着喝,能醒脑、明目、清胃、润肺、洗肠,可治病,不亚于你们采的草药。"说罢,老和尚就双手合十,慢慢地闭上了双眼。

刘二婶赶忙问:"大师父,您叫什么名字?"老和尚闭着眼,声息微弱地说出两句偈语:"此心难报婶恩惠,留株白茶照山明。"稍停了一会儿又说:"我名字就在这偈语里面。"说罢,眼一闭,坐化了。

第二年,刘二夫妇在山坡上开荒种上了白茶籽儿。几年后他们就开始采摘茶芽,制作白茶,卖到山下,比采药时的日子更加兴旺。他们夫妻商量,为了不忘老和尚的馈赠,就在浣香泉边修建了一座庙,塑了老和尚的金身,来祭祀他,并在庙门框上镌刻上老和尚的两句偈语。后来有位秀才来庙里敬香,刘二婶顺便请教说:"老和尚坐化前说他的名字在这两句偈语里,您看应该是什么?"秀才思量了片刻说:"他叫惠明。"于是这座庙就改成了惠明寺,老和尚馈赠的这种白茶也就叫作惠明茶了。

梅占的传说

相传,清朝道光元年(公元 1821 年),芦田有株茶树,树高叶长,人们都不知其名。

西坪尧阳王氏赴芦田拜祖。芦田人考问王氏那株茶树的名称。王氏语塞,忽抬头一眼看见门上有"梅占百花魁"的对联,便随口说出"梅占"的名字。

众人以为这就是此树的名称,于是遂以"梅占"称之。

大叶乌龙的传说

清朝雍正九年(公元 1731 年),安溪长坑人苏龙将安溪的一种茶苗移植于建宁府。经过细心照料,茶树长势良好。当地茶农认为这是良种,就竞相繁育栽培。

苏龙辞世后，当地茶农以苏龙姓名为茶树命名，称其为"大叶苏龙"。后来，又根据茶树的品种特征，故称为"大叶乌龙"。

木栅铁观音的传说

大约120年前，有一位姓张的唐山茶师听闻台湾有许多茶园，但制茶的技艺却不如大陆沿海茶区，于是毅然决定去台湾试试身手。

他一路上细细地勘察了台湾的水文、地势和气候，发现这里的茶园所栽植的茶树品类过杂，有的茶园离海岸太近，不具备生产上等好茶的条件。

经过一番思索和研究后，他最终选定了新店大崎脚的鸡心尖山麓，决定在那里开拓他理想中的茶园。他在他选中的地方一住就是十多年。

这期间，他从安溪引入了纯种铁观音，在木栅樟湖山上种植。由于闽、台的气候和水土条件相似，他引进的铁观音种植获得了成功，做成了铁观音茶。由于种植成功的地区是在木栅，因此得名"木栅铁观音"。

老翁播种成茶林的传说

从六曲东岸伏虎岩东行，沿着修竹夹立的石径拾级而上，穿过石门走出石洞，映入眼帘的是：南面接笋峰、隐屏峰、玉华峰群峰拔地，北面清隐岩、天游峰、仙掌峰壁立参天。此乃"峥嵘深锁"之"茶洞"，相传，这里就是武夷山第一棵茶树生长的地方。

传说，在武夷山九曲溪畔住着一位以采药治病为生的老人，他心地善良、乐于助人，人们对他十分敬重，都亲昵地称他为"老翁"。

一年盛夏，山里疾病四起，老翁整天跑东村奔西村，给病人们抓药治病。由于生病的人多，老翁的草药全部用完了，就连附近山上的草药也采尽了，老翁非常着急。偏偏这个时候，村头又有人来求助，老翁连忙去看，见病人正高烧昏迷，有生命危险。凭着多年的经验，老翁知道治这病要用鲜吊兰，可身边却没有这一味药，老翁二话没说，急忙赶回家，拿起药锄、药袋进山找吊兰去了。

骄阳似火，老翁顶着烈日翻过三十六道山梁，蹚过九曲溪水，走进了一条峡谷。老翁举目四望，忽地在一处峭壁的石洞里发现了几株嫩绿的吊兰。他精神为之一振，系好草鞋，上前找到一条青藤，手抓粗藤，脚蹬峭壁，攀到了吊兰跟前。忽然，老翁一阵眩晕，手脚一松，便从高高的峭壁上摔下山涧，昏死过去。就在这时，一个童颜鹤发的老人驾着白鹤随着一阵清风翩然而来，他用神鞭在老翁身上来回挥舞，挥一次老翁有了呼吸，挥两次老翁脸上有了血色，挥三次老翁微微睁开了眼睛。鹤发老人见老翁用惊奇的眼光瞧着自己，便说："我乃武夷控鹤仙人，素知你为人热心善良，为民采药治病。适才在云中见你生命垂危，特赶来相救。"说完，控鹤仙人扶老翁坐到白鹤背上，将神鞭一挥，白鹤飘然而起，顷刻便降落在一扇大石门前，门额上"峥嵘深锁"四个大字遒劲有力。仙人扶着老翁下得鹤来，又见仙人用神鞭一指，"吱"的一声，石门徐徐开启，仙人带着老翁入了石门，眼前便显出一座金碧辉煌的宫殿来。仙人带老翁过了大殿，走进一个清静幽雅的房间，从壁上取下一个翡翠葫芦，打开葫芦口，倒出一杯玉液琼浆给老翁喝。老翁接过，刚靠近嘴边，就觉得有一股香气冲入喉咙，顿觉浑身轻爽、伤痛全消、心明眼亮。

老翁忙问："这是什么神药？"

"此乃仙茶露也。它能治病、提神、解暑、止痢。"仙人又说："我这园内育有一株仙茶赠送与你，待茶树长大时，你将枝条剪下插种土里即成茶林。"

老翁接过茶树，叩拜谢恩。忽然"轰"的一声，眼前几道金光闪过，仙人隐去了，宫殿也没有了。老翁如梦初醒，往周围一看，发现自己坐在一个石洞里，眼前立着一棵茶树。

老翁遵照神仙的嘱咐，把仙茶树栽在洞前，用雪花泉水浇灌后，又顺手采了几片茶叶，心急火燎地赶到病人家，老翁连忙把茶叶捣好给病人服下，不到一个时辰，病人的病全好了。

第二天，他又把全村的人都带进山里去看仙茶树，还向大家传授仙人教他的剪枝培育茶树的方法。村里的人可高兴了，大家把洞内的平地挖开，插上茶树枝。到了第二年春暖花开时，洞内就长出了又高又大的茶树。没过几年,这里就长成了一片茂密葱郁的茶园。

后来,人们为了不忘记武夷山茶树的来源,在第一棵茶树生长的岩壁上刻下"茶洞"两个大字。

南岳云雾茶的传说

南岳云雾茶产于湖南省中部的南岳衡山。云雾茶的香味浓郁、甘醇,早在唐代就享有盛名,被列为贡品。

相传,唐代天宝年间,清晏禅师任南岳庙的掌教。一天,一条大白蛇将茶籽埋到了庙的旁边,这茶籽存活了下来,自此之后,南岳便产茶了。

南岳的泉水质优量且多。这里的泉水大都是从花岗岩中渗出,水质特别好,冲泡茶叶,汤色明亮清澈,香气清高,味道甘醇。据说,浙江杭州的虎跑泉,就是唐朝太宗时期,有一位高僧从南岳借去的,当时所借的是这里的童子泉。

清晏禅师用一股从石窟进出的清泉冲泡云雾茶,茶汤的色、香、味更佳,这泉叫作珍珠泉。有诗人啜了这里所产的南岳云雾茶,作诗云:"谁道色香味,只许入泉室;今上毗庐洞,逍遥尝贡茶",大加赞扬。

荔枝红茶的传说

唐朝时期,杨贵妃十分喜爱吃荔枝。于是,每年7、8月份时,唐明皇都要派大批的船队将荔枝经由大运河从江南载运到京城。

在载运荔枝的船上,不仅有荔枝,还有红茶,都是进贡给皇宫的。这些贡茶就是将荔枝和工夫红茶合并熏制而成的荔枝红茶。这种红茶深受杨贵妃和其他皇室人员的喜爱,并且经由他们而渐渐地流传了下来,成为世界上最早的天然水果红茶。

荔枝红茶

猴公茶的传说

据说猴公茶冲泡起来,百步以外就能闻到诱人的茶香,入口则满嘴清香,沁人心脾。关于猴公茶的来历,还有一段动人的故事。

在福建省南靖和漳平交界的朝天岭一带,流传着这样一句话:"茶数白毛猴,猴公胜白毛。"相传在很多年以前,朝天岭是猴公们居住的地方。有一位心地善良的老婆婆住在山脚下,她以为人们接生助产、缝补浆洗来维持生活。

在一个寒冷的冬夜,急促的敲门声把已经睡着的老婆婆叫醒了,她认为肯定是村里的哪位妇人要临产了,便急忙起床开门。谁知门一打开,只见一只黑毛公猴站在门外,大半夜的,一只猴子来干什么呢?老婆婆吓了一大跳,便赶紧准备关门。谁时,这只黑毛猴子却一把拉住老婆婆的衣角,不让她进屋,并用乞求的眼光望着她。老婆婆心里犯嘀咕,猴子见她没有再关门的意思,便拉着她往山上走去。老婆婆心想大概是有猴子生病了吧,于是也就跟随着公猴上了山。

不一会儿,他们来到了山上的洞里。进入洞中,只见一只临产的母猴正躺在地上痛苦地呻吟着。善良的老婆婆见状,赶紧帮助母猴接生。还好一切顺利,一只可爱的小猴子出生了。老婆婆松了一口气,转身准备要离去,这时公猴拿出了一包茶籽,双手捧给了老婆婆,示意是送给老婆婆的礼物。

老婆婆非常高兴,将茶包揣入怀中,就下山了。她一路走,一路想,可别把茶包弄丢了。于是一路行走,一路不停地用手去摸,岂料,茶包漏了,茶籽

一颗颗地撒落在了她回家的路上。

到家后,老婆婆将剩下的不多的茶籽种在了自家屋前的山坡上。这些茶籽不久就长成了一株株绿油油的茶树苗。而在她回家的路上,那些丢落的茶籽也长成了新苗。老婆婆高兴极了,仔细地照料着这些茶树苗,将它们都培育成了繁茂的茶树。

每当茶叶成熟的时节,老婆婆总要亲手采制茶叶,并且用此茶来招待四方乡邻。人们吃到这种香味异常的茶,总要问一下这是什么茶。老婆婆便很乐意给大家讲述这茶的来历,并且给这茶起了一个好听的名字,叫"猴公茶"。

白茶王的传说

相传,茶圣陆羽在写完《茶经》一书后,心中却总有一丝遗憾,他觉得自己虽已尝遍世上所有的名茶,但是肯定还有自己没有尝过的更好的茶。于是,他后来不再写书,随身带了一个茶童,携着茶具,四处游山玩水,寻仙访道,就是为了寻找茶中的极品。

一日,陆羽跋涉至湖州府辖区的一座山上,山顶上有一片平地,一望无垠,平地上长满了一种陆羽从未见过的茶树。这种茶树的叶子跟普通茶树一样,但奇怪的是,茶树要采摘的牙尖是白色的,晶莹如玉,与众不同。陆羽十分惊喜,立即命茶童采摘白色的牙尖炒制成茶,并就地取溪水冲泡。这新制的茶果然不同凡响,其清香扑鼻,茶水清澈透明,品之一口,更是令人神清气爽,如遁仙境!陆羽感慨万千,不禁脱口而出,我终于找到你了,找到了!……话音未了,但见他整个人轻飘飘地向天上飞去,原来竟因茶得道,羽化成仙了……

且说那时的天庭里只有琼浆玉液,并不知茶为何物。陆羽成仙后,玉帝知他是人间茶圣,便命陆羽让众仙尝尝茶是何滋味。陆羽拿出在山顶上采的白茶献上,众仙一尝,纷纷叫好!玉帝亦大喜,称此乃仙品,不可留与人间,遂命令陆羽带天兵天将将此白茶移至天庭。陆羽眼见所有的白茶都将

移至天庭,十分不忍此极品从此断绝人间,于是偷偷地留下了一粒白茶籽于深山中。

这颗茶籽终长成人间唯一的白茶王,直到二十世纪70年代末才被人们发现。这也是在陆羽《茶经》中没有记载白茶的原因了。

云和白茶的传说

浙江云和县有座海拔很高的大山,叫赤木山,山上有个小小的山岗,叫金香岗,金香岗中间有个很深的石乳洞。石乳洞前有眼小山泉,叫浣香泉,这泉眼里冒出的山泉水常年不竭,甘寒清冽。就在浣香泉边的茅草房里,曾经住过白茶仙姑蓝二婶婶。

蓝二婶婶三十几岁就守了寡,只得依靠种些山货,砍点山柴来拉扯三岁的女儿过日子,日子过得十分清苦。

有一天快晌午的时候,蓝二婶婶在离家不远的山坡上砍柴时,忽然看见一个瘦瘦的老和尚靠在松树上翻着白眼儿,唇焦脸黄,似乎病得不轻。

蓝二婶婶急忙赶过去,只见老和尚的身子根本没法动弹,也张不开口说话。于是蓝二婶婶赶紧跑回家,拿了一条宽的木板,拎上半竹筒山泉水,就往山坡上跑去。

她先向老和尚的嘴里灌点山泉水,过了一会儿,老和尚微微地睁开了双眼,吐了一口气。蓝二婶婶把老和尚移上木板,用绳子缚住,拉回了家里,让他在家里休息。

说来也奇怪,这老和尚休息了一天,喝了一天山泉水就能活动了。从那以后,他每天都用山泉水煮些草叶喝,其他的什么也不吃,但脸色愈发红润起来,身体也壮实了,精神也十分旺盛。

老和尚的身体好些了,他便从腰带筒里倒出了一些种籽,种在了屋子的周围,并天天用山泉水来浇灌它们。时间一天天过去了,整整三百天之后,这些种籽发芽了、并且快速地抽枝、吐叶,老和尚把那些嫩叶摘下来,放在锅里用手炒,再搓,再揉,再烘焙干,就放进细腰葫芦里面了。

有一天，蓝二婶婶的女儿突然不知怎么了，身子发烫、双眼发红、肚子疼得躺在床上直打滚。蓝二婶婶急得抓耳搔腮，却手足无措。老和尚忙泡草叶水给她喝，可也一点也不管用，于是他取过砍刀，跑到浣香泉边那株小树下，用刀划开掌心，让自己的血一滴滴地滴在了树根上。令人惊奇的是，树上的那些小小的碧绿的叶儿都刹那间变成白色的了。老和尚忙摘下白色的叶片，煮水给蓝二婶婶的女儿喝，这才止住了痛，退了烧。

蓝二婶婶惊讶极了，什么药这么灵呢？老和尚告诉也，这是茶。原来，这老和尚在四川峨嵋山勤修苦练了五十年，就是成不了罗汉，原因是只差一肚子的香泉水。于是，他云游四方，走遍天下，千查万寻，才来到赤木山上的金香岗，找着石乳洞前的这眼浣香泉，眼见着都快到这泉边的，可人却因为过度劳累而病倒了，多亏蓝二婶婶用山泉水救活了他。

蓝二婶婶的女儿身体恢复了，可没想到老和尚割破的左手掌心却慢慢地肿了起来，并且越肿越大。蓝二婶婶着急得不知如何是好，女儿也急得哇哇直哭。老和尚却笑嘻嘻地安慰她们说："二婶婶啊，我这三百天来饮了一肚子的香泉水，已经成为罗汉了。你一定要记住我的话，照我葫芦里的茶叶样子制茶，我的茶叫'云雾茶'，这茶要煎着喝，能醒脑、明目、清胃、润肺、洗肠、通气，可治病！"接着又说，"我要走啦，请你折枝白茶给我，请你舀碗山泉水给我。"

蓝二婶婶折来一株白茶枝，老和尚用手掌擎着；蓝二婶婶舀来一碗浣香泉里的水，放在老和尚的面前，老和尚慢慢地闭上了双眼。

蓝二婶婶慌张起来，急忙问道："大师父，你叫什么名字啊？"

老和尚低低念道："此心难报婶恩惠，留株白茶照山明。"说着，便坐化了。

过了不久，蓝二婶婶的"云雾茶"能治病的消息传开了，山里山外的不少人都来求茶，都亲切地称呼蓝二婶婶为"白茶仙姑"。蓝二婶婶把老和尚成罗汉的事讲给大家，大伙儿都认为白茶是罗汉赐的。就盖了一座庙来祭祀他。庙门口有一副楹联，就是老和尚临终时说的那句话：

"此心难报婶恩惠，留株白茶照山明。"

人们说,这是老和尚讲自己的事情,而这"惠明"一定就是老和尚的名字。于是,人们从此把这庙叫作"惠明寺",而这白茶就被叫作"惠明茶"了。

白茶与太姥山的传说

目前市场上有很多冠以"白茶"名称的茶叶,但其绝大部分不属于白茶类的白茶,真实身份是"白叶茶",加工工艺属于绿茶类。它们是选用白叶茶品种的芽叶,经过杀青、造型加工制作而成的,外观色泽为绿色。福鼎白茶是采用白毫丰富的"华茶1号"和"华茶2号"的芽叶,不经过杀青,直接萎凋烘干而成,茶叶的外观色泽呈银白色。

太姥山脚下的福鼎市,这里的人们不仅生产白茶、喝白茶,而且还流传着关于白茶的神奇故事。

尧时,太姥山脚下的一名农家女子为了逃离战乱而躲居到深山中,她住在山中的鸿雪洞里,乐善好施,人们称她为蓝姑。

这一年,山中又瘟疫流行,很多人因为无药可治而夭折……正在大家都一筹莫展之时,有一天夜里,蓝姑竟梦到了南极仙翁。仙翁告诉她:鸿雪洞的洞顶上有一株小树叫做茶,是几年前给王母娘娘御花园运送茶籽时不慎掉下来的一粒种子长成的,这株树的叶子是治疗瘟疫的良药……蓝姑听后,从梦中惊喜而醒,赶紧趁着月色攀上了洞顶,终于费尽心力找到了那株与众不同的茶树。蓝姑采了树的绿叶,晒干后便赶紧送给了村里的患者。

不多久,患者们的身体都痊愈了。神奇的白茶驱散了笼罩在村庄的阴霾。从此以后,蓝姑就开始精心地培育这株仙茶,而且教给村里的乡亲们种植。很快,整个太姥山区就变成了茶乡。

到了晚年,蓝姑得到了南极仙翁的指点迷津,竟羽化升天……人们为了表达对蓝姑的感激之情,尊称她为太姥娘娘,"太姥山"也因此而得名。

太姥娘娘传授种植的仙茶,也就是今天的福鼎白茶。这则神奇的白茶故事,也一直是福鼎人们的骄傲。据说,太姥山的鸿雪洞里至今还留有一株当年蓝姑亲手培植的福鼎大白茶母株呢!

白娘子和白茶的传说

在安吉,有不少关于白茶的传说。

在安吉县溪龙乡的白茶广场,有一个白茶仙女的塑像,这位白茶仙女就是传说中的白娘子,塑像四周的石雕上镌刻着一个关于白娘子与白茶的故事。

很久以前,美丽的蛇仙白娘子受观世音的点化下山报恩,在西子湖畔邂逅了恩人——药店伙计许汉文,俩人一见钟情,遂结为夫妻。

金山寺的和尚法海几次三番地破坏,终于有一次使白娘子显出真身,许仙看到,因不知原委,惊吓得昏死过去。

白娘子为救许仙,冒死上仙山盗取灵草。南极仙翁念她一片真情,允许她带着仙草和仙果下山。

白娘子从仙山带回仙草和仙果一路赶回,途中经过安吉,此处美丽的山水吸引了白娘子,无意之中,她将仙果失落在了深山密林中。

这失落的仙果落在安吉的高山峻岭之上,遇到肥沃的土壤、清澈的泉水便破壳而出,茁壮成长起来。为了找回仙果,白娘子又回到安吉,但只见仙果已长成枝繁叶茂的白茶树,于是,她就身居此山修道,并日日夜夜呵护着这白茶树。

荔枝湾美丽的茶传说

传说南汉王刘龚在广州荔枝湾建了广袤三十余里的御果园"昌华苑"。南汉后主刘鋹每至夏日,便在此大摆红云宴。

有一年夏天,八仙中的何仙姑带着挂绿荔枝到"昌华苑"来赴红云宴。宴后,何仙姑捧着一把茶壶来到荔枝湾畔,突然一盏白荷从天降在水面,托起何仙姑,让她逍遥自在地在湾中一边游览,一边把茶撒入湾中。顿时,湾中茶香阵阵,五彩缤纷,云雀飞翔,鱼群戏水,宛如仙境。

中华茶道

普洱茶的传说

普洱茶是历史名茶,它诞生于世界茶乡——思茅这块得天独厚的沃土之中,又经过了上千年的发展演变。普洱茶名称的由来是一个美丽的错误,是一种历史机缘,又是一种必然中的偶然。

在广大普洱茶区,关于普洱茶,流传着一个美丽的民间传说。

在巍巍无量山间、滔滔澜沧江畔,有一个美丽的古城普洱。这里山清水秀,云雾缭绕,物产丰饶,人民安居乐业,这个地方出产的茶叶更是以品质优良而闻名遐迩。这里是茶马古道的发源地,每年都有许多茶商赶着马帮来这里买茶。

清朝乾隆年间,普洱城内有一大茶庄,庄主姓濮,祖传几代都以制茶、售茶为业。由于濮氏茶庄各色茶品均选用上等原料加工而成,品质优良稳定,加上店主诚实守信、善于经营,所以到濮老庄主这代,茶庄的生意已经做得很大,成为藏族茶商经常光顾的茶庄,而且所产茶品连续几次被指定为朝廷贡品。特别是以本地鲜毛茶加工生产的团茶和沱茶,已经远销西藏、缅甸等地。

这一年岁贡之时,濮氏茶庄的团茶又被普洱府选定为贡品。

清朝时期,制作贡茶可不是一件容易的事情。用料要采用春前最先发出的芽叶,采摘时非常讲究,要"五选八弃"。"五选"即"选日子、选时辰、选茶山、选茶丛、选茶枝";"八弃"即"弃无芽、弃叶大、弃叶小、弃芽瘦、弃芽曲、弃色淡、弃虫食、弃色紫"。制作前要先祭茶祖,掌锅师傅要沐浴斋戒;炒青完毕,晒成干茶,又要蒸压成型、风干包装,总之,每一道工序都十分繁复。

按照惯例,制成饼茶后,是由濮老庄主和当地官员一起护送贡茶入京。不巧这年濮老庄主生病卧床不起,眼看时间紧迫,就只好让少庄主与普洱府罗千总一起进京纳贡。

此时的濮少庄主正值青年,大约二十三四岁,犹如清明头遍雨后新发的茶芽般挺拔俊秀、英姿勃发。他与20里外磨黑盐商的千金白小姐相好。白家是盐商世家,白小姐亦是方圆几十里出名的美人,正所谓郎才女貌、门当户对。两家早就喝了定亲酒,聘礼也过了,再过几天就打算迎亲了,眼下正在筹办婚礼呢。

然而皇命难违,濮少庄主只好挥泪告别老父和白小姐,临行前,众人叮嘱他送完贡茶就赶快回乡。

濮少庄主经验不足,又有心事,时间也十分紧迫,天公亦不作美,春雨下得连绵不断。平常老庄主晒得很干的毛茶,这一次却没完全晒干,就急急忙忙压饼、装驮,为后来发生的事埋下了一大祸根。

濮少庄主随同押解官罗千总一道赶着马帮,一路上昼行夜宿,风雨兼程赶往京城。当时从普洱到昆明的官马大道要走十七八天,从昆明到北京足足要走三个多月,其间跋山涉水、日晒雨淋的艰苦都不说了,更要提防的是土匪、猛兽和疾病的袭击。好在这一路上没遇上大的麻烦,只是正适雨季,天气又炎热,大部分路程都在山间石板路上行走,骡马不能走得太快,经过一百多天的行程,从春天走到夏天,总算在限定的日期前赶到了京城。

濮少庄主一行在京城的客栈住下之后,其他人因是第一次到京城,不顾鞍马劳顿,兴冲冲地逛街喝酒去了。只剩下濮少庄主一人没有心思去玩,留在客栈,一心挂念着在家中的老父及未过门的白小姐。他想明天就要上殿贡茶了,贡了茶,就可昼夜兼程赶回去了!

想到这里,他想去看看贡茶是否完好。于是,他跑到存放贡茶的客房把贡茶从马驮子上解下来,打开麻袋,小心地拎出竹箬茶包,解开竹绳,剥开一个竹箬包裹一看,糟了,茶饼变色了,原本绿中泛白的青茶饼变成褐色的了。他连忙打开第二驮,怎么也变色了?! 再打开第三驮、第四驮……天啦! 所有的茶饼都变色了。

濮少庄主一下子瘫坐在地上,浑身发软——贡品坏了! 自己闯了大祸,那可是犯了欺君之罪,要杀头的啊,说不定还要株连九族!

濮少庄主在地上坐了半天,慢慢站起来,恍恍惚惚像梦游一般回到自己房中。他关上房门,躺倒在床上,眼泪止不住地流下来。他想到临行前卧病在床老父的谆谆教导,想到白小姐涕泪涟涟的娇容和依依不舍的惜别,想到府县官员郑重的叮嘱和全城父老乡亲沿街欢送的情景，想到沿途上的种种艰辛。普洱府那翠绿的茶山、繁忙的茶坊、络绎不绝的马帮、车水马龙的街道，一幕一幕在脑际闪现。这熟悉的一切都将成为过眼云烟，祖上几代苦心经营的茶庄也要毁在自己的手上了。

再说店中有一个小二，他听说客栈里住进了一队从云南来贡茶的马帮，心里十分好奇，想要见识见识这贡茶是什么东西。他悄悄摸进了存放贡茶的客房，看到解开的马驮子，便小心地拿过一饼茶，偷偷用小刀撬了一坨回了屋。小二掰了一小块茶放进碗里，冲上开水，只见那茶汤红浓明亮，拿起一喝，味道又香又甜、苦中回甘。小二慢慢地品咂起来……

濮少庄主在床上辗转反侧，思绪万千，泪水把枕头都浸湿了。不知过了多长时间，他心存了一个念头："罢了，罢了，与其明天殿前身首异处，不如今天就自我了断，免得丢人现眼。"回到自己住处，他解下腰带拴在梁上，就往脖子上套去。

那边罗千总一伙酒足饭饱，哼着小调，买了些北京小吃带回来给少庄主品尝。一进客栈门，他就大声叫嚷"少庄主，少庄主，快来尝尝京都小吃"，东寻西找，不见濮少庄主。店小二听见罗千总的叫声，忙从房中跑出来说："前晌还在，后来好像回客房去了。"罗千总提着东西向少庄主住处走去，"噔噔噔"刚上楼梯，就听见"哐"的声，忙推门进屋一看，发现公子已经吊在梁上，手脚还微微地动着。罗千总大惊，叫道"不好了，少庄主上吊了"，急忙抽出腰刀，砍断腰带，放下少庄主。店小二等人听到叫声，忙从房中跑出来，只见少庄主两眼翻白，气息奄奄，几个人又是喊又是叫，又是按又是揉，经过一番努力，少庄主醒了过来。

少庄主醒后就只知道流泪，什么话也不说。罗千总觉得十分蹊跷，便走进装茶的房间，见一驮一驮的茶全部被打开，细细一看，才明白了少庄主自杀的原因。他心想："完了，完了，自己身负贡品押运的重任，贡茶出了问题我也难逃干系，还是先他一步走吧，也好有人收尸。"想着想着。他就拔出腰刀往脖子上抹去。

这时，那个偷茶的店小二刚好路过，见此情形，忙跑过来一把抱住他说：

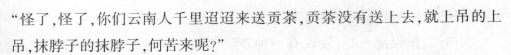

"怪了,怪了,你们云南人千里迢迢来送贡茶,贡茶没有送上去,就上吊的上吊,抹脖子的抹脖子,何苦来呢?"

罗千总边哭边说:"你不要拦着我,贡茶弄成这个样子,我们是犯了欺君之罪,早一天是死,晚一天也是死,让我死了算了。"

店小二问,道:"你这贡茶好得很嘛,又香又甜,怎么会说弄坏了呢?"

罗千总说:"小二哥,你莫开我的玩笑了,你看这茶,原本绿中泛白的青茶饼都变成褐色的了,都坏了呀!"

店小二说:"是吗?可这真的是好茶呢,我当小二,泡茶这么多年,还没喝过这样的好茶呢,你咋个不信,自己瞧瞧啊!"

店小二端来了未喝完的茶汤,罗千总这才半信半疑地接过一看,只见汤色红浓明亮,喝上一口,甘醇爽滑,虽然茶已经放凉,可也赛过自己平常喝的茶百倍。

罗千总一下子来了精神,可百思不得其解。他拿着店小二撬下的茶端详起来,想了半天,心里打定主意:"管他呢,大不了是一死,明天将茶贡上再说。"

乾隆皇帝非常喜欢品茶和鉴茶,几下江南都到了江浙茶山。他鼓励种茶、制茶,还有一个特制的银斗,专门用来称水的轻重,以评定泡茶名泉的优劣。

清朝中国的大宗出口产品主要是丝绸、茶叶和陶瓷,茶叶是换取外汇的重要贸易物品。作为治国明君的乾隆深知茶叶的重要性,他在宫廷中定期设置品茶斗茶大赛,聚集文武百官当众品鉴,取其优胜者而褒奖之,以此提高和激励民间种茶的积极性,促进茶业的发展。

这天,正是各地贡茶齐聚、斗茶赛茶的吉日。

一大早,乾隆便召集文武百官一起观茶、品茶,各地进献的贡茶一字排开,左边是样茶,右边是泡好的茶汤。

古时品茶斗茶都是要先观其形、闻其香、品其味,最后才来评定优劣。

乾隆当然是评茶官,只见全国各地送来的贡茶琳琅满目,品种花色各式各样,西湖龙井、洞庭碧螺春、四川蒙顶、黄山毛峰、六安瓜片、武夷岩茶等都是茶中精品，一时还真不能判定优劣。

突然间，他眼前一亮，发现有一种茶饼圆如三秋之月，汤色红浓明亮。犹如红宝石一般，显得十分特别。乾隆便命人端上来一闻，一股醇厚的香味直沁心脾，喝上一口，绵甜爽滑，好像绸缎被轻风拂过一样，直落腹中。

乾隆大悦道："此茶何名？圆如三秋皓月，香如九畹之兰，滋味这般的好。"

太监推了推旁边的罗千总说："皇上问你呢，赶快回答。"

罗千总何曾见过这样的场面，"扑通"一声跪在地上，半天才结结巴巴说出一两句话，讲的又是云南方言。

乾隆听了半天也不明白，又问道："何府所贡？"

太监忙答道："此茶为云南普洱府所贡。"

"普洱府，普洱府……此等好茶居然无名，那就叫普洱茶吧。"乾隆大声说道。

这一句话罗千总可是听得实实在在的，这可是皇上御封的茶名啊！他忙不迭地叩谢。

乾隆又接连品尝了三碗普洱茶，拿着红褐油亮的茶饼不住地抚摸，连口赞道"好茶，好茶"，并传令太监冲泡赏赐给文武百官一同品鉴。于是，朝堂上每人端着一碗红浓明亮的普洱茶，醇香顿时溢满朝堂，赞赏之声不绝于耳。乾隆十分高兴，重重赏赐了罗千总一行，并下旨要求普洱府从今以后每年都要进贡这种醇香无比的普洱茶。

罗千总不由得由悲转喜，百感交集。回到店中，他把这个好消息告诉了濮少庄主，少庄主自是喜不自胜。他们重谢了店小二，带着那饼被撬了一个角的普洱茶赶回了普洱府。濮老庄主一家受到了皇上的赏赐，普洱府也是阖府同庆，犹如过节一般热闹了三天。

后来，濮老庄主同普洱府的茶师们根据带回的饼茶研究出了普洱茶的加工工艺，其他普洱茶庄也纷纷效仿。普洱茶的制作工艺在普洱府各茶庄的人中代代相传，并不断发扬光大。

从此，普洱茶岁岁入贡清廷，历经两百年而不衰，皇宫中"夏喝龙井，冬饮普洱"也成了一种传统。

东山贡茶的传说

东山茶产于桐梓县,传说它在明朝时为贡茶,民间有诗吟诵:"三月里来好风光,东山春茶满城乡,市人买得春常在,一年四季留芬芳。"

关于东山贡茶,还有一个小故事:话说东山茶入宫初期曾遭冷遇,因为其采制工艺较之其他贡茶差,在色泽形状上不突出。

一次,皇帝要品茶,宫人错拿成了东山贡茶。只见东山茶初泡时,在茶具中一升一降,极具观赏性,香气扑鼻,饮时更是味韵隽永,皇帝连称此是好茶。这样,东山茶才改变了其久居"冷宫"的处境。

东山茶不仅香气逼人,还有治病的功效。

传说,有个老和尚久患重疾,喝百药都无效,于是一位老翁告诉他,春雷响后,采摘东山顶上的茶,以庙旁的清泉水熬服,能治宿疾。僧徒依老翁的话采茶熬成,老和尚服用后,病竟痊愈,长期饮用,身体也更加健康了。

神奇崂山石竹茶的传说

山东省崂山以山美、水美而扬名。相传在很久以前,山里住着一户农家,农民夫妇天天上山打猎,依靠种地生活,家里养着不少的鸡鸭。他们每天晚上回来都要先把鸡鸭下的蛋收回屋里。

奇怪的是,最近一连几天,一个蛋也没有见到,丈夫觉得很奇怪,决心探个究竟。

第二天,丈夫没有外出,而是悄悄地躲在屋内,算着到下蛋的时间了,他便从门缝里向外看,只见院里的鸡鸭都下蛋了,在草地上,白花花的一片呢。农民心想出去看看吧,可门还没有推开,忽然,只听"嗖"地一阵风声,墙头上竟出现了一条大蛇,张着血盆大口,吐着舌头,看上去十分恐怖。说时迟,那时快,只见鸡蛋、鸭蛋都像长了翅膀似的往蛇的嘴里飞去,不一会儿,草地上就干干净净的了，而大蛇也吃饱了肚子，晃晃悠悠地扭曲着身子不见了。

农民见此情景，在屋里吓得连大气都不敢出一口。遇上这么凶猛的动物，怎么办啊？左思右想了一夜，第二天一大早，他找了个口袋，到海边拣了一口袋大小跟鸡蛋差不多的鹅卵石，全部都散放在鸡、鸭下蛋的草地上，然后，把鸡鸭都转移到别处关了起来。然后自己在里屋躲了起来。

果然，大蛇如约而至，它趴在墙头上，像往常一样拼命地吸起来。于是，那些鹅卵石也纷纷被它吸进口里去了，但是，蛇的腹部也膨胀起来了，只见它猛力地扭动着身子，但是，腹部的鹅卵石却不会被消化，大蛇缓慢地向墙外的山上爬去。这会儿，农民走出门外，只见这条蛇足有一丈多长，扁担般粗细，因为肚子高高地鼓起，所以爬动的速度格外缓慢。农民心想，它吃了那么多石头，看它想怎么办。于是，他顺手拿了个锄头防身，远远地跟着大蛇向前走去。

大蛇爬过一条条山坡，穿过一道道山涧，来到了崂山华严寺后的悬崖旁边，最后它在山崖旁边的几株小树前面停住了，然后伸出了长长的舌头，在叶子上舔，这些尖尖的、嫩绿的叶子农民也从来没有见过。过了一会儿，蛇的肚子居然一点点地缩小了，最后竟恢复了正常。大蛇"嗖"的一声又消失了。

这究竟是什么东西呢？居然连石头都能化掉。农民小心翼翼地走过去，只见小树的枝叶被蛇吃掉了不少。他疑惑地用手摘下一片叶子放在口里，顿时，只觉一阵清凉的感觉传遍全身，令人心旷神怡。他急忙摘了一把叶子带回家中，给他老婆看，并把自己所看到的告诉了她，老婆吓得瞪大了眼睛，但一看这些叶子，就说：华楼宫后面也有这种树啊！夫妻俩十分高兴，遂开始了他们种植茶叶的生活。这种茶叶就是崂山的石竹茶！

芙蓉茶的传说

明朝永建年间，湖广益阳知县到安化考察民情。一天，他来到芙蓉山下，见天色已晚，便想寻农家住宿。这时，迎面过来了一个和尚，知县迎上前

去施礼并求借宿之意。

长老道："我是芙蓉寺中的长老，寺院就在山腰上，请随我来。"一路上，长老身挎的竹篓里装的翠嫩茶叶不时散发出阵阵清香。

到了芙蓉寺，长老亲自泡茶敬客。只见，这茶叶似松树针叶，待沸水冲泡，热气绕碗边转了一圈，然后自碗中心升起，约莫二尺来高时，又在空中转一圆圈，变成一朵白色的芙蓉花，少顷，白芙蓉又慢慢上升化成了一团云雾，最后散成一缕热气飘荡开来。霎时，清香充满禅房。知县看得目瞪口呆，连声称赞："真是山中珍品，世上稀奇之物。"知县双手捧碗细细品尝，觉得这茶香醇浓高，味醇鲜爽，便问长老，这茶叫什么名称。长老说，此茶乃芙蓉山特产，叫芙蓉茶。接着，长老便向知县讲述了关于芙蓉茶来历的故事。

很早以前，芙蓉山上住着一位面如芙蓉的美貌姑娘，她和年迈的母亲以种茶为生。姑娘种的茶特别香，远近的人都喜欢喝她的茶。可是，她种的茶只给穷人喝，不给财主喝。

一年春天，芙蓉姑娘正在采茶，山下财主王员外带了一帮狗腿子上山，逼她为员外制茶。脾气倔强的芙蓉姑娘拒绝了他，气得王员外猴脸铁青，命令狗腿子毒打了她一顿，并把她扔到了茶树林中。

村里有一个名叫智明的小伙子上山来帮芙蓉姑娘采茶，却发现她血淋淋地躺在茶树林中，姑娘的伤实在是太重了，看见智明来了，只说了一句话："就将我埋在这块茶园里。"便离开了人世。

智明按照姑娘的遗嘱，在茶园里安葬了她，不久，芙蓉姑娘的母亲因为气病交加也去世了。

第二年春天，芙蓉姑娘的坟上长出了一株茶叶苗，下端出现了一眼泉水。一天晚上，智明梦到芙蓉姑娘托要他谷雨那天，采她坟头的那棵苗制茶，说是喝了会长命百岁。

智明依姑娘梦中指点，采回茶叶一泡，只见热气升腾后，竟变成了一朵芙蓉花，一口喝下去，只觉味醇鲜浓……

故事讲到这里，长老已经双眼含泪，他继续说道："我就是那个智明，我发誓终身不娶，从此削发为僧，在芙蓉姑娘坟墓边修了这个寺庙。"

中华茶道

　　王知县在芙蓉寺住了一夜,第二天就要回县衙。临行前,长老赠给他一包芙蓉青茶和一葫芦泉水,并再三嘱咐道:"芙蓉茶只有用芙蓉泉水冲泡,才会出现芙蓉奇迹。"

　　王知县回县衙的第二天,正好湘阴的知县求访。王知县立即命书僮取芙蓉茶水招待同窗。只见沸水冲入茶碗内,芙蓉花的奇迹便出现了。湘阴知县连称其为仙茶!王知县又将此茶的来历告诉了他。临行时,王知县把芙蓉茶的一半送给了同窗好友。

　　谁知,这湘阴知县是个官迷心窍之人,他得了芙蓉茶后,如获至宝,连夜赶着去京城,向皇上邀功请赏去了。皇上闻此奏,即宣献茶人上殿,问明底细后,马上命人泡茶试验。湘阴知县急忙冲泡,谁知开水入杯后,茶叶上下沉浮,并不见得有芙蓉奇观出现。龙颜瞬时大怒,湘阴知县吓得浑身发抖,战战兢兢说道:"此茶乃好友益阳知县王守仁所献,我不过是跑腿而已,乞望万岁宽容。可传王守仁进京来便知分晓。"

　　皇帝听了,便传旨命王守仁火速进京。王知县接到圣旨,丈二和尚摸不着头脑,便日夜兼程赶来京都。

　　金銮殿上的皇上怒发冲冠,禁军上前要绑王知县。王知县挺立殿上说:"死要死得清白,不知小人犯了何罪?"这时,皇帝从龙案上抛下一包茶叶说道:"欺君之罪,不可不斩。"王知县这才恍然大悟,奏道:"芙蓉仙茶乃清高之物,只有那圣洁的芙蓉泉水才能出现奇观。若陛下恩准小人去芙蓉山取来泉水,定会出现奇观。"皇帝听了,准他一个月时间去取泉水,如果不成,灭他九族。

　　王知县日夜兼程地赶往安化芙蓉寺,将事情的经过告诉了长老,于是长老将盛着芙蓉泉水的一个葫芦交给了知县。

　　知县回到京城后,带着葫芦里的泉水上金銮殿试茶,他亲自取葫芦中泉水烧开,将芙蓉茶放入白玉杯内,一冲沸水,芙蓉奇观出现了,百官们齐声祝福皇上洪福齐天。皇帝的龙颜大悦,当即任命他为江南巡抚。

　　王知县回到驿馆,心中感慨万千,仰慕这芙蓉茶品的清高气节,遂辞官为僧,拜智明和尚为师,一直活到一百多岁。

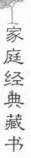

中華茶道

龙湫茶的传说

浙江雁荡山的茶,明人早已提及,其中以龙湫背所产为佳。

龙湫茶产于雁荡大龙湫,自古以来,文人争相遨游,佛教徒视为修禅佳境。

相传东晋永和年间,阿罗汉诺讵那率弟子三百居于雁荡,诺讵那在大龙湫观瀑坐化,成为开山始祖。

据说诺讵那在大龙湫时,曾遇到一位白发老翁。老翁对诺讵那说:"感谢大师的恩德,使我得以安居。"诺讵那不解,问道:"我与您素不相识,言何感恩。"老翁说:"大师居龙湫,日常用水都倾于山地,从不流入溪间,保全了山泉的洁净。为报答大师恩情,特赠茶树一株,让您终生受用。"诺讵那急忙问道:"老丈尊姓,家居何方? 愿日后有相见之时。"老翁笑曰:"远在天边,近在眼前;若要相见,就在明晨。"说罢,转眼间就消失了。诺讵那一急,惊醒过来,原来竟是南柯一梦,但他细想梦境,总觉蹊跷。

第二天清晨,诺讵那步出庙门,站在龙湫背上向四方察看,只见龙湫上端的龙头哗哗吐水,远处似有龙尾若隐若现地摆动,一瞬间。不复再见。诺讵那明白了,昨日托梦者,必定是老龙化身。

回到寺院中,只见庭中增添了一棵大茶树,枝叶繁茂,日采日发,终年受用不尽。这就是明时冯时可《雨航杂录》中说雁山"五珍"中的第一珍——"龙湫茶","茶一枪一旗而白毛者,名明茶。紫色而香者,名玄茶。"

猴茶的传说

雁荡毛峰又称雁荡云雾,属烘青型绿茶,其外形紧结,碧绿如玉,冲泡后,芽芽直立。初饮微觉味苦,继而转甜,异香满口。与其他名茶相比,它的采茶时间较迟,所以经久耐泡,滋味浓郁。

在美丽的雁荡山,流传着一个"猴茶"的传说。

　　很久以前,雁荡山的猿猴成群。它们攀援悬崖绝壁,嬉戏于山间。山中的猎户们捕捉猿猴卖给茶农,茶农便驯养猿猴,称其为猴奴。有的茶农驯有茶奴竟多达几十头。每逢采茶时节,主人便带猴奴上山。猴子最喜欢模仿人的动作,主人将布袋挂在头颈上,猴奴也将其套上;主人登绝壁,猴奴也紧紧跟上;主人采茶,猴奴也采;主人把茶放入袋中,猴奴亦然,并且都模仿得像模像样。久而久之,猴奴便可独立操作了。于是,即使茶树高入云,或长在断崖绝壁,人力所不及之处,猴奴都可以轻而易举地攀登采茶,并且采来不少优异的品种,装满布袋带回,以换取主人赏赐的食物。

　　于是,雁荡山的猴茶,便这样叫开了。从明朝开始,雁山茶被列为贡品。

第十二章　名人与茶

　　茶给我们带来了众多缤纷的色彩；我们喜爱茶，因为它不仅给我们以解渴之效用，更让我们体会到此中美的意境。我们是百姓，"柴米油盐酱醋茶"是我们的天天生活——平凡而又真实的生活；我们爱说故事，爱听传闻，更何况是茶中趣事呢？帝王将相的庄严茶史，骚客文人的风雅茶情；茶中君子的潇洒茶韵，平民百姓的日常茶事；古人的茶趣，今人的茶说……众说纷纭，一并汇入到这茶事典故中来了。

晏婴爱吃"茶菜"

　　晏婴是春秋时期齐国的大夫，字平仲，被后人尊称为晏子，夷维（今山东高密）人。从齐灵公二十六年（公元前556年）其父晏弱死后，他继任齐卿，历经灵公、庄公、景公三代。晏子聪敏机智，能说善辩，特别是能运用生动的比喻，托物言志，使人信服。根据后人编纂的《晏子春秋》记载："婴相齐景公时，食脱粟之饭，炙三戈五卵茗菜而已。"就是说当年担任齐国国卿时，吃的是糙米饭，菜肴除了三五种炒菜外，再就是"茗菜"了。

　　所谓的"茗菜"就是用茶做的菜。当时我国的茶树还没有在长江下游地区栽培，只有西南地区生产茶叶，而且品种也较少。一般是作为消暑的药材食用，也有边远地区的少数民族用茶做菜食用。如云南基诺族爱吃的"凉拌茶菜"就是其中之一。它将采下的新茶叶芽，加上盐和辣椒粉拌着吃。既有咸辣的味道，又有茶的香味，用以佐餐十分可口。事过2000多年后的今天,像"茶鸡蛋""茶烧肉"以及高档的"龙井虾仁""樟茶鸭子""碧螺虾仁"等都属于"茗菜"的范畴。

至于当年的晏婴是怎么喜欢上吃"茗菜"的,所用的茶叶从哪里来的,都无从可考。不过晏婴当年将吃"茗菜"列为日常饮食之列,也并不足以为奇。因为晏婴是个博学的人,古代的神农氏亲尝百草,懂得了茶能解毒和"令人有力、悦志"的作用,用茶的嫩芽炒菜,也是可以理解的。由此,我们还可看出,当年还没有开始饮茶。根据《尔雅》记载,西汉年间,"荆巴间采叶作饼,叶老者饼成,以米膏出之,欲煮茗饮,先炙,令赤色,捣末置瓷器中,以汤浇覆之,用葱、姜、橘子泷之,其饮醒酒,令人不眠"。这就是说人们像我们煮菜粥那样煮茶吃始于西汉。

周武王茶称贡品

唐人陆羽在《茶经》中说:"茶之为饮,发乎神农氏(我国古代传说中的三皇之一,也即炎帝)",并且还引述《神农食经》说,常常饮茶,使人精力充沛,身心舒畅。但有关神农氏之事毕竟太遥远,仅仅是传说而已,而且《神农食经》为何人所作、何时所写,也无可查考,所以,饮茶始于神农氏之说,并非确凿之事。就现在已知的可信文献史料来看,周武王姬发是第一个把茶当回事的人。

据《华阳国志·巴志》记载,大约在公元前1025年周武王姬发率周军及诸侯伐灭殷商的纣王后,便将其一位宗亲封在巴地。这是一个疆域不小的邦国,它东至鱼凫(今四川奉节东白帝城),西达□道(今湖北宜宾市西南安边场),北接汉中(今陕西秦岭以南地区),南及黔涪(今四川涪陵地区)。巴王作为诸侯,理所当然要向周武王(天子)上贡。《巴志》中为我们开具了这样一份"贡单":五谷六畜、桑蚕麻纻、鱼盐铜铁、丹漆茶蜜、灵龟巨犀、山鸡白雉、黄润鲜粉。

既是贡品,一定珍贵,但巴王上贡的茶却是珍品中的珍品。《巴志》在这份"贡单"后还特别加注了一笔:"其果实之珍者,树有荔枝,蔓有辛蒟,园有芳蒻香茗。"上贡的茶必须是专人培植的香茗,而不能是深山的野茶。

《华阳国志》是我国保存至今最早的地方志之一,作者是东晋时代的常璩,字道将,蜀郡江原(今四川崇庆东南)人,是一位既博学、又重实地采访的司马迁式学者,他根据非常丰富的资料,于公元355年前撰写了这本有十二卷规模的书。

周武王像

虽然周武王接纳了这宗贡品后是用来品尝、药用,还是别有所为,目前还不得而知,但我们从《周礼》这本书中似可探知茶还有别的用处。《周礼·地官司徒》中说:"掌荼。下士二人,府一人,史一人,徒二十人。""荼"即古茶字。掌荼在编制上设二十四人之多,干什么事呢?该书又称:"掌荼:掌以时聚荼,以供丧事;征野疏材之物,以待邦事,凡畜聚之物。"原来茶在那时不仅是供口腹之欲,而且还是邦国在举行丧礼大事时的必不可缺的祭品,必须要有专门一班人来掌管。

此外,《尚书·顾命》中说道:"王(指成王)三宿、三祭、三诧(即茶)。"这说明周成王时,茶已代酒作为祭祀之用。由此可见,茶在三千年前的周代时,即已有了相当高的地位。因此在《诗经》中,"茶"字何以屡屡出现在像

《桑柔》《谷风》《鸱鸮》《良耜》《出其东门》等诗篇中，便不足为怪了。

蜀王封邑名"葭萌"

我国现在以茶和茗命名的山、村、集、镇等地名约有三十多处，在县名中唯一出现"茶"字的是湖南省茶陵县。茶陵古称荼陵，陆羽《茶经》中引述《茶陵图经》(已佚)的记载说："茶陵者，所谓陵谷生茶茗焉。"茶陵的命名始于西汉，当初是荼陵侯刘沂的封地，所以又俗称为荼王城。据古代《汉书·地理志》记载，当时长沙国有十三个属县，荼陵便是其中的一个。荼陵县在隋代被取消，其地并入湘潭，直到唐高祖时才得以复置。但随即在唐太宗时再度被取消，一直到武则天时才又再度复置。

但荼陵并不是最早的和唯一的以茶命名的县，相比之下，四川省的葭萌更具悠久历史，只不过因为它用了茶的另外一个称呼来命名，所以易被人们所忽视。

葭萌位于今四川省剑阁的东北。成书于西汉的《方言》记载说："蜀人谓茶曰葭萌。"在公元前四世纪时，"葭萌"还曾为人名和城邑之名。

据古代《华阳国志》记载，战国中期在周显王二十二年(公元前 347 年)时，蜀王把他一个名叫"葭萌"的弟弟分封于汉中地区，号苴侯，并把苴侯所在的那个城邑称作"葭萌"。

当时，蜀人的政治中心在成都，而东边的巴人则以重庆为中心，两个部族居相错，行相仿，但相互之间相处并不和睦，向为敌国。

葭萌封疆裂土后，出于某些动机和原因，竟与世仇巴王修好，友善往来。这一下触犯了兄长蜀王的禁忌，蜀王一怒之下向葭萌兴师问罪。葭萌以区区一侯的实力，哪打得过蜀王，只好逃往巴国避难。蜀王又岂肯善罢甘休，一不做，二不休，挥师直捣巴国。对这次战争毫无提防的巴王这时犯了一个大错，为了抵抗蜀兵，他和葭萌慌不择路地向北方秦国求援。

秦国向称虎狼之国，此时的秦惠王在谋士张仪的辅佐下，正大肆扩张兼并邻国。见巴国求援，秦惠王乘机出兵，于周慎王五年(公元前 316 年)攻灭

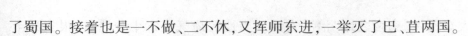

了蜀国。接着也是一不做、二不休，又挥师东进，一举灭了巴、苴两国。

在这场战争中，秦国是渔翁得利者，大大扩展了领土，此外它还得到了另一项好处，那就是秦人从此以后知道了茶的作用，正如清代顾炎武在《日知录》中所说的"自秦人取蜀后，始有茗事"。

从巴人早在周武王时即已以茶为贡，蜀人后来又以茶名地的史实来看，先秦时期在巴蜀两国不但饮茶已经约定俗成，而且这时的茶已成为两国比较普遍的一项生产事业。

此外，根据古蜀的历史传说，蜀王的名号往往与其业绩有关，比如"蚕丝王"，相传是一位驯育野蚕为家蚕的君主。又如"鱼凫王"，相传是驯养鱼鹰以助捕鱼的创始者。或许这位以茶为名、以茶名地的葭萌，可以算是中国最早的一位茶叶学者吧！

诸葛亮也是茶圣

勉县古称沔阳，是我国最早的茶的发祥地。据史料记载，周武王伐纣得到巴蜀之后，当地就用茶来作为贡赋缴纳。这说明这里的茶叶种植相当普遍，而且茶叶的质量也相当不错。三国时期，诸葛亮在刘备白帝城托孤后，更加忠诚于汉室。为了实现匡扶汉室、统一全国的宏愿，诸葛亮在沔阳的定军山屯兵 8 年，惨淡经营，在修水利、垦荒地、养蚕桑和种植茶树等方面做出了极大的贡献，其中对种植茶树的贡献更是突出。这里产的茶叶后来就以诸葛亮的雅号"卧龙"命名为卧龙茶。

诸葛亮之所以重视茶叶生产，还与他的疾病有关。当年诸葛亮患了肺病，根据那时的医疗条件，很难治愈。可是在睡梦中诸葛亮梦见一位老人告诉他，可以用小河庙的老茶树叶做药引，进行治疗，还就真的治好了诸葛亮的肺病。诸葛亮为了感激神明指点迷津，在茶山设坛拜祭，对茶树和茶叶非常尊重。如今勉县的茶山还遗存着几棵 2000 多年前的古茶树，就是当年诸葛亮祭拜过的。

诸葛亮辅佐刘禅执政，为维护蜀汉政权，安定西南地区的少数民族，曾亲率大军深入"夷蛮之地"治乱安民。当地的瘴气疫毒十分严重,很多兵士染上瘟疫,诸葛亮十分焦急,遂将手中的茶木手杖插在地上。几天后手杖绽出嫩芽,长出枝叶。诸葛亮就命人采摘茶叶烹水,让兵士们饮用。结果兵士

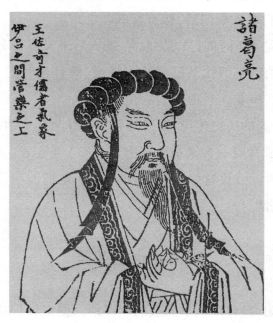

诸葛亮像

们都消灾祛疾。后来他们一鼓作气征服了西南部的"夷蛮之地"。

为了安抚这些地区的民族,诸葛亮还派人从汉中运来稻谷和茶树,并向这些民族传授耕种农作物和茶树的技术,特别是茶树园的管理和茶叶的采摘、焙炒的技术。由此,西南边陲的当地民族学会了种植农作物和种茶以及制茶的技术、饮茶的方法,还懂得了茶叶的除湿排毒、降火驱寒、健脾温胃、养肝明目等治疗疾病的作用。

诸葛亮还以茶为媒介,联络西北部的羌氏族,求得西北部的安定,以便集中兵力伐魏攻曹。他在沔阳西北古陈仓道沮水一带设立"茶店子",以茶社和贸易吸引羌氏族人。诸葛亮还在略阳县的一座山上设立接官厅,邀请羌氏族首领品茶议事,以谈茶论道来谋求与羌氏族携手抗曹。羌氏族以游牧为生,多食牛羊肉,茶叶能消食化腻,很受羌人头领的欢迎。羌人头领在品茶中得益,答应与诸葛亮联合抗曹,曾将数十万大军交给诸葛亮指挥共同

伐曹。诸葛亮对煎茶联羌这个壮举十分满意，就将略阳县的这座山取名为"煎茶岭"。当时就有位诗人写了这样赞扬的诗句"羽扇纶巾卧龙神，一杯香茗话天下"。

孙皓以茶代酒

从前面几篇文章看来，我国最初的茶事多发生在今天的四川省一带，而作为现在茶叶的主要产区江南，茶事则相对要晚些。

晋朝陈寿的《三国志》记载了这样一件事：

吴王孙皓每次大宴群臣，座客至少得饮酒七升，虽然不完全喝进嘴里，也都要斟上并亮盏说干。有位叫韦曜的酒量不过二升，孙皓对他特别优待，担心他不胜酒力出洋相，便暗中赐给他茶来代替酒。

这件事出现在该书的《吴志·韦曜传》中。韦曜字弘嗣，原名韦昭，陈寿为了避晋武帝之父司马昭的讳，所以改为韦曜，吴郡云阳人，以博学多闻而为孙皓所器重。但孙皓却是一个暴君，他是吴国的第四代国君，也是末代君主，在位之前被封为乌程侯，景帝死后他继为国君，性嗜酒，又残暴好杀。当他对韦曜颇为欣赏时，可以在酒席之间暗中作弊，偷偷地用茶换下韦曜的酒，使之得过"酒关"。但是当韦曜一旦违逆其意，便翻脸不认人，拔刀以对。

韦曜为人却是耿直磊落，他可以在酒宴上暗地里玩些"偷梁换柱""暗度陈仓"的把戏，但一旦事关国事，则一是一，二是二，实事求是。于是当他在奉命记录关于孙皓之父南阳王孙和的事迹时，因秉笔直书了一些见不得人的事，触怒了孙皓，最终被他杀头送了命。

但是，"以茶代酒"一事直到今天仍被人们广为应用，并称得上是一件大方之举、文雅之事，这无论是孙皓还是韦曜，都是始料未及的。

此外孙皓早先被封为乌程侯的乌程（今浙江湖州南），也是我国较早的茶产地。据南朝刘宋山谦之《吴兴记》说，乌程县西二十里有温山，出产"御荈"。荈即茶也。一般学者认为，温山出产"御荈"可以上溯到孙皓被封为乌程侯的年代，也就是吴景帝永安七年（公元264年，是年景帝死，孙皓立）

前后，并且还有当时已有御茶园的推断。

晋惠帝瓦盂饮茶

　　发明了"以茶代酒"的孙皓，在公元 280 年（晋太康元年）率吴国臣民向晋朝大军投降。晋武帝司马炎平定吴国，一统南北，结束了鼎足而立长达半个多世纪的三国历史。

　　但是好景不长，仅过了十年，元康元年（公元 291 年），愚笨无能的晋惠帝（司马衷）继位后，黄河南北广大地区即陷入历时十六年之久的战乱，八个司马氏宗室以夺取朝政大权为目的，展开了殊死拼杀，史称"八王之乱"。

　　晋惠帝在这场战乱中，扮演了一个傀儡的角色，先是朝政落在汝南王亮手中，接着大权又旁落于凶狠狡诈的贾后之手。永宁元年（公元 301 年），赵王伦起兵杀死贾后之后，惠帝即被赶下了皇位。后因其他宗室起兵杀死赵王伦，他才得以复位。但后来权柄相继落入齐王同、长沙王×、成都王颖手上，其中在太安二年（公元 303 年），东海王越率军挟惠帝进攻邺城的成都王颖，结果在荡阴（今河南汤阴）一战，惠帝被俘入邺。接着，成都王颖在其他诸王的联合进攻下战败，挟惠帝逃至洛阳，后又逃到长安，直到光熙元年（公元 306 年），东海王越消灭起兵诸王，独揽大权，惠帝才回到了洛阳，结束了动荡流亡的生活。

　　惠帝作为一个傀儡，被诸王玩弄于掌间，以泪洗面，以斥佐饭，并经常随乱军颠沛流离，风餐露宿。他作为九五之尊，感到最愉快的一件事竟是喝到了一碗茶。

　　八王之乱结束后，惠帝回到了洛阳宫里，但他的非人生活却没有结束，大权在东海王越之手，饮食起居，一切都身不由己。有天晚上，一位近臣偷偷给他送了一碗茶。盛茶的茶具不是什么金银之器，只是一只瓦盂。但是在黑夜之中，这位皇帝尝到了这碗茶的甘美，他不禁连连叫好。这碗茶，远无周武王作为贡品时的身价，近无孙皓"以茶代酒"的佳遇，仅是孤臣无以贡奉、万般无奈之下，聊为君王解渴之用，且盛以瓦盂，进于夜幕，其景悲夫！

一段残乱历史的写照,一个困苦帝王的缩影,这是我们今天从这碗茶中所看到的。而惠帝的愚蠢之处是他在这碗茶中感受到的只是"味道好极了",全不见八王之乱的残酷和自身处境的险恶。果然,这碗茶没有真的给他带来"苦尽甘来",就在他回洛阳这年,东海王越六亲不认,犯上作乱,将他毒死了。

张飞与湖南擂茶

饮擂茶是一种古老而独特的习俗,它起源于中原,流传于广东、湖南、江西、福建、台湾等地的客家人中。当今的擂茶与擂茶粥已在古代三生(生茶、生姜、生米)擂茶的基础上大大地丰富发展了,有盐擂茶、糖擂茶、清水擂茶、五味擂茶、七宝擂茶等不同的风味。擂茶原料除以干茶叶、炒芝麻、炒花生等为主要原料外,还加入甘草、香料、生盐、食油等各种配料,同时还根据不同用途、不同季节加入不同的配料,如滋润肌肤、美丽容颜等加入黑芝麻、黑豆等,防暑清热加入鱼腥草、绿豆、陈皮、藿香白芍、甘草、金银花等;又如春季加入薄荷、茉莉花,夏季加入金银花、白菊花,秋季加入甘草、白扁豆、八角,冬季加入花椒、肉桂、茴香。佐料也从韭菜、菜豆、红薯片等增加到饼干、糖果、蜜饯、瓜子、水果。

地处湘西北的著名游览胜地桃花源,风景优美,吸引着国内外的游人。这里还有风味十足的著名特产擂茶,也给游人留下了深刻的印象。

擂茶,古时候人们称之为"三生汤"。它是一种用大米、生姜、茶叶三种原料为主制成的一种饮品。桃花源的人们一直保持着喝擂茶的习惯。据老人们说,这一习惯和《三国演义》中的张飞有关。

三国时,张飞和刘备、关羽在桃园三结义,发誓同心协力,救困扶危,上报国家,下安黎庶。那年,刘备用了诸葛亮之计,先后拿下荆州、南郡、襄阳等地,又令赵子龙领三千人马取了桂阳,刘备大喜,重赏了子龙。张飞不服,嚷道:"偏子龙得功,偏我是无用之人,只拨三千军与我去取武陵郡,活捉太守来献。"

　　诸葛亮非常高兴地说:"前者子龙取桂阳郡时,立下军令状而去,今日翼德要取武陵,必须也立下军令状,方可领兵前去。"

　　于是,张飞立下军令状,欣然领三千军,朝武陵界出发。

　　一天,张飞带兵进入武陵壶头山的"五溪蛮",路过乌头村(今桃花源),时值盛暑,瘟疫流行,将士病倒了数百人,张飞自己也染上了瘟疫,只得下令在山边的石洞屯兵。健康的将士,有的帮助附近的百姓耕作,有的去寻医求药。张飞想起赵子龙计取桂阳,立下大功,何等荣耀,自己向诸葛军师立下

张飞像

军令状,限期已近,偏偏被病魔缠身,何时得了,心中万般焦急。

　　当地山上住着一位鹤发老人,素闻张飞大名,听说刘、关、张在桃园结为兄弟,专好结交天下豪杰,伸张正义。张飞善使一把丈八蛇矛,勇猛善战,于百万军中取上将之头如探囊取物,甚为敬佩。此番,又目睹张飞带兵来到此地,军纪严明,秋毫无犯,十分感动,有心要去医治将士之病,以济张飞之难。于是亲自下山来访问张飞。引见之后,见张飞果然名不虚传,身长八尺,豹头环眼,燕颔虎须,形貌异常,虽在病中,仍雄风不减,气势非凡。

老人说明来意后,张飞大喜,待为上宾,交谈之下更是十分投机,老人当即向张飞献上家传秘方——擂茶。张飞和官兵服后,病情大好,很快遏制了瘟疫的流行。张飞康复后,即亲自上山向老人致谢,并向其求教擂茶何以能够治疗瘟疫。

老人说:"制作擂茶的主要原料中,茶叶能防病治病,生姜能理脾走表,生米能滋润胃肠,于病体都是有益的。故有'清晨一杯茶,饿死卖药家。'的佳话。"

以后张飞虽然带领将士走了,但当地喝擂茶的习俗却从此保持了下来。擂茶的制作方法比较简单,先将洗净的生姜、经水泡后的上好绿茶、炒至五成熟的大米备齐,放在陶制的擂钵里,用山苍子树木棒将其慢慢擂成浆汁状"擂茶脚子"。由于山苍子树本身具有一种特殊的芳香,所以,由它擂成的"脚子"中,便渗透着那特有的芳香气息,"脚子"也因此存放数日而不会变质变味。

冲服擂茶的方法十分考究:首先,必须等到宾客入席之后才放上茶碗。其次,在碗里放进半汤匙"擂茶脚子"和少许食盐(爱甜食者可放入糖),再把少量开水倒入碗内将"脚子"及盐(或糖)化淡。接着壶高提,水快冲,让水在碗里冲成漩涡,使"脚子"在旋转的水中自然冲匀。此时,整个碗面冒起的缕缕清香扑鼻而来。趁热喝上两口,顿觉心胸开朗,肝脾舒适。然后,细品慢咽,香、辣、咸(甜)、涩四味俱全,异香绵长。一碗擂茶下肚,顿时筋骨舒展,精神抖擞。由于茶叶、生姜具有解表、驱寒湿、健脾胃的功能,因而擂茶又有药用、强身之作用。另外,喝擂茶时还要辅之以"压桌",也就是伴之一些杂食,如黄豆、薯片、花生、刀豆、洋姜、糯米粑粑……如此才称得上是享受。

陆羽辨水

"茶神"陆羽嗜茶,更讲究煎茶之水,这可以从元和九年(公元814年)考取进士第一的张又新之作《煎茶水记》中得知。《煎茶水记》引述了一位

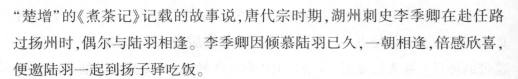

"楚增"的《煮茶记》记载的故事说,唐代宗时期,湖州刺史李季卿在赴任路过扬州时,偶尔与陆羽相逢。李季卿因倾慕陆羽已久,一朝相逢,倍感欣喜,便邀陆羽一起到扬子驿吃饭。

席间,李季卿问:"先生认为煮茶用什么水最好?"陆羽答:"扬子江的南零水。"李季卿为了验证陆羽的话,特地派了两名军士到镇江金山西边的中冷泉去取南零水。两名军士奉命取水,返回途中不小心将桶里水荡失了一半。他俩为了交差,就近在江中取水加满,挑了回来。陆羽当着李季卿的面,用勺在桶里漂了一下。断定说:"这不是南零水,而是附近的江水。"两名军士慌了神,连忙说:"我俩在中冷泉取的水,在场有百把人可以作证哩!"陆羽不声不响,提起水桶,将水倒掉一半,然后说:"桶里剩下的才是真正的南零水。"两个军士傻了眼,只好说明真情。李季卿听了,心悦诚服地说:"先生真是神人。"

过去,茶铺的老板卖茶,炉灶上供的是陆羽像,尊他为茶神。

陆羽犹如神技的鉴水本领并非只有分辨南零水一例,其鉴别庐山谷帘泉之事可谓是"好事"成双,无独有偶。

李季卿在亲眼看见陆羽辨别南零水后问道:"由此看来,您所经历过的水可以判定出其优劣来啰?"陆羽回答说:"可以这么说,天下以楚水(长江以南流域)第一,晋水(山西黄河流域)最下。"陆羽当即排出水的二十等级来:"庐山康王谷水帘泉第一,无锡惠山石泉水第一⋯⋯"

庐山康王谷又名庐山垄。《星子县志》记载说:"秦始皇并六国,楚康王昭为秦将王翦所窘,逃于此,故名。"康王谷深山有泉,发源于汉阳峰,中道因被岩山所阻,水流呈数百缕细水纷纷散落而下,远望似亮丽晶莹的珠帘悬挂谷中,因名谷帘泉。

陆羽曾应洪州(今江西南昌)御史萧瑜之邀前往做客。两人闲谈中,萧瑜对陆羽判定谷帘泉为天下第一名泉而不以为然,说:"天下名泉甚多,何以要评谷帘泉为第一呢?"陆羽为了让其信服,请萧瑜命士兵去康王谷汲取谷帘泉水来亲自品评。

过了两天,士兵汲水而归,陆羽便亲自以此水煎茶。在场众宾客品茶后

频频举盏,连连赞叹,都认为品尝到了佳泉美味,还有人说:"鸿渐兄真不愧为评泉高手,谷帘泉果然名不虚传!"陆羽听后甚为欣喜,可当他自己举盏啜了一口,便皱眉惊问:"咦!这水——恐怕不是谷帘泉吧?"众人闻言全愣住了。萧瑜急忙把汲水的士兵唤来询问,可那人一口咬定是谷帘泉。正在这难以定夺的尴尬时刻,江州(今江西九江)刺史张又新赶到,他早就得知陆羽最爱谷帘泉,自己对煮茶也颇感兴趣,特地带了一坛谷帘泉前来助兴。陆羽便用张又新之水煎茶请众人重新品评。席上很快传来阵阵笑语:"不怕不识货,只怕货比货,这水才无愧于谷帘泉之名。"一旁的士兵早已吓得说不出话来。原来,他当时确实取到了谷帘泉,但在返回途中经过鄱阳湖时,因风浪甚大,一不小心把满坛的谷帘泉给打翻了。为了不因误时受责,他便汲了一坛鄱阳湖的湖水来交差。不料却被陆羽一"口"识破。

这则故事也让今人吃惊,这种鉴别力确实到了神奇的境地。我们姑且不论其真假,哪怕是非科学性的,但此事却充分说明在茶的品饮中,择水、鉴水已是很重要的一部分。同时也反映了当时人们把陆羽视为茶神,当作茶博士来崇拜的这一事实。

就真实性而言,此事与分辨南零水一事相比,似较可信,因为两种水分贮于两个容器中,而能够鉴别出不同来,就很困难了。

桓温宴客举清茶

如果说陆纳的以茶待客真如他所说的是一种朴素之风,那么,桓温宴客时所摆的清茶,就绝对不是秉性节俭的表现,而是借此提高自己在朝野的声望,最终达到代晋称帝的目的。茶在桓温手中完全是一种沽名钓誉的幌子。

桓温(公元312年~373年),字元子,东晋谯国龙亢(今安徽怀远西北)人,出身士族,娶明帝女南康公主为妻,拜驸马都尉。他曾三次率大军北伐,借收复中原来收揽人心,提高个人的威望,觊觎帝位。由于带有极端个人目的,所以他的三次北伐均以失败告终。如永和十年(公元354年),他首次北伐率军进至与前秦之都长安仅一步之遥的灞上,便想坐待秦军自溃,以不战

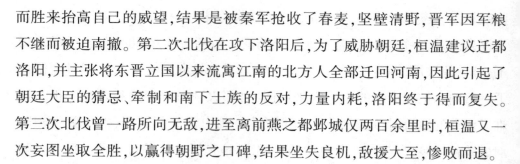

而胜来抬高自己的威望,结果是被秦军抢收了春麦,坚壁清野,晋军因军粮不继而被迫南撤。第二次北伐在攻下洛阳后,为了威胁朝廷,桓温建议迁都洛阳,并主张将东晋立国以来流寓江南的北方人全部迁回河南,因此引起了朝廷大臣的猜忌、牵制和南下士族的反对,力量内耗,洛阳终于得而复失。第三次北伐曾一路所向无敌,进至离前燕之都邺城仅两百余里时,桓温又一次妄图坐取全胜,以赢得朝野之口碑,结果坐失良机,敌援大至,惨败而退。

兴宁二年(公元36年),已位进大司马、都督中外诸军事的桓温又被加官为扬州牧。此时的桓温,一举一动都顾及自身形象,为了表示在生活上一贯清廉节俭,每逢请客宴会,用以招待的只有七盘茶和果。陆纳出任吴兴太守之前,去向桓温辞行,谈话间问及桓温可饮多少酒,桓温说:酒不过三升,肉不过十块。桓温的这种虚伪的简朴具有很大的欺骗性,至少记载了宴客以茶一事的《晋书》的作者是受了他的蒙骗,以为桓温是"性俭"而有此举。

其实,桓温可以称得上是中国历史上第一个利用茶来玩弄政治权谋的人。

太和六年(公元371年),桓温废晋帝司马奕,改立简文帝,自己专擅朝政。次年简文帝死,野心勃勃的桓温要求加九锡,作代晋称帝的最后图谋。此时,一代名臣谢安出山,他得知桓温已染重病,便与他巧妙周旋,拖延时间。桓温终于未能加九锡而"抱憾"病死。

桓温的"尚茶"之风在当时的影响或还可从一位督将的故事来见一斑。桓温部下有位督将因身体虚热,喝上了茶,后来越喝越厉害,经常非得喝上一斛二斗(即十二斗,一斛为十斗)才感到舒服,略减个几升便觉得不满足,以致后来家境贫困。有人问:这是什么病?一位"有识"之士说:这个病叫作"斛茗瘕"。

这事出于《续搜神记》,实属怪诞、夸张,姑妄言之,姑妄听之。

酒仙李白与茶

李白(公元701~762年),字太白,号青莲居士,唐代伟大的浪漫主义诗人。

李白也是饮茶和茶文化爱好者，其诗"生怕芳茸鹰嘴芽，老郎封寄谪仙家。今夜更有湘江月，照出霏霏满碗花"有如茗茶之芳润，千古留香。

李白像

李白天宝三年(公元744年)在金陵与族侄僧人中孚相遇，其侄赠诗与仙人掌茶，李白即以一首《答族侄僧中孚赠玉泉仙人掌茶并序》作为答谢。在唐代的诗歌中，这是早期的咏茶诗，为茶文化史留下了一段宝贵的资料。李白在《答族侄僧中孚赠玉泉仙人掌茶并序》中写道：余闻荆州玉泉寺近清溪诸山，山洞往往有乳窟。窟中多玉泉交流，其中有白蝙蝠，大如鸦。按仙经蝙蝠一名仙鼠。千岁之后，体白如雪，栖则倒悬。盖饮乳水而长生也。其水边处处有茗草罗生，枝叶如碧玉。惟玉泉真公常采而饮之。年八十余岁，颜色如桃李。而此茗清香滑熟，异于他者。所以能还童振枯，扶人寿也。余游金陵。见宗侄僧中孚，示余茶数十片。拳然重迭，其状如手，号为仙人掌茶。盖新出乎玉泉之山，旷古示觌，因持之见遗，兼赠诗，要余答之，遂有此作。后之高僧大隐，知仙人掌茶发乎中孚禅子有青莲居士李白也。

尝闻玉泉山，山洞多乳窟。

仙鼠如白鸦，倒悬清溪月。

茗生此中石，玉泉流不歇。

根柯洒芳津，采服润肌骨。

丛老卷绿叶，枝枝相接连。

曝成仙人掌，以拍洪崖肩。

举世未见之，其名定谁传。

宗英乃禅伯，投赠有佳篇。

清镜烛无盐，顾惭西子妍。

朝坐有余兴，长吟播诸天。

此诗是一首咏茶名作，字里行间无不赞美饮茶之妙处。李白在诗中生动地描写了仙人掌茶的独特之处。前四句写景，得天独厚；后八句写茶，好的生长环境培养了其上乘的品质；最后八句写情，并抒怀。李白获得仙人掌茶十分开心，在序文中称，以后的高僧大隐能够知道这种茶，就是由于中孚居士和李白自己啊！

著名的仙人掌茶是一种佛茶。产仙人掌茶的玉泉山在战国时期就被誉为"三楚名山"，山势巍峨，磅礴壮观。这里，云雾弥漫，地下乳窟暗生，山麓右侧有一清泉喷涌而出，清澈晶莹，名为"珍珠泉"。泉旁的玉泉寺是我国佛教的著名寺院，在隋代开皇年间，由智者国师创建，是天台宗的重要祖庭，也是禅师北宗神秀大师传禅的道场，与江苏南京的栖霞寺、浙江天台的国清寺、山东长清的灵岩寺并称为"天下四绝"。玉泉寺还是关公信仰的发源地，传说智者大师驻锡时，关公显灵，向大师乞受归戒。由此，关公成为保护伽蓝、护正祛邪的护法神，有时又被尊为"武财神"。至今，玉泉寺附近还有显烈祠等古迹。

玉泉寺中这位中孚禅师是李白的宗侄，他通佛理，又喜饮茶，每年在乳窟采茶，制成仙人掌茶，以茶供佛，并招待四方来客。中孚禅师云游金陵栖霞寺时遇见李白，遂以仙人掌茶相赠，李白以诗《答族侄僧中孚赠玉泉仙人掌茶并序》作答，便有了上面的茶坛佳话。

李白的足迹遍及大江南北，对于茶也是见多识广，但是他唯独对仙人掌茶特别青睐，足以证明仙人掌茶的不凡魅力。

一生爱茶的皎然

皎然（公元760~804年），唐代著名诗僧，博学多识，尤工于诗，著作颇丰，不仅知茶、爱茶、识茶趣，更写下许多饶富韵味的茶诗，数量并不亚于白居易。

皎然更常与陆羽以诗文酬赠唱和，成为莫逆，共同提倡"以茶代酒"的品茗风气，对唐代茶文化的发展有莫大的贡献。

皎然像

陆羽于唐肃宗至德二年（公元 757 年）前后来到吴兴，住在妙喜寺，与皎然结识，并成为"缁素忘年之交"。元代辛文房《唐才子传·皎然传》载："出入道，肄业杼山，与灵澈、陆羽同居妙喜寺。"又陆羽《自传》道："……与吴兴释皎然为缁素忘年之交。"

后来，陆羽在妙喜寺旁建一茶亭，由于皎然与当时湖州刺史颜真卿的鼎力协助，乃于唐代宗大历八年（公元 773 年）落成，皎然赋《奉和颜使君真卿与陆处士羽登妙喜寺三癸亭》以为志，其诗记载了当日群英齐聚的盛况，并盛赞三癸亭构思精巧、布局有序。时人将陆羽筑亭、颜真卿命名题字与皎然赋诗称为"三绝"，一时传为佳话，而三癸亭更成为当时湖州的胜景之一。

皎然与陆羽情谊深厚，可从皎然留下的寻访陆羽的茶诗中看出。

《往丹阳寻陆处士不遇》

远客殊未归，我来几惆怅。

叩关一日不见人，绕屋寒花笑相向。

寒花寂寂偏荒阡，柳色萧萧愁暮蝉。

行人无数不相识，独立云阳古驿边。

凤翅山中思本寺，鱼竿村口忘归船。

归船不见见寒烟，离心远水共悠然。

他日相期那可定，闲僧着处即经年！

《赋得夜雨滴空阶送陆羽归龙山》

　　闲阶雨夜滴，偏入别情中。

　　断续清猿应，淋漓候馆空。

　　气令烦虑散，时与早秋同。

　　归客龙山道，东来杂好风。

《访陆处士羽》

　　太湖东西路，吴主古山前。

　　所思不可见，归鸿自翩翩。

　　何山赏春茗，何处弄春泉。

　　莫是沧浪子，悠悠一钓船。

　　皎然淡泊名利，品茶是其生活中不可或缺的一种嗜好，这从他的诗作中可以看出。

《对陆迅饮天目山茶因寄元居士晟》

　　喜见幽人会，初开野客茶。

　　日成东井叶，露采北山芽。

　　文火香偏胜，寒泉味转嘉。

　　投铛涌作沫，着碗聚生花。

　　稍与禅经近，聊将睡网赊。

　　知君在天目，此意日无涯。

　　皎然与陆羽一样关心茶事，《顾渚行寄裴方舟》一诗中详细地记下了茶树的生长环境、采收季节和方法、茶叶品质与气候的关系等，是研究当时湖州茶事的史料。

　　总之，皎然的茶诗、茶赋鲜明地反映出这一时期茶文化活动的特点和咏茶文学创作的趋向。皎然在茶诗中探索品茗意境的鲜明艺术风格，对唐代中晚期咏茶诗歌的创作产生了潜移默化的积极影响。皎然是陆羽一生中交往时间最长、情谊亦最深厚的良师益友，他们在湖州所倡导的崇尚节俭的品茗习俗对唐代后期茶文化的影响甚巨，更对后代茶艺、茶文学及茶文化的发展产生了很大的作用。

爱茶的文豪白居易

白居易(公元 772~846 年),字乐天,太原(今属山西)人,后迁居下(今陕西渭南东北),晚年号香山居士,是唐代杰出的现实主义诗人。

白居易像

唐宪宗元和十二年(公元 817 年),白居易在江州(今江西九江)做司马。那年清明节刚过不久,白居易的好友——忠州(今四川忠县)刺史李宣给他寄来了新茶,正在病中的白居易品尝新茶后欣喜不已。对此,他的《谢李六郎中寄新蜀茶》诗中有记载。

《谢李六郎中寄新蜀茶》

故情周匝向交亲,

新茗分张及病身。

红纸一封书后信,

绿芽十片火前春。

汤添勺水煎鱼眼,

末下刀圭搅曲尘。

不寄他人先寄我,

应缘我是别茶人。

《白氏长庆集》中多次提到品茶的情景。自古以来,酒一直是中国文人的生活必需品。酒,当然也是白居易的最爱,他曾做了 14 首《劝酒诗》,在序

中提到他常利用公务闲暇饮酒赋诗。但茶也是他生活中不可或缺的良伴，每每在他酒渴之时，就会想到喝茶解酒止渴，"药销日晏三匙饭，酒渴春深一碗茶"（《早服云母散》），"驱想知酒力，破睡见茶功"，"茶是解渴良品，亦是提神良方"。

唐长庆二年（公元822年），白居易任杭州刺史，在两年任期内，他迷恋西子湖的香茶甘泉，并且留下了一段与灵隐韬光禅师汲泉烹茗的佳话。白居易以茶邀禅师入城："命师相伴食，斋罢一瓯茶。"而韬光禅师则不肯屈从，以诗签之："山僧野性好林泉，每向岩阿倚石眠……城市不堪飞锡去，恐妨莺啭翠楼前。"诗中宛然带讽，白居易则豁然大度，亲自上山与禅师一起品茗。杭州灵隐韬光寺的烹茗井相传就是白居易与韬光的烹茗处。

后来唐室日衰，乱寇时起，白居易已无意仕途，遂告老辞官。辞官后，隐居洛阳香山寺，自号香山居士。在香山寺，白居易每天和香山寺的僧人往来，以茶怡情，并作下了"鼻香茶熟后，腰暖日阳中。伴老琴长在，迎春酒不空"的诗句。

陆游嗜茶寄壮怀

陆游（公元1125~1210年），字务观，号放翁，越州山阴（今浙江绍兴）人。他是南宋时期的一位爱国诗人，也是一位嗜茶成癖的诗人。

陆游的家乡山阴（绍兴）自古就是茶乡。这里产的日铸茶，是当地的名茶。他在这个茶乡长大，自幼的耳濡目染使得他饮茶成习。陆游一生出仕居官的地方几乎都与茶有缘分，他出仕福州时，品尝到福建隆兴的"壑源春"和福建贡茶"建溪茶"，以"遥想解醒须底物，隆兴第一壑源春"和"建溪官茶天下绝，香味欲全试小雪"的诗句予以赞美；他出仕四川后，以"饭囊酒瓮纷纷是，谁赏蒙山紫笋香"的诗句赞颂四川蒙山紫笋茶。他出仕、流徙的江南诸地，大多为茶乡，为他遍尝各地名茶提供了良机。自幼茶乡环境的熏陶，使他对茶产生浓厚兴趣。而出仕生涯又助长了饮茶兴趣的发展，因而饮茶成为陆游终生不离不弃的嗜好。

陆游像

　　陆游嗜茶成癖,与他的政治生涯有关。在他出生的次年,金兵就攻陷了北宋京城汴梁。当时正处于襁褓之中的陆游,随家人颠沛流离,童年生活极不安定。这种社会和家庭环境的影响,使得年幼的陆游立志长大后要"上马击狂胡,下马草战书"的爱国情怀。在南宋绍兴二十五年(公元1155年),陆游被任命为福州宁德主簿。以后又相继在福州、临安(今杭州,南宋偏安京城)、镇江等地任职,官至枢密院编修官。虽然他没有直接参与抗击金兵的斗争,但因为他主张北伐抗击金兵,激怒了孝宗皇帝而被贬为镇江通判。此后一直是仕途坎坷,壮志难酬,经常与茶和酒为伴,直到他65岁时又回到故里山阴隐居。陆游为官期间屡遭投降集团的打击,但是报国的信念却至死不渝。因此,在他仕途蹭蹬的30年中,喝茶及饮酒成了他慰藉悲愤的心灵良药。他用酒来麻醉自己,以茶来安定情绪,还以茶解酒。"遥想解醒须底物,隆兴第一壑源春"的诗句就写出他以茶解宿酒的情形。特别是到了晚年,爱国的壮志虽说并没有放弃,但毕竟年老力衰,求报无门,而且长期的嗜酒已影响到身体健康,他更以"饭软茶甘"为乐,"难从陆羽毁茶论,宁和陶

潜止酒诗。"(《试茶》)可见这时,饮茶成了他最大的嗜好和消解苦闷情绪的精神寄托,他对茶的嗜好已经超越了饮酒。

由于嗜茶,陆游非常崇拜茶圣陆羽,他仔细地研读陆羽的《茶经》,并以自己是陆羽的宗族为荣,将陆羽"桑苎翁"的雅号移来借用,在《安国院煎茶》一诗中写道:"我是江南桑苎家,汲泉闲品故园茶。"甚至怀疑是陆羽托生了自己,在他的《戏书燕几》诗里写道:"'水品'、'茶经'常在手,前身疑是竟陵翁。"诗中的"竟陵翁"即陆羽,因为陆羽是唐代复州竟陵(今湖北天门)人,故称之"竟陵翁"。诗句中提及的"水品"是陆羽晚年撰写的《水品》(一说《泉品》)一书。他将天下的水,按其优劣划分为 20 个等次。陆游十分赞赏《茶经》,经常诵读,还多次与友人探讨《茶经》的微旨要义。他的诗句"水品茶经手自携"(《雨晴》)、"琴谱从僧借,茶经与客论"(《书况》),就是这种生活的写照。他根据自唐以来中国茶道的发展,也根据自己多年饮茶体验,想续写《茶经》,"遥遥桑苎家风在,重补茶经又一篇"。到了晚年,这个夙愿变得更为强烈。在《八十三吟》中说:"桑苎家风君勿笑,他年犹得做茶神。"尽管他最终没能实现夙愿,但他留给人们的 300 余首茶诗,也是一笔巨大的财富。

陆游饮茶喜欢亲自烹煎。在他创作的茶诗中多次写到他以烹茶为乐的诗句。诸如,"归来何事添幽致,小灶灯前自煮茶""雪液清甘涨井泉,自携茶灶就烹煎"等,都表现了他亲手烹茶的乐趣和雅兴。在饮茶之余,陆游还学会了"分茶"游戏,来增进饮茶的兴致。这种"分茶"技艺性极高,是将茶制成团饼,叫作"龙团"。冲泡时碾成粉末,再注以沸水,茶杯的水面上就会幻化出各种图案来。这是一种技巧很高的烹茶游艺。陆游在诗中多次提到过"分茶",如题为《疏山东堂昼眠》的诗中写的"吾儿解原梦,为我转云团",就是写他和 15 岁的儿子一起玩"分茶"的往事;"矮纸斜行闲作草,晴窗细乳戏分茶",是写淳熙十三年(公元 1186 年)春天,宋孝宗召他到临安与他一起吟风弄月。陆游闲居无事,就以写草书、玩"分茶"来消磨时光。可见陆游嗜茶不单单是饮用,还以茶消遣,说明他嗜茶已经达到了痴迷的程度。

茶学家——蔡襄

蔡襄(公元1012～1067年),字君谟,兴化仙游(今福建仙游)人。先后任大理寺评事、福建路转运使、三司使等职,并曾以龙图阁直学士、枢密院直学士、端明殿学士出任开封、泉州、杭州知府,故人称蔡端明,卒后谥忠惠。蔡襄是宋代茶史上一个重要的人物。他精于品茗、鉴茶,也是一位嗜茶如命

蔡襄像

的茶博士,可以称得上是一位古代的茶学家。

蔡襄还是著名书法家。擅长行书、正楷、草书,是北宋著名的书法家,与苏轼、黄庭坚和米芾并称"宋四家"。据说作为书法家的蔡襄,每次挥毫作书必以茶为伴。欧阳修深知蔡襄嗜茶爱茶,在请蔡襄为他的《集古录目序》刻石时,以大小龙团及惠山泉水作为"润笔",蔡襄笑称是"太清而不俗"。蔡襄年老因病忌茶时,仍"烹而玩之",茶不离手。正是"衰病万缘皆绝虑,

甘香一事未忘情"。

《茶录》是蔡襄的另一杰出之作。其文虽不长,但自成系统。全书分为两篇,上篇论茶,下篇论茶器。上篇"论茶的色、香、味、藏茶、炙茶、碾茶、罗茶、候汤、盏、点茶";下篇器论:"论茶焙、茶笼、砧椎、茶铃、茶碾、茶罗、茶盏、茶匙、汤瓶"。对制茶用具和烹茶用具的选择,均有独到的见解。《茶录》最早记述制作小龙团掺入香料的情况,提出了品评茶叶色、香、味的内容,介绍了品饮茶叶的方法。值得注意的是,全书各条均是围绕着"斗试"这一内容的,其上篇各条,与下篇各条均成一一对应,形成一个完整的体系。因而,《茶录》应是一部重要的茶艺专著,也是继唐代陆羽《茶经》之后最有影响的茶书。

宋代在中国茶史上是一个大发展的重要时期,饮茶尚好技巧,追求精致,故而茶人辈出。在众多茶人中,蔡襄是一位既懂得制茶,又精通品饮,更有茶事艺文和茶学论著留给后人的茶博士。

龙凤茶是宋代最著名的茶种,有"始于丁谓,成于蔡襄"之说。开始时,一斤八饼,后来,庆历年间,蔡襄任福建转运使时,开始改造成小团,一斤有二十饼,名曰"上品龙茶"。苏轼有首茶诗说:"武夷溪边粟粒芽,前丁后蔡相宠加。争相买宠各出意,今年斗品充官茶。"诗中说的"前丁后蔡"即指丁谓和蔡襄,意谓两人为争宠皇上,各出绝招,研制大、小龙团茶作贡茶。龙凤团茶因制成团饼状,饰有龙凤图案,由此得名"龙凤团茶"。

蔡襄善制茶,也精于品茶,具有高于常人的评茶经验。宋人彭乘撰写的《墨客挥犀》记载说:

一日,有位叫蔡叶丞的邀请蔡襄共品小龙团。两人坐了一会儿后,忽然来了位不速之客。侍童端上小龙团茶款待两位客人,哪晓得蔡襄啜了一口便声明道:"不对,这茶里非独只有小龙团,一定有大龙团掺杂在里面。"

蔡叶丞闻言吃了一惊,急忙唤侍童来问。侍童也没想隐瞒,直通通地道明了原委。原来侍童原本只准备了自家主人和蔡襄的两份小龙团茶,现在突然又来了位客人,再准备就来不及了,这侍童见有现成的大龙团茶,便来了个"乾坤混一"。

蔡襄的这种精明使蔡叶丞佩服不已。另一方面也说明他对大、小龙团茶的特性早已"吃透"。唯其吃透,方能研造出更精于大龙团的小龙团来。

《茶事拾遗》中记载着蔡襄的另一件品鉴茶茗的逸事:建安(今福建建瓯)能仁寺院中,有株茶长在石缝中间。这是一株称得上优良品种的茶树,寺内和尚采制了八饼团茶,号称"石岩白"。他们以四饼送给蔡襄,另四饼密遣人到京师汴梁送给一个叫王禹玉的朝臣。

一年多后,蔡襄被召回京师任职,闲暇之际便去造访王禹玉。王禹玉见是"茶博士"蔡襄登门,便让人在茶桶中选最好的茶来款待蔡襄。

这回,蔡襄捧起茶瓯还未尝上一口,便对王禹玉说:"这茶极似能仁寺的'石岩白',您何以也有这茶?"

王禹玉听了还不相信,叫人拿来茶叶上的签帖,一对照,果然是"石岩白"。见此情形,王禹玉只能钦佩了。

蔡襄在当时称得上是茶学大师,在茶界具有极高的威望,精于论茶的人谁碰到蔡襄都缄口不敢吭声了。

但有一位女子却不让蔡襄这位须眉。治平二年(公元1065年),蔡襄出任杭州知府。在杭期间,他遇到了一位叫周韶的妓女的"挑战"。周韶颇能写诗,又嗜好收藏一些"奇茗"。听说这位蔡知府茶学绝顶,她便倾其所藏,竭其才智,与蔡襄题诗品茗,斗茶争胜。结果令人大为惊异:"君谟屈焉!"

又有宋人江休复《嘉祐杂志》记载说,蔡襄与苏舜元斗茶,拿出上好之茶,选用天下第二泉——惠山泉。苏舜元的茶劣于蔡襄,但他选用了竹沥水来煎茶,结果出奇兵胜了蔡襄。

不说强中自有强中手,却可见宋代茶人之多,学问之深。

范仲淹与《斗茶歌》

范仲淹(公元989~1052年),字希文,苏州吴县(今苏州)人。北宋政治家、文学家。进士出身,官至枢密副使。他一生为官清正,关心民生疾苦,又以生活俭朴、品德高尚名于世。范仲淹在处理政务之余,有个爱好就是饮茶。他饮茶如同自唐代以来的文人雅士一样，不单是为了解渴，更重要的是将其作为一种文化消遣，一种以茶会友的方式。在饮茶之余，他还写过以茶事为题材的诗歌，其中以《和章岷从事斗茶歌》最为脍炙人口，影响深远。

这首被称作宋代"斗茶歌"的代表作，以生动的笔触描述了宋代斗茶的盛况：

年年春自东南来，建溪先暖冰微开。

溪边奇茗冠天下，武夷仙人从古栽。

新蕾昨夜发何处，家家嬉笑穿云去。

露芽错落一番荣，缀玉含珠散嘉树。

终朝采掇未盈襜，唯求精粹不敢贪。

研膏焙乳有雅制，方中圭分圆中蟾。

北苑将期献天子，林下雄豪先斗美。

鼎磨云外首山铜，瓶携江上中泠水。

黄金碾畔绿尘飞，碧玉瓯中翠涛起。

斗茶味兮轻醍醐，斗茶香兮薄兰芷。

其间品第胡能欺，十目视而十手指。

胜若登仙不可攀，输同降将无穷耻。

吁嗟天产石上英，论功不愧阶前蓂。

众人之浊我可清，千日之醉我可醒。

屈原试与招魂魄，刘伶却得闻雷霆。

卢仝敢不歌，陆羽须作经。

森然万象中，焉知无茶星。

商山丈人休茹芝，首阳先生休采薇。

长安酒价减百万，成都药市无光辉。

不如仙山一啜好，泠然便欲乘风飞。

君莫羡，花间女郎只斗草，赢得珠玑满斗归。

要理解这首"斗茶歌"，首先要弄了解"斗茶"是怎么回事。"斗茶"始于唐代，兴盛于北宋，最初产生于出产贡茶的福建建州。建州的白茶当年被列为贡茶,在每年春季的新茶制成后,茶农、茶客以及地方官吏们要聚在一起品茗辨茶,以便选出优质茶作为贡茶呈送给皇上。这种比较新茶优良次劣的活动,自然有比赛高下的内容,后来沿袭成习,比赛的内容逐渐扩大,演变为一些文人墨客、朝廷官员在闲暇时陶冶性情的品茗方式。之所以称作"斗

范仲淹像

茶",大概与我国古代斗鸡、斗蟋蟀有关联,其中的"斗"字是比赛争胜的意思。

范仲淹的这首诗分为四部分,首先是肯定了建溪茶是"冠天下"的名茶和它的"武夷仙人从古栽"的悠久历史。其次写到了初春茶芽绽出的时节,茶农们"家家嬉笑穿云去",争抢时间去采摘嫩芽。"研膏焙乳有雅制,方中圭兮圆中蟾",是写悉心焙茶,焙茶火候要恰到好处。再次写斗茶的热闹场面。"北苑将期献天子,林下雄豪先斗美",是写通过斗茶选择最优的白茶进贡给皇上。接着写文人墨客斗茶的过程、要求,以及"胜若登仙不可攀,输同降将无穷耻"的胜败感受。最后通过写屈原、刘伶、卢仝、陆羽、伯夷、叔齐

等历代名人的人生际遇,强调了饮茶的"不如仙山一啜好,泠然便欲乘风飞"的最佳境界。因而《苕溪渔隐丛话后集》称这首诗"排比故实,巧欲形容,宛成有韵之文"。诗的后面部分点出参加斗茶的茶都是品质极好的,这种茶有神奇的功效,它可以醒千日之醉,它比灵芝仙草还好,它比任何酒药都要好。假使卢仝、陆羽在世,他们将会给斗茶写赞美诗和把斗茶写入《茶经》。诗中多处用典,以衬托茶味之美。

王安石的品茶水平

王安石是北宋一代名相,即使放在整个中国史上,也是知名度、排名次序最高的宰相之一。此公有个外号叫"拗相公",可见其脾气之臭。提起王安石的品茶水准,可真有点吃不准,因为曾经发生过两个截然不同的公案。

一次是王安石与蔡襄的茶缘,王安石当翰林学士时,拜访当时的点茶大师蔡襄,蔡襄久仰王安石大名,自然不会放过这个广交益友的良机,他选择"极品茶",亲自洗涤茶具,烹水点茶,招待王安石,希望王安石领情。

王安石呷了一口茶,蔡襄正想得到他的嘉许,没想到王安石随手从夹袋里掏出一包名叫"清风散"的药,投入茶盏中,摇晃了几下痛饮起来。蔡襄没见过这样喝茶的,目瞪口呆,王安石却怡然自得,边喝边慢声说:"大好茶叶",蔡襄无奈,只得"大笑,且叹公之直率也"。(见《墨客挥犀》)

从这个故事看,王安石简直是个煞风景的粗汉。另一个故事,又说王安石是个精于茶道的雅士。冯梦龙《警世通言》中的《王安石三难苏学士》,讲了这样一个故事:

苏轼被贬为黄州团练副使时,王安石曾请他到府上饮酒话别。临别时,王安石说自己多年来得了"痰火之症",必须用阳羡茶才能治愈。如今阳羡茶已有,独缺瞿塘峡之水煎泡,方可奏效,苏轼答应而去。

从四川返回时,途经瞿塘峡,苏轼被三峡幽丽的风光迷住了,早把王安石的取水之托忘得一干二净,瞿塘峡人称"中峡",过了中峡苏轼才想起王安石的嘱托。苏轼是位洒脱的人,心想上、中、下三峡相通,本为一江之水,有什么区别？再说，王安石又如何分辨得出？于是汲满一瓮下峡水，送到王安石家。王安石大喜，当场煎水瀹茶，将一撮阳羡茶投入白瓷定窑碗中，候水如蟹眼，注入碗中，过了好久，方现出茶色。王安石眉头一攒，问苏轼道："这水，取于何处？"苏轼慌忙搪塞道："是从瞿塘中峡取来的"，王安石再看了看茶汤，厉声说道："你不必骗瞒老夫，这明明是下峡之水，岂能冒充中峡水！"苏轼大惊，急忙谢罪，并请教王安石是如何看出破绽的。

王安石说："上峡之水性急，下峡则缓，难有中峡水缓急相半。太医以为老夫此病可用阳羡茶治愈，但用上峡水煎茶味太浓，下峡水煎则太淡，唯有中峡水适中，恰到好处。如今见茶色半晌才出，便知是下峡水了。"

这等鉴水能力，我们似曾相识，那就是《宜茶佳泉》一章中陆羽品中泠水的故事，如此说来，王相公的鉴水能力直追茶圣陆羽，堪称亚圣了。

王安石的品茶水准到底如何？其实，王安石是精于茶艺的，一生写了不少咏茶、饮茶的诗文。那么，怎样理解上述两个故事呢？首先两个故事都是传说，当不了真。其次，两个故事也曲折反映了王安石的人品个性。王安石与蔡襄打交道时，虽然官职不高，但政治前途一片光明，朝野上下纷纷希望他出来主持大局，连他日后的宿敌司马光也说："远近之士，识与不识，咸谓介甫（王安石字介甫）不起则已，起则太平可立致。"果然，任翰林学士才七个月，王安石就被任命为参知政事，主持政局。

所以，如若王安石与蔡襄真有这段茶缘的话，或者说，子虚乌有的故事背后包含着什么历史真实的话，它只能说明王安石当时的关注点绝对在政局，对点茶小道可谓心不在焉。或者，是王安石装傻，不想接受蔡襄的笼络。

至于"三难苏学士"的故事，则有一种名人的"箭垛效应"。一旦成名人，什么都精通，什么好事都像箭一样射向他，令他光芒万丈。于是，前后两个王安石，弄得我们"看不懂"了。

欧阳修珍藏"小龙团"

蔡襄所造的小龙团茶不仅是制作精细，品质优异，更难得的是这种茶产量极少,第一年只造出十斤,主要是进贡给皇上享用,朝野臣民罕得其茶。小龙团茶当时估价为每斤黄金二两。可是在朝的高官权贵却说,黄金易得,而其茶不可得。

当时的仁宗皇帝赵祯对小龙团茶也极为珍爱,虽宰相之臣也不曾轻易赏赐,只有在每年的甫郊祭天地的大礼中,中书省和枢密院两府中各有四位大臣,才共赐一饼。八个人一饼茶,只好一分为八,每人一份。蔡襄造小龙团以十饼为一斤(十六两),也即一饼只有一两六钱,而一两六钱的茶还要再分作八份,每份就仅有二钱重了。赏茶犹如秤金,好是可怜!八个人将这一点点黄金般的茶带回家后,还不舍得品饮,都当作传家之宝珍藏着,偶尔有贵客嘉宾临门,仅拿出观赏一阵子,便算是极大的礼遇了。

但在有幸得到小龙团茶赏赐的大臣中,欧阳修算是一个更幸运的人,因为他得到的赏赐是完完整整的一饼小龙团茶。

欧阳修(公元1007年~1072年),字永叔,号醉翁、六一居士,庐陵(今江西永丰)人,为北宋著名的文学家和史学家,官至枢密副使、参知政事。

欧阳修非常爱茶,与茶有着不同寻常的关系。和蔡襄督造建溪小龙团贡茶一样,他在出任扬州知府期间,曾负责督造扬州贡茶。另外,他还有一首著名的《双井茶》诗,对产于分宁(今江西修水)的双井贡茶赋予了热情赞美。但最让他欣喜的却是宋仁宗赐给他一饼小龙团贡茶。

欧阳修在为蔡襄所撰《龙茶录》写的《后序》中叙说了当时中书省和枢密院的八位大臣才分赏到一饼小龙团茶,但在嘉祐七年(公元1062年),这种茶的产量已有所增加,所以两府中这年获得赏赐的八人才得以人茶一饼,而欧阳修恰巧成为这八人中的一员。

欧阳修以谏官之职入朝供奉,到官至枢密副使、参知政事,凡历二十余年,方才获得一饼小龙团茶,企盼已久,一朝见赐,令他百感交集,在家中时常拿茶观赏,而每一次捧玩,都令他涕泣不已。

得到这次令人激动的赐茶是在嘉祐七年(公元1062年),而写这篇《后序》时已是治平元年(公元1064年),可见欧阳修珍藏这饼小龙团茶已有两年。

宋人唐庚后来对欧阳修的珍藏小龙团茶之举不以为然,批评说:"无论什么茶,最重要的是讲究新。现在一藏就是几年,还有什么可值得品味的?"其实,这种批评是有失公允的,欧阳修鞠躬尽瘁二十余年,方有贡茶一饼之赐,这茶对他而言,绝非只是口腹之事,而是其一生忠君爱国、任劳任怨的品位,是以他见茶如见一生,唯有涕泣而已。

苏轼蹭蹬仕途不忘茶

苏轼(公元 1037~1101 年),号东坡居士,是我国宋代杰出的文学家。苏轼的一生仕途蹭蹬,郁郁而不得志。因跟从司马光反对宰相王安石的变法,被贬出京城,到地方为官多年。后来司马光出任宰相后,苏轼回到长安,但因他对司马光全盘否定王安石新法有歧义,又被贬谪到外地,流徙多年直到卒于外任。苏轼一生郁悒于怀,除了撰写诗文消愁解闷外,对茶的嗜好也是他的精神寄托。他之于茶,不仅是饮茶,而且对茶的种植、采摘、烹茶等都很熟悉,还创作了很多咏茶诗词。可以说他是宋代的一位对茶情有独钟的杰出人物。

苏轼长期流徙的贬谪生涯,足迹遍及大江南北,每到一地都亲自品尝地方的名茶,诸如杭州的白云茶、江西的双井茶、四川的月兔茶、湖州的紫笋茶、广东的焦坑茶等,几乎遍尝各地名茶。他嗜茶如命,在一首诗中他曾有"从来佳茗似佳人"的诗句,可见他将饮茶看得如同"食色性也"一般的事情。他每日不断茶,早晨起床后要饮茶,午睡后要饮茶,处理棘手公务要饮茶,创作诗词更要饮茶。对苏轼嗜茶的爱好,司马光有些不解。有一天司马光来拜会苏轼,见他正在研墨,准备作诗,此时书童给司马光送上一杯香气四溢的新茶。司马光看着研墨的苏轼和几上的新茶,便问他说:"茶越新越好,墨则是越陈越好,这两样截然相反的东西怎么会让你都喜欢呢?"苏轼此时放下手中的墨,很风趣地说:"新茶和极品墨一样,都有一种香气,如同朋友一样,尽管有的长得黝黑,有的长得白皙,但他们的品德都好,那就都是朋友。"几句话说得司马光伸出大拇指,连说:"佩服,佩服!"

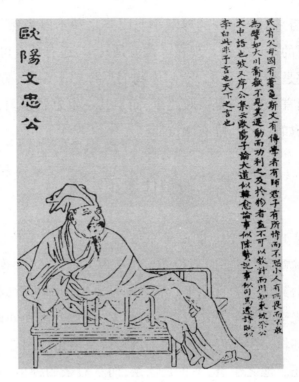

欧阳修像

　　苏轼认为"精品厌凡泉"，就是说好茶必须配以好水，才能喝出味道来。熙宁五年(公元1072年)苏轼在杭州任通判时，曾写有《求焦千之惠山泉诗》："故人怜我病，蒻笼寄新馥。欠伸北窗下，昼睡美方熟。精品厌凡泉，愿子致一斛。"记述了他向时任无锡知县的焦千之索取惠山泉水泡茶的事。在《汲江煎茶》一诗中，苏轼写道：

　　　　活水还须活火烹，自临钓石取深清。

　　　　大瓢贮月归春瓮，小勺分江入夜瓶。

　　　　雪乳已翻煎处脚，松风忽作泻时声。

　　　　枯肠未易禁三碗，坐听荒城长短更。

　　这首诗述说了烹茶的水，要从钓石边的深处汲来，这样的水清澈，要用火焰炽烈的炭火煮沸。煮水要煮到翻滚雪乳般的气泡，发出松涛般的声响。水只有煮到了这种程度才算恰到好处。

　　苏轼也很讲究饮茶器具，根据他饮茶多年的体会，觉得定窑的兔毛花瓷和宜兴紫砂瓷饮茶茶味最为纯正。在他担任杭州通判时,还专程到宜兴考察宜兴壶,并提议工匠制作了一种提梁式的紫砂壶,并题写了"松风竹炉,提壶相呼"的诗句。后来这种式样的紫砂壶就被称作"东坡壶"。

元丰二年(公元 1709 年)苏轼因写诗讽刺王安石的变法被捕入狱,这就是宋史上的"乌台诗案",出狱后被贬到黄州。他携家带口来到这里,举目无亲,生活拮据,官场又多遭冷落。幸好当地的一位乡绅将一块闲地划拨给他,以补生活之所需。苏轼就在这块东坡地上除了种植一些粮食作物外,还特地栽植了茶树,足见他对茶的兴味之浓。他在《问大冶长老乞桃花茶栽东坡》的诗中写道:"磋我五亩园,桑麦苦蒙翳。不令寸地闲,更乞茶子艺。"这段生活使他亲自体会到种植粮食和茶叶的艰辛,同时也学到了茶树的培育技术。苏轼号"东坡居士"就是源于他在黄州这几年的农耕生涯。

苏轼对茶的功用更有深切体会。熙宁六年(公元 1073 年)他任杭州通判时,有几天总觉得身体不适,索性就到孤山寺去找惠勤禅师聊天。在闲聊时他不知不觉间品饮了七碗茶,到傍晚下山时,就觉得身轻体爽,疾病似乎不治而愈。回到下榻处,就在一首诗中写道:"何须魏帝一丸药,且尽卢仝七碗茶。"赞颂饮茶对治愈疾病的功效。诗中的"魏帝"指魏文帝,他在患病时,太医给他服过一丸良药,药到病除,为此他写诗赞叹服了这丸药几天后,就产生了"身体生羽翼"般的感觉。苏轼借用这个典故,来说明饮茶祛疾,要比魏文帝的"一丸药"还要有功效。诗句中卢仝的"七碗茶",是指唐代诗人卢仝在《走笔谢孟谏议新茶》诗中写道的饮茶七碗的益处。苏轼的切身体会证实了卢仝的说法。此外,苏轼还在《仇池笔记》中介绍了一种以茶护齿的妙法:"除烦去腻,不可缺茶,然暗中损人不少。吾有一法,每食已,以浓茶漱口,烦腻既出而脾胃不知。肉在齿间,消缩脱去,不烦挑刺,而齿性便若缘此坚密。率皆用中下茶,其上者亦不常有,数日一啜不为害也。此大有理。"

黄庭坚为"双井茶"扬名

黄庭坚(公元 1045~1105 年)号山谷道人,洪州分宁(今江西修水)人。他是宋代杰出的诗人和书法家。他一生仕途坎坷,多次遭贬,最后卒于贬所

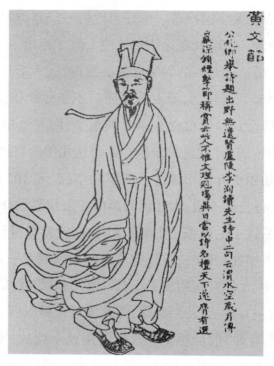

黄庭坚像

宜州任上。他多才多艺,曾以诗受知于苏轼,并与之齐名,又与秦观、张耒、晁补之同称"苏门四学士"。他的书法造诣很深,擅长行书及草书,与苏轼、米芾和蔡襄并称书坛上的"宋四家"。据说,当朝的宰相富弼有一次到洪州分宁巡视,听说年轻的黄庭坚多才多艺,诗文、书法都技高一筹,出类拔萃,就命地方官吏将黄庭坚唤来,想测试一下他的才华。可是见面后一向以衣貌取人的富弼,见黄庭坚其貌不扬,只顾大口大口地饮茶。富弼很不高兴,应酬了几句就打发黄庭坚回家了。事后富弼谈到黄庭坚说:"哪里有什么出众的才华,不过是分宁的一个茶客罢了!"

的确，黄庭坚在为官之余，除了创作诗歌和练习书法外，最大的嗜好就是饮茶。他好饮茶，更喜欢饮好茶，在富弼的驿馆里他喝到十分好的茶汤，就不顾有高官在场，大口大口地饮啜起来，使得这个十几岁的书生大大地露怯了。

在蹭蹬的仕途中黄庭坚发现许多官员嗜酒如命，常常被钻营之徒拉下水，败坏门风，加之自己的身体衰弱，他决心戒酒、戒肉，以茶代酒。在他40岁时曾写了一篇文章表示自己"对佛发大誓，愿从今日尽未来也，不复淫欲、饮酒、食肉"。由此他坚持了20年，直到病逝为止。

黄庭坚嗜茶与他生在分宁茶乡有关。在分宁的修水北岸有个叫双井的地方，盛产一种白茶，细如白毛，状若银须，烹煎时茶汤碧中带黄，香气馥郁。黄庭坚从小就喜欢饮用这种白茶。元祐二年（公元1087年），黄庭坚在京居官时，他将从家乡带来的"双井茶"分赠给好友苏轼一包。

苏轼用了他赠送的"双井茶"之后，赞不绝口，给予了很高的评价。从此，每年家乡捎来"双井茶"，黄庭坚便分送给苏轼等官宦朋友，大家异口同声评价很高，使得"双井茶"一举闻名。不久便列为贡茶，名噪天下。这完全是黄庭坚的功劳。

黄庭坚嗜茶成癖，他常用诗词歌赋来抒写自己饮茶的感受，如他在一首《品令》中，就对饮茶感受表现得非常深刻："味浓香永，醉乡路，成佳境。恰如灯下，故人万里，归来对影，口不能言，心下快活自省。"这首小令将饮茶比喻为从万里归来的故人，相见无言，心里却快活万分的感受只有自己能体味到。可见他对茶的嗜好，已如同与"故人"相处一般，是最为快慰的事。

因为黄庭坚生长在茶乡，更由于他嗜茶如命，所以他对摘茶、碾茶、煎水、烹茶、品茶都十分精通。从他写的《煎茶赋》《奉同公择尚书咏茶碾煎啜三首》等辞赋或书法中，都不难看出他是位品茶的"行家里手。"

嗜茶爱茶——朱熹

朱熹（公元1130~1200年），字符晦，号晦翁，别号紫阳，徽州婺源（今属江西)人,侨居福建。朱熹学问渊博,广注典籍,在哲学上发展了程颢、程颐的思想,建立了客观唯心主义的理学体系,世称"程朱理学",对宋以后的阶级统治和社会发展起到了很大的作用。

朱熹像

朱熹也是一位嗜茶爱茶之人。他自幼在茶乡长大,对"建茶"十分熟悉。后又当过茶官,任浙东常平茶盐公事,更与茶结下了不解之缘。他曾写《劝农文》,提倡广种茶树。他自己也是身体力行,躬耕茶事,把种茶、采茶当作是讲学、做学问之余的休闲修身之举。

乾道六年(公元1170年),他在建阳芦峰之巅云谷,构筑了"竹林精舍"(晦庵),在北岭种植茶圃,取名"茶坂",亲自耕种、采摘、制作、品饮,并写有《休庵》《茶坂》等诗。其中《茶坂》诗云:"携籝北岭西,采撷供茗饮。一啜夜窗寒,跏趺谢衰枕。"自产自啜,佳茗伴夜读,正可谓是意味深长啊。淳熙十年(公元1183年),朱熹于武夷五曲隐屏山麓建"武夷精舍",四周有茶圃三处,植茶百余株,讲学之余,行吟茶丛。其《咏茶》诗云:"武夷高处是蓬莱,采取灵芽手自栽。地僻芳菲真自在,谷寒蜂蝶未全来。红裳似欲留人醉,锦幛何妨为客开。咀罢醒心何处所,远山重叠翠成堆。"现在的"武夷名枞"之一的"文公茶",即是朱熹所植茶树繁衍而成的。

朱熹嗜茶,尤喜茶宴。他与开善寺主持圆悟长老是一对茶中知己,常一起品茗论道。圆悟长老圆寂后,朱熹还专门写诗吊唁:"灶香瀹茗知何处,十二峰前海明月。"朱熹曾两次回祖籍地扫墓,每次他都带去武夷茶,在祖宅里设茶宴招待老家的亲朋故旧。淳熙五年(公元1178年),朱熹去建阳东田培村表兄邱子野家赴茶宴,曾赋诗:"茗碗瀹甘寒,温泉试新浴""顿觉尘虑空,豁然洗心目"。更具诗情画意的是,在"武夷精舍"旁的五曲溪中流,有"巨石屹然,可以环坐八九人,四面皆深水,当中有凹自然为灶,可以瀹茗",朱熹常与友人携茶具环坐石上烹茶品茗,吟诗论道,其乐融融。至今石上还留有朱熹手迹:"茶灶"。他的《茶灶》诗云:"仙翁遗石灶,宛在水中央。饮罢方舟去,茶烟袅细香。"

朱熹爱茶,自然不忘将茶与自己的思想融为一体。他以茶穷理,将茶性与中庸的道德标准联系在一起。《朱子语类·杂类》中说:"茶本苦物,吃过却甘。问:此理何如?曰:也是一个道理,如始于忧勤,终不逸乐,理而后和。"这是说品茶与求学问一样,在学的过程中,要狠下功夫,苦而后甜,始能乐在其中。朱熹还把饮茶与治家联系在一起讨论,认为治家宜严,就像吃酽茶,苦而后甜;如果治家放松,就会像喝淡茶,味如嚼蜡,家人行为会失去娴雅。宋代福建的龙凤团茶名冠天下,精雕细琢,岁岁入贡。有人认为建茶身居台阁,珠光宝气,富贵味重,不如草茶闲逸高雅。朱熹提出了不同见解,他说:"建茶如'中庸之为德',江茶如伯夷叔齐。《南轩集》曰:'草茶如草泽高人,腊茶如台阁胜士。'似他之说,则伤了建茶,却不如适间之说两全也。"武夷茶色泽澄亮,香气馥郁,滋味醇厚,是纯洁、中和、清明之象征,这才是建茶的"理"所在,不论它是否入贡,都是不带富贵气的。以至于后来建茶的地位、名声和过分的人工雕琢等,都是"气"的变化。理才是本,气仅为形。建茶处草泽乃是佳品,处台阁亦为名茶。这种品质与儒家的"中庸之为德"是吻合的。

朱熹认为,君子应"素其位而行",富贵贫贱不能移,要"喻于义",而不

"喻于利"。这也是他自己的人生准则。他学问盖世,但并不用于敛财,安贫乐道,廉退可嘉。他"衣取蔽体,食取充腹,居止取足以障风雨。人不能堪,而处之裕如也"。《宋史·本传》说他"箪瓢屡空,晏如也。诸生之自远而至者,豆饭藜羹,卒与共之"。朱熹正如他所写的茶联:"客来莫嫌茶当酒,山居偏隅竹为邻",清贫而不失其志。

智者乐水,仁者乐山。朱熹把追求思想境界当作人生的崇高目标,而茶正是他精神生活中的良师益友。他在题匾赠诗时,曾用"茶仙"署名,也当是名副其实了。

李清照戏说"茶令"

《中国风俗辞典》有这样一段叙述:"茶令流行于江南地区。饮茶时以一人令官,饮者皆听其号令,令官出难题,要求人解答执行。做不到者以茶为赏罚。"

酒有酒令,茶也有茶令,这是一个非常富有文化意义的创举。应该说,茶令最早出现在宋代,它是宋代兴盛斗茶的产物。斗茶之初乃是"二三人聚集一起,煮水烹茶,对斗品论长道短,决出品次"(见宋人唐庚《斗茶记》)。随着斗茶之风遍及朝野,尤其是文人更为嗜好,斗茶由论水道茶变异出一种新的形式和内容,即行茶令。而茶令的首创者当推易安居士李清照。

李清照(公元 1084 年~1155 年),号易安居士,济南(今属山东)人,是中国古代著名的女词人。建中靖国元年(公元 1101 年),李清照与金石考据学家赵明诚结为伉俪。婚后,她以才智协助赵明诚编撰《金石录》,收集了大量的金石文物和图书。期间,夫妇诗词唱和,悠然自得。在"酒阑更喜团茶苦"的生活中,李清照独创了一种我国特有的妙趣横生的茶令。

李清照在为丈夫所著《金石录》写的"后序"中,记叙了她与赵明诚品茶行令以助学问的趣事佳话:

为了撰写《金石录》,她与赵明诚回青州(今山东益都县)故第而居。夫妻俩每得到一本好书,即共同校勘,重新整理。得到书画、彝鼎等文物,也一

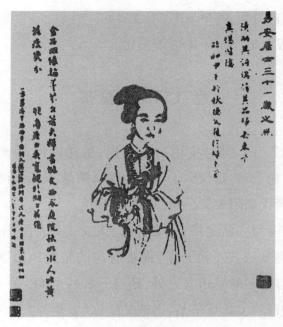

李清照像

起把玩赏析。在治学著文过程中,李清照对自己的强记博学颇为自负,于是忽发奇想,推行一种以考对方经史典故知识为主的茶令,赢者可以先饮茶一杯,输则后饮茶,与酒令之行大相径庭。

两人每次吃完饭,坐于"归来堂"中,烹好茶,然后一人指着成堆的书籍,要对方说出某一典故出自哪本书的第几卷、第几页甚至第几行,以是否说中来决胜负,并确定谁先饮茶。两人在行茶令中,常常是李清照获胜,有一次赢后她举杯大笑,结果得意忘形,乐极"翻杯",一杯满茶倾覆在怀里,非但"头口水"没得喝,还连累了一身衣裙。

饮茶行令,启智助学,使人兴奋,对著书立说大有裨益,赵明诚终于写出了我国第一部考古学专著《金石录》,成为考古史上的著名人物。

靖康元年(公元1126年),金军南侵,李清照夫妇先后背井离乡,逃往江南。建炎三年(公元1129年),赵明诚不幸病故,李清照只身漂泊,晚景更是凄苦。但茶令一事并未因李清照的落魄而绝迹,相反,它在江南地区广为盛行起来。

南宋王十朋有诗道:"搜我肺肠著茶令",其自注云:"余归,与诸子讲茶

1283

令,每会茶,指一物为题,各举故事,不通者罚。"

茶令之行,极大地丰富了中国茶文化。

岳飞巧制姜盐茶

陆羽在《茶经·四之器》中说:"赵州瓷、岳瓷皆青,青则益茶。"该文说的岳州窑所产青瓷茶碗,是仅次于越瓷的饮茶精品,而岳州窑就位于今湖南省的湘阴县,因唐代湘阴隶属岳州,故称岳州窑。

湘阴县地处南洞庭湖之滨,历史悠久,人文荟萃,楚国诗人屈原的自沉之地汨罗江,就离县城三十余公里,而更有趣的是此地出产之物与"岳"字特有缘,除了建有著名的岳州窑之外,还有一种特产叫"岳飞茶",这是一种在此至今仍为盛行的姜盐豆子茶,当地又简称"姜盐茶"。

当代曹进的《湘阴茶略考》(载于《茶的历史与文化》)中说:"湘阴的民俗学家及民众一致认为,姜盐豆子茶系岳飞所创,故又名岳飞茶。南宋绍兴五年(公元1135年),岳飞被朝廷授予镇宁崇信军节度使,带兵南下至汨罗营田镇,准备与杨幺领导的农民军作战。岳家军多来自中原,驻军江南后因水土不服,士兵中腹胀、溏泻、厌食和乏力的病人日见增多,影响了军队的作战能力和士气。岳飞平日喜读医书,他见该地盛产茶叶、黄豆、芝麻、生姜,便嘱部下熬含盐的姜、黄豆、芝麻茶饮。果然,军中疾病大为减少。军营周围的百姓依法炮制,从此在湘阴流行开来。"

岳飞(公元1103年~1142年),字鹏举,相州汤阴(今属河南)人,是南宋抗金名将,著名的民族英雄。岳飞治军赏罚分明,纪律严整,又能体恤部属,以身作则。岳家军号称"冻杀不拆屋,饿杀不打虏(掠)",连金军也感叹道:"撼山易,撼岳家军难!"

姜盐茶健脾胃,驱风寒,去腻强身,至今仍盛行于湘阴的每个家庭。据曹进于1986年的调查,湘阴县城7个居民聚居区的101个家庭,其中长年饮用姜盐茶的有100户,唯一不饮此茶的是一个外省移民家庭。

但其实姜盐茶并不是到了岳飞之时才有的,它最早出现在唐代,唐人薛

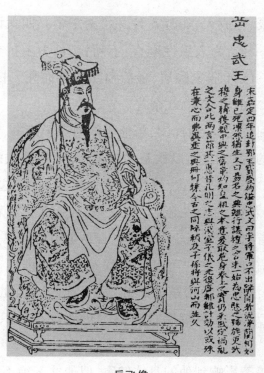

岳飞像

能《茶诗》云："盐损添常戒，姜宜著更夸。"据此可见唐人煎茶已用姜和盐了。苏轼《和寄茶》诗也说："老妻稚子不知爱，一半已入姜盐煎。"则北宋时也有姜盐煮茶之风，相传苏轼还曾用姜盐茶治好了宰相文彦博的疾病。苏轼之弟苏辙在《煎茶诗》中说，北方"俚人茗饮无不好，盐酪椒姜夸满口"。是当时的北方人在茶中除了添放姜和盐外，还有奶酪和辣椒等物，这茶真难以想象其味如何。而岳飞所制的姜盐茶除了姜盐"基调"外，不过再添了些黄豆、芝麻而已。

煮茶和以姜盐，其味不知会如何，但从中医而论，却不无道理，茶性寒，而姜性热，一寒一热，正好调平阴阳。杨士瀛《医说》中有姜茶治痢之方，其理正是本于此。

杨万里饮茶的"味外之味"

杨万里（公元 1127~1206 年），宋代著名诗人，吉水（今属江西吉安市）

中华茶道

人。他的诗与尤袤、范成大、陆游齐名，称"南宋中兴四大诗人"。他是绍兴年间进士，曾任秘书监，为人秉性刚直，不阿权贵，力主抗金，因此与权相韩侂胄不和，遂辞官15年居家隐居，最后愤然成疾而死。杨万里一生作诗2万余首，但流传下来的仅有4000余首。

杨万里辞官回乡后，心情郁闷，与他相伴的除了读书、写诗外，就是饮茶了。在这种寂寞的生活中，他以饮茶为消遣，逐渐饮茶成癖，茶成了他终日不可离开的伴侣。不仅白天饮，就是夜里无眠时也饮，这就形成了恶性循环，越饮茶越睡不着觉，而越失眠，越要饮茶，久而久之，就影响了他的身体健康。在他的一首《武陵春》词中写道："旧赐龙团新作祟，频啜得中寒。骨瘦如柴痛又酸，儿信问平安。"可见过度饮茶严重地摧残了他的身体健康。尽管如此，他还是没有戒掉嗜茶的癖好，在一首《不睡》的诗中为自己开脱说："夜永无眠非为茶，无风灯影自横斜。"仍然没有认识到嗜茶对失眠的影响。

尽管杨万里嗜茶影响到他的身体健康，但他饮茶绝不是为了解渴，也不是像饮酒那样成瘾，而是在壮志难酬的情况下，寻求一种精神寄托。他在《习斋论语讲义序》中写道："读书必知味外之味，不知味外之味而曰'我能读书'者，否也！《诗》曰：'谁谓荼（即茶）苦，其甘如荠。'吾取以为读书之法焉。"这是他退隐之后读书时的深切体会。这种体会是从饮茶中得出来的。茶苦，可是饮后甘甜；茶汤清澈、雅致乃是做人的楷模，这就是他从饮茶中体会出来的"味外之味"。他将茶视为朋友，"故人气味茶样清，故人丰骨茶样明"的诗句，就说明他引茶为朋的缘由和非常欣赏茶的清澈、淡雅的气质与品格。他认为，读书也是如此，死读书，读死书，这就容易导致读书死。因此读书要体会"味外之味"，就得像饮茶那样，苦中寻求甘甜，在混浊的朝政中，寻求清澈、雅致的生存环境。因此，即使饮茶过量，使他"骨瘦如柴痛又酸"，他也不以为然，仍以饮茶为乐。

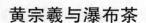

黄宗羲与瀑布茶

　　黄宗羲(公元 1610~1695 年),浙江余姚人,明末清初的思想家、史学家、文学家。清兵南下时,他曾组织"世忠营",反抗清兵,但因寡不敌众而告失败。清统一中国后,他多次拒绝清政府的征召,归隐于浙东四明山区的化安山。他在潜心草堂研习著作之余,也与化安山的瀑布茶结下了不解之缘。

　　瀑布茶的初始产地都在四明山区,一处在余姚化安山的化安双瀑;一处在白水冲瀑布上流的道士山。这就是陆羽在《茶经》里说的"余姚茶生瀑布岭者曰仙茗"的地方。黄宗羲在化安山隐居,接触到的主要是化安双瀑产的瀑布茶。

　　黄宗羲出身官宦之家,从小的生活陶冶就养成了饮茶的习惯,特别是他隐居化安山之后,接触到瀑布茶,更觉得这种茶口感清爽,温馨宜人,他就地取材开始喜欢饮用瀑布茶。黄宗羲在诗文中多次写到瀑布茶,而且多为赞美之词。如他在《制茶》诗中写道:

　　　　檐溜松风方扫尽,轻阴正是采茶天。

　　　　相邀直上孤峰顶,山市都争谷雨前。

　　　　两筥东西分枝叶,一灯儿女共团圆。

　　　　炒青已到更阑后,犹试新分瀑布泉。

　　从这首诗中不难看出,黄宗羲不仅喜欢饮用瀑布茶,他还在隐居时亲自栽种瀑布茶。这首诗以生动的笔触描写了他和家人们争抢时间上山采茶的其乐融融的景象。在清晨打扫了庭院之后,全家人就趁着阴天上山采茶。因为谷雨茶品质好,卖的价钱好,不能错过这个采摘的好时机。接着写他家人聚在一起,忙碌着在夜里炒茶和品茶的热闹、欢愉的情景。这里的"炒青已到更阑后",从侧面写出他们争抢时间、不顾更深的忙碌情形。最后一句写炒制好新茶后,自家人先行品尝。这一点是与一般的茶农不一样的。一般的茶农为了多卖钱,正如俗话说的"织席的睡土炕"一样,自家舍不得饮用。而黄宗羲家种茶不是以卖钱为目的,炒制好的新茶当然就应该自家先品尝了!这也从一个侧面表现了他们对瀑布茶的喜爱心情。

在《寄新茶与第四女》的诗中写道:

> 新茶自瀑岭,因汝喜宵吟。
>
> 月下松风急,小斋暮雨深。
>
> 匀线灯落芯,更静鸟移林。
>
> 竹尖犹明灭,谁人知此心。

这首诗是写在给他的第四个女儿寄新瀑布茶时的感想。他的女儿出嫁了,远离父母兄弟和小妹。在谷雨新茶炒制好之后,他想到女儿喜欢饮用,就连夜包装新茶给女儿寄去。他在这个静谧的夜里,挑灯包茶,心潮起伏,思念女儿,谁能理解他这拳拳之心呢!这实际上也写出了他被迫隐居后壮志难酬的无奈心绪。看来,黄宗羲在化安山种茶;不只是因为他喜欢饮茶,更重要的是他的一种精神的寄托。

文徵明凭"竹符"买水

文徵明(公元1470~1559年),明代著名书画家,本名璧,字徵明,号衡山居士,长洲(今江苏苏州)人。他与沈周、唐寅、仇英齐名,并称"明代四家"。

文徵明的一生除了作画写字赋诗外,唯一的爱好就是饮茶。他曾画过以茶为题材的画作《惠山茶会图》和《茶具十咏图》,还写有百多首以茶为题材的诗歌。这些绘画和诗歌从不同的侧面表现了他对茶的钟情与嗜好,同时也反映出他的刚正不阿、鄙视仕宦、心系庶民的耿直性格。据说平民百姓向他求画或求字,他不论相识与否,都能满足求索者的要求,而对于那些豪门贵族或官吏求索,则闭门谢客,从不满足他们的意愿。正德七年(公元1512年),宁王朱宸濠喜欢结交天下名士,而且很崇敬文徵明的才华,就以重金相聘到王府。对此文徵明毫无兴趣,托病不出。他在《立春相城舟中》诗里写道:"未裁帖子试芳草,且覆茶杯觅淡欢。"这就表现出他宁愿过着草

明代著名画家文徵明像

芥般的平民生活,以饮用淡茶为乐,也决不攀附豪门的刚正品格。文徵明在另一首诗中更加深刻地表达了他不事权贵的思想境界:"门前尘土三千丈,不到熏炉茗碗旁。"可见,他以避世为乐、以饮茶为欢的高尚境界。前来邀请他的车马,在他的门前卷起了三千丈的尘埃,足见车马之多,邀请者之多,可是他全然不感兴趣,任凭门前的车马喧闹,依然在后斋的茶炉边以烹茶、品茗自乐。看来,饮茶不仅是文徵明的一种嗜好,更是他避世的一种手段。

文徵明饮茶时,不仅要饮用名茶,而且对于烹煎的水也有很高的要求。他在长洲一带几经选择,最后选中了灵岩山的山泉水烹茶。他请一个挑夫每天去灵岩山挑山泉水,但挑夫始终不明白为什么要到这么远的地方挑水吃。后来时间长了,挑夫见文徵明的家人并不像起先那样检验水质,就从附近的山泉挑水搪塞。很快文徵明就发现挑夫捣鬼,就辞退了挑夫。他从读书中得知宋代苏轼曾制作"竹符"的办法,将"竹符"预先交给山泉处的寺院和尚,挑夫每挑一担水,就交给他一个"竹符",到了文家以"竹符"为证,凭

"竹符"付给挑夫挑水的劳务费。这个办法很灵验,确保了文徵明烹茶用水的质量。文徵明曾在《煎茶》一诗中,以"竹符调水沙泉活,瓦鼎燃松翠鬣香"的诗句,表现了用瓦鼎和松枝烹茶,散溢出的那股香气令人陶醉的感受。

徐渭穷困不忘饮茶

徐渭(公元 1521~1593 年),字文长,号青藤道士,又号田水月,山阴(今浙江绍兴)人,明代著名文学家、书画家、剧作家。他自幼聪敏,文思敏捷,胸有大志,早年参加科举考试,但屡试不中。后因参与东南沿海的抗倭斗争和反对权奸严嵩,遭遇终生坎坷,成为落魄文人。他的诗文、绘画"一扫近代芜秽之习",对后世的扬州八怪产生了深远的影响。

徐渭的晚年,贫病交加,穷困潦倒,百无聊赖,以卖书画为生,而他作为出生在茶乡的人,自幼受到家庭的熏陶,又特别喜欢饮茶。无奈囊中羞涩,无钱买茶,只得用自己的书画换茶喝。在徐渭 71 岁那年,一位叫作钟元毓的老朋友来访。他们交情甚笃,过从较多,相聚时天南海北,无所不谈,常常是以饮茶为乐。可是这次钟公子造访,徐渭却没有茶招待他。他知道钟公子家里富足,就想了个办法,要钟公子"出些血"。徐渭提出玩一个"赌藏钩"的游戏,即各自写一个字条,比输赢。若是徐渭输了就给钟公子写扇面10 幅,若钟公子输了就给徐渭后山茶 10 斤。他们赌了两局,输赢各半,钟公子答应明日就送过来后山茶 10 斤,徐渭也只得答应为公子画 10 幅扇面。当地的后山茶是当时的本地名茶,产自上虞市后山,称作"上虞后山茶"。徐渭赢得 10 斤后山茶,当然很高兴,可是一个年逾古稀的人一连画 10 幅扇面,也不是一件轻松的事。钟公子似乎看出了他的为难心境,就说:"后山茶你还是能喝到的,不过这 10 幅扇面,就尽力而为吧!"徐渭对朋友的坦荡、大方非常感激。第二天徐渭收到钟公子派人送来的茶后,立即给钟公子回信道:"一穷布衣辄得真后山一大筐,其为开府多矣!"信中所写的"开府",是指四川嘉州(今乐山)的蒙山茶,也是名茶。从特指的文字中可以看出徐渭的欣喜、感激之情溢于言表。

在浙江上虞区曹娥庙有个天香楼藏帖碑廊。这座碑廊建于清代嘉庆元年至九年(公元1796~1804年),藏有沈周、文徵明、唐寅等明清数十位书法家的墨宝,其中也有徐渭草书的《煎茶七类》。这篇《煎茶七类》写于公元1575年,从饮茶分人品与品茶的关系、烹茶火候、烹茶用水,以及饮茶功效等7个方面简括地谈到他的观点。特别是有关"煎茶""要须其人与茶品相得"的观点,更可以看出他的人格。正如明人许次纾在《茶疏》中说的那样:"宾朋杂沓,止堪交错觥筹,乍会泛交,仅须常品酬醉。惟素心同调,彼此畅适,清育雄辩,脱略形骸,始可呼童爨火。"一些志不同道不合的人,只能在一起饮酒,而只有志同道合、谈话投机的人在一起饮茶才能品味到茶的真谛。可见尽管徐渭穷困潦倒,但是,他对于饮茶还是很讲究高雅格调的。

唐伯虎诗画写茶情

唐寅(公元1470~1523年),吴县(今江苏苏州)人,字伯虎,号六如居士,桃花庵主是他的别号。在绘画上,唐寅擅长山水,又工画人物,尤其是精于仕女,画风既工整秀丽,又潇洒飘逸,被称为"唐画",为后人所推崇。书法源自赵孟頫一体,俊逸秀挺,颇见功夫。此外,他还能作曲,多采民歌形式。唐寅为"吴门画派"中的杰出代表,绘画与沈周、文徵明、仇英齐名,合称"明四家"。传世之作有《簪花仕女图》等。还与祝允明、文徵明、徐祯卿切磋诗文,蜚声吴中,世称"吴中四才子",有《六如居士全集》传世,是一位有才华,有成就的艺术家,他的诗、书、画被誉为"三绝"。

唐寅祖籍晋昌,也就是现在山西晋城一带,所以在他的书画落款中,往往写的是"晋昌唐寅"四字。唐寅就出生在苏州府吴县一个商人家庭,他自幼天资聪敏,熟读四书五经,并博览史籍,16岁秀才考试得第一名轰动了整个苏州城,29岁到南京参加乡试,又中第一名解元。后因牵涉科场舞弊案而交噩运,从此唐寅绝意仕途,纵酒浇愁,游历名山大川,决心以诗文书画终其一生。

明弘治十三年(公元1500年),唐寅离开苏州到镇江,先游扬州瘦西湖、

徐渭像

平山堂,然后登庐山,看黄州赤壁,入湖南登岳阳楼,游洞庭湖,再南行登南岳衡山,入福建漫游武夷诸名山,由闽转浙,游雁荡山、天台山,渡海游普陀,再沿富春江、新安江上溯,抵达安徽,上黄山与九华山。唐寅千里壮游,历时九个多月,踏遍名山大川,为其后来作画增添了不少素材。囊中羞涩的他返回苏州,妻子因不堪忍受清贫离他而去。他住在吴趋坊巷口临街的一座小楼中,以丹青自娱,靠以卖文鬻画为生。他在一首诗中写道:"不炼金丹不坐禅,不为商贾不耕田。闲来写幅丹青卖,不使人间造孽钱。"以表其淡泊名利、专事自由读书卖画生涯之志。

唐伯虎一生道路坎坷,生活穷困潦倒,郁郁不得志,甚感世态炎凉,54岁就辞别人世。他临终时写的绝笔诗就表露了他真心留恋人间而又愤恨厌世的复杂心情:"生在阳间有散场,死归地府又何妨。阳间地府俱相似,只当漂流在异乡。"

唐寅是我国历史上杰出的画家、文学家,他一生爱茶,与茶有着不解之缘,曾写过不少茶诗,留下《琴士图》《品茶图》《事茗图》等茶画佳作。《事茗图》是一幅山水人物画,画的是江南茶乡景色:青山如黛、巨石峥嵘、古松兀立,远处高山云雾弥漫,隐约可见飞湍瀑流。依山傍水有茅舍数椽,有人正

唐伯虎像

在倚案读书，案头摆着茶壶茶盏，侧室一侍童正在扇火煮茶。屋外小溪板桥上有一老者拄杖走近，身后跟着抱琴的小童，画中人物想必是相约前来弹琴品茗。画幅左边有唐寅用行书自题五言诗一首：“日长何所事，茗碗自赍持。料得南窗下，清风满鬓丝。”落款吴趋唐寅，下有印三枚：“唐居士”“吴趋”“唐伯虎”。图卷前有文徵明写的画名“事茗”两个隶书大字，雄浑苍劲。现真迹藏于故宫博物院。画卷前后遍布藏家之印。有清代高宗皇帝题诗：“记得惠山精舍里，竹炉瀹茗绿杯持。解元文笔闲相仿，消渴何劳玉常香。”卷下有“乾隆御赏之宝”。《事茗图》意境深邃，反映了明代茶人隐逸遁世、以山水自娱、淡雅高洁、气静韵清的茶艺意境，因而受到历代茶人的珍爱，成为皇室及名家的珍藏。

　　他经常在桃花庵同诗人画家品茗清谈，赋诗作画。画家在诗中，颇有风趣地写道，若是有朝一日，能买得起一座青山的话，要使山前岭后都变成茶

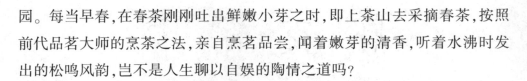

园。每当早春,在春茶刚刚吐出鲜嫩小芽之时,即上茶山去采摘春茶,按照前代品茗大师的烹茶之法,亲自烹茗品尝,闻着嫩芽的清香,听着水沸时发出的松鸣风韵,岂不是人生聊以自娱的陶情之道吗?

一日,老友祝枝山兴致勃勃地去找唐伯虎,然而却被他拦在门口。唐伯虎笑着说:"祝老兄,你来得正巧。小弟刚作了一则诗谜,正想找你猜猜呢。"祝枝山问:"猜得着怎样,猜不着又怎样?"唐伯虎说:"猜得着,好招待;猜不着,不招待。""好,一言为定。"接着,唐伯虎吟起了自己的诗谜,并说每句猜一个字,四字连起来是两句话。诗曰:言有青山青又青,两人土上看风景。三人牵牛少只角,草木丛中见一人。祝枝山听后,不假思索就迈开大步,径自走进屋内,朝太师椅上一坐,并叫:"茶来!"唐伯虎见状,不但不怪,反而立即奉上香茶一盏,并拱手作揖,连道:"老兄不愧谜界高手,佩服!"原来,谜底正是:请坐,奉茶!

他还和友人一起联句,据《吴门四才子佳话》载,唐伯虎、祝枝山、文徵明、周文宾四人一日结伴同游,至泰顺(今属浙江温州)境地,酒足饭饱之后,昏昏欲睡。唐伯虎说:"久闻泰顺茶叶乃茶中上品,何不沏上四碗,借以提神。"顷刻间,香茶端上。祝枝山说:"品茗岂可无诗?今以品茗为题,各吟一句,联成一绝。"联句如下:

午后昏然人欲眠,(唐伯虎)

清茶一口正香甜。(祝枝山)

茶余或可添诗兴,(文徵明)

好向君前唱一篇。(周文宾)

泰顺茶庄的老板对此联赞不绝口,祝枝山建议将诗送与老板,以换四包好茶。茶庄老板令伙计取来四种茶叶,分送四人。自此,茶庄便将当地名茶四味,包装成盒,谓之"四贤茶",并将四才子这首联诗刻印传布。于是,泰顺茶叶也随之名扬四方。

张岱与"兰雪茶"

张岱(公元 1597~1679 年),字宗子,石公,号陶庵,又号蝶庵,山阴(今浙江绍兴)人,侨居杭州。张岱出身仕宦之家,却无意仕途,关心社会,对人

明代文学家张岱像

间世态,洞悉入微。曾漫游苏、浙、鲁、皖等地区。家里藏书丰赡,自三十岁左右,即钻研明史。明朝灭亡以后,他披发入山,避迹山居,展现了高贵的气节。他潜心著书,不问世事。作品以散文见长,题材广泛多样,笔调清新率真,有《石匮书》《琅环文集》《陶庵梦记》《西湖梦寻》《夜航船》等存世,是明末清初的文学家、史学家,一生以读书著述为乐,为晚明小品文大家,其诗文,初学公安、竟陵,进而融合一体,扬长避短,诙谐幽默,生动活泼,在明代的小品文作家中,堪称第一。

张岱平素兴趣广博,对世态观察入微,文章题材俯拾即是,描述山水景致、社会生活……各个方面,无所不写;传记、序跋、像赞、碑铭等各种体裁,在他的笔下,都写得诙谐百出,情趣盎然。他在《自为墓志铭》中,叙述了自己前半生生活优渥、富裕,锦衣玉食,纵情声色,是个十足的"纨绔子弟";然而当明朝亡国后,性情大变,表现出文人的高尚品格与民族气节。

张岱不仅是一位散文家,而且是一位精于茶艺鉴赏的行家,他明茶理,识茶趣,为品茶鉴水的能手,是一位精于茶艺茶道之人。他自谓"茶淫橘

虐",可见其对茶之痴。在《陶庵梦忆》一书中,对茶事、茶理、茶人有颇多记载。

明代时期,品茶已成社会风气,而茶品也成为人们生活中的必需品,各地茶馆林立,成为文人雅士聚集的地方。对爱茶的张岱而言,上茶馆似乎也是他生活上的一种休闲。崇祯年间有家名为"露兄"的茶馆,店名乃取自米芾"茶甘露有兄"句,因其"泉实玉带,茶实兰雪,汤以旋煮,无老汤,器以时涤,无秽器。其火候、汤候,亦时有天合之者。"故深得张岱喜爱。

张岱是位识茶辨水的能手,《陶庵梦忆》记载他拜访老茶人闵汶水的经过,过程十分有趣:一次他慕名前往拜访一位煎茶高手闵汶水,正好闵老外出,他静心等待,闵老回来后,知道有人来访,才招呼一下,就借故离开,想测试张岱的诚意。张岱虽几经等待,非但未打退堂鼓,反而更下定决心非喝到闵老煮的茶不可。闵老回来时,见客人还在,知道来者是个有心人,于是才开始煮茶招待他,闵老"自起当炉,茶旋煮,速如风雨"的娴熟技巧,让张岱惊叹不已。之后闵老将张岱引至一室,室内"明窗净几,荆溪壶、成宣窑瓷瓯十余种,皆精绝。灯下视茶色,与瓷瓯无别而香气逼人。"着实让张岱大开眼界,不禁问闵老:"此茶何产?"闵老想考考他说:"阆苑茶也。"但是张岱觉得有异,说:"莫绐余,是阆苑制法,而味不似?"闵老暗笑并反问:"何地所产?"张岱又喝了一口说:"何其似罗岕甚也。"闵老啧啧称奇。张岱又问:"水何水?"闵老说:"惠泉。"张岱又说:"莫绐余,惠泉走千里,水劳而圭角不动,何也?"闵老知道眼前这位是个品茶高手,遂不敢再欺骗他,过了一会儿,就持一壶满斟的茶给张岱品尝,张岱说:"香朴烈,味甚浑厚,此春茶耶!向瀹者是秋茶。"闵汶水对于张岱神之又神的辨茶功力,不禁赞叹道:"余年七十,精赏鉴者无客比。"于是和张岱结成好友。(《陶庵梦忆·闵老子茶》)

名噪一时的禊泉,乃绍兴名泉之一。禊泉曾一度被掩没,后因张岱的发现才又重显威名,《陶庵梦忆》记:"甲寅夏,过斑竹庵,取水啜之,辨辨有圭角,异之,走看其色,如秋月霜空,噀天为白,又如轻岚出岫,缭松迷石,淡淡欲散,余仓卒见井口有字画,用帚刷之,禊泉字出,书法大似右军,益异之。

试茶,茶香发,新汲少有石腥,宿三日,气方尽,辨襖泉者,无他法,取水入口,第挢舌舐腭,过颊即空,若无水可咽者,是为襖泉。"文中提到张岱无意间发现襖泉的经过,同时点出襖泉水质的特点,更以其专业的品茶知识,说明辨识襖泉的诀窍。(《陶庵梦忆·襖泉》)

此外,张岱还改良家乡的"日铸茶",研制出一种新茶,张岱名之为"兰雪茶"。《兰雪茶》中提到兰雪茶的研制过程:"……募歙人入日铸。杓法、掏法、挪法、撒法、扇法、炒法、焙法、藏法,一如松萝。他泉瀹之,香气不出,煮襖泉,投以小罐,则香太浓郁,杂入茉莉,再三较量,用敞口瓷瓯淡放之,候其冷,以旋滚汤冲泻之,色如竹择方解,绿粉初匀,又如山窗初曙,透纸黎光,取清妃白,倾向素瓷,真如茎素兰同雪涛并泻也,雪芽得其色矣。未得其气,余戏呼之兰雪。……"他通过招募安徽人,引入松萝茶制法,四五年之后,经张岱的改制,冲泡出来的茶,色如新竹,香如素兰,汤如雪涛,清亮宜人。他把此茶命名为"兰雪"茶。四五年后,兰雪茶风靡茶市,绍兴的饮茶者大多饮用此茶。后来,就连松萝茶也改名"兰雪"了。

张岱不仅嗜茶,而且识茶,从饮茶到品茶、评茶,无一不精。他一生兴趣广泛,对各类事物多所涉猎,堪称博物学家,他爱茶成痴,尝谓:"余尝见一出好戏,恨不得法锦包裹,传之不朽,尝比之天上一夜好月,与得火候一杯好茶,只可供一刻受用,其实珍惜之不尽也。"(《彭天锡串戏》)把看到一出好戏,犹如观赏一轮好月、啜饮一杯好茶般令人愉悦。若非因身遭家国之变,而改变其人生态度,相信以其读书研究的精神及对茶学的了解,必能为我国的茶学文化留下更多的宝贵资料。

康熙御笔亲题"碧螺春"

明清时期是我国茶文化由鼎盛而走向终极的阶段。这期间,由于清代几位皇帝对茶文化的推崇,使得团茶、饼茶逐渐边茶化,末茶几近衰落,而叶茶和芽茶开始成为我国茶叶生产和消费的主导方向。

清代康熙帝对"碧螺春"的题名，可以说是品味叶茶和芽茶成为世风时尚的一个标志。据清代王应奎《柳南随笔》、陈康祺《郎潜纪闻》和《清朝野史大观》等书的有关记载说，"碧螺春"原是一种野生茶，产自江苏苏州太湖洞庭东山的碧螺峰石壁缝隙间，此茶清香幽幽，飘忽不散，时浓时淡，若有若无。某年春天，茶叶长得特别茂盛，一群姑娘到这儿采茶，大家一个劲儿地

康熙皇帝像

采，采多了筐装不下，只好把茶放在怀里。没想到茶受到体内热气蒸熏，突然爆发出浓烈的异香。姑娘们不约而同地惊叫："吓煞人香!"这是吴地方言，意思是香到极点了。于是，这茶便叫作"吓煞人香"。

康熙三十八年(公元 1699 年)春，清圣祖康熙皇帝(爱新觉罗玄烨，公元 1654~1722 年)南巡到洞庭东山，江苏巡抚宋荦派人购置了当地制茶名手朱正元精制的品质最好的"吓煞人香"进奉皇上。此茶条索紧结，卷曲成螺，白毫显露，银绿隐翠，煞是可爱;冲泡出来，恰似白云翻滚，雪花飞舞，清香袭人;品饮下来，更觉鲜爽生津滋味殊佳。康熙龙颜大悦，便问此茶何名，宋荦奏曰:"此乃当地土产，产于洞庭东山碧螺峰，百姓称之为'吓煞人香'。"康熙有点闹不明白，宋荦解释说，就是香极了的意思。康熙皇帝非常熟悉古代

文人的一些咏茶诗词,"武林春","一瓯春",都是用来指代茶叶的。再看此茶色泽澄绿如碧,外形卷曲如螺,恰好又在春天采制于碧螺峰上,就道:"茶是佳品,但名称却不登大雅之堂。朕以为,此茶既出自碧螺峰,茶又卷曲似螺,就名为'碧螺春'吧!"这一改,确实富有诗意,文雅得多,也贴切得多。从此"碧螺春"成为贡茶,当地官吏每年都会采办朝贡进京。

洞庭东山湖光山色交相辉映,每到春天,碧螺春采摘必须十分及时,高级碧螺春在春分前后便开始采制,清明时正是采制的黄金时节,谷雨后只能加工成一般绿茶了。碧螺春采摘标准为一芽一叶初展,称为"雀舌"。这样的嫩度,心灵手巧的姑娘每天也只能采一至二斤鲜叶。采来的嫩叶,还得去粗取精,剔除大叶、杂质以及变色芽叶,使芽叶长短均匀,大小一致。制作一斤碧螺春,需要细嫩雀舌六七万个,名列国内高级名茶之首。

乾隆"不可一日无茶"

乾隆皇帝(公元 1711～1799 年)是清代在位时间最长的一个皇帝。在他 84 岁准备将皇位禅让给皇子时,有位老臣以"国不可一日无君"为由,奏本挽留他继续执政。此时乾隆正端起茶杯,呷了一口茶说:"君不可一日无茶也!"这句话说得大臣们无言以对。第二年就将皇位让给十五子颙琰(嘉庆)。面对乾隆的幽默回答,大臣们之所以无言以对,主要是大臣们都知道乾隆是位嗜茶如命的皇帝,他喜爱茶不亚于喜爱江山。

乾隆皇帝从小时候就爱饮茶,在十几岁时学会了焚竹烧水,烹茗泡茶的方法,这对于一个四体不勤的皇太子来说是极为难能可贵的,可见乾隆对饮茶的重视了。他登基后根据他的饮茶体验,将梅花、佛手和松仁,用雪水烹煎,配制了一种"三清茶"。其含义是为官要像梅花那样品格芳洁,像佛手那样清正无邪,像松树那样不畏风霜。这种"三清茶"寄予着乾隆对自己和对臣僚的勉励和希望。

据说如今在某些场合叩指礼还被使用,这大概是源于当年乾隆下江南巡察时的逸闻。他和侍从太监来到苏州,由于天太热,走得口渴难忍,乾隆见到一家茶馆就径直走了进去。行为随便的乾隆率先落座,拿起茶壶就斟茶,给自己斟完就给侍从太监斟。侍从太监不敢下跪施礼,怕暴露了皇上的身份,于是就将右手中指和食指弯曲,面对乾隆轻轻地叩了几下,表示下跪礼,向皇上谢恩。乾隆见侍从太监如此聪明,很是高兴,也点头称许。事后这件事从皇宫传了出来,就成了民间表示致谢的一种茶酒礼节。

乾隆在读茶圣陆羽的《茶经》时,对陆羽把煮茶用水分为 20 等,而且大多是江南之水产生疑问,就命人将陆羽划分的 20 个等次的水,用银斗重新检测,并且按着水的重量划分高下。经测定,北京海淀镇的玉泉水重量最轻,被列为"天下第一泉",镇江中泠泉次之,无锡的惠泉和杭州的虎跑又次之。通过银斗测量后,乾隆每次出行,都是玉泉水随行,但在长途颠簸中,玉泉水的滋味会有所下降,乾隆便命人采用静止沉淀的办法,玉泉水轻浮在水面,烹茶时从水面取水,仍然保持了玉泉水的水质。有一年乾隆在承德避暑山庄避暑时,清晨起来发现澄湖里荷叶上的露珠晶莹剔透,就想到用露珠烹茶。他在一首《荷露煮茗》的诗中写道:"平湖几里风香荷,荷花叶上露珠多。瓶罍收取供煮茗,山庄韵事真无过。"在这首诗的小序里他写道:"水以轻为贵,尝制银斗较之,玉泉水重一两""轻于玉泉者唯雪水及荷露"。因此乾隆在夏秋季节常常以荷露来烹茶。

曹雪芹精于茶道

曹雪芹(公元约 1715~1763 或 1764 年)是清代著名的文学家,河北丰润人,生于南京市。从他的曾祖父起,三代承袭江宁织造,负责宫廷织物的织造与供应。其曾祖母是康熙的乳母,祖父曹寅当过康熙的"侍读",与皇亲国戚关系密切,堪称百年望族。曹雪芹从小过着锦衣玉食,饮甘餍肥的奢侈生活。到雍正五年(公元 1727 年)曹家被革职抄家,从此家道败落,迁居北京西郊。曹雪芹也就过上了"举家食粥酒常赊"的穷日子。此时已经成年的曹雪芹，面对家道败落，非常留恋昔日的豪华生活，又从自己切身的体会中看到了本家族的腐败与丑恶。于是用了 10 年的心血，创作了文学巨著《红楼梦》，为我们呈现了一部伟大的现实主义杰作。

我们从曹雪芹的文学巨著《红楼梦》的描写中，不难看出曹雪芹对于饮茶文化知识还是很渊博的。这也可以证明当年的曹雪芹对茶的兴趣与爱好。

在《红楼梦》中，涉及我国的很多名茶，据统计，《红楼梦》全书中有 270 多处写到茶，如西湖的龙井茶，云南的普洱茶、女儿茶、六安茶、老君眉，福建的"凤随"，湖南的君山银针，以及外国进贡的暹罗茶等，还提到了一些有关茶的品类，如家常茶、敬客茶、药用茶、伴果茶等。在第四十一回，写到贾母带了刘姥姥至栊翠庵来，贾母对妙玉说："我们才都吃了酒肉，把你的好茶拿来，我们吃一杯就去了。"妙玉忙去烹了茶来。她亲自捧了一个海棠花式雕漆填金云龙献寿的小茶盘，里面放一个成窑五彩小盖钟，捧与贾母。贾母道："我不吃六安茶。"妙玉笑说："知道，这是老君眉。"贾母接了，又问是什么水。妙玉笑回："是旧年蠲的雨水。"贾母便吃了半盏。像这样的名茶和品类，绝对不是一般的家庭所能饮用的，如果曹雪芹没有见到过或饮用过，也就是没有如此的生活基础，他也不可能写得这么具体。

在该书中还写到奠晚茶、吃年茶、迎客茶和茶定等饮茶的风俗。如第二十五回，写凤姐打发丫头送了两瓶暹罗进贡来的茶叶给林黛玉。两天后凤姐又见到林黛玉，便问她茶叶的情况，林黛玉说："吃着很好。"凤姐就趁机笑着说："你既吃了我们家的茶，怎么还不给我们家做媳妇？"众人听了一齐都笑起来。林黛玉红了脸，一语不发，便回过头去了。众人听了凤姐的话，之所以"都笑起来"，就是因为这是当地的一种吃茶民俗。男方请媒人到姑娘家说亲时，如果姑娘的父母吃了媒人带来的茶，就意味着认可了这桩亲事。这就是民间的"茶定"的习俗。此外在第七十八回中，写宝玉读完《芙蓉女儿诔》后，便焚香酌茗，以茶供来祝祭亡灵，寄托自己的情思。这也是当年的以茶祭祀的风俗描写。

在第四十一回中,写妙玉请宝玉、宝钗和黛玉吃茶,妙玉自向风炉上扇滚了水,泡一壶茶。妙玉拿出两只杯来,一个旁边有一耳,杯上镌着三个隶字,后有一行小真字是"晋王恺珍玩",又有"宋元丰五年四月眉山苏轼见于秘府"一行小字。另一只形似钵而小,也有三个垂珠篆字。妙玉又寻出一只九曲十环一百二十节蟠虬整雕竹根的一个大盏出来,斟了茶给宝玉说:"你可吃得了这一海?"宝玉喜得忙道:"吃的了。"妙玉笑道:"你虽吃的了,也没这些茶糟蹋。岂不闻'一杯为品,二杯即是解渴的蠢物,三杯便是饮牛饮骡了'。你吃这一海便成什么?"说得宝钗、黛玉、宝玉都笑了。妙玉执壶,只向海内斟了约有一杯。宝玉细细吃了,果觉轻浮无比,赏赞不绝。黛玉因问:"这也是旧年的雨水?"妙玉冷笑道:"这是五年前我在玄墓蟠香寺住着,收的梅花上的雪,共得了那一鬼脸青的花瓮一瓮,总舍不得吃,埋在地下,今年夏天才开了。我只吃过一回,这是第二回了。"从以上描述来看,妙玉精于茶道,对饮茶的茶具、泡茶水,以及茶叶都是很讲究的。

这些有关茶的描写,都反映出曹雪芹熟稔饮茶,精于茶道,有着丰富的生活积累,要不然他是不会将有关茶事描述得这么具体生动的。

蒲松龄路设大碗茶

清康熙初年的一个盛夏季节,在山东淄川(今属淄博市)的蒲家庄大路口的老树下,一位三十来岁的汉子摆了一个凉茶摊。他长得很瘦,开襟的粗布短衫显现出这人家道的清贫。而这个茶摊除了一小缸粗茶、四五只粗瓷大碗外,让人纳闷的是摊桌上竟搁着笔墨纸砚文房四宝,这与卖茶怎么也不沾边。这位瘦汉便是中国古典名著《聊斋志异》的作者蒲松龄。

蒲松龄(公元 1640~1715 年),字留仙,一字剑臣,别号柳泉居士,山东淄川人,为清代文学家。蒲家号称"累代书香",蒲松龄出生时正值明末清初的大动乱之时,家道中衰,家境维艰。

蒲松龄一生刻苦好学,但却屡试不第,不得不在家乡农村过着清寒的生活,做塾师以度日。在艰难时世中,他逐渐认识到像他这样出身的人难有出头之日,于是他将满腔愤气寄托在《聊斋志异》的创作中。至康熙十八年(公元1679年),这部短篇小说集已初具规模,一直到暮年方才成此"孤愤之书"。

《聊斋志异》的故事来源十分广泛,有出自蒲松龄的亲身见闻和自己的虚构,还有很多则出自民间传说,其中设置茶摊便是蒲松龄征集四方轶闻轶事的一个办法。他将这个茶摊设在村口大路旁,供行人歇脚和聊天,在边喝茶边海阔天空乱聊中,蒲松龄常常捕捉到故事的题材和素材。后来蒲松龄干脆立了一个"规矩",哪位行人只要能说出一个故事,茶钱他分文不收。于是有很多行人大谈异事怪闻,也有很多人实在没有什么故事,便乱造胡编一个。对此,蒲松龄一一笑纳,茶钱照例一个不收,也不知道耗去了多少茶钱,蒲松龄因此攒集到许多故事素材,最后以自己丰富的想象和生活经验,将许许多多牛鬼蛇神、妖魔狐仙充实成一篇篇完美小说。

蒲松龄以茶换故事一事又通过许许多多的行人传播而闻名遐迩,因此还有许多人虽不曾喝过蒲松龄一口茶,却纷纷将自己的珍闻捎寄给他。蒲松龄又几经修改和增补,终于完成了这部不朽的文学杰作。

蒲松龄久居乡间,知识渊博,除写作《聊斋志异》外,他还研究农业、医药和茶事,并且写过不少通俗读物,也算得是我国古代北方的一位茶学家。他的《药崇书》在总结自己在实践基础上调配的一种寿而康的药茶方。他还身体力行,在自己住宅旁开辟了一个药圃,种了不少中药,其中有菊和桑,他还养蜜蜂。他广泛收集民间药方,通过种药又取得不少经验,在此基础上形成药茶兼备的菊桑茶,既止渴又健身治病。《药崇书》中菊花有补肝滋肾、清热明目和抗衰老之功效;桑叶有疏散风热,润肝肺肾,明目益寿之效;枇杷叶性平、味苦,功能清肺下气和胃降逆;蜂蜜具有滋补养中,润肠通便、调和百药之效。四药合用,相得益彰,是补肾、抗衰老的良方。

中华茶道

郑板桥因茶结良缘

郑板桥(公元 1693～1765 年),名燮,字克柔,号板桥。清代著名的书画家,"扬州八怪"之一。板桥也是一位嗜茶的风雅之士,而且喜欢将品茶和书画怡然合一,他在一篇文章里写道,他向往的生活是,"茅屋一间,新篁数千,雪白纸窗,微侵绿色⋯⋯此时独坐其中,一盏雨前茶,一方端砚石,一张宣州纸"。这是何等惬意、何等风雅之事。

可是,风雅的郑板桥,偏巧与茶结缘,碰到了一件风流事。他的手卷《扬州杂记》,记录了当年富有传奇色彩的艳遇:

扬州二月花时也,板桥居士晨起,由傍花村过虹桥,直抵雷塘,问玉勾斜遗迹,去城盖十里许矣。树木丛茂,居民渐少,遥望文杏一株,在围墙竹树之间。叩门迳入,徘徊花下,有一老媪,捧茶一瓯,延茅亭小坐。其壁间所贴,即板桥词也。问曰:"识此人乎?"答曰:"闻其名,不识其人。"告曰:"板桥即我也。"媪大喜,走相呼曰:"女儿子起来,女儿子起来,郑板桥先生在此也。"是刻已日上三竿矣,腹馁甚,媪具食。食罢,其女艳妆出,再拜而谢曰:"久闻公名,读公词甚爱慕,闻有《道情》十首,能为妾一书乎?"板桥许诺,即取淞江蜜色花笺、湖颖笔、紫端石砚,纤手磨墨,索板桥书。书毕,复题西江月一阕赠之。其词曰:"微雨晓风初歇,纱窗旭日才温,绣帏香梦半朦腾,窗外鹦哥未醒。蟹眼茶声静悄,虾须帘影轻明。梅花老去杏花匀,夜夜胭脂怯冷。"母女皆笑领词意。问其姓,姓饶,问其年,十七岁矣。有五女,其四皆嫁,唯留此女为养老计,名五姑娘。又曰:"闻君失偶,何不纳此女为箕帚妾,亦不恶,且又慕君。"板桥曰:"仆寒士,何能得此丽人。"媪曰:"不求多金,但足养老妇人者可矣。"板桥许诺曰:"今年乙卯,来年丙辰计偕,后年丁巳,若成进士,必后年乃得归,能待我乎?"媪与女皆曰能。即以所赠词为订。明年,板桥成进士,留京师。饶氏益贫,花钿服饰拆卖略尽,宅边有小园五亩亦售人。有富贾者,发七百金欲购五姑娘为妾,其母几动。女曰:"已与郑公约,背之不义,七百两亦有了时耳。不过一年,彼必归,请归之。"

江西蓼洲人程羽宸,过真州江上茶肆,见一对联云:"山光扑面因朝雨,江水回头为晚潮",傍写板桥郑燮题。甚惊异,问何人,茶肆主人曰:"但至扬州问人,便知一切。"羽宸至扬州,问板桥在京,且知饶氏事,即以五百金为板桥聘资授饶氏。明年,板桥归,复以五百金为板桥纳妇之费。常从板桥游,索书画,板桥略不可意,不敢硬索也。羽宸年六十余,颇貌板桥,兄事之。……

纪晓岚茶谜救亲家

纪昀(公元 1724~1805 年),字晓岚,一字春帆,直隶献县(今河北献县)人,乾隆进士,官至礼部尚书、大学士。他是清代著名学者和文学家。

乾隆年间辑修《四库全书》,他任总纂官,并主持写定《四库全书总目提要》二百卷,显示出扎实渊博的学问根底,其中论述各书大旨及著作源流,考辨文字得失,为代表清代目录学成就的巨著。他撰有《阅微草堂笔记》,是蒲松龄《聊斋志异》后,清代最优秀的文言短篇小说集。由于负责纂修《四库全书》,使他经常要与乾隆皇帝论谈嚼舌头,这也使他具备了机敏善辩的素质,有清一代学者中,长于应变者罕有其比。而民间流传甚广的是,纪晓岚机智、诙谐,经常吊个大烟袋,和社会各界,尤其是朝中大臣逗趣,捉弄人,顺便打点抱不平、惩治几个违规不法分子。相传,他还和乾隆皇帝时不时地斗几下,是个类似"刘罗锅"的传奇人物。

纪晓岚也爱喝茶,他曾以一个"茶谜"作暗示,救了亲家卢见曾,便是他机智敏捷的一个典型例子。

卢见曾,字抱孙,号雅雨,德州(今属山东)人,康熙进士。他和纪昀是两亲家,纪昀在京做官,他则放外任职,曾担任两淮转运使,是个"肥缺",两淮地区富裕,是清朝的经济中心,转运使手握大权,银子自然大把大把地来。但盛名在外应酬多,开销大,其性偏又爱才好客,喜聚四方名士,任两淮转运使时,更是广交名流,义结豪杰,家中常是宾客盈门,座无虚席,铺张挥霍,一掷千金,极一时之盛。加之清朝官场腐败,上司那儿的孝敬数额巨大。后来渐渐财力不济,以至盐税发生亏空。

朝廷知道这个消息后,决定对他抄家处罚,没收全部资财。纪晓岚闻读,十分为难,如果去通风报信,弄不好救不了亲家反而连累自家。纪晓岚毕竟足智多谋,马上想出了一个万全之计,急忙让心腹赶往扬州送信。

卢见曾收到来信拆开一看,只见一空信封内装着少许茶叶和盐,此外别无他物。卢见曾略做沉思,便悟亲家所示,急忙发动全家人将家财转移寄放他处。不数日,朝廷派来抄家的人赶到时,卢府之中资财已寥寥无几。

原来,纪晓岚这一"茶谜"的"谜底"是:以"茶"指"查",意谓"茶(查)盐(盐账)空(亏空)"。卢见曾知道已东窗事发,便赶忙转移财产,终于未遭倾家荡产。

巴金与工夫茶

巴金,现、当代作家。原名李尧棠,字芾甘,笔名佩竿、余一、王文慧等。四川成都人。1920年入成都外国语专门学校。1923年从封建家庭出走,就读于上海和南京的中学。1927年初赴法国留学,写成了处女作长篇小说《灭亡》,发表时始用巴金的笔名。回到上海后从事创作和翻译,创作了小说《激流三部曲》:《家》《春》《秋》及《爱情三部曲》:《雾》《雨》《电》等中长篇小说,以其独特的风格和丰硕的创作令人瞩目。新中国成立后,巴金曾任全国文联副主席、中国作家协会主席、中国笔会中心主席、全国政协副主席等职,并主编《收获》杂志。巴金是我国新文学奠基者之一,也是一位蜚声世界的文化名人。他的文学创作成就和在文学史上的地位是举世瞩目,有口皆碑。

巴金很早就与潮汕工夫茶结缘。据汪曾祺《寻常茶话》所记:"1946年冬,开明书店在绿杨村请客。饭后,我们到巴金先生家喝工夫茶。几个人围着浅黄色老式圆桌，看陈蕴珍（萧珊）表演：濯器、炽炭、注水、淋壶、筛茶。每人喝了三小杯。我第一次喝工夫茶，印象深刻。这茶太酽了，只能喝三小杯。在座的除巴先生夫妇，有靳以、黄裳。一转眼，四十三年了。靳以、萧珊都不在了。巴老衰病，大概没有喝一次工夫茶的兴致了。那套紫砂茶具大概也不在了。"

然而，汪曾祺却没有料到，1991年已88岁高龄的巴金先生仍然喝了一次工夫茶。为巴金先生冲工夫茶者，是名闻中外的紫砂壶制壶大师许四海。许四海在成名前当过兵，所在部队就驻在潮汕地区。他对潮汕地区的工夫茶情有独钟，进而留心搜集工夫茶具，常用以物易物的方式收集到民间老紫砂罐，到1980年复员回到上海时，随身带回大量壶类古董。后来他不满足于集藏，便到宜兴拜师学制壶工艺，终于成为当代制壶名家。

许四海是因为向上海文学发展基金会捐款而结识巴金老人的，巴老让女儿李小林泡茶给许四海喝。茶泡在玻璃杯里，且有油墨味（因巴金先生将茶叶放在书柜里），所以喝后，许四海表示下次来一定要给大家表演中国茶艺。一个月后，许四海给巴金先生送一只自制的仿曼生壶，还"特地从家里带了一套紫砂茶具来，为巴金表演茶艺。巴金平时喝茶很随意，用的是白瓷杯，四海就用他常用的白瓷杯放入台湾朋友送给巴金的冻顶乌龙，方法也一般，味道并不见得特别。然后他又取出紫砂茶具，按潮汕一带的冲泡法冲泡，还未喝，一股清香已从壶中飘出，再请巴金品尝，巴金边喝边说：'没想到这茶还真听许大师的话，说香就香了。'又一连喝了好几盅，连连说好喝好喝"。

由此可见，巴金先生至少饮过两次潮汕工夫茶，只不过前后相隔半个世纪。

老舍、茶、《茶馆》与"老舍茶馆"

老舍（公元1899~1966年），原名舒庆春，字舍予，老舍是最常用的笔名,另有絜青、鸿来、絜予、非我等笔名,北京人,著名作家。

饮茶是老舍先生一生的嗜好,他认为"喝茶本身是一门艺术"。他在《多鼠斋杂谈》中写道:"我是地道中国人,咖啡、可可、啤酒皆非所喜,而独喜茶。""有一杯好茶,我便能万物静观皆自得。"老舍本人茶兴不浅。不论绿茶、红茶、花茶,都爱品尝一番,兼容并蓄。他也酷爱花茶,自备有上品花茶。我国各地名茶,诸如"西湖龙井""黄山毛峰""祁门红茶""重庆砣茶"……无不品尝。他"茶瘾"很大,称得上茶中瘾君子,喜饮浓茶,一日三换,早中晚各来一壶。老舍先生出国或外出体验生活时,总是随身携带茶叶。

茶助文人的诗兴笔思,有启迪文思的特殊功效,老舍的习惯就是边饮茶边写作。这可能由于饮浓茶精神振奋,激发了创作灵感。据老舍夫人胡絜青回忆,老舍无论是在重庆北碚或北京,他写作时饮茶的习惯从未改变。创作与饮茶成为老舍先生密不可分的一种生活方式。茶在老舍的文学创作活动中起到了绝妙的作用。

在老舍的小说和散文中,也常有茶事提及或有关饮茶情节的描述。他的自传体小说《正红旗下》谈到,他的降生,虽是"一个增光耀祖的儿子",可是家里穷,父亲曾为办不起满月而发愁。后来,满月那天只好以"清茶恭候"来客。那时家里"用小砂壶沏的茶叶末儿,老放在炉口旁边保暖,茶叶很浓,有时候也有点香味。"

老舍好客、喜结交。他移居云南时,一次朋友来聚会,请客吃饭没钱,便烤几罐土茶,围着炭盆品茗叙旧,来个"寒夜客来茶当酒",品茗清谈,属于真正的文人雅士风度!老舍与冰心友谊情深,老舍常登门拜访,每逢去冰心家做客,一进门便大声问:"客人来了,茶泡好了没有?"冰心总是不负老舍茶兴,以她家乡福建盛产的茉莉香片款待老舍。浓浓的馥郁花香,老舍闻香品味,啧啧称好。他们茶情之深,茶谊之浓,老舍后来曾写过一首七律赠给冰心夫妇,首联是"中年喜到故人家,挥汗频频索好茶。"怀念他们抗战时在重庆艰苦岁月中结下的茶谊。到北京后,老舍每次外出,见到喜爱的茶叶,总要捎上一些带回北京,分送冰心和他的朋友们。

话剧《茶馆》是老舍后期创作中最重要、最为成功的一部作品。《茶馆》为三幕话剧,七十多个人物,这些人物的身份有很大差异,有国会议员,有宪兵司令部里的处长,有清朝遗老,有地方恶势力的头头,也有说评书的艺人,看相算命及农民村妇等等,形形色色的人物,构成了一个完整的"社会"层次。剧本重现了旧北京的茶馆习俗。热闹的茶馆除了卖茶,也卖简单的点心与菜饭,玩鸟的在这里歇歇腿,喝喝茶,并使鸟儿表演歌唱。商议事情的,说媒拉纤的,也到这里来。茶馆是当时非常重要的地方,有事无事都可以坐上半天。《茶馆》通过裕泰茶馆的盛衰,表现了自清末到民国近五十年间中国社会的变革,这是旧中国社会的一个缩影,也是中国茶馆文化的一个侧面展示。

老舍创作《茶馆》是有着深厚的生活基础的。他的出生地小杨家胡同附近就有茶馆,他每从门前走过,总爱瞧上一眼,或驻足停留一阵。成年后也常与挚友一起上茶馆啜茗。所以,他对北京茶馆非常熟悉,有一种特殊的亲近感。1958 年,他在《答复有关<茶馆>的几个问题》中说:"茶馆是三教九流会面之处,可以容纳各色人物。一个大茶馆就是一个小社会。……我只认识一些小人物,这些人物是经常下茶馆的。那么,我要是把他们集合到一个茶馆里,用他们生活上的变迁反映社会的变迁,不就侧面地透露出一些政治消息吗? 这样,我就决定了去写《茶馆》。"

老舍先生逝世后,他的夫人胡絜青十分关注和支持我国茶馆行业的发展。早在 1983 年北京第一家个体音乐茶室"泰山庄"开业时,她曾手书对联一副:"尘滤一时净,清风两腋生"送去,并亲自前往祝贺开张。1988 年尾,富有北京茶馆文化特色的"老舍茶馆"建成开业,这是中国茶文化生活中的一件盛事。茶馆坐落在前门西侧"大碗茶"商业大楼三楼,上楼口处迎面是一座老舍先生半身铜像,欣慰地注视着往来宾客。进门是一式仿古梨木大八仙桌,镶贝壳儿的紫檀木椅散发出古朴高雅的气息。室内大红灯笼高高挂,突出"福寿""吉祥"的喜庆氛围。方柱方窗,木雕精细,四壁悬挂着名人

字画。在老舍茶馆里一边品茗、看戏听曲、吃宫廷点心，一面可远眺天安门和高高的前门城楼，即可发思古之幽情，也受一番优秀民族文化的洗礼，这或许是老舍茶馆独特魅力所在。在北京"老舍茶馆"开业后不久，台湾、深圳陆续建起了"老舍茶坊"和"老舍茶馆"。

孙中山以茶壮士气

伟大的民主革命先行者孙中山先生，作为广东人从小就喜欢饮用工夫茶，但同时他也很欣赏享誉内外的杭州龙井茶。1916年他到杭州考察时，特地考察了龙井茶的茶园和茶店，还到虎跑泉喝了用虎跑泉水泡的龙井茶。他在《知难易行》一文中写道："中国常人所饮者为清茶，所食者为淡饭，而加以菜蔬豆腐，此等之食料，为今日卫生家所考得为最有养生者也，故中国穷乡僻壤，饮食不多酒肉者，常多上寿。"他称茶是"最合卫生最优美之人类饮料"，因此，他多次提倡发展茶叶生产，并将其作为改善民生的一种措施。

在他的《建国方略》《三民主义·民生主义》等重要论著中，从提高民族尊严和士气的角度，强调了茶叶生产对实业救国的意义。他说："外国人没有茶以前，他们都是喝酒，后来得了中国的茶，便喝茶来代酒，以后喝茶成为习惯，茶便成了一种需要品。"因此茶的出口是当时被列为仅次于丝的物品。可是由于清政府的腐败无能，"中国出口的丝茶天天减少，进出口货物的价值便不能相抵消。中国所产的丝近来被外国学去了"；他还指出，"就茶言之，是最合卫生，最优美之人类饮料，中国实出产之，其种植及制造，为中国最重要工业之一。""前此中国曾为以茶业供给全世界之唯一国家，今则中国茶业已为印度、日本所夺，唯中国茶叶之品质，仍非其他各国所未能及。印度茶含有丹柠酸太多，日本茶无中国茶所具之香味，最良之茶，唯可自产茶之母国即中国得之。"孙中山在分析了茶叶生产与出口的利与弊之后，进一步提出了发展茶叶生产的对策："吾意当于茶产区域，设立制茶新式工场，以机器代手工，而生产费可大减，品质亦可改良，世界对于茶叶之需要日增，美国又方禁酒,倘能以更廉更良之茶叶供给之,是诚有利益之一种计划也。"
他对茶叶生产与出口的关注,反映了他期望发展茶叶生产来提高国计民生
的深切愿望。

冰心常饮茉莉花茶

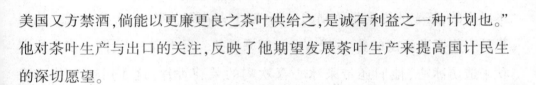

　　冰心(1900～1999年),著名现代作家,本名谢婉莹,福建长乐人。冰心
的日常生活,恬淡而平静,不慕名利,不事奢华,平时喜欢的除了她那只白色
波斯猫,就是喜好饮茶了。

　　她曾在一篇散文里写道她最喜欢饮用茉莉花茶,每天早晨都要沏一杯
茉莉香片,久而久之,沿袭成习,成为她每天不可少的事情之一。冰心喜欢
饮用茉莉香片,主要是由于幼年的家庭影响。她的家乡长乐市是福建的茶
乡,也是茉莉花茶的故乡。据冰心说,虽然茉莉花茶遍布我国的四川、湖北、
广东、台湾等省,但都是从福建传出去的,特别是茉莉花茶的窨制技术更是
师法福建的,因此福建的茉莉花茶最为正宗,品种也最多。冰心虽然从4岁
起就随父亲离开福建,大半辈子在国内外生活,但是家族的影响,使得她对
茉莉花茶十分偏爱。

　　在她13岁时全家移居北京,而老北京人历来就喜欢饮用茉莉香片,这
又暗合了她爱饮茉莉花茶的口味。在福建时,她的祖父和父亲都是用雨水
烹煎茉莉花茶,福建雨水多,家里经常用大缸贮存很多雨水,经过沉淀过滤
后,用来煮水泡茶,显得茉莉花茶的味道格外醇香袭人。可是迁居北京后,
北方雨水稀少,只好用井水烹煎泡茶。这当然不如雨水泡的茶好喝,尽管如
此,她和她家也没有改变饮用茉莉花茶的习惯。久而久之,习惯成自然了。

　　冰心饮茶非常讲究,除了茉莉花茶之外,其他的茶都不感兴趣,更不去
买价格昂贵的名茶。在她看来饮茶是为了解渴,或是写作时,或是做家务
时,感到口渴,就喝上一杯,根本不讲究饮茶的品位和方式的。她和吴文藻
结婚时,作家周作人送给他们一套日本茶具作为新婚礼物。这套茶具是日

本风格的,茶壶的提梁是竹制的,还有四个青花带盖茶杯,十分美观。他们只是当作摆设放在桌上,并没有舍得用来泡茶。后来有一天,闻一多和梁实秋来造访冰心,他们还带来冰心喜欢喝的茉莉香片,这才用这套茶具泡了茶。

林语堂饮茶求闲适

现代著名文学家林语堂(1895～1976年)是福建龙溪(今龙海市)人。早年在德国获得哲学博士学位,曾在北京大学、北京师大及厦门大学任教授。20世纪30年代,他先后创办《论语》《人世间》等刊物,倡导以闲适为格调的小品文。1936年赴美执教,1966年落籍台湾,1976年病逝于香港。

林语堂从小生活在福建茶乡的富足家庭,在欧美生活多年,并且又长期在教育界供职,因而他热衷于追求传统的文化情趣,酷爱闲情逸致,更喜欢饮茶品茗。或因如此,倡导闲适小品和饮茶就成了他的日常生活情趣。

林语堂在《生活的艺术》一文中指出:"享受悠闲生活当然比享受奢侈生活便宜得多。要享受悠闲的生活只要一种艺术家的性情,在一种全然悠闲的情绪中,去消遣一个闲暇无事的下午。"这种悠闲的生命观也体现在他对茶的评价上。他认为茶是中国人的生活必需品,而且"茶性清静,使人心平气和,和中国的国民性格十分协调",因此茶是帮助人悠闲消遣的尤物,平时"只要有一只茶壶,中国人到哪儿都是快乐的"。

要做到这一点,饮茶时的情境十分重要。林语堂在《茶与友谊》中认为,饮茶作为一种享受,"是只有在闲暇、友谊与亲睦的氛围中才得有所发展的"。"没有了社交本质,那么这些东西便也没有什么意义了。享受这些东西与欣赏月亮、白雪以及花草一样,必须要有相当的友伴,因为这一点我是觉得便是中国的生活艺术家们往往所最坚持的。某种花必须与某种人共赏,某种风景又必须与某种女人共览,雨声如果要欣赏的话,也必须在夏日躺在深山寺院里的竹榻上欣赏。"基于如此的认识,林语堂强调饮茶时最为注重的便是情调,与情调不适的友伴饮茶就会完全破坏饮茶的情调。因此,他认为"一个生活的艺术家所最坚持的第一点","便是必须去寻找一些情投意合的朋友,而且要不惮麻烦地去增进友谊,保持友情,像一个妻子拉住她丈夫一样,或像一个高明的棋手跋涉千里去访另一棋友一样。这样的心旷神怡,周遭又有良好的朋友,我们便可以吃茶了"。因为茶是为恬静的伴侣而设的,正如酒是为热闹的社交集会而设的。"茶有一种本性,能带我们到人生的沉思默想的境界里去。在婴孩啼哭的时候喝茶,或与高谈阔论的男女喝茶,是和在雨天或阴天摘采茶叶一样的糟糕。茶叶在晴天的清晨采摘,那时的山上晨气清稀,露香犹在,固之茶的享受还是与幻术般的露的芬芳及风雅发生联系的。道家极力主张的回返自然,以及我们的阴阳育化宇宙的观念中,露水代表'灵液琼浆',在一般人的想象中,这露水是一种清妙的食品。人类和野兽如果把这种东西喝得相当多了,便颇有长生不老的希望。狄更斯说得好,他说,茶'将永远成为知识分子所爱好的饮料',但中国人则似乎更进一步,把茶与高超的隐士联系起来了。"

林语堂的"三泡"之论备受人们青睐。他说:"严格地说起来,茶在第二泡时为最妙。第一泡譬如一个十二三岁的幼女,第二泡为年龄恰当的十六岁女郎,而第三泡则已是少妇了。"这个惟妙惟肖的比喻实际上是秉承了我国传统的饮茶观念,是套用了我国明代茶叶专家许次纾《茶疏》中的观点。许次纾指出:"一壶之茶,只堪再巡,初巡鲜美,再则甘醇,三巡意欲尽矣。余尝与冯开之戏论茶候,以初巡为婷婷袅袅十三余,再巡为碧玉破瓜年,三巡以来,绿叶成荫矣,开之大以为然。"林语堂袭用前人观点,将饮茶比喻为美目秀色,虽说老套一些,但的确也符合他追求的闲适情趣的初衷,切中了饮茶三遍的不同品味,同时也符合中国士大夫阶层的悠闲情趣。

林语堂还在《茶与友谊》一文中,根据自身的体会将喝茶的艺术和技巧总结出十个要点:"第一,茶最易受其他气味的沾染,自始至终必须绝对注意清洁,必须和酒及其他有气味的东西隔离。第二,茶叶必须保存在凉爽干燥的地方;在潮湿的季节,人们必须把时常要用的茶叶酌量放在特制的小罐里,最好是锡制的小罐,其余的藏在大罐里的茶叶则到必要时才打开;保藏的茶叶如果发霉,应放在锅里,用慢火焙一焙,不用锅盖,而不断用扇子扇着,使茶叶不致变黄或褪色。第三,烹茶的艺术有一半是在获得鲜美的清水;山上的泉水最佳,江水次之,井水又次之;自来水如果来自水池,也很不错,因为水池以山泉而源流的。第四,一个人要欣赏好茶,必须有一些恬静的朋友,而且人数一次不要太多。第五,茶的正常颜色普遍是淡黄色,深红色的茶必须和牛乳、柠檬或薄荷同喝,或用什么食物把茶的涩味冲散。第六,最好的茶有一种回味,这要在最后的半分钟,到茶的化学成分和唾液发生作用的时候,才能感觉到。第七,茶须泡好即喝,如果你想喝好茶,你不该让茶在壶里留得太久,使茶味过浓。第八,泡茶必须用刚刚煮滚的水。第九,一切混杂物均不可用,虽则如果有些人喜欢掺杂一些别的味道(如素馨或桂皮之类),那也不妨。第十,好茶味道和'婴儿肉'的香味一样。"文中的"'婴儿肉'的香味"是指奶香味。由于在英国生活多年,他的这种体会在一定程度上带有异邦的味道,虽说这些体会不是他的独创,不过也的确反映了他对饮茶还是下过功夫的。

马一浮自己设计茶具

　　马一浮(1883~1967年),单名浮,一浮是他的字,号湛翁,浙江绍兴人,是我国近现代著名哲学家、诗人和书法家,曾被周恩来总理称之为"我国当代理学大师"。他在20世纪20~40年代是与梁漱溟、熊十力等学者齐名的儒学专家。他对传统儒家文化,特别是对宋明理学的深刻研究和体验,做出了积极的贡献。

　　马一浮自幼饱读诗书,16岁时,在县试应试时名列会稽县(绍兴)第一名。青年时期,开始研究我国的传统文化,从20世纪初到30年代抗日战争爆发之前,他在杭州,身居陋巷,孑然一身,潜心研究儒、释、道等中国传统文化。抗日战争爆发后,激发了马一浮的一片爱国热情。他在南下避难途中,

应当时浙江大学校长竺可桢之邀，首次出山讲学，给大学生开设"国学讲座"，目的是为了"使诸生于吾国固有之学术得一明了认识，然后可以发扬天赋之知能，不受环境之陷溺，对自己完成人格，对国家社会乃可以担当大事"。他号召学生们记住宋代大哲学家张载的"为天地立心，为生民立命，为往圣继绝学，为万世开太平"四句话，鼓励学生立志，"竖起脊梁，猛著精彩"，"养成刚大之资，乃可以济塞难"。可见，他很重视对学生的抗战爱国教育，这对激励学生们投身于抗日斗争有着积极意义。抗战胜利后，马一浮回到杭州的花港蒋庄，重新隐居林下，创建智林图书馆，继续选刻古书，著书立说，颐养天年。新中国成立后，他担任过浙江省文史馆馆长、全国政协委员等职。遗憾的是，十年浩劫，他也未能幸免于难。

马一浮的故乡绍兴和他久居杭州的花港蒋庄，都属于茶乡。花港蒋庄离龙井茶产地很近，这种生活环境使得他从青年时期就养成了饮茶的习惯。可是一次偶然的机缘使他对沱茶产生兴趣。抗战时期，他流徙到大后方，当地的朋友送给他一包沱茶。他见这种茶颜色呈褐色微红，味香醇厚，煎烹之后的香气、醇味都非同一般。后来经过多次品尝，他觉得这种沱茶更符合自己的口味，就开始喜欢上沱茶了。

抗战胜利后，马一浮回到杭州花港，而当地因为社会尚未稳定，加之本地人喜欢喝龙井，对云南沱茶并不了解，因而在杭州买不到沱茶。马一浮饮用的沱茶只得求云南的朋友定期邮寄，给云南的朋友添了不少的麻烦。马一浮觉得心里过意不去，就托上海的亲属寻找云南沱茶，后来能从上海买到了，这才使得马一浮饮用沱茶的嗜好得以满足。

马一浮饮茶很讲究品位，不但茶叶要可口，而且茶具、茶炊都要有品位。他根据古书上记述的古人用的茶具、茶炊的式样，请能工巧匠进行仿造。他不惜造价的昂贵，用优质铜材，打造了一尊小巧的茶炉，还特地请宜兴紫砂名手制作了一个紫砂茶壶，并在壶壁上镌刻上他自书的"汤嫩水清花不散，口甘神爽味偏长"的联语。就连茶盅也制作得小巧玲珑，造型美观，在品茶时既陶醉于茶的香醇，又觉得这套茶具很让人玩味得爱不释手。他用来烹茶的木炭也是特制的,他虽选购优质木炭,但仍烟熏火燎,污染水质;后来改用煤球,还有黑烟乱窜,水味不纯。一段时间之后,马老研制成了一种将其粉碎成末,再混以水和胶制成缸炉烧饼般大小的炭饼。用这样的炭饼燃烧烹茶,无烟无味,烧红的炭饼火缓而平稳,烹出来的茶最好喝。

马一浮饮茶最喜欢自斟自饮,只有在这种时刻他才感受到饮茶的乐趣。这与招待客人的共同饮茶完全不是一种状态。每当环境幽静之时,无亲朋打扰,或在书房,或在园中林荫处,啜一小口香茗,再闭目凝思,常常是联想到读过的有关饮茶的诗文,口中念念有词,从中体味前人饮茶的妙趣;有时还略加点评,以表述自己的识见。譬如,他饮茶时由自我的感受联想到唐代诗人卢仝的"肌骨清,通仙灵,两腋习习清风生"的诗句,就脱口而出,细细品味,然后点评说:"这才是道家境界呀!"

张恨水的陪都茶情

张恨水(1895～1967年),安徽潜山人,现代著名小说家。1919年在北平的《世界日报》当过记者、编辑和副刊主编,并开始创作白话通俗小说,如《金粉世家》《啼笑姻缘》等畅销小说。"七七"事变后,创作了几部宣传抗战、反映市民阶层悲欢离合的长篇小说,如《热血之花》《八十一梦》等。抗战期间,南京沦陷之后,作为中华文艺界抗敌协会的成员,他跟随西迁的国民政府,跋山涉水来到了陪都重庆,担任了重庆《新民报》副刊的主编。

由于长期的编辑和写作生涯,经常需要刺激神经,张恨水素有贪茶之癖。他饮茶不是一般意义上的为解渴而饮茶,而是嗜好饮酽茶,饮苦茶。他饮茶不属于那种细品慢咽的品茶,而是自诩为"牛饮"。他饮茶时就连西湖龙井、六安瓜片之类的名茶也是大口大口地饮用,看似如同解渴,却也美在其中,经常是饮到兴致处,还要唱几句京剧曲牌。

在北平的时候,他最喜欢饮用西湖龙井、六安瓜片等名茶。当时他的收入并不高,携家带口,日子过得并不富裕,可是他穿衣不讲究,吃饭也不讲究,唯独饮茶是绝对不能凑合的,不是名茶绝对不上口。后来,到了重庆可就今非昔比了。重庆物价飞涨,一个月的薪水加上稿费,也买不了二斤地道的龙井茶。这可苦了嗜茶如命的张恨水了!

后来他发现在他所居住的乡间,有卖沱茶的小茶馆。他们所卖的沱茶不是正宗的云南沱茶,而是当地产的,虽然味道不能与云南沱茶相比,但是总算有茶可饮。或早或晚,"闲啜数口",虽不如龙井可口,但是坐在这乡间小茶馆,"仰视雾空,微风拂面,平林小谷,环绕四周,辄于其中,时得佳趣,八年中抗战生活",也是非常惬意的事。特别是他居住的南温泉村,聚集了很多"文协"的成员,如沙汀、欧阳山、杨骚、臧云远、陈学昭等人。他们常在写作之余,相邀到茶馆去,得了稿费的人要请喝茶。这也排除了敌机轰炸的烦恼,算是穷开心的生活。

当时敌机轰炸频繁,大家跑警报时都是只身跑进防空洞,顾不得带什么心爱之物,可是张恨水却与众不同。他无论怎么紧急也要带上他那只紫砂茶壶。有一次沙汀见他端着紫砂壶钻进防空洞,打趣地问他:"老兄怎么还有兴致到防空洞过茶瘾呀?"张恨水回答说:"没有这壶茶,明天要刊登的那篇小品文怎么交差呀!"可见张恨水嗜茶如命,主要是用以刺激神经,开阔思路,完成写作任务。

林清玄欣赏"无我茶会"

林清玄是台湾著名的散文家。"从来名士爱评水,自古山僧喜斗茶",不过,林清玄最喜欢在冬夜独自饮茶。在夜深人静之时,写作之余,泡一壶热茶,"独自在清静中品茗,一饮而尽",然后两手握着空杯子,还感觉到茶杯的热度。这时他就会感觉到茶杯热度从手掌迅速地传导到心田,感觉到从内到外的舒适与宁静。茶是文人生活中一件韵事,一大乐趣,一种高雅的活动。品茗为文人的生活增添了无限情趣,增进了心性修养;茶也可以使人清醒,排遣孤闷,令人心胸开阔,助诗兴文思而激发灵感。这正是林清玄独自饮茶的一大乐趣。

林清玄的独自饮茶,常常是在工作之余泡一壶茶,慢慢品啜。他时常由此而浮想联翩,从"第一泡时苦涩,第二泡甘香,第三泡浓沉,第四泡清洌,第五泡清淡",联想到人生如茶,"再好的茶,过了第五泡就失去味道了"。人的一生何尝不是如此呢?那"苦涩",如同少年,"甘香"如同青春,"浓沉"如同中年,"清洌"如同壮年,"清淡"则是失去人生之味的老年了。这种感慨是从饮茶中得来的,其实也很符合人生的实际。作家能从饮茶中窥见人生的路程,足见作家饮茶不单是为了解渴,是在潇洒的饮茶中悟索和领略了人生的真谛。

作为文人,林清玄在社会交往中也难免约集三五挚友,或饮酒或品茗,坐而论道,谈古论今。可是他却将"与人对饮"划分为五个档次:"最好的对饮是什么话都不说,只是轻轻地品茶";位居其次的是彼此"三言两语",默默饮茶,不多做交流;再次的是宾客间"五言八句,稍有交流,说点生活的近事";再再次的是"九嘴十舌,言不及义",已觉得说得多了,没有什么意思;最后,也是他最讨厌的是"乱说一通,道别人是非"。他之所以钟情于默默饮茶,主要是因为他感觉到"生命的境界确是超越言语的,在有情的心灵中不需要说话,也可以互相印证"。只有在彼此"什么话都不说"的境界中,才能体味和感受到"水深波静、流水喧喧、花红柳绿、众鸟喧哗、车水马龙"等种种境界。如果在饮茶时高谈阔论,就破坏了这种宁静、高雅的境界。这实际上是对"茶禅一味"的追求,由此让人联想到明代画家徐渭。徐渭在其《徐文长秘集》中描绘了一幅幅美妙的品茗图景:精舍,山林,松月下,花鸟间,清流白云,绿藓苍苔,船头炊火,竹里飘烟,幽人雅士,寒宵兀坐等画面。这种品茗环境给人带来的悠闲安逸,是无法用口头语言来表达的。林清玄也像千百年来的文人墨客一样,孜孜以求的正是这种陶渊明式"悠然见南山"的佳境。看来作家对茶的追求,不单是饮茶解渴的本身,而是追求一种纯净深远、空灵的意境,而这种境界正是茶可以清心的最高境界。

林清玄还喜欢与朋友到山野饮茶。每逢这样的机会,他都要"准备一大壶开水放在保温瓶里,带着一只紫砂壶,几个小杯子,还有两三种茶叶,然后背到山顶去喝茶"。他们去山野饮茶,"心里充满了自由","不管是坐在风景美好的树林",还是"繁花盛开的花园,感觉那来自高山的茶与四周的林园融成一气,我们的心也就化成一股清气,四散飘了"。"那种清朗之气的回归,使我们进入无我的境界",给人带来的是净化,是纯洁,心灵的纯净与山水融为一体,天人合一,找回最自然的真我。

他的一位朋友组建了一个爱茶朋友参加的茶会,取名"无我茶会"。林清玄对这个茶会非常欣赏,因为他们这个茶会经常组织茶友们到各地风景好的地方喝茶。在山野饮茶,寄情于山水之间,不思利禄,不问功名,"平生于物原无取,消受山中一杯茶",堪称一种高雅的艺术享受,也会使人进入"无我"的状态,文人的性情、亲情、柔情和茶情,皆在饮茶中都得到展示。到最后,胸臆里只剩下山野与茶香,"喝完茶,我们再度走向人间,带着春茶的清气,爱也清了,心也清了。喝完茶,我们再度走入风尘,带着云水的轻松,步履也轻了,行囊也轻了。"这种境界使得朋友们在饮茶中沟通思想,创造和谐气氛,增进彼此的友情。

贾平凹大杯饮茶

当代作家贾平凹生于1952年,陕西丹凤县人。自20世纪80年代初成名后,这位自称"我是农民"的作家,创作、出版了很多部农村题材的小说和生活散文,深受广大读者的欢迎。

他是一位多才多艺的作家,除了文学创作成就卓著外,在绘画、书法以及收藏方面都有进取。在生活上,或许是出于写作的需要,他既嗜烟又嗜酒,还嗜茶。据作家在《茶杯》一文中的记述,他听从朋友的劝导戒酒后,嗜茶和嗜烟就成了他平生的两大嗜好了,尤其是动笔写作时,更是离不开这两样东西。他"写作时吸烟如吸氧,饮茶也如钻井要注水一样,是身体与精神都需要的事",所以在"写作时,烟是一根一根抽,茶要一杯一杯饮的,烟可以不影响思绪在烟包中去摸,茶杯却得放下笔去加水,许多好句就因此被断了"。创作的灵感如同电光石火一般,转瞬即逝,而由于饮茶续水,中断灵感,甚至是付出很大的努力也难以寻觅到,因此他"想改换大点茶杯"。可是到瓷器店去买,见到的茶杯都不能满足他的要求。因为如今人们富裕了,饮茶已不单单是为了解渴,更重要的是将其视为一种悠闲的消遣,很讲究品位,什么工夫茶具呀,什么精品宜兴壶呀,大多小巧玲珑。如果换成这样的茶具饮茶,就会把他的创作灵感和激情都消解到九霄云外了!

于是,他总想买一个大些而不需要总是续水的茶杯。有一天他造访一位朋友家,见到这位朋友的桌上,"有一杯,高有六寸,粗到双掌张开方能围拢,还有个盖儿,通体白色,着青色山水楼阁人物图,古也不古,形状极其厚朴",就十分喜欢,觉得只有这样的大茶杯才能满足自己的饮茶需要。他问这茶杯是从哪里买的,对方告诉他是专门从瓷厂定制的。这就无处买到了。这位朋友似乎看透了贾平凹的心理,就说:"给我写一幅字,就把这个茶杯给你。"为了得到这个茶杯,贾平凹就破例为这位朋友写了一幅字,总算得到了自己非常需要的茶杯!

贾平凹对这个茶杯爱如至宝,终日不离案头。尤其是在用此杯饮茶时更有一种特殊的感觉。他在记述此杯的散文《茶杯》中,曾这样写他的独特感觉:"抓盖顶疙瘩,椭圆洁腻,如温雪,如触人乳头。最合意的是它憨拙,搂在手中,或放在桌上,侧面看去,杯把儿作人耳,杯子就若人头,感觉与可交之人相交。写作时不停地饮,视那里盛了万斛,也能饮得我满腹的文章。"